JN417687

지구의 기후는 변화하고 있는가

지구의 기후는 변화하고 있는가

윤일희 지음

경북대학교출판부

윤일희 ihyoon@knu.ac.kr

경북대학교 사범대학 지구과학교육과를 졸업한 뒤 서울대학교 대학원에서 기상학으로 이학석사학위와 이학박사학위를 받았다. 현재 경북대학교 사범대학 과학교육학부 지구과학교육전공 교수로 재직하고 있다. 지은 책으로는 《고등학교 지구과학 I, II》, 《대기과학의 기본과 실습》, 《스토리 기상학》, 《D-Day 예보에 참여한 기상학자들》, 《대기환경 무엇이 문제인가》 등이고, 옮긴 책으로는 《대기오염기상학》, 《미기상학개론》, 《미기상학 제2판》, 《현대기후학》, 《천재들의 과학노트-6 대기과학》, 《지구시스템과학 I, II》 등 다수가 있다.

지구의 기후는 변화하고 있는가

찍은날 2012년 3월 5일 | **펴낸날** 2012년 3월 7일
지은이 윤일희 | **펴낸이** 함인석 | **펴낸곳** 경북대학교출판부
출판등록 1973년 10월 10일 ㉾97호
주소 대구광역시 북구 대학로 80번지
전화 053-950-6741~3 | **팩스** 053-953-4692 | **E-mail** press@knu.ac.kr
Homepage http://knupress.com

ISBN 978-89-7180-319-6 93450

값은 표지 뒷면에 있습니다.
파본은 바꾸어 드립니다.

머 리 말

지구의 기후는 변화하고 있는가? 이것은 보통 강풍, 홍수 등 여러 악기상 현상들을 경험할 때 흔히 가지는 의문이다. 기후는 보통 어떤 기간 동안의 평균적인 대기상태로 정의된다. 실제로 기후는 임의의 기간 동안 특정 장소에서의 날씨의 총체적인 경험으로는 설명하기가 완전하지 못하기 때문에 관심을 가지는 기상 사건들의 발생 빈도를 포함시키게 된다.

전례가 없는 기후변화가 20세기 후반부터 발생하고 있다. 만약 우리가 현재 상태대로 계속 생활한다면, 지구상의 생명체들은 문제를 해결할 수 없을 정도로 변화하게 될 것이다. 따라서 지구 생명 지원 시스템의 단단한 지속성에 의문을 가지게 될 것이다. 어떻게 우리가 인류 역사에서 이러한 중추점에 도달하였는가?

수천 년 동안, 지구의 기후는 별로 변화하지 않았다. 초기 인류는 풍부한 식물·동물과 함께 번성하였다. 그들은 식량을 요리하였고 목재로 집을 지어 몸을 따뜻하게 하였다. 이 목재는 대기권으로부터 이산화탄소를 제거시켜 유기물로 전환시키는 광합성의 생산물이었다. 나무를 태우게 되면, 대기권으로 동일한 양의 탄소를 되돌려준다. 인간 활동에 의한 영향은 국지 영향보다는 더 적었다. 자연 변화는 지구기후 내에서 발생하였지만 그들은 수만 년에서 수백만 년 동안 지구기후 내에서 점진적으로 발생하였다.

200년 전 갑자기 상황이 변하기 시작했다. 현대 의학과 기술 개발이 인구 폭발을 유발시켰다. 인류의 99 %가 현재에 살고 있다. 이와 동시에 화석연료(석탄, 석유, 천연가스)가 에너지원으로 선택되었다. 나무 연료와는 다르게, 화석연료 내에 포함되어 있는 탄소는 수백 만 년 이전 식물의 파괴로부터 서서히 생성되어 지각 속에 저장되었다. 과거 150년간 이루어진 화석연료의 연소는 대기권 이산화탄소의 농도를 33 % 증가시켰다. 이산화탄소는 하층 대기의 열을 차단하여 지구를 온난화하게 하는 온실기체이다. 그러나 자연에서의 많은 일들과 같이, 적은 것이 좋은 것이지만 더 많은 것이 더 필요한 것은 아니다.

만약 인류가 계속해서 화석연료에 크게 의존한다면, 수십 년 후에 산업혁명이전 이산화탄소 농도의 2배가 될 날이 올 것이다. 대부분이 추산하는 바와 같이, 이에 대한 결과는 지구가 급격히 온난하게 되어 인류가 이제까지 경험하지 못한 수준까지 도달하게 될 것이다. 허겁지겁한 현대 생활 속에서 인류는 행복이 지구의 건강과 밀접하게 연관된다는 사실을 간과하고 있다. 인류의 건강과 생존은 농업 생산물과 물 공급, 삼림 생산물, 어류들에 의존한다. 다시 말하면 이들 모두는 쾌적한 기후에 의존한다. 기후변화의 결과로 인하여, 이들 일부 또는 모두가 변화하는 것은 경제에 영향을 미치게 될 것이다.

인간 유발 기후변화는 현재 인식되고 있는 현상이다. 어떻게 기후가 변화할 것이고 어떻게 기후변화가 생태계와 인간들에게 영향을 미칠 것인가에 대한 예측하는 능력은 지난 과거 10년 동안 발달하였다. 미래 기후 변화의 정확한 정도에 대한 논쟁은 계속되었고 많은 불확실성이 존재하였다. 일부 과학자들은 직접적이고 철저한 측정들이 너무 늦기 전에 온실기체 배출을 멈추게 하기 위해서 이루어져야 한다고 주장하였다. 예방적인 원리들이 야기되었다. 다른 과학자들은 "더 많은 연구들이 완성되기 전까지 행동들은 경비가 들고 지연되어야만 한다."고 주장하였다. 많은 국가들은 온실기체 배출을 제한하기 위한 국제 조약들에 함께 참여하였다. 그러나 전 지구 온실기체 배출의 최대 배출국들이 이러한 노력에 미온적인 태도를 보이고 있어 조약이 발효되고 있지 못하고 있다.

이 책은 모두 15장으로 구성되어 있다. 1장은 '서론', 2장은 '기후시스템', 3장은 '온실효과', 4장은 '과거 기후변화', 5장은 '현재 기후변화', 6장은 '미래 기후변화', 7장은 '기후변화의 원인', 기후 변화에 의한 담수 시스템에 대한 효과는 8장에서, 생태계의 효과는 9장에서, 농업 효과는 10장에서, 해양 환경 효과는 11장에서, 거주지효과는 12장에서, 인간 건강 효과는 13장에서, 14장은 '기후변화에 대한 해결 방안', 마지막으로 15장은 '기후변화에 대한 정책, 정치, 경제'에 관한 것이다. 이 책은 "경북대학교 2009년도 저술 장려 연구비"를 지원받아 집필되었다. 지원에 감사드린다. 또한 출판에 힘을 기울이신 경북대출판부 관계자에게도 감사를 표하고 싶다.

이 책을 외손녀인 이세린(李世麟, 2010～)과 함께 미래에 살아갈 세계 모든 어린이들에게 바친다.

2012년 3월 2일

윤일희

차례

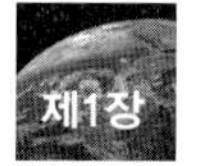

서론

1. 개관

기후변화는 자연적으로 호기심을 불러일으키는 토픽이다. 1930년대 뜨겁고 건조한 기간 동안 미국에서 발생한 '먼지 폭풍'은 수천 명의 농부들을 대평원에서부터 캘리포니아 주 서쪽까지 쫓아버렸다. 20세기 초반, 기온은 현재보다 더 한랭하였고, 계곡 빙하들은 오늘날의 것에 비해 산맥의 측면 아래까지 많이 위치하고 있었다. 21,000년 전으로 되돌아가 보면, 기후는 매우 한랭하여 거대한 빙상들이 캐나다와 북부 유럽을 덮었고, 해수면은 현재보다 120 m 더 낮았다. 왜냐하면 많은 양의 물이 육지 위의 얼음 속에 저장되어 있었기 때문이었다. 1억 년 전으로 좀 더 거슬러 올라가 보면, 더 온난한 조건들이 지표면의 얼음을 모두 녹게 만들었다. 심지어 남극에도 얼음이 존재하지 않았다.[1)]

과거 이들 변화들은 자연적인 이유로 발생하였고, 이들 중 일부는 잘 이해되었지만, 나머지 부분들은 여전히 해결되지 못하고 있다. 오늘날 지구기후는 급격하게 온난화되고 있고, 인간이 이 변화의 주요 원인이라는 것은 명백한 사실이다. 과학자들이 거대한 온난화가 어떻게 전개될 것인지 연구함에 따라, 일부 해답은 얻어졌었고, 과거에 발생하였던 변화들을 이해하게 될 것이다. 이 장에서는 지질시대로부터 현재까지 기후변화가 이루어진

---

1) Ruddiman, William F., 2008 : *Earth's Climate Past and Future*, 2nd ed., W. H. Freeman and Company, New York. 388 pp.

과정에 대해서 간단히 살펴보고자 한다.

지질시대 동안 세계 여러 곳에서는 수많은 기후변화를 경험하였다. 한때는 공룡들이 지구상을 배회하였고 또한 많은 빙하시대가 존재하였다. 최종 빙하기는 약 10만 년 전에 끝났다. 최근 수백만 년 동안에 적어도 여섯 번의 빙하시대가 존재하였다(그림 1-1). 이러한 기후변동들은 주로 태양과 지구 사이의 조그마한 거리의 변화에 기인한다고 믿고 있다. 이러한 변화들은 태양 주위를 도는 지구 타원 궤도상에서 우리 태양계의 여러 다른 행성들 간에 나타나는 인력효과 때문에 발생된다. 빙하시대는 북반구 여름 태양복사가 가장 적게 나타날 때 일어났다. 이것은 지구가 궤도상에서 태양으로부터 가장 멀어질 경우인 여름철에 발생한다. 지구 자전축의 경사는 또한 오랜 기간 동안에 변동하며 이것 또한 장기간 기후변화의 요인이 된다.[2)]

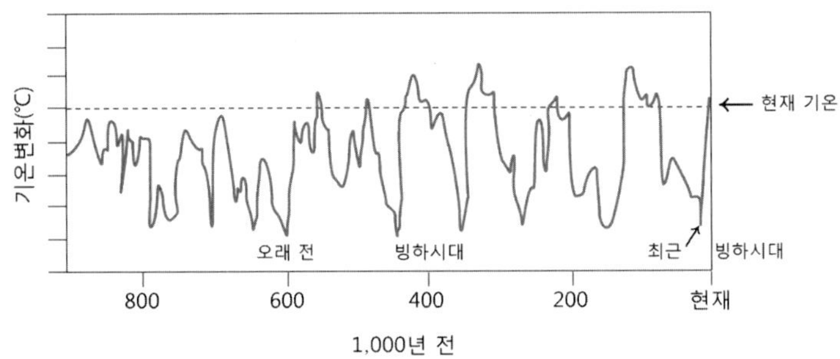

그림 1-1. 최근 100만년 동안 추정된 전 세계 평균 온도 변동
세로 눈금 한 칸은 1 °C이다.

그러나 최종 빙하시대가 끝난 이후에도 기후는 일정하지 않았다. 온난 기간은 약 5,000~6,000년 전 사이에 한번 존재하였고, 다른 한번은 공통기원 1000년경에 존재하였다는 것은 잘 알려져 있는 사실이다(그림 1-2). 전자의 온난기간 동안 지구 기온은 현재보다 1 °C 정도 높았을 것으로 추정하고 있다. 이 기간을 '홀로세 고온기'라고 하며, 식물의 성장에 적합하였기 때문에 '홀로세 기후 최적기'라고도 한다. 후자의 온난 기간을 '중세 온난기' 또는 '중세 기후 최적기'라고 한다. 이 기간 동안에 바이킹족들은 아이슬란드와

---

2) Ratcliffe, R. A. S., 1995 : Is our climate changing? *Weather*, 50(2), 54-56.

그린란드를 식민지로 삼았고, 심지어는 북아메리카의 동부 연안까지 도달했다고 믿어지고 있다. 이 기간 동안에 영국에서도 포도 재배가 활발하게 이루어져 포도주가 생산되었다.

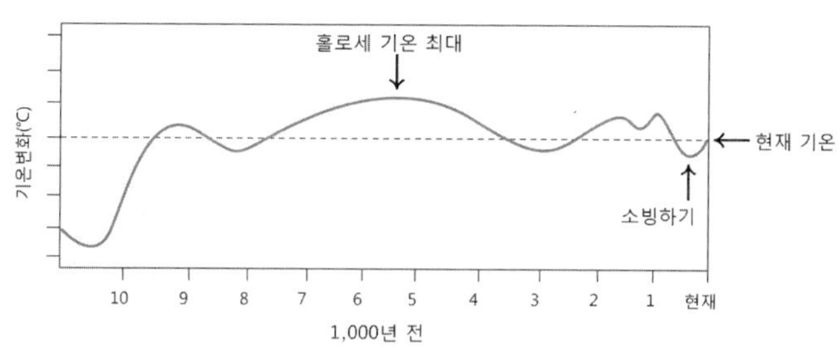

그림 1-2. 최근 1만 년 동안 추정된 세계 평균 온도 변동
세로 눈금 한 칸은 1 °C이다.

공통기원 800~1450년 사이는 일부 대문명의 흥망성쇠를 포함하여 전 세계에 걸쳐 주요한 변화와 민족의 이동이 일어난 시기였다. 멕시코 유카탄 반도에서 형성된 '마야 고전기'는 공통기원 300~900년 사이에서 발생하였고 10~12세기까지는 톨텍족에 의해서 계승되었다. 캄보디아 크메르 제국은 9세기에 창시되었고 12세기 크메르 제국의 황제 수르야바르만 2세(Suryavarman II, 1113~1150)에 의해 약 30년에 걸쳐 축조된 앙코르와트 사원의 건립과 더불어 최성기를 이루었다. 이 사원은 힌두교의 3대 신 중 하나인 비슈누 신에게 봉헌되었다. 고려 왕조는 공통기원 935~1250년까지 한국을 통치하였다. 게르만족과 슬라브족들은 공통기원 500~900년 사이에 유럽을 횡단하여 이동하였고, 최종적으로 영국, 이탈리아, 동유럽에 정착하였다. 13세기에 몽골족은 중국 전체를 정복하였고 아시아를 넘어서 동유럽을 침략하였다. 2번의 해양 대이동이 이 기간 동안 발생하였다. 폴리네시안족들은 사모아와 통가로부터 중앙 태평양으로 항해하여 하와이에서부터 이스터 제도와 뉴질랜드까지 정착하였다. 바이킹 족들은 북대서양을 탐험하여 아이슬란드, 그린란드에 정착하였고 공통기원 1100년경부터 짧은 기간 동안 현재 캐나다 동부 해안에 정착하였다(그림 1-3).[3)]

---

3) Bridgman, Howard A. and John E. Oliver, 2006 : *The Global Climate System-Patterns, Processes, and Teleconnections*. Cambridge University Press. p. 246.

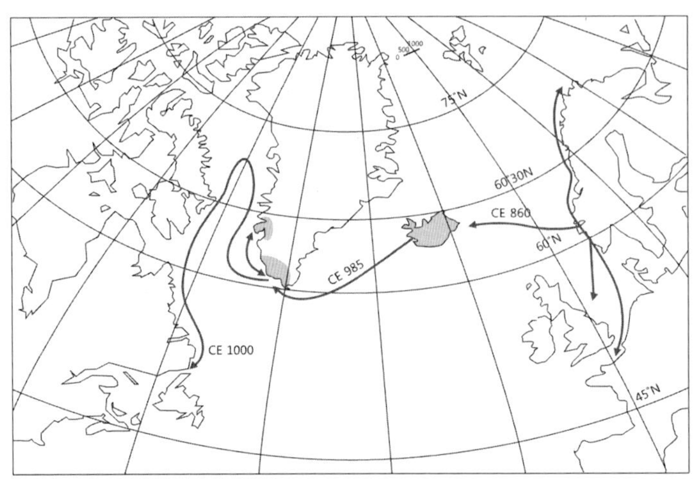

그림 1-3. 바이킹족들이 북대서양을 횡단하여 정착한 경로

북대서양 지역에서 더 온난하고 더 건조한 기후를 나타낸 시기인 '중세 온난기'는 공통기원 800년부터 1250년 사이에 발생하였고, 공통기원 960년부터 1140년까지에는 산발적으로 한랭화 사건이 존재하였다. 공통기원 1250~1550년까지는 한랭화의 전이 기간으로서 더 많은 폭풍 발생 빈도와 더 습윤한 조건들이 나타났다. 이것은 공통기원 1580~1850년까지 매우 혹독한 추위와 빈번한 폭풍이 발생한 시기인 '소빙하기' 때 절정에 달하였다.

공통기원 1900~1945년 동안 지구의 평균기온은 약 0.5 ℃ 상승하였다. 그 다음 25년 동안은 지구가 약간 냉각되기 시작하였다. 1960년대 말부터 1970년대 중반까지 북반구 대부분 지역에서는 냉각 경향이 멈추었다. 1970년대 중반 이후 온난화 경향이 시작되어 21세기로 이어지고 있다. 북반구의 경우, 1990년대 10년 동안에 20세기 중에서 가장 기온이 높았고, 특히 1998~2005년에는 1,000년 중 최고 기온을 기록하였다. 20세기 동안 지구 평균기온은 약 0.7 ℃ 상승하였다(그림 1-4).[4)]

4) 민경덕, 민기홍, 2009 : 대기환경과학. 제5판. 시그마프레스, p. 358.

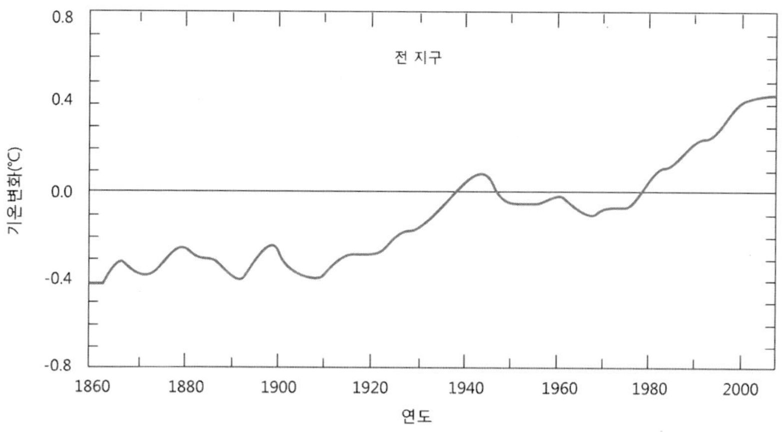

그림 1-4. 과거 140년 동안 전 지구 평균 기온의 변화 0.0 선은 1961년부터 1990년까지의 평균 지상 기온을 나타낸다.

우리는 기후는 항상 변화하고 있다고 알고 있지만, 현 시점에서 스스로 물어야만 되는 중요한 의문은 '지금 인간의 활동이 기후에 영향을 주고 있는가?'라는 것이다. 이런 질문의 해답을 얻기 위해서 최근 변화에 적용할 수 있는 몇 가지 가능한 원인들을 고려해야 한다.

대기 중의 이산화탄소(CO_2)의 양이 1960년 이후로 315~380 ppm으로 증가해 왔고, 계속 증가하여 2050년에 이르면 20세기 초기 값(280 ppm)의 약 두 배가 될 것이란 사실은 잘 알려져 있다. 이것은 이산화탄소가 가솔린, 석유, 석탄, 목재 그리고 다른 화석 연료의 연소에 의한 최종 산물의 하나이기 때문이다. 이런 사실의 중요성은 이산화탄소의 복사 특성에서 찾을 수 있다. 이산화탄소는 태양으로부터의 단파복사는 대부분 투과시키나 지구나 구름과 같은 온도가 낮은 물체로부터의 장파복사는 흡수하는 대기 중의 물질이다(다른 물질로는 수증기, 메테인, 오존 등이 있다). 또한 대기 중의 메테인 양은 아직은 아주 작지만 이 세기 동안에 현저하게 증가하고 있다. 지구의 평균온도는 입사태양복사(지표 가열)와 지표면으로부터 방출되는 복사(지표 냉각)의 평형에 의해서 유지된다. 그러므로 대기권 내의 이산화탄소와 이와 유사한 기체들의 양의 증가는 필연적으로 지구의 평균 기온을 올리게 된다. 왜냐하면 이들은 공간으로 향하는 방출 장파복사의 일부분을 흡수하기 때문이다.

열대우림의 파괴는 대기 중의 이산화탄소의 증가를 유발하는 또 하나의 요인이다. 삼림이 우거진 곳에서는 잎, 나무 그리고 다른 것들이 썩을 때 나오는 이산화탄소와 광합성(햇빛이 존재할 때 CO_2와 물로부터 잎 등에서의 생산) 동안에 대기로부터 흡수하는 이산화탄소에 의해서 대체로 평형 상태를 유지하는 것으로 간주된다. 만약 삼림이 파괴되면 대기로부터 이산화탄소를 취할 수 없게 된다.

미래의 대기 중 이산화탄소 양을 추정하려고 시도할 경우에 해양은 복잡한 요인으로 작용한다. 대부분의 사람들은 대기 중에 증가한 이산화탄소의 약 절반가량이 해양에 흡수될 것으로 믿고 있다. 그러나 여기에는 복잡성이 있다. 예를 들면, 석회질 껍질을 가지는 동물들은 해양으로부터 탄산염을 제거하게 되고, 또한 조류들은 대기로부터 이산화탄소를 흡수한다. 반면에 온난 해수는 한랭 해수보다 이산화탄소를 덜 용해하기 때문에 열대해양의 얼마간의 온난화는 대기에 이산화탄소를 방출하는 결과를 나타낼 것이다.

기후학자들은 현재 대기대순환 모델을 운용하고 있다. 이것은 많은 부분의 대기과정의 물리학과 약간의 해양과정의 물리학을 결합하여 전 세계의 대기를 모의하는 컴퓨터 모델이다. 이는 만약 대기 중의 이산화탄소 양이 두 배로 되었을 때 어떤 일이 일어날 수 있는지를 예측하는 데 사용되고 있다. 그 결과는 모델의 세부 특성에 따라 상세한 부분에서는 다르게 나타나지만 지구 온도가 1.5~4.5 ℃ 정도 올라간다는 점에서는 모두가 일치하였다.

모델 예측의 차이는 수분, 구름, 알베도(구름 꼭대기, 눈, 얼음 등에 의한 태양복사의 반사량)의 변화를 어떻게 취급하였는지에 따라 나타난다. 가장 불확실한 것 중의 하나는 수분과 구름에서 나타난다. 지구 평균온도가 증가하게 된다면 많은 양의 수분이 지표면으로부터 증발하여 대기 중으로 유입될 것으로 예상할 수 있을 것이다. 수증기는 이산화탄소와 같이 온실기체로서 역할을 하기 때문에 양의 되먹임을 가지고 있다. 즉, 예상되는 것보다 지구 온도가 더 올라간다. 그러나 또한 구름양이 증가하게 될 것이고, 이에 따라 이것은 구름의 상층부에서 나타나는 반사에 의해서 입사 태양복사를 공간으로 되돌려 보내어, 지표면에 도달하는 태양복사의 양을 감소하게 될 것이기 때문에 결과적으로 냉각을 유발한다. 이 문제는 아주 복잡하다. 왜냐하면 구름은 이산화탄소와 같이 지구로부터 방출되는 복사의 상당 부분을 흡수하여 부수적인 온난화를 가져오기 때문이다. 그러므로 구름은 구름의 높이와 구름 입자들의 미시물리학에 따라서 양이나 음의 되먹임을 가질 수 있다.

반면에 지구온난화에 기인하여 나타나는 한대 얼음의 융해는 양의 되먹임(부수적인 온난화를 가져옴)을 가지게 된다. 왜냐하면 일단 얼음이 녹기 시작하면 공간으로 반사되는 태양복사가 적어지기 때문이다.

기후변동 문제를 고려하는 데 가장 불확실한 것은 화산먼지이다. 적도부근에서 나타나는 큰 화산 분화는 많은 양의 먼지들을 상층 대기까지 유입시킬 수 있으며 이들은 그곳에서 수년 동안 머물게 된다. 1963년 일어난 인도네시아 발리 섬의 아궁 화산 폭발의 결과로 먼지입자들에 의한 태양복사의 흡수 때문에 나타난 성층권의 온난화가 감지될 정도로 발생하였고, 이에 따라 지표면 부근에서는 냉각이 일어났다. 1960년대 북반구에서 관측된 경미한 냉각은 이 결과에 의한 것으로 확신하고 있다. 1991년 6월 폭발한 필리핀의 피나투보 화산은 성층권에 2,000만 ton의 아황산가스를 분출한 것으로 추산된다. 이로 인하여 1993년 초 지구의 지상 기온이 약 0.5 ˚C 하강하였다(그림 1-5).[5)]

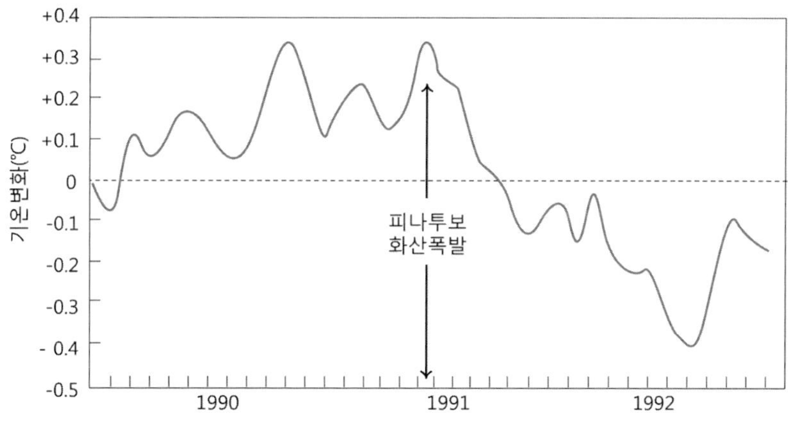

그림 1-5. 화산폭발에 의한 기온 변화 1991년 6월 필리핀 피나투보 화산이 폭발한 후 그 다음해인 1992년에 기온하강을 나타내었다.

이런 이유로 우리는 대기 중의 이산화탄소의 증가를 일으키는 여러 가지 가능한 되먹임 관계와 화산 폭발의 불예측성으로 인하여 정확한 미래 기후변동의 추정은 불가능하다는

5) 민경덕, 민기홍, 2009 : 대기환경과학. 제5판. 시그마프레스, p. 370.

것을 알게 되었다. 그럼에도 불구하고 상당한 지구온난화가 차후 50년 또는 그 이상에서 일어날 수 있을 것이다. 이 세기 동안 지구평균온도가 약 0.7 ℃ 증가한 것은 이런 주장을 뒷받침하는 것이다. 이것은 대기 중의 이산화탄소 농도가 280 ppm에서 380 ppm로 증가한 결과이다.

이러한 온도 증가는 어떤 실제적인 결과를 가져올 것인가? 지구평균온도의 증가가 모든 계절에서 어느 곳에서나 존재한다고는 생각할 수 없다. 이것은 지역적이고 계절적인 변동으로서 전 세계적인 농업에 광범위한 효과를 미치게 될 것이다. 아마도 날씨 계의 일반적인 형태의 변동들이 일어나게 될 것이다. 열대 해상이 더워지게 됨에 따라 열대폭풍들이 더 강하게 될 것이고 대기 중에 수분이 더 많아짐에 따라서 더 많은 숨은열이 방출되어 중위도 지방의 저기압은 일반적으로 더욱더 활발하게 될 것이다. 그러므로 열대와 중위도에서 고위도 지방까지는 평균 강수량이 증가하나 그 중간에 있는 아열대 지방은 건조하게 된다. 어떤 경작지는 사막으로 변하게 되지만 다른 비 경작 지역에서는 꽃들이 활짝 피게 될 것이다.

과학자들의 일치된 견해는 지구평균온도의 점진적인 상승은 아마도 차후 반세기 동안에 나타날 수 있으나 불규칙적이 될 수도 있고 방해받을 수도 있고 심지어는 큰 화산폭발에 의해서 일시적으로 반대로 나타날 수도 있다는 것이다. 현재로서는 자연적인 기후 변동성으로부터 어떤 효과에 의해서 상승되는지를 구별한다는 것은 불가능하다.

2. 기후변화에 관한 과학적 발견의 역사

기후변화에 관한 과학적 발견의 역사는 고기후의 자연적인 변화들이 최초로 의심을 받고 자연 온실효과가 처음으로 인식된 1800년대 초반에 시작되었다. 1800년대 후반, 과학자들은 최초로 인간에 의한 온실기체들의 배출이 기후를 변화시킬 수 있다고 주장하였지만, 계산들은 논쟁의 소지가 있었다. 1950년대와 1960년대, 과학자들은 인간 활동이 수십 년의 시간 규모로 기후를 변화시킬 수 있다고 생각하였지만, 순 영향이 온난 기후를 만들지 한랭 기후를 만들지에 대해서는 확신이 없었다. 1970년대 동안, 과학적인 의견들이 온난화 견해를 더 선호하게 되었다. 1980년대에 이르면, 인간 활동이 기후를 온난화하게 하는 과정들로 이루어져 현재 지구온난화의 시작을 이루었다는 데 의견 일치를 보았고, 기후변화에 관한 정부 간 협의체(IPCC)가 이를 과학적으로 요약하였다(표 1-1).

표 1-1. 기후 변화 연구에 대한 연대표

연도	내용
1686년	잉글랜드 천문학자인 에드먼드 핼리(Edmond Halley, 1656~1742)는 저위도가 고위도보다 더 많은 태양복사를 흡수한다는 것을 증명하였고, 이 열 경도가 주요 대기 순환을 구동한다고 제안하였다.
1750년대	스코틀랜드 화학자인 조지프 블랙(Joseph Black, 1728~1799)이 공기 중에서 이산화탄소를 확인하였다.
1781년	잉글랜드 물리학자인 헨리 캐번디시(Henry Cavendish, 1731~1810)가 공기 중의 질소와 산소의 조성 백분율을 측정하였다.
1859년	아일랜드 물리학자인 존 틴들(John Tyndall, 1820~1893)이 수증기, 이산화탄소, 다른 복사 활성 성분들이 지구를 온난하게 유지하는 데 공헌한다고 제안하였다.
1896년	스웨덴의 물리화학자인 스반테 아레니우스(Svante Arrhenius, 1859~1927)가 대기 중의 이산화탄소 농도에 대한 지표면의 민감성을 나타내는 기후 모델을 공표하였다.
1920년	세르비아의 천체물리학자인 밀루틴 밀란코비치(Milutin Milankovitch, 1879~1958)는 지구 궤도의 변동에 기초하여 빙하시대에 대한 이론을 공표하였다.
1938년	잉글랜드 과학자인 가이 캘런더(Guy Callendar, 1898~1964)가 과거 반세기 동안 대기 중에 이산화탄소가 1,500억 ton이 유입되어 그 기간 동안 지구 기온이 매년 0.005 ˚C 증가하였다고 계산하였다.
1957년	미국 해양학자인 로저 르벨(Roger Revelle, 1909~1991)과 미국 물리화학자인 한스 쥐스(Hans Suess, 1909~1993)가 “인간이 현재 대규모 지구물리 실험을 수행하고 있다. 즉, 결과를 알지 못하면서 대기권의 화학을 변경시키고 있다.”라고 선언하였다.
1959년	인공위성 익스플로러가 구름 분포의 영상을 제공하였다. 미국 기상학자인 버너 수오미(Verner Suomi, 1915~1995)가 전 지구 복사 열수지를 추정하였다.
1967년	일본 기상학자인 슈쿠로 마나베(Syukuro Manabe, 1931~)와 미국 기상학자인 리처드 위더럴드(Richard Wetherald, 1938~)가 1차원 복사-대류 대기모델을 개발하여 대기 중의 이산화탄소 농도가 2배 증가하면 지구의 기온은 3 ˚C 상승한다는 것을 보여주었다.
1970~1974년	여러 연구자들의 연구를 통하여 인공물질인 CFCs에 의해서 성층권 오존의 파괴가 일어난다고 기술되었다.
1985년	영국남극조사소는 1956~1985년까지 봄철 성층권 오존이 40 % 감소했다는 것을 보고하였다.
1986년	많은 나라가 오존층을 고갈시키는 물질에 관한 몬트리올 의정서에 서명하였다.
1990년대 이후	대기 에어로졸의 냉각효과와 온실효과를 억제하는 요인들을 발견하였다. 지구온난화는 계속 진행하는 경향을 지니고 있으며 기록적인 온도들이 반복적으로 나타났다.

1) 1700년대 이전

1700년대 이전, 과학자들은 선사시대 기후가 현대 기후와 다르다는 사실을 인식하지 못하였다. 1700년대 후반, 지질학자들은 기후의 변화에 따라서 지질시대가 이어졌다는 증거들을 발견하였다. 이들 변화들에 관한 여러 가지 논쟁적인 이론들이 존재하였다. 스코틀랜드 지질학자인 제임스 허턴(James Hutton, 1726~1797)은 장구한 시간 동안 지질학적 현상들은 주기적인 변화를 이루었다는 아이디어를 제안하였고, 이것은 후에 '동일과정설'로 알려지게 되었다. 제임스 허턴은 여러 곳에서 나타나는 과거 빙하 활동의 징후들은 현재로서는 너무 온난하여 빙하로서 존재할 수 없다는 것을 발견한 사람 중의 한 사람이었다.[6)]

공통기원 1815년, 스위스 등산가인 장피에르 페로딘(Jean-Pierre Perraudin, 1767~1858)은 빙하들이 어떻게 알프스 산맥 계곡 내에 거대한 표석들을 존재하게 하였는지에 대해서 처음으로 설명하였다. 그가 발 드 바뉴 안을 도보로 여행하였을 때, 좁은 계곡 주변에 흩어져 있는 거대한 화강암들을 주목하였다. 그는 그러한 큰 암석들을 이동할 수 있는 특별한 힘이 존재하였을 것이라는 알게 되었다. 그는 또한 어떻게 빙하들이 땅에 줄 흔적을 남겨놓았는지에 대해서 주목하였고, 계곡 내의 아래로 표석들을 이동한 것이 빙하라고 결론을 내렸다.

페로딘의 아이디어는 초기에 불신에 직면하였다. 독일 태생 스위스 지질학자인 장 드 샤르팡티에(Jean de Charpentier, 1786~1855)는 "나는 페로딘의 가설이 너무 특별하고 심지어 내가 고려하기에는 너무 터무니없는 생각이라 조사할 필요성뿐만 아니라 고려할 사항이 아니라고 생각된다."라고 썼다.[7)] 샤르팡티에가 그의 이론을 각하함에도 불구하고, 페로딘은 그것은 연구할 만한 가치가 있다고 언급한 스위스 공학자 겸 박물학자인 이그나츠 브네(Ignaz Venetz, 1788~1859)를 결국 이해시켰다. 샤르팡티에는 빙하이론을 확립한 영향력 있는 과학자인 루이 아가시(Louis Agassiz, 1807~1873)에 영향을 미쳤다.

아가시는 '빙하시대' 이론을 개발하였다. 빙하시대는 빙하들이 유럽과 북아메리카의

---

6) Young, Davis A., 1995 : The Biblical Flood : a case study of the Church's response to extrabiblical evidence. Grand Rapids, Mich : Eerdmans. ISBN 0-8028-0719-4.

7) Riebeek, Holli, 2005 : Paleoclimatology. NASA. Avaliable from: http://www.earthobservatory,nasa.gov/Features/Paleoclimatology/paleoclimatology_intro.php.

많은 지방을 덮고 있었던 시대이다. 공통기원 1837년, 아가시는 지구는 과거 빙하시대를 겪었다는 것을 최초로 과학적으로 제안하였다.[8] 잉글랜드 지질학자인 윌리엄 버클랜드(William Buckland, 1784~1856)는 표석들과 성경에서 언급되는 홍수의 잔재인 '홍적층'을 설명하기 위해서 지질학적 격변설을 적용하는 시도를 영국에서 수행하였다. 이것은 허턴의 동일과정설을 신봉한 스코틀랜드 지질학자인 찰스 라이엘(Chales Lyell, 1797~1875)의 해석에 의해 강력한 반대에 부딪히게 되었고, 버클랜드와 다른 격변설 지지자들에 의해서 점차 폐기되었다. 1838년 10월 아가시와 함께한 알프스 산맥 야외조사에서 버클랜드는 영국에서의 특징이 빙하에 의해 발생한 것이라고 이해하게 되었다. 버클랜드와 라이엘 모두는 1870년대에 널리 받아들여지게 된 빙하시대이론을 강력하게 지지하였다.[9]

과학자들이 기후변화와 빙하시대의 존재를 최초로 의심을 한 동일 시대에, 프랑스 수학자 겸 물리학자인 장 푸리에(Jean Fourier, 1768~1830)가 지구의 대기권은 진공으로 되어 있는 행성보다 더 온난하게 행성을 유지한다는 것을 발견하였고, 최초로 온난화 효과를 계산하였다. 푸리에는 대기권은 가시광선을 지표면에 효과적으로 투과시킨다고 인식하였다. 그러면 지표면은 가시광선을 흡수하고 이에 반응하여 적외선 복사를 방출하지만, 대기권은 적외선을 효과적으로 투과시키지 못하여 지상 온도가 증가한다. 그는 또한 인간 활동이 기후에 영향을 미칠 것으로 의심하였다. 그러나 그는 주로 토지 이용 변화에 초점을 맞추었다.

아일랜드 물리학자인 존 틴들(John Tyndall, 1820~1893)은 여러 가지 기체들의 열 흡수에 대해 연구함으로써 따라서 푸리에의 연구를 한 단계 높였다.[10]

2) 1800년대 후반

1890년대 후반, 미국 과학자인 새뮤얼 랭글리(Samuel Pierpont Langley, 1834~1906)가 달에서 방출하여 지구에 도달하는 적외선 복사를 측정하여 달의 표면온도를 결정하는

---

8) Evans, E. P., 1887 : The Authorship of the Glacial Theory. *The North American Review*, 145(368), 94-97.

9) Young, Davis A., 1995 : The Biblical Flood : a case study of the Church's response to extrabiblical evidence. Grand Rapids, Mich : Eerdmans. ISBN 0-8028-0719-4.

10) Tyndall, John, 1872 : Contributions to Molecular Physics in the Domain of Radiant Heat. Longmans. 450 pp.

시도를 하였다.[11] 그가 달의 복사가 대기권을 통과하여 지표면에 도달하는 과정에서 얼마나 많은 이산화탄소와 수증기가 포함되어 있는지를 결정하는 측정을 시도하였을 때, 과학자들은 하늘에서의 달의 각도를 주의 깊게 살펴보았다. 결과적으로, 달이 하늘에 낮게 뜨는 경우가 더 약하게 측정되었다. 이 결과는 과학자들에게 놀랄 일이 아닌 것으로 받아들여졌다. 왜냐하면 과학자들은 수십 년 동안 온실효과에 대해서 알고 있었기 때문이었다.

이때, 스웨덴 과학자인 아르비드 회그봄(Arvid Gustaf Högbom, 1857~1940)이 지구 탄소 순환을 이해하기 위한 목적으로 이산화탄소의 자연 배출원들을 정량화하는 시도들을 하고 있었다. 회그봄은 1890년대 자연 발생원과 산업 발생원으로부터 추정된 탄소 생산을 비교하였다.

다른 스웨덴 과학자인 스반테 아레니우스(Svante August Arrhenius, 1859~1927)는 회그봄과 랭글리의 연구들을 종합하였다. 그는 탄소에 대한 인간 영향의 회그봄의 계산은 궁극적으로 대기권 내에 이산화탄소 농도가 2배까지 증가할 것으로 인식하였다. 그는 또한 온난화 효과가 지구상의 눈이나 얼음으로 덮인 지역을 감소시켜 지구를 더욱더 검게 그리고 더 온난하게 만들 것이라고 인식하였다. 이 효과들을 추가시켜 구한 계산은 5~6 ˚C 온난화였다. 그러나 1896년 당시 이산화탄소 방출률이 비교적 낮았기 때문에, 아레니우스는 온난화가 수천 년 후에나 발생하게 될 것이고 심지어 인류에 도움이 될 것이라고 생각하였다.[12]

3) 1990년대 초반~1900년대 중반까지

아레니우스의 계산은 반론을 받게 되었고 대기권 변화들이 빙하시대를 발생시키는지에 대한 더 큰 논쟁으로 증폭되었다. 실험실 내에서 적외선 흡수를 측정하는 실험적인 시도들은 증가하는 이산화탄소 수준으로부터 별 차이를 보여주지 못하였고 또한 이산화탄소에 의한 흡수와 수증기에 의한 흡수가 중첩됨을 발견하였다. 이들 모두는 증가하는 이산화탄소 배출이 기후 효과를 거의 가지지 못한 항을 제시한 것이었다. 이들 초기 실험들은

11) Archer, David, 2009 : *The Long Taw : How Humans Are Changing the Next 100,000 Years of Earth's Climate*. Princeton University Press. p. 19.

12) Weart, Spencer, 2003 : The Carbon Dioxide Greenhouse Effect. *The Discovery of Global Warming*. Available from : *http://www.aip.org/history/climate/co2.htm.*

후에 당시의 측기 수준 때문에 정확도가 낮았음이 밝혀졌다. 많은 과학자들은 또한 해양이 어떤 초과 이산화탄소를 재빨리 흡수할 것이라고 생각하였다.

20세기 초반 아레니우스의 연구를 지지한 사람은 미국 과학자인 에드워드 헐버트(Edward Olsen Hulburt, 1890~1982)와 잉글랜드 공학자인 가이 캘런더(Guy Stewart Callendar, 1898~1964)를 제외하고는 별로 많지 않았다. 아레니우스의 연구에 대한 과학계의 견해는 1950년대 초반까지 대부분 부정적이거나 철저히 무시하였다.

4) 1950년대와 1960년대

1950년대 더 좋아진 분광사진술은 이산화탄소와 수증기 흡수선이 완전히 중첩되지 않는다는 것을 보여 주었다. 또한 기후학자들은 적은 양의 수증기가 상층 대기권에 존재한다는 것을 깨닫게 되었다. 이들 두 가지 사실은 이산화탄소 온실효과가 수증기에 의해 압도되지 않는다는 것을 증명하였다.

과학자들은 컴퓨터를 이용하여 아레니우스의 방정식을 더욱더 상세한 형태로 개발하기 시작하였고, 탄소 14 동위원소 분석은 화석연료로부터 방출된 이산화탄소가 즉시 해양에 흡수되지 않는다는 것을 보여주었다. 해양 화학의 더 나은 이해는 해양 표층이 이산화탄소를 흡수하는 능력을 제한한다는 사실을 깨우쳐 주었다. 1950년대 후반에 이르러, 더 많은 과학자들이 이산화탄소 배출이 문제가 될 것이라고 논의하고 있었다. 1959년 이산화탄소 농도는 2000년에 이르면 25 % 증가하게 될 것이고 기후에 근본적인 영향을 끼칠 것이라고 예상하였다.

1960년대, 에어로졸 오염(스모그)이 많은 도시에서 심각한 국지 문제가 되었고 일부 과학자들은 분진 오염의 한랭화 효과가 지구 온도에 영향을 미칠 수 있는 여부를 고려하기 시작하였다. 과학자들은 분진 오염의 한랭화 효과와 온실기체 배출의 온난화 효과 중 어느 것이 주도적이 될지 확신하지 못하였다. 이와 관계없이 순효과가 수십 년 동안 기후를 파괴시킬지 모른다고 인식하기 시작하였다. 미국 생물학자 겸 교육자인 폴 엘리치(Paul Ralph Ehrlich, 1932~)는 1968년 출판된 그의 책 《인구폭탄(*The Population Bomb*)》에 다음과 같이 언급하고 있다. "온실효과는 이산화탄소의 농도가 크게 증가함에 따라서 현재 증대되고 있다. … 온실효과는 비행운, 먼지, 다른 오염물질들에 의해 발생되는 하층 구름들에 의해서 대항되고 있다. … 전반적인 기후 결과들이 어떻게 쓰레기 처리장으로서 대기권을 사용하게 될지에 대해 이 시점에서 우리가 예측할 수 있는 것이 아무것도 없다."

5) 1970년대

1970년대 과학자들은 1960년대의 불확실성에서부터 미래 온난화의 예측성을 증가하는 쪽으로 견해를 바꾸기 시작하였다. 1965~1979년까지 과학 문헌들을 조사해 보면, 7편이 한랭화를 예측하는 것이고, 44편이 온난화를 예측한 것이다. 또한 온난화 예측 논문이 향후 과학 문헌에서 더 많이 인용되었다.[13]

이 시기로부터 여러 가지 과학적인 패널들은 더 많은 연구가 온난화가 될지 한랭화 될지를 결정하기 위해서 필요하다고 결론을 내렸다. 반면, 1979년 세계기상기구(World Meteorological Organization; WMO)에 의해 개최된 '세계기후컨퍼런스'에서는 다음과 같이 결론을 내렸다. "대기권 내의 이산화탄소 양의 증가가 특히 고위도 지방에서의 하층 대기권의 점진적인 온난화에 공헌할 수 있다는 것에는 수긍이 가는 것으로 나타났다. … 지역 규모와 지구 규모에 대한 일부 효과들은 이 세기가 끝나기 전에 감지될 것이고 다음 세기 중반 전에 뚜렷하게 나타날 것이라는 것이다."

그러나 당시 주요 뉴스 매체들은 이 같은 과학적인 견해를 반영하지 않았다. 1975년 『뉴스위크』지는 "지구의 날씨 패턴이 변화하기 시작하였다."라는 불길한 징후에 대한 이야기와 "1945~1968년까지 북반구의 평균 지상 온도가 약 0.3 ℃가 하강하였다."라고 보도하였다. 이 기사는 지구한랭화의 증거에 대해서 계속 논평하였다.

6) 1980년 초반~1988년 후반

1980년대 초반에 이르러, 1945~1975년까지 발생하였던 약간의 한랭화 경향은 멈추게 되었다. 에어로졸 오염은 환경 규제와 연료 사용의 변화에 기인하여 많은 지역에서 감소하였고 에어로졸로부터의 한랭화 효과는 이산화탄소 수준이 계속 증가하는 동안 지속적으로 증가하지는 않는다는 것이 명백해졌다.

---

13) Peterson, T. C., W. M. Connolley and J. Fleck, 2008 : The Myth of the 1970s Global Cooling Scientific Consensus. *Bull. Amer. Meteor. Soc.*, 89, 1325–1337.

1985년, UNEP, WMO, ICSU가 공동 개최한 '기후변동에서 이산화탄소의 역할과 다른 온실기체들의 관련 영향에 대한 평가'에 관한 컨퍼런스에서 대기권 내의 이산화탄소와 에어로졸의 역할을 평가하였고, 온실기체들이 21세기에 뚜렷한 온난화를 유발할 것이라고 예측하고 일부 온난화는 피할 수 없는 사실이 될 것이라고 결론을 내렸다.[14] 1988년 6월, 미국 과학자인 제임스 한센(James E. Hansen, 1941~)이 인공 온난화가 이미 전 지구에 영향을 미쳐 측정할 만한 수준이라고 최초로 평가하였다.

7) 1988년대 후반 이후

UNEP와 WMO는 공동으로 1985년 컨퍼런스에 뒤따르는 부차적인 모임을 개최하였다. 1988년 WMO는 UNEP의 지원을 받아 '기후변화에 관한 정부 간 협의체(the Intergovernmental Panel on Climate Change; IPCC)'를 창설하였다. IPCC는 현재까지 활동을 계속하고 있고 일련의 평가 보고서와 보충 보고서들을 발간하여 각 보고서가 준비한 시대에 따른 과학적인 이해의 상태를 기술하였다. 이 기간 동안 과학 발달은 개별 평가 보고서의 논문으로 논의되었다.[15] 이에 대한 상세한 설명은 15장에서 논의될 것이다.

---

14) WMO, 1986 : Report of the International Conference on the assessment of the role of carbon dioxide and of greenhouse gases in climate variations and associated impacts. Villach, Austria.

15) http://en.wikipedia.org/wiki/History_of_climate_change_science

기후시스템

1. 기후시스템이란?

기후는 대기권뿐만 아니라 대기권, 수권, 빙설권, 지권, 생물권 등으로 구성된 기후시스템 사이의 결합에 대한 반응으로 나타난다(그림 2-1). 각각의 성분들은 서로 다른 성분과 물리적 특성, 구조, 형태를 가지고 있지만 기후시스템은 이 5개의 성분들 사이에서 일어나

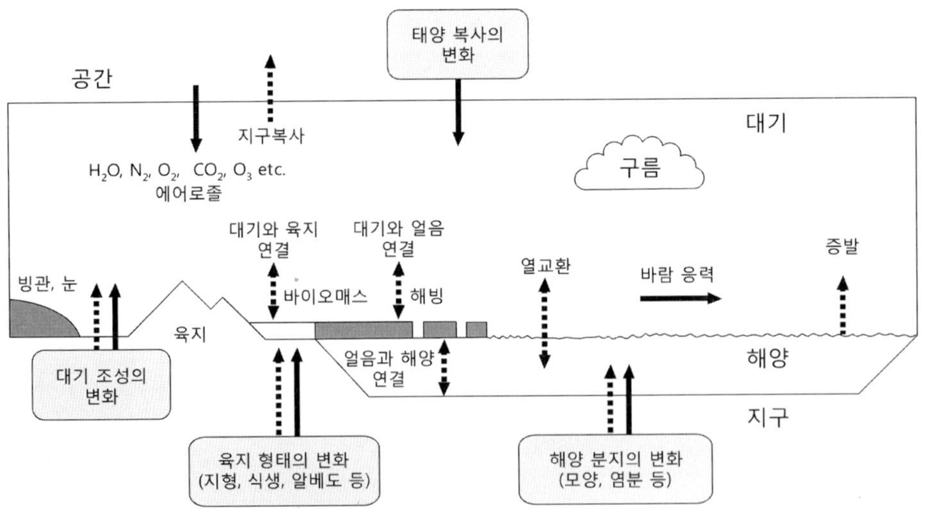

그림 2-1. 기후시스템의 성분 실선 화살표는 외부 과정들의 예이고, 점선 화살표는 내부 과정들의 예이다.

는 에너지와 수증기 등의 상호 교환을 통하여 연결되어 있다. 각 성분은 복잡한 비선형적 상호 작용에 의해서 연결되며 하나의 커다란 지구 기후시스템을 형성하게 된다. 따라서 각 성분에서의 어떤 내부 변화도 기후시스템 내에서는 독립적일 수 없다.

2. 기후시스템의 성분

그림 2-1은 지구 기후의 연구들에서 포함되는 광범위한 일련의 인자들의 초기 모습을 제공하고 있다. 이는 기후시스템의 주요 구성 성분들인 공기, 물, 얼음, 육지, 식생 등을 보여줄 뿐만 아니라 강수, 증발, 바람 등과 같은 성분들이 기후시스템 내에서 작용하는 과정들을 보여준다. 이들 과정들은 온난한 열대지방에서부터 한랭한 한대지방까지 그리고 외부 우주의 태양에서부터 지구의 대기권, 해양의 심해, 기반암 표면까지 확장된다.

그림 2-1에 나타난 복잡한 과정들에 대해서 어떻게 기후시스템이 작용하는지에 대한 아이디어를 제공하기 위해서 그림 2-2에 간단하게 설명하였다. 그림 2-2 왼쪽에 제시된 원인은 기후시스템 내에서 변화들을 강제로 일으키는 것이고, 많은 방법들로 나타나는 변화들과 상호작용들에 의한 기후시스템 반응의 내부 성분들이다(그림 2-2 중앙). 이들

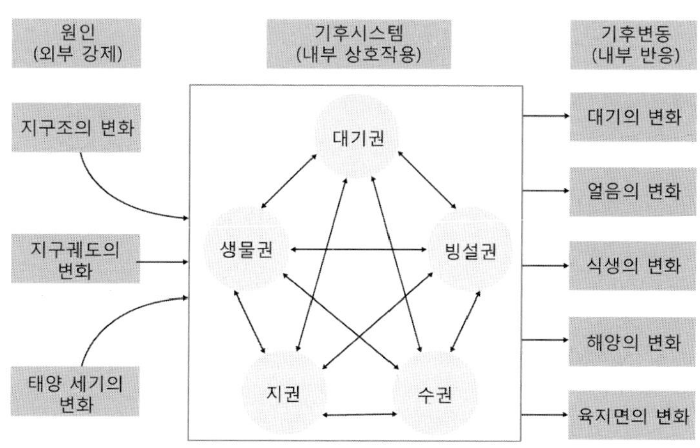

그림 2-2. 기후시스템 내의 구성 성분들 사이의 상호작용

상호작용의 모든 결과의 개수는 측정될 수 있는 기후의 관측된 변동의 개수이다(그림 2-2 오른쪽). 이 복잡성은 기계의 작동으로 간주될 수 있다. 기후변화들을 유발하는 인자들이 입력이고, 기후시스템은 기계이며 기후의 변동은 출력이다.[1)]

3. 기후 강제

자연에서 기후 강제의 종류는 기본적으로 3가지이다. 첫째는 지구조과정이다. 지표면의 지리를 변경시키는 기본 과정들의 수단에 의해서 지표면에 영향을 미치는 지구 내부 열에 의해서 일어난다. 이 과정들은 지질과학의 통합이론인 판구조 이론의 일부분이다. 이 예들은 대륙의 느린 움직임, 산맥의 융기, 해양분지의 열림과 닫힘을 포함한다. 이 과정들은 수백만 년의 긴 세월 동안 매우 천천히 작동한다.

둘째는 지구 궤도변화이다. 태양 주위를 공전하는 지구궤도의 변동으로부터 이루어진다. 이것은 계절과 위도에 의해서 지구가 받는 태양복사의 양을 변동시킨다.

셋째는 태양 활동 세기의 변화이다. 이는 또한 지구에 도달하는 태양복사의 양에 영향을 미친다. 태양 활동의 세기는 지구가 존재한 46억 년에 걸쳐 천천히 증가하였다.

그 밖에 기후에 영향을 미칠 수 있는 네 번째 인자는 인공 강제로 간주되는, 기후에 대한 인간의 효과이다. 이 강제는 농업, 산업, 다른 인간 활동들에 의한 의도하지 않은 부산물에 의한 것으로, 이산화탄소를 포함한 온실기체, 황 입자, 그을음과 같은 물질들이 대기권에 부가된다.

4. 기후시스템 반응

지구 기후시스템의 성분들은 전 지구 평균온도와 지역 온도, 여러 종류의 얼음 면적, 강수량, 바람의 강세와 방향, 해수면과 수심에서의 물의 순환, 식생의 종류와 양에 따라서 광범위하게 변동한다. 이들 기후시스템의 부분 각각은 특성적인 반응 시간에 따른 기후

---

1) Ruddiman, William F., 2008 : *Earth's Climate Past and Future*, 2nd ed., W. H. Freeman and Company, New York. p. 9.

변화를 유도하는 인자들에 반응한다. 반응 시간은 부과되는 변화에 충분히 반응하는 데 걸리는 시간의 측정치이다.

기후시스템의 개개 부분은 특성 반응 시간을 가진다(표 2-1). 이들의 범위는 수 시간 또는 수일에서부터 수천 년까지이다. 대기권은 매우 빠른 반응 시간을 가지고 뚜렷한 변화(일중 가열과 냉각)들이 몇 시간 안에 바로 발생한다. 육지면은 매우 느리게 반응하지만, 수 시간에서 수일 그리고 수 주일의 시간 규모에서 큰 가열과 냉각을 여전히 보여준다. 여름 오후 동안 해변 모래는 너무 가열되어 걷기가 어렵게 만들 수 있지만, 겨울의 토양 상층부는 오랫동안 냉기를 머금어 결빙점에 도달하기도 한다.

액체수는 공기 또는 육지면보다 더 느린 반응 시간을 가진다. 왜냐하면 이것은 훨씬 많은 열을 붙잡을 수 있기 때문이다. 얕은 호수 또는 바람에 의해서 뒤섞이는 해양의 상층 100 m 층의 온도 반응은 수 주일에서 수 개월까지 측정된다. 호수는 계절에 따라 서늘해지지만, 육지면에서 이루어지는 것보다는 그 속도가 빠르지 않다. 대기권의 상호작용으로부터 멀리 떨어져 있는 매우 깊은 해양층인 경우, 반응 시간은 수십 년에서부터 수 세기까지 분포한다.

표 2-1. 여러 가지 기후시스템 성분들의 반응 시간

성분	반응 시간(범위)	예
빠른 반응		
대기권	수 시간에서 수 주	하루 중 가열과 냉각 열파의 점진적인 증강
육지면	수 시간에서 수 개월	상층 지면의 하루 중 가열 한겨울 결빙과 해동
해수면	수일에서 수 개월	수 m 상층 공기의 오후 가열 여름철 가장 온난한 해변 온도의 지연
식생	수 시간에서 수십 년 또는 수 세기	서리에 의한 갑작스러운 잎의 죽음 완전한 발달까지 나무의 느린 성장
바다얼음	수 주일에서 수 년	늦은 겨울 최대 면적 아이슬란드 주변의 역사적인 변화
느린 반응		
산악빙하 심해 빙상	10~100년 100~1,500년 100~10,000년	20세기 광범위한 빙하 쇠퇴 세계의 심해를 대체하는 시간 빙상 주변의 전진 후퇴 전체 빙상의 성장과 파괴

한대 해양 상에 존재하는 바다얼음은 수 개월에서 수 년 동안 수 m 두께 층에서만 성장하고 녹지만, 더 두꺼운 산악빙하들은 수십 년에서 수 세기의 더 긴 시간 동안 반응한다. 현재 남극 대륙을 덮고 있는 것과 같이 수 ㎞ 이상의 두께를 가지는 빙상들은 기후시스템 내에서 가장 느린 반응 시간(수천 년)을 가진다.

이러한 개념은 기후시스템의 유기체 부분인 식생에도 적용된다. 계절에 맞지 않은 서리들은 밤 동안 나뭇잎과 풀들을 죽일 수 있고, 비정상적인 격렬한 동결은 나무의 목질부를 망가뜨릴 수 있다. 이들 반응 시간은 수 시간으로 측정된다. 반면, 계절적인 식생, 즉 봄철 녹색 풍경과 가을 단풍들은 수 주일 또는 수 개월에 걸쳐서 완전히 이루어진다. 새롭게 노출된 지면을 차지하고 있는 개척적인 식생은 전체가 발달하기까지 수천 년 또는 그 이상의 세월이 걸리게 된다. 왜냐하면 씨가 땅에 뿌리를 내리고, 이들이 싹트고, 나무들이 성장하는 데에 긴 시간이 필요하기 때문이다.

5. 기후시스템 내의 되먹임

기후시스템 내의 다른 중요한 종류의 상호작용은 되먹임의 작용이다. 되먹임은 이미 진행되고 있는 기후변화들을 변경하는 과정이다. 여기에서 변화를 증폭시키는 것을 양의 되먹임이라 하고, 변화를 감소시키는 것을 음의 되먹임이라 한다. 그림 2-3은 이들 되먹임이 작용하는 기본 방식을 보여준다.

일부 외부 강제(태양 복사 세기의 변화)가 지구 기후를 변화시킨다고 가정한다. 그러한 변화는 기후시스템의 여러 가지 내부 성분들 가운데서 많은 상이한 반응들로 구성될 것이다. 그러면 이들 성분들의 변화 중 일부는 되먹임의 활동을 통해서 기후를 더욱더 교란하게 될 것이다.

양의 되먹임들은 변화를 시작하는 인자들에 의해 유발되는 것을 넘어서 부수적인 기후변화를 만든다(그림 2-3(a)). 예를 들면, 태양에 의해서 지구로 보내지는 열 에너지량의 감소는 이전에는 눈과 얼음이 덮고 있지 않았던 고위도 지역들을 가로질러 눈과 얼음이 퍼지도록 한다. 눈과 얼음은 맨땅 또는 광활한 해양수보다 더 많은 햇빛(열에너지)을 반사하기 때문에, 눈과 얼음의 면적 증가는 지표면을 통해 받아들여지는 열의 양을 감소하여 그 지역의 기후를 더 한랭하게 한다.

양의 되먹임 과정은 이와 반대로도 작동한다. 만약 태양으로부터 더 많은 에너지가 도달하여 기후를 온난하게 만든다면, 고위도 지역의 눈과 얼음은 퇴각하고 더 많은 햇빛을 흡수하게 된다. 이에 따른 결과는 온난화를 더욱더 만들게 될 것이다. 변화의 방향을 무시한다면, 양의 되먹임은 증폭자로서 작동한다.

음의 되먹임은 기후변화를 감소시키는 반대적인 관념으로 작동한다(그림 2-3(b)). 초기 기후변화가 유발되었다면, 지구의 기후시스템의 일부 성분들의 초기 변화를 감소시키는 방향으로 반응한다.

(a) 양의 되먹임

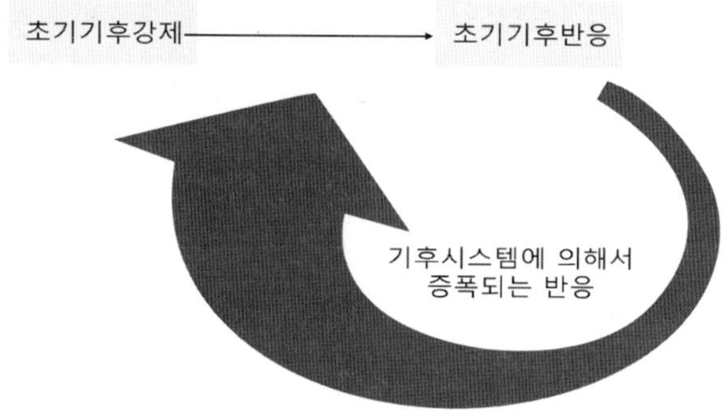

(b) 음의 되먹임

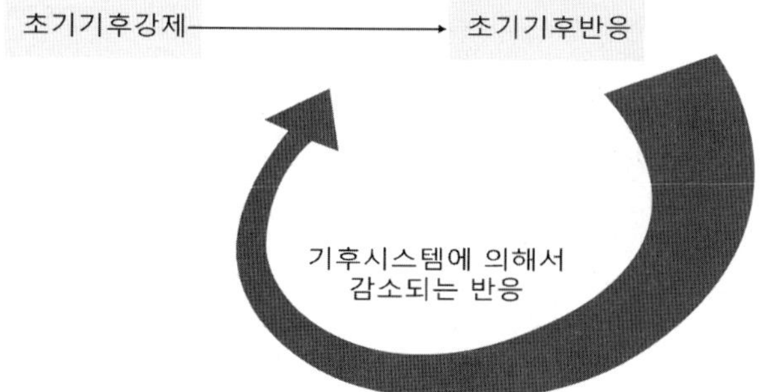

그림 2-3. 기후 되먹임 (a) 기후시스템 내의 양의 되먹임은 초기 외부 요인들에 의해서 기후 변화들을 증폭시킨다. (b) 음의 되먹임은 초기 변화에 대해서 변화들을 이루지 않거나 억제한다.

6. 기후시스템을 연구한 과학자

1) 빙하시대의 존재를 발견한 루이 아가시

스위스 태생 미국 박물학자인 루이 아가시(Louis Agassiz, 1807~1873)는 1807년 5월 28일 스위스 모라 호수기슭인 모티에에서 태어났다. 아가시의 아버지는 신교 목사였는데, 할아버지와 증조할아버지를 포함하여 조상 대대로 6대째 목사인 부유한 가문에서 그는 성장하였다.[2)]

루이 아가시는 어머니인 로즈 메이어(Rose Mayor)로부터 자연 세계를 사랑하는 법을 배웠다. 그의 정식적인 교육은 베른의 북서쪽에 위치한 비엔느의 김나지움에서 시작하여 이곳에서 4년을 다녔다. 그 후 제네바 호숫가의 로잔에서 중등학교를 다녔다. 1824년, 그는 취리히 대학교에 입학하였고, 1826년 독일의 하이델베르크 대학교로 옮겼다. 그는 하이델베르크에서 장티푸스에 걸리는 바람에, 회복을 위하여 스위스로 돌아올 수밖에 없었다. 1827년 독일의 뮌헨 대학교에 등록하여 1829년 뮌헨 대학교와 에르랑언 대학교에서 박사학위(Ph. D.)를 취득하였고, 1830년 뮌헨 대학교로부터는 의학 박사학위를 수여받았다. 아가시는 이 의학박사 학위를 콜레라 발병을 연구한다며 파리로 가는 구실로 삼았다. 하지만 실제로는 유명한 고생물학자인 조르주 퀴비에(George Cuvier, 1769~1832)와 자연지리학의 창시자인 알렉산더 폰 훔볼트(Alexander von Humbolt, 1769~1859)를 비롯해 과학계에 자신을 알리는 기회를 삼았다. 아가시는 퀴비에의 수제자가 되었으나, 1832년 갑작스러운 퀴비에의 죽음으로 스위스로 돌아오게 되었다. 그 무렵, 아가시는 자연과학과 생명과학의 여러 면을 접하여 명성을 얻는 일에 이미 관계하고 있었다. 칼 폰 마르티우스(Karl von Martius, 1794~1868)와 함께 수행한 아가시의 초기 연구에는 아마존 물고기의 화석 연구와 분류가 포함되어 있었다. 이들 연구 결과는 1833~1843년 동안 《물고기 화석 연구》라는 5권짜리 책으로 출판되었다. 그러나 그의 명성은 유럽 대륙과 북아메리카 북부 지방을 빙하로 덮고 있었던 과거 빙하시대의 이론의 성립과 주장에서 찾을 수 있다.

루이 아가시는 1836년 스위스의 과학자인 장 드 샤르팡티에와 이냐스 브네에 의해서

---

2) Allaby, Michael, 2002 : Encyclopedia of Weather and Climate. Vol. 1, Facts on File Science Library, p. 11-13.

과거 광범위하게 덮고 있던 빙하에 의한 흐름의 흔적들에 대한 많은 특징들이 발견된 후 확신을 가지고 빙하시대에 대한 그의 개념을 공식화하였다. 이들 특징들은 화강암 표석, 빙퇴석이란 용어로 불리는 암석 부스러기의 더미, 광택이 나는 암석 표면, 노출된 암석 표면위에 체계적으로 긁힌 줄무늬 자국 등을 포함한다. 1837년에 이르러, 아가시는 남쪽으로는 지중해와 카스피 해까지 유럽 대륙 대부분이 광대한 얼음 평상으로 덮여 있었다는 이론을 주장하였다. 아가시의 주요한 초기 이론의 발표는 1837년 7월 24일 스위스의 뇌샤텔에서 개최된 스위스 자연과학회 연례대회에서 이루어졌다. 후에 이 발표를 '뇌샤텔 강연'이라 불렀다. 이 발표는 당시 상당한 반대에 부딪쳤다. 그러나 아가시는 일관되게 주장을 굽히지 않았고 빙하시대 이론은 급격하게 지지를 받게 되었다. 1839년 초에 이르러 빙하시대 이론은 유럽보다 북미에서 더 각광을 받았고, 이러한 지지를 받자 그는 양쪽 대륙 모두에서 빙하가 존재하였다는 증거들을 확신하게 되었다.

루이 아가시가 비록 광범위한 과거 빙하를 처음으로 가정하지는 않았다 하더라도, 그의 강력한 빙하시대 이론의 주장과 그 자신의 연구로부터 얻게 된 증거들은 19세기 중엽 증대하는 과학적인 승인의 중심이었다. 이 주제에 대한 그의 가장 유명한 연구 업적은 1840년에 출판된 《빙하연구》이다. 여기에는 빙하시대 이론을 상세히 설명할 뿐만 아니라 빙하의 구조, 온도, 색깔, 형성과 이동 그리고 빙하들 사이에서 일어나는 여러 과정들에 대해 설명하였다.

루이 아가시는 빙하 작용에 관한 모든 연구를 요약하여 아르노 기요(Arnold Henry Guyot, 1807~1884), 에두아르 데소르(Éduard Desor, 1811~1882)와 함께 공동 집필한 《빙하의 체계》를 1847년 파리에서 출판하였다. 이 책은 총 3권의 계획 중 첫 번째 책이었다. 여기에는 '빙하, 빙하의 작용, 과거 빙하의 범위, 지구 역사에서 빙하가 수행하는 역할에 대한 연구'라는 부제가 붙어 있었다. 1권에는 빙하의 모양, 빙하작용의 원인, 빙하를 형성하는 기후와 지리조건 등을 포함하여 빙하 전체에 관한 설명이 들어있었다.[3]

루이 아가시는 1846년 프로이센[4] 왕인 프리드리히 빌헬름 4세(Friedrich Wilhelm IV, 1795~1861)[5]의 재정적인 도움으로 미국을 방문하게 되었고, 잠깐은 그의 연구를

---

3) 에드먼드 블레어 볼스 지음(김문영 옮김), 2003 : 아이스파인더. 바다출판사, p. 216
4) 독일 북부에 있었던 왕국(1701~1918)임

계속하였지만 대부분 보스턴의 로웰 연구소에서 일련의 강좌를 펼치게 되었다. 뿐만 아니라 대중적이고 기술적인 강연을 여러 도시에서 행하였다. 강연은 인기를 얻었고, 그는 북미의 자연사를 연구하기 위해서 체재 기간을 연장하였다. 1848년 하버드 대학교의 동물학과 생물학 교수로 지명되었고 그 해 미국 시민권을 취득하였다. 이후 그는 여생을 하버드 대학교에서 대부분 보냈으며, 연구자뿐만 아니라 좋은 선생과 대중 강사로도 유명해졌다.

1866년 8월 12일 루이 아가시는 워싱턴 D.C. 국립과학학술원에서 〈열대지방에 나타나는 빙하의 흔적〉이라는 논문을 발표하였다. 그리고 브라질의 아마존 계곡과 안데스 산맥은 모두 빙하로 덮여 있었으며 빙하시대 이전의 종과 이후의 종 사이에 어떤 물리적인 관계도 있을 수 없다고 주장하였다.[6] 그 후 루이 아가시는 북아메리카 대륙 또한 얼음으로 덮였었다는 증거를 찾았다. 그는 한때 노스다코타 주, 미네소타 주, 마니토바 주에 걸쳐 존재하였지만 지금은 사라진 광대한 호수의 해안선을 추적하였다. 현재 그 호수를 '아가시 호수'라고 부른다. 아가시는 유럽과 북아메리카 대륙에 '대빙하시대'라 부르는 시대가 존재하였다는 것을 명백하게 보여주었다.

루이 아가시는 1858년 연구와 교수를 위해 하버드 대학교에 비교 동물학 박물관(Museum of Comparative Zoology at Harvard)을 조성하였다. 이 박물관은 아가시의 수집품으로 만들어졌고, 그는 1859년부터 사망할 때까지 박물관장을 역임하였다. 아가시는 1873년 매사추세츠 페니키즈 섬에 앤드슨 자연사 학교를 설립하였다. 또한 1863년 미국 국립과학아카데미의 설립에도 큰 영향을 미쳤다. 유럽 중부와 영국, 미국의 동부와 중부, 남아메리카를 망라한 연구 탐험을 시작하면서 그는 지구의 빙하 역사, 지질 역사, 생물 역사에 대한 상세한 자료들을 모았다. 비록 그가 빙하시대 이론에서는 선두 주자이기는 하지만, 그는 또한 1859년 찰스 다윈(Charles Darwin, 1809~1882)에 의해서 제안된 진화이론을 당시 주도적으로 반대한 사람으로 알려지고 있다.

루이 아가시는 많은 명예학위와 상을 받았다. 그중에는 런던에 있는 영국왕립학회의 코플리 상과 영국 지질학회가 수여한 울러스턴 메달이 포함되어 있다.

---

5) 1840년부터 1861년까지 재위함
6) 에드먼드 블레어 볼스 지음(김문영 옮김), 2003 : 아이스파인더. 바다출판사, 286 pp.

루이 아가시는 남아메리카 남부지방을 탐험하고 돌아온 직후인 1873년 12월 12일 미국 매사추세츠 주 케임브리지에서 뇌출혈로 사망하였다. 그는 케임브리지 오번 산에 묻혔다. 그의 묘지 주변에는 아알 빙퇴석이 표석으로 깔렸다. 1915년 루이 아가시는 '위대한 미국인을 위한 명예의 전당'에 봉헌되었다.

2) 대륙이동 이론의 선구자인 알프레트 베게너

독일 기상학자 겸 지구물리학자인 알프레트 베게너(Alfred Wegener, 1880～1930)는 1880년 11월 1일, 독일의 베를린에서 태어났다. 그의 아버지는 성직자이었고 고아원 원장이었다. 베게너는 베를린에서 쾰니시 김나지움을 졸업한 후, 베를린에 소재한 프리드리히 빌헬름 대학교[7]에서 물리학, 천문학, 기상학을 공부하였다. 1905년, 베게너는 프리드리히 빌헬름 대학교에서 율리우스 바우싱거(Julius Bauschinger, 1860～1934)의 지도를 받아 행성 천문학으로 박사학위를 받았다. 그런 다음 그는 기상학에 관심을 가져 베를린 근교 테겔에 있는 로열 프러시아 항공기상대에 취직하였다. 그는 상층 대기를 연구하기 위해서 연을 사용하였고 또한 열기구를 타기도 하였다. 1906년에 그는 형인 쿠르트 베게너(Kurt Wegner, 1878～1964)와 함께 52시간 이상을 기구를 타고 상공에 머물러 있었다. 이것은 당시 항속시간 세계 신기록이었다.[8]

1906~1908년 동안 베게너는 덴마크의 그린란드 내륙 탐사대의 공식 기상학자로 참여하였다. 베게너는 연과 계류기구들을 이용하여 한대 공기를 연구하였다. 1909년 그는 독일로 돌아와서는 마르부르크 대학교에서 기상학과 천문학 강사로 근무하였다. 베게너는 그린란드에서의 기상학 연구 결과를 정리해서 1911년 기상학 교과서인 《대기열역학》이라는 책을 편찬하였다. 이 책은 독일 전역에 표준 교과서가 되었다. 이 책에서 베게너는 얼음 알갱이와 과냉각 물방울이 함께 존재하는 곳에서는 물방울이 증발하여 얼음 알갱이가 성장한다는 것을 지적하였다. 왜냐하면 평형 수증기압이 얼음보다 더 낮기 때문이다. 그는 이것이 구름 속에서 하강할 만큼 충분하게 얼음 알갱이의 형성을 유발하여 낮은

---

7) 현재는 훔볼트 대학교이다.

8) Allaby, Michael, 2002 : Encyclopedia of Weather and Climate. Vol. II, Facts on File Science Library, p. 627-629.

고도로 내려오면 녹아 빗방울이 된다고 제안하였다. 그러나 결코 실제 구름 내에서 그의 아이디어를 시험할 기회를 갖지는 못하였다. 스웨덴 기상학자인 토르 베르셰론(Tor Bergeron, 1891~1977)과 독일 기상학자인 발터 핀트아이젠(Walter Findeisen, 1909~1945)이 이것을 1930년에 실험하여 증명하였다. 이에 베르셰론은 베게너에게 감사의 뜻을 전했으며 이러한 형태의 강수 형성 이론을 보통 베르셰론-핀트아이젠 이론이라 하지만, 때로는 베게너-베르셰론-핀트아이젠 이론이라 부른다.

베게너는 또한 북극지방에서 때때로 태양의 반대편에 볼 수 있는 두 종류의 호(arc)를 최초로 설명한 사람이었다. 이 호는 매우 추운 날 형성되는 얼음 알갱이에 의해서 생긴다. 이것을 현재 '베게너 호'라 부른다.

1910년 이후, 베게너는 대서양 양안의 해안선을 맞추면 거의 일치한다는 점에 흥미를 느끼고 있었다. 드디어 1912년 독일 프랑크푸르트에서 열린 독일 지질학회에서 마르부르크 대학교의 기상학 강사인 베게너는 '대륙이동설'을 논문으로 발표하게 되었다. 하나의 초대륙이 분열하여 오랫동안 이동한 결과 오늘날과 같은 대륙이 이루어졌다는 학설이었다. 즉, 현재에도 오스트레일리아와 남극을 제외한 지구상의 5대 대륙이 서로 천천히 이동하고 있다는 것이다. 그러나 지질학자들로부터 "전문가도 아닌 기상학자가 무슨 뚱딴지 같은 소리를 하는가."라고 격렬한 비판만 받게 되었다.

당시 그가 존경하던 스승은 함부르크 대학교의 유명한 기상학 교수인 블라디미르 쾨펜이었다. 쾨펜은 베게너의 재능을 알고 기상학 외에 너무 산만하게 흥미를 분산시키지 않도록 충고했으나, 대륙이동설에 대한 베게너의 열정과 집념은 끊이지 않았다. 1912년 1월, 베게너는 다시 덴마크 탐험대와 동행하여 두 번째의 그린란드 탐험 여행을 마치고 1913년에 돌아와 스승인 쾨펜교수의 딸인 엘제 쾨펜(Else Köppen)과 결혼하였다. 베게너는 쾨펜과 공동으로 기후의 역사에 관한 책인 《과거 지질시대의 기후》를 출판하였다. 그런 다음, 그는 그린란드로 되돌아갔다.

베게너는 1914년에 일어난 1차 세계대전에 참전하였다가 부상을 당했기 때문에 후방에 있는 측후소에서 근무하였는데, 그 덕분으로 대륙 이동에 대한 연구를 계속할 수 있었다. 그리하여 전쟁 중인 이듬해 그의 대륙 이동이론은 1915년 《대륙과 해양의 기원》이라는 제목의 책으로 출판되었다. 이 책은 그 뒤에도 새로운 내용과 예증을 보강하여 네 차례나 개정되었다. 그의 이론은 후에 판구조 이론으로 발전하였다. 전쟁이 끝난 후 그는 마르부르크로 돌아왔다. 1924년 그는 특별히 그를 위해 자리를 마련한 오스트리아 그라츠 대학교의 기상학과 지구물리학 교수가 되었다.

1930년에 베게너는 만년설의 기후를 조사하기 위하여 21명의 과학자와 기술자로 구성된 연구 팀의 리더로서 그린란드로 되돌아갔다. 그들은 3곳에 기지를 구축하고자 하였다. 위도는 모두 북위 71°이고 각 해안에 하나씩 그리고 중앙에 1곳을 구축하는 것이었으나 악천후로 연기되었다. 7월 15일 그들 중 일부가 내륙에서 403 km 떨어진 지점에 중앙 기지를 설치하기 위해서 떠났다. 그런 다음 날씨가 나빠져 그들에게 라디오 수신기를 포함한 필요한 물품을 공급할 수 없게 되었다. 그러나 그들은 그곳에서 생존하고 있었다. 9월 21일 베게너는 14명을 동반하여 중앙 기지에 공급할 물품을 실은 썰매 15대와 함께 떠났다. 지독한 날씨 조건으로 인하여 베게너, 프리츠 로베(Fritz Lowe), 라스무스 빌룸젠(Rasmus Villumsen)을 제외한 대원들은 포기하고 돌아갔다. 이들 3명은 10월 30일 중앙 기지에 마침내 도착하였다. 로베는 탈진하였고 심한 동상에 걸렸다. 그들은 베게너 50회 생일인 11월 1일까지 충분한 휴식을 취한 다음 로베는 회복하도록 그곳에 남겨두고 베게너와 빌룸젠은 귀환하기 시작하였다. 그들은 결코 베이스캠프에 도달하지 못하였다. 처음에는 그들이 중앙 기지에서 겨울을 나는 것으로 생각하였다. 그러나 그 다음 해 4월이 되도록 나타나지 않아 그들을 찾기 위해 수색대가 출발하였다. 그들은 1931년 5월 12일 베게너의 사체를 발견하였다. 그는 심장마비로 고통받은 것처럼 보였다. 그들은 베게너와 함께 빌룸젠을 함께 매장하여 얼음 블록으로 무덤을 만들어 그 자리를 표시하였다. 그 다음해 그곳을 다시 찾은 수색대는 베게너의 사체는 찾았으나 빌룸젠의 사체는 오랫동안 수색하였지만 아쉽게도 찾지 못하였다.

알프레트 베게너가 대륙이동설의 근거로 삼은 많은 증거는 현대 과학으로 보아도 대부분이 옳은 것이지만 당시 사람들은 그의 이론을 믿지 않았다. 그 근본 원인은 대륙을 이동시키는 원동력을 확실히 밝히지 못했기 때문이다. 오늘날에 와서 베게너의 대륙이동설은 맨틀 대륙설이나 해저 확장설, 판구조론 등에 의해 충분히 설명되고 있다. 대륙이동설을 확인하고 검증하기 위해 평생의 정열을 쏟은 베게너는 1930년에 그의 이론을 키워 준 그린란드의 빙원에서 50세의 나이로 일생을 마쳤다. 안타깝게도 그의 이론이 새로운 학문에 의해 증명되기 20여 년 전의 일이었다. 베게너의 몸속에 들끓고 있던 모험의 피는 대륙이동설을 완성시키기 위해 온갖 분야의 연구에 나서게 했다. 그리하여 미지의 그린란드를 4번씩이나 탐험하여 고층기상이나 빙하에 관한 연구에 온 정열을 바쳤지만, 결국 냉엄한 자연에 목숨을 빼앗긴 것이다. 현재 독일 브레머하펜에 그를 기념하여 알프레트 베게너 극지·해양 연구소(Alfred Wegener Institute for Polar and Marine Research)가 설립되어 있다.

3) 기후구분을 완성한 블라디미르 쾨펜

독일 기상학자 및 기후학자로서 근대기후학의 아버지인 블라디미르 쾨펜(Wladimir Peter Köppen, 1846~1940)은 1846년 9월 25일 러시아의 상트페테르부르크에서 러시아 귀족의 아들로 태어났다. 그의 아버지는 독일 출신의 사학자였다. 크리미아에 있는 학교에 입학한 후, 그는 자연에 매력을 느끼게 되었다. 특히 식물과 기후와의 관련성에 흥미를 가지게 되었다. 그는 상트페테르부르크 대학교에서 식물학을 공부한 뒤, 독일의 하이델베르크 대학교와 라이프치히 대학교에서 수학한 후, 1870년 라이프치히 대학교를 졸업하였다. 그의 박사논문의 내용은 식물 성장에 대한 온도의 영향에 관한 것이었다.[9)]

1872년과 1873년 사이 쾨펜은 러시아 기상대 소속의 중앙 물리 관측소에서 근무하면서 주로 일기도를 작성하였다. 1875년 함부르크에 독일 해양연구소가 창설되었을 때, 그는 해양기상과장으로 초청되어 독일로 귀국하여, 그곳에서 폭풍 경보 등의 일을 맡아 해상의 풍배도를 작성하였다. 그의 주된 관심은 기본적인 기상연구에 있었지만 1879년부터 기상대가 운영됨에 따라 그는 기상대 운영에 집중하였다.

그는 해상에 관한 기후의 체계적인 연구에 전념하였고 또한 연과 풍선을 이용하여 상층 대기를 연구하였다. 이를 위해 그는 연 날리는 시설을 관측소에 설치하였다. 1884년 그는 기후대를 나타내는 초판 기후도를 출간하였다. 그는 이 기후도에 가상적인 대륙을 그렸는데, 그는 이것을 '쾨펜 비트'라 불렀다. 1901년 발표한 식생분포에 따른 세계의 기후구분이었고 1918년에는 이 분류를 다시 개정하여 기온과 강수량도 고려한 기후구분을

9) Allaby, Michael, 2002 : Encyclopedia of Weather and Climate. Vol. I, Facts on File Science Library, p. 323.

완성하여 마침내 1923년에는 세계기후의 분류법으로 유명한 '쾨펜의 기후구분'을 발표하였다. 이것은 세계 각지의 기후를 11개 지역으로 구분하여 그것을 기호로 나타낸 것으로, 간편하기 때문에 아직도 널리 이용되고 있다. 그 후 여러 번의 수정을 거친 최종판은 1936년에 출판되었다.

1919년 그가 정년퇴직한 후, 1924년 사위인 알프레트 베게너가 교수로 근무하고 있던 오스트리아의 그라츠에서 살았다. 1940년 6월 22일 94세의 고령으로 사망할 때까지 저술 활동에 몰두하였다. 수백 편의 기사와 과학 논문 이외에도, 쾨펜은 베게너와 공동으로 1924년 〈과거 지질시대의 기후〉라는 논문을 발표하였다. 이 논문은 빙하기에 대한 밀란코비치 이론에 결정적인 후원을 보냈다. 1931년 그는 《기후과학의 개요》란 책을 편찬하였다. 1927년 그는 5권으로 예정된 《기후학 핸드북》을 편찬하기 위해서 독일 기후학자인 루돌프 가이거(Rudolf Geiger, 1894~1981)와 공동 집필을 시작하였다. 이것은 결코 완성되지 못하였으나 여러 장들은 출판되었는데, 그중 3개장이 쾨펜이 의해서 쓰인 것이다. 1940년 쾨펜 사후, 가이거는 계속 연구를 수행하여 쾨펜 기후구분 시스템에 수정을 가하였다. 그 밖에도 쾨펜은 역의 개량, 에스페란토의 보급에도 힘썼다.[10]

10) http://en.wikipedia.org/wiki/Wladimir_Köppen

온실효과

1. 온실효과가 없는 경우의 지구온도

자연 온실효과는 태양의 가시광선 복사는 투과하나 지구의 열적외선 복사를 흡수하여 재방출하는 자연적인 기체에 의한 하층 대기의 온난화를 이룬다. 온실기체들은 내부의 순온난화를 일으키는 유리집과 같이 아래 공기들을 따뜻하게 한다. 대부분 일사량이 유리집을 투과할 수 있지만 방출하는 열적외선 복사의 일부는 투과시킬 수 없기 때문에, 유리집 내의 공기는 낮 동안 집단(식물 집단과 같은)은 태양 복사를 충분히 흡수하고 열적외선 복사를 재방출한다. 식물과 같이 지구의 표면은 태양복사를 흡수하고 열적외선 복사를 재방출한다. 유리와 같이, 온실효과는 대부분의 태양 복사를 투과시키지만 열적외선 부분은 흡수한다. 지구온난화는 지구의 온도를 증가시키는 것이다. 이것은 자연적인 온실효과에 인공적으로 방출되는 온실 기체와 분진 블랙탄소를 공기 중에 유입시킴으로서 발생한다.

온실기체가 없다면, 일사량과 지구로부터 방출되는 열적외선 복사를 고려한 간단한 복사 평형 모델을 가지고 지구의 온도는 추정될 수 있다. 이 모델은 다른 행성에도 적용할 수 있다. 에너지 평형모델과 지표면에서 관측되는 실제온도 사이의 차이를 온실효과라 가정할 수 있다.

1) 입사 태양복사

태양은 약 5,785 K의 유효 광구온도를 가지고 복사를 방출한다는 것을 보여주었다. 태양의 광구에서 방출되는 에너지 플럭스($J\ s^{-1}\ m^{-2}$ 또는 $W\ m^{-2}$)는 슈테판–볼츠만 법칙에 의해서 계산된다. 태양은 기본적으로 흑체이기 때문에 방출률은 거의 1이다. 광구의 구면 표면적에 에너지 플럭스를 곱하면, 광구에 의해서 방출되는 단위 시간당 총에너지를 구할 수 있다. 여기서 태양의 유효 반지름은 태양 중심에서부터 광구의 꼭대기까지 거리로서 696,000 km이다. 광구로부터 방출되는 에너지는 광구로부터 기원하는 동심원으로 계속하여 확장하는 가장자리로 공간을 통해 전파된다. 에너지 보존법칙이 광구로부터 어떤 거리에서 동심원을 통해 지나가는 단위 시간당 총에너지는 광구에 의해서 방출되는 원래 에너지와 동일해야 하는 항을 요구하기 때문에, 지구와 태양 사이의 거리에 상응하는 반지름을 가진 구를 통해 지나가는 단위 시간당 총에너지를 계산할 수 있다.

지구와 태양 사이의 평균거리는 약 1억 5천만 km이고, 대기권 꼭대기에서의 평균 에너지 플럭스는 1,365 $W\ m^{-2}$이다. 이것을 '태양상수'라 한다. 북반구 겨울(동지)인 12월 22일의 지구와 태양 사이의 거리는 1억 4,700만 km이고 북반구 여름인 6월 22일(하지)의 지구와 태양 사이의 거리는 1억 5,200만 km인 것을 알 수 있다. 이는 지구가 태양을 한 초점으로 하는 타원 궤도를 따라 공전하기 때문이다. 이들 거리를 고려하면, 12월 22일의 경우 1,411 $W\ m^{-2}$이고, 6월 22일의 경우 1,321 $W\ m^{-2}$이다. 따라서 12월 22일과 6월 22일 사이의 지구와 태양 사이의 거리 차이는 3.3 %로서 이에 해당하는 지구에 도달하는 태양 복사 차이는 6.6 %가 된다. 다르게 말하면, 6월 22일보다 12월 22일에 지구에 도달하는 태양 복사가 6.6 % 더 많다는 의미이다.

12월 지구 대기권 꼭대기에 도달하는 태양복사가 과잉 복사임에도 불구하고, 북반구 겨울은 여전히 12월에 시작된다. 왜냐하면 남반구는 태양 쪽으로 경사졌기 때문이다. 지구의 자전축은 태양 주위를 도는 지구 공전 궤도면의 수직선에 대해서 23.5° 기울어져 있다. 이 각을 지구 자전축의 황도경사라 부른다. 지구의 황도 경사의 결과로서 태양 광선은 12월 22일 가장 먼 남쪽 지점인 남위 23.5°을 직각으로 비추고, 6월 22일에는 가장 먼 북쪽 지점인 북위 23.5°을 직각으로 비춘다. 남위 23.5° 위도를 '남회귀선'이라 부르고, 북위 23.5° 위도를 '북회귀선'이라 부른다. 동지와 하지는 각각 1년 중에서 낮의 길이가 가장 짧은 날과 가장 긴 날이다. 3월 20일 무렵(춘분)과 9월 22일 무렵(추분)에는 태양이 적도 위를 직각으로 비추기 때문에 낮과 밤의 길이가 같게 된다.

태양 광선은 12월 남반구 상공에서 대부분 강하고 북반구 낮의 길이는 6월보다 12월이 더 짧기 때문에, 북반구 온도는 지구가 6월보다 12월에 더 많은 복사를 받기는 하지만 6월보다 12월이 더 한랭하다.

태양의 관점에서 보면, 태양의 복사 일부를 흡수하는 지구는 거의 원형 판이다. 따라서 지구에 의해서 받는 입사 복사의 양은 태양상수에 지구의 단면적을 곱하면 된다. 여기서 지구의 반지름은 6,378 km이다. 입사 태양복사의 모든 양을 지구가 흡수하는 것은 아니다. 일부는 눈, 사막, 기타 밝은 지면에 의해서 반사된다. 실제 대기에서는 구름 또한 입사하는 태양 복사를 반사한다. 지표면에 입사되는 에너지에 대해서 반사하는 에너지의 비를 알베도 또는 반사율이라 한다. 표 3-1은 여러 지면 형태의 경우, 가시광선 영역에서의 평균 반사율과 방출률을 제시한 것이다. 표 3-1에서 보면 지표면 반사율과 대기 반사율의 합인 행성 반사율이 0.3이라는 것을 알 수 있다. 지표면의 2/3 이상이 물로 덮여 있다.

표 3-1. 여러 가지 지표면 유형에 따른 지표면의 반사율과 열적외선의 방출률

지표면 유형	반사율	방출률
지표면과 대기권	0.3	0.90~0.98
액체수	0.05~0.2	0.92~0.96
신 적설	0.7~0.9	0.82~0.995
구 적설	0.35~0.65	0.82
두꺼운 구름	0.3~0.9	0.25~1.0
얇은 구름	0.2~0.7	0.1~0.9
바다얼음	0.25~0.4	0.96
빙하	0.20~0.40	0.92~0.97
토양	0.05~0.2	0.9~0.95
풀밭	0.16~0.26	0.9~0.95
삼림	0.10~0.25	0.95~0.97
농경지	0.15~0.25	0.9~0.99
콘크리트	0.1~0.35	0.71~0.9
사막	0.20~0.40	0.84~0.91

이들의 반사율은 0.05~0.2(전형적인 값은 0.08)이다. 이들은 주로 태양의 입사각에 의해서 결정된다. 또한 토양과 삼림은 낮은 반사율을 가지고 있다. 지구와 대기 반사율의 많은 부분은 높은 반사율 가지는 구름과 눈에 기인한다.

지구의 단면적과 지구 반사율(Ae)을 포함시키면, 간단한 에너지 평형 모델 내에서 지구에 의해서 흡수되는 단위 시간당 총에너지는 식 (3.1) 같이 표현된다.

지구에 의해서 흡수되는 단위 시간당 총에너지 = 태양상수 × (1−반사율) × (지구단면적) (3.1)

이러한 입사 복사는 평형온도를 유도하기 위해 지구에 의해서 방출되는 에너지와 반드시 일치해야 한다.

2) 방출 열적외선 복사

지구는 단면적이 아니라 구로서 복사를 방출한다. 지구에 의해서 방출되는 에너지 플럭스는 슈테판–볼츠만 법칙으로 추정될 수 있다. 슈테판–볼츠만의 식을 지구에 적용하고 지구의 표면적을 곱하면, 식 (3.2)로서 지구에 의해서 방출되는 단위 시간당 에너지를 계산 할 수 있다.

지구에 의해서 방출되는 단위 시간당 에너지 = (지구의 열적외선 방출률) × (볼츠만 상수) × (지표면의 평형 온도)^4 × (지구의 표면적) (3.2)

3) 지구의 평형온도

입사 태양복사 식 (3.1)과 제시된 방출 열적외선 복사 식 (3.2)를 등식화하면, 대기가 없는 경우의 지표면 평형온도 255 K를 이끌어 낼 수 있다.

지구의 평형온도 255 K가 물의 결빙 온도보다 약 18 K 낮은데, 이는 지구상의 대부분 생물체가 생존할 수 없다는 것을 보여준다. 다행스럽게도, 실제 지구의 평균 지상 온도는 약 288 K이다. 예측된 평형 온도와 실제온도 사이의 33 K 차이가 지구 대기의 존재를 인식하게 해준다. 대기는 대부분의 입사 태양 복사를 투과시키나 방출 열적외선 복사의 많은 부분을 선택적으로 흡수한다. 흡수된 복사의 일부는 지표면으로 재방출되어 지표면을 온난화시킨다. 지구의 평형 온도보다 33 K 증가된 결과를 자연 온실효과라 한다.

표 3-2. 행성들과 달 표면의 복사 평형온도와 실제온도

행성	태양까지의 거리(10^9 m)	적도반지름 (10^6 m)	표면압력 (hPa)	주요 대기권 기체 (체적혼합비)	반사율	평형온도 (K)	실제온도 (K)
수성	57.9	2.44	2×10^{-15}	헬륨(0.98), 수소(0.02)	0.11	436	440
금성	108	6.05	90	이산화탄소(0.96), 질소(0.034), 수소(0.001)	0.65	252	730
지구	150	6.38	1	질소(0.77), 산소(0.21), 아르곤(0.0093)	0.30	255	288
달	150	1.74	2×10^{-14}	네온(0.4), 아르곤(0.4), 헬륨(0.2)	0.12	270	274
화성	228	3.39	0.007	이산화탄소(0.95), 네온(0.027), 아르곤(0.016)	0.15	217	218
목성	778	71.4	> 100	수소(0.86), 헬륨(0.14)	0.52	102	129
토성	1,427	60.3	> 100	수소(0.92), 헬륨(0.08)	0.47	77	97
천왕성	2,870	26.2	> 100	수소(0.89), 헬륨(0.11)	0.51	53	58
해왕성	4,497	25.2	> 100	수소(0.89), 헬륨(0.11)	0.41	45	56

표 3-2는 여러 행성들의 실제온도로부터 계산된 평형 온도를 비교한 것이다. 표 3-2에서 살펴보면, 실제온도와 평형온도 사이의 차가 가장 큰 행성은 금성이다. 금성의 지상온도는 평형온도보다 470 K 더 높다. 금성은 지구보다 입사 태양 복사를 더 많이 받고 금성의 온도는 지구온도보다 더 높다. 그 결과 만약 금성 표면에 액체수와 얼음이 존재하였다 하더라도, 이들은 각각 녹았을 것이고 증발되었을 것이다. 태양으로부터 강력한 원자외선

복사에 노출된 수증기는 수소 원자와 수산화 라디칼로 광분해 되었다. 시간이 지남에 따라, 수소 원자는 금성의 중력장을 벗어나 공간으로 탈출함에 따라 수증기를 재결성하는 대기의 능력을 감소시키게 되었다. 금성의 표면이 증발로부터 모든 액체수를 잃게 됨에 따라서, 이산화탄소[CO_2(g)]를 분해시키고 변환시키는 메커니즘이 존재하지 않게 되었다. CO_2(g)의 혼합비가 증가함에 따라, CO_2(g)는 더 많은 열적외선 복사를 흡수하여 대기를 가열시켜 물의 응결과 CO_2(g)의 제거를 방해하게 되었다. 금성에서 발생하는 거의 끝없이 이루어지는 양의 되먹임 순환을 '탈주 온실효과'라 한다. 오늘날 금성의 기압은 지구의 지상 기압보다 90배 높고, 금성의 주요 대기 성분은 CO_2(g)이다.

또한 표 3-2는 수성, 달, 화성, 명왕성이 대기가 얇아 온실효과가 미비하다는 것을 보여주고 있다. 이들 행성들의 대기가 얇은 이유는 중력장이 약해 가벼운 기체들이 공간으로 탈출했기 때문이다. 화성의 지상 기압은 지구의 1 % 정도지만, 화성의 CO_2(g) 분압은 지구의 약 20 배이다. CO_2(g)는 비교적 무거운 기체이기 때문에, 화성 대기로부터 전체가 탈출하지 못하였고, 화성에 해양이 없기 때문에 CO_2(g)가 용해에 의해서 제거될 수 없었다. 일부 CO_2(g)는 화성 극들에서 드라이아이스 상태로 계절적으로 퇴적되었다. 드라이아이스는 온도가 194.65 K로 한랭할 때 기체상에서 형성되는 고체 이산화탄소이다. CO_2(g)의 양에도 불구하고, 화성은 작은 온실 효과만을 가진다. 왜냐하면 화성은 낮은 지상온도로서 열적외선 복사를 방출하기 때문에 복사량이 적고, 대기 중에 수증기를 포함하고 있지 않기 때문이다.

2. 온실효과와 지구온난화

온실기체들은 입사 태양 복사들은 비교적으로 투과시키지만 적외선 복사의 어떤 파장에 대해서는 통과시키지 않는다. '상대투과'라는 용어는 모든 온실기체들이 원자외선을 흡수하기 때문이다. 이외에도 오존은 UV-B와 UV-C를 강하게 흡수하고 가시광선 복사는 약하게 흡수한다. 수증기와 이산화탄소는 태양 근 적외선 복사를 흡수한다. 그러나 온실기체들은 지구 대기권 꼭대기에 입사하는 총 태양 복사의 아주 적은 부분에만 영향을 미친다.

자연 온실효과는 주로 수증기, 이산화탄소, 메테인, 오존, 아산화질소, 염화메틸인 배경 온실기체들의 존재에 의한 지구 대기의 온난화이다. 자연 온실효과는 288 K의 지구 평균 지상온도와 255 K인 평형온도 사이의 차인 약 33 K에 대한 반응이다. 자연 온실효과가 없다면, 지구의 지상온도는 약 255 K가 되기 때문에 너무 한랭하여 대부분의 생물체가 살지 못하게 된다. 따라서 자연 온실효과는 이로운 것이다. 인공적인 배출은 온실기체와 분진 상의 블랙카본(black carbon; BC)[1]의 혼합비를 증가가 지구온난화를 일으킨다. 온실기체들은 태양복사를 투과시키고 열적외선 복사를 흡수하는 반면, BC는 태양복사를 강하게 흡수하고 열적외선 복사는 약하게 흡수한다. 따라서 온실기체들과 분진 상의 BC 모두는 공기를 온난하게 하지만, 메커니즘은 다르다. 지구온난화는 인공적인 온실기체와 BC의 배출의 결과로 자연 온실효과 이상으로 이루어지는 지구 온도의 증가이다.

표 3-3은 가장 중요한 온실기체가 수증기라는 것을 보여주고 있다. 수증기는 자연 온실 온난화로 일어난 33 K 온도 상승의 89 %를 설명한다. 이산화탄소는 두 번째로 중요하고 양이 많은 온실기체로서 자연 온실효과의 7.5 %를 설명하고 있다. 자연 산불에 의해서 발생하는 주요 자연원인 블랙카본은 자연 온실효과의 오직 0.2 %만 책임을 지는 것으로 추정된다.

표 3-3. 1800년대 중반 이후 온실기체와 블랙카본에 의한 온도 변화에 대한 자연 온실효과와 지구온난화의 추정된 백분율

화합물	화학식	현재 총 대류권 혼합비(ppmv) 또는 첨가량(Tg)	현재 총 혼합비 또는 첨가량의 자연 백분율	현재 총 혼합비 또는 첨가량의 인공 백분율	자연 온실효과에 의한 온도 변화의 백분율	지구 온난화에 의한 온도 변화의 백분율
수증기	$H_2O(g)$	10,000	> 99	< 1	88.9	0
이산화탄소	$CO_2(g)$	370	75.7	24.3	7.5	46.6
블랙카본	C(s)	0.15~0.3 Tg	10	90	0.2	16.4
메테인	$CH_4(g)$	1.8	39	61	0.5	14.0
오존	$O_3(g)$	0.02~0.07	50~100	0~50	1.1	11.9
아산화질소	$N_2O(g)$	0.314	87.6	12.4	1.5	4.2
메틸클로라이드	$CH_3Cl(g)$	0.0006	100	0	0.3	0
CFC-11	$CFCl_3(g)$	0.00027	0	100	0	1.8
CFC-12	$CF_2Cl_2(g)$	0.00054	0	100	0	4.2
HCFC-22	$CF_2ClH(g)$	0.00013	0	100	0	0.6
사염화탄소	$CCl_4(g)$	0.00010	0	100	0	0.3

1) 천연가스, 기름, 아세틸렌, 타르, 목재 따위가 불완전 연소할 때 생기는 그을음을 말한다.

그림 3-1은 적외선 파장에서 여러 온실기체들에 의한 흡수 백분율을 나타낸 것이다. 수증기는 0.7~8 μm 그리고 12 μm 이상 여러 파장에서 강한 흡수체로 작용한다. 이산화탄소는 2.7~4.3 μm 그리고 13 μm 이상 파장들에서 강하게 흡수한다. 그림에서 보면, 8~12 μm에서 열적외선 복사 흡수가 적게 나타난다는 것을 알 수 있다. 이 파장 영역을 '대기의 창'이라 부른다.

대기 창 내에서 기체들은 지구의 방출 열적외선 복사에 대해서 비교적 투명하여 이것이 공간으로 탈출하도록 허용한다. 지구 대기의 자연 기체들 중의 하나인 오존과 염화메틸은 대기의 창 내에서 복사를 흡수한다. 아산화질소와 메테인은 대기의 창 변두리에서 흡수한다. 대기 창 영역에서 흡수하는 어떤 기체의 혼합비 증가는 전 세계 지상온도를 증가시키게 될 것이다.

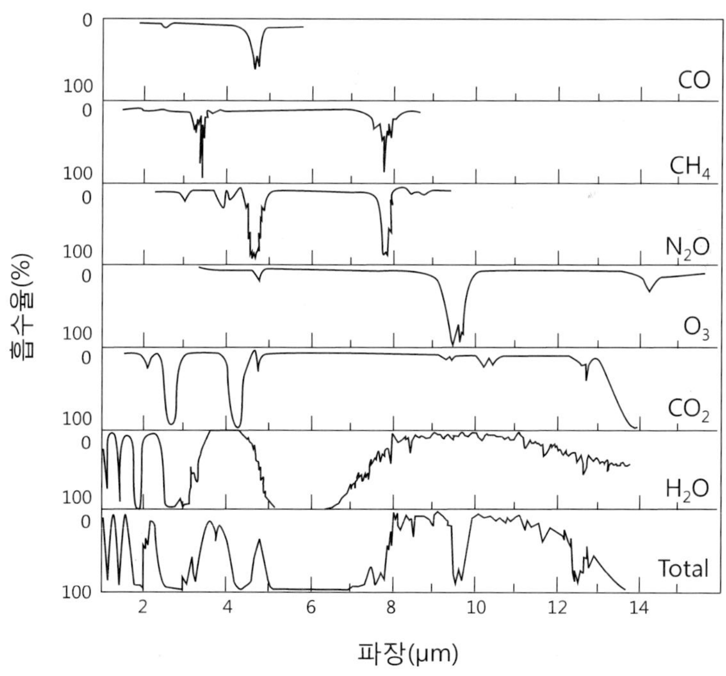

그림 3-1. 적외선 파장에서 온실기체들에 의한 복사의 흡수 백분율

3. 지구온난화의 원인

아레니우스 시대 이후, 이산화탄소가 지구온난화의 첫 번째 선도적인 원인으로 인식되었고, 메테인은 두 번째 주도적인 원인이라고 생각되었다. 실제 기후 되먹임 연구에 의하면, 이산화탄소가 지상부근의 지구온난화의 원인이라고 지적되고 있다. 지상부근의 지구온난화의 두 번째 선도적인 원인은 메테인이 아니라 분진 상의 BC라고 지적되었다. BC는 석탄, 디젤 연료, 제트 연료, 천연가스, 등유, 바이오매스 연소 동안에 방출된다. 표 3-3에서 살펴보면, BC가 오늘날 지상부근 지구온난화의 16 %를 책임지고 있음을 알려주고 있다. 이산화탄소는 지구온난화의 47 %를 책임지고 있다.

비록 이산화탄소가 인공적으로 방출되는 것 중 가장 양이 많고 중요한 것으로 지구온난화의 효과를 대변하지만, 다른 기체들도 열적외선 복사를 흡수하는데 더 유효하고 그러한 기체들의 방출 증대도 지구온난화에 기여한다. 메테인 분자는 이산화탄소 분자보다 복사를 흡수하는 능력이 약 25배 정도이다. 아산화질소와 CFC-11 분자들은 이산화탄소 분자들보다 각각 270배와 12,500배 더 흡수하는 능력을 가진다. 따라서 만약 지구온난화를 치료하고자 한다면, 모든 온실기체들을 조절하는 것이 중요하다.

1800년대 중반 이후, 이산화탄소, 메테인, 아산화질소의 대류권 혼합비는 각각 30 %, 143 %, 14 % 증가하였다. 이들 기체들은 대기권 하부에서 비교적 잘 혼합된다. BC 농도는 훨씬 먼 과거로 추적되지는 않았지만, 배출 자료는 산업혁명 이전부터 대기 중에 부과된 블랙카본의 변화를 추정하도록 하였다. 오늘날 BC의 반은 화석연료로부터 기원되었고 나머지 반은 바이오매스 연소로부터 기원되었다. 오늘날 화석연료 BC의 100 %와 바이오매스 연소 BC의 80 %가 인공적이기 때문에 총 블랙카본의 90 %가 인공적이다. 1850년 당시 산불로부터 주로 이루어지는 바이오매스 연소는 오늘날의 약 절반이었다. 이와 마찬가지로 화석연료 연소 이전 블랙카본 배출은 오늘날의 약 25 %였고 그러한 모든 연소는 자연적이었다.

19세기 시작 이후 BC의 화석연료 배출은 증가하였다. BC의 주요 생성원인 석탄 연소된 양은 1800~1900년 그리고 1900~1990년 동안 전 세계적으로 각각 1년에 1천만 ton에서 10억 ton으로, 1천만 ton에서 50억 ton으로 증가하였다. 미국 단독으로도 석탄 생산은

1984~1999년까지 25 % 증가하였고 No. 2 디젤 연료와 제트 연료의 정유로 인해 각각 60 %와 57 % 증가를 가져왔다. BC는 입자 성분이기 때문에 기체 분자들보다는 훨씬 더 무겁다. 블랙카본의 대기 중의 생존시간은 온실기체들보다 더 짧고 공간 분포도 더 넓게 변동한다.

역사적인 이산화탄소와 메테인 자료는 얼음코어 측정으로 기원한다. 모든 경우 가장 최근의 자료는 지상 관측소 측정으로부터 기원한다. 1958년 미국의 대기화학자인 찰스 킬링(Charles David Keeling, 1928～2005)은 하아이 주 마우나로아 관측소에서 이산화탄소의 농도를 추적하기 시작하였다.

시간에 따른 이산화탄소, 메테인, 아산화질소의 대류권 농도 증가의 원인은 그들의 인공 배출 율 증가이다. 1750~1997년까지 이산화탄소의 인공 배출량은 270,000 Tg[2) 이상이었다. 배출량의 반은 1970년대 이후에 발생되었다. 1997년 배출량은 6,593 Tg/yr로서 1996년의 배출률보다 1.2 % 증가한 것으로, 배출률이 가장 큰 해였다. 액체와 고체 연료 연소가 1997년 인공 이산화탄소 배출량의 77.6 %를 설명하였다. 시멘트 생산과 가스 소각(gas flaring)[3)]은 이산화탄소 총 배출량의 5 % 미만을 차지하였다.

이산화탄소의 기타 인공 생성원은 바이오매스 연소와 삼림벌채이다. 바이오매스 연소는 상록수림, 낙엽활엽수림, 삼림지대, 초원, 농업지대 등을 여러 가지 목적으로 태우는 것을 말한다. 삼림벌채는 목재를 위해서 숲을 벌목하는 것과 농장과 가축 방목을 위한 공간을 만들기 위해서 숲을 태우는 것을 말한다. 숲을 태우게 되면, 이산화탄소가 배출된다. 숲이 태워지거나 나무가 베어지거나 간에, 이들의 손실은 이산화탄소를 유기물질로 변환하는 광합성을 방해한다. 바이오매스 연소율은 남아메리카, 아프리카, 인도네시아의 열대우림에서 높다. 미국과 캐나다 일부의 북서 태평양지역과 전 세계 삼림지역에서 목재 생산을 위한 숲의 벌목 또한 일반적이다. 바이오매스 연소와 삼림벌채로 인해 이산화탄소가 전 세계적으로 1,800 Tg-C/yr에서 3,700 Tg-C/yr로 나타났다. 따라서 삼림벌채는 이산화탄소의 연 인공 총 배출의 1/50에서 1/30을 설명한다.

삼림벌채는 생육할 수 있는 땅이 사막으로 변환하는 사막화의 한 메커니즘이다. 사막화

---

2) 테라그램(teragram); 1 Tg = 10^6 미터 톤 = 10^{12} g

3) 석탄 광산과 유정으로부터 방출되는 자연기체의 연소이다.

는 또한 과도한 방목으로도 이루어지는데 이것은 사하라 사막의 경계 지역의 문제로서 계속적으로 확산되고 있다. 사막화는 지구의 알베도를 증가시키고 지면의 비열을 감소시킨다. 사막 모래는 숲 또는 식생보다 반사를 더 발생하므로 기후를 한랭하게 하는 경향을 가지는 하나의 요인이다. 반면 모래는 나무들보다는 더 낮은 비열을 가지기 때문에 또한 기후를 온난하게 할 수 있다. 온도에 대한 사막화의 순 효과는 불분명하다.

1860~1994년 동안 여러 가지 발생원으로부터 인공적인 메테인의 배출량 증가를 나타내었다. 이 기간 동안 총 인공 메테인 배출은 29.3 Tg/y에서 371 Tg/yr까지 증가하였다. 1994년 인공 메테인 배출의 가장 큰 배출원은 목축업이었다. 목축업은 최근 들어 쌀농사보다 선도적인 메테인 배출원으로 등장하였다.

아산화질소의 인공 배출량도 또한 19세기와 20세기에서 증가하였다. 아산화질소는 대부분은 거름과 하수 내의 박테리아에 의해서 방출되고 바이오매스 연소와 화석 연료 연소 동안에도 방출된다.

1930년대와 1940년대, $CFCl_3(g)$(CFC-11), $CF_2Cl_2(g)$(CFC-12), $CF_2ClH(g)$(HCFC-22), $CCl_4(g)$를 포함하고 있는 합성염소화합물들이 산업용으로 개발되었다. 이들 화합물들은 성층권 오존 파괴뿐만 아니라 온실기체로서도 기여하였다. CFC-11, CFC-12, HCFC-22는 대기의 창 내에서 열적외선을 흡수한다. 사염화탄소[$CCl_4(g)$]는 대기 창의 상단부에서 흡수한다. 최근 연구에 의하면, CFC-12와 사염화탄소는 감소하는 추세에 있는 반면, HCFC-22, 다른 HCFCs, HFCs들은 증가하고 있다. HFCs와 플로린을 포함하고 있는 육플루오르화황[$SF_6(g)$]과 퍼플루오르메테인[$C_2F_6(g)$]는 대기의 창에서 강한 흡수체로 작용한다. 따라서 이들 화합물의 증대는 관심의 대상이 되고 있다.

4. 지구온난화 연구의 역사적인 국면

지구를 온실로 고려한 최초의 과학자는 프랑스의 수학자이며 물리학자로서 열전도와 확산을 연구한 것으로 유명한 장 푸리에이다. 1827년 푸리에는 대기가 태양의 '밝은 광선(light ray)'은 통과시키나 지면으로부터의 '검은 광선(black rays)'은 보유하는 성질을 가지는 유리와 같이 행동한다고 제안하였다.

대기 중의 어떤 기체는 열적외선 복사를 선택적으로 흡수한다는 것을 최초로 인식한 사람은 빛과 작은 입자들 사이의 상호작용을 연구한 것으로 유명한 아일랜드 실험물리학자인 존 틴들이었다. 1859년 1월 시작으로 틴들은 복사열을 연구하였다. 그는 산소, 질소, 수소들이 완전히 복사열을 투과한다 하더라도 다른 기체들 특히 수증기, 이산화탄소, 오존 등은 비교적 불투명하다는 것을 발견하였다. 후에 그는 이들 기체들의 농도가 변하게 되면 이는 기후에 영향을 미칠 것이라고 예견하였다. 이는 현재 우리에게 '온실효과'라고 알려진 것을 최초로 제안한 것이다.

1869년, 틴들은 '틴들 효과'라 불리는 것을 발견하였다. 그는 액체를 통과하는 빛의 방법을 연구하고 있었고 빛이 용액 또는 순수한 용제를 통하여 통과하는 경우에는 빛을 볼 수 없으나 빛줄기를 콜로이드 용액 속에서는 볼 수 있다는 것을 발견하였다. 이러한 사실은 콜로이드 입자들은 볼 수 없으나 빛을 산란시킬 만큼 입자가 충분히 크다는 것을 제시하는 것이었다. 이런 사실로부터 대기 중의 입자들도 또한 빛을 산란시킬 수 있고 대기 분자들은 붉은색보다는 푸른색 빛을 더 산란시켜 파란 하늘을 일으키는 이유가 된다는 사실이 알려지게 되었다. 1871년 레일리 경(Lord Rayleigh, 1842~1919)은 이러한 가정이 옳음을 증명하였다. 틴들은 런던 대기의 오염을 측정하는 데 이런 효과를 사용하였다. 또한 그는 대기 속에 미생물이 포함될 수 있다는 것을 예견하였고, 1881년에는 아주 미세한 필터로 대기를 여과시킨 경우에도 박테리아 포자가 존재한다는 것을 증명하였다. 이것은 생명체가 동시에 발생한다는 자연발생설을 반박하는 것이었고 병원체 질병 이론을 주장한 루이 파스테르(Louis Pasteur, 1822~1895)의 아이디어를 지지한 것이었다.

틴들은 많은 분야에 관심을 가지고 있었다. 그는 훌륭한 등반가였다. 그는 몽블랑(4,813 m)을 여러 번 등반하였고, 바이스호른(4,515 m)을 최초로 등반한 사람이었다. 1849년 그와 헉슬리는 알프스 산맥에서 여름휴가를 보내기 시작하였다. 이로 인하여 그들은 빙하의 움직임에 대한 논문집인 《빙하의 운동과 구조에 관하여》를 출판하였다. 그는 또한 많은 과학 기구들을 발명하였다. 그는 정부 조언자로사 활동하고 광산과 여러 산업 재해의 원인을 규명하는 데 도움을 주면서 시민 활동을 활발하게 하였다. 그는 특히 해상에서의 안전에 관여하였다.

지구온난화의 이론을 최초로 제안한 사람은 스웨덴의 물리화학자인 스반테 아레니우스이다. 1896년 아레니우스는 최초로 대기 중의 이산화탄소 농도가 증가하면 세계적인 기온상승을 가져올 수 있다는 내용의 논문인 〈공기 중의 탄산이 지구의 온도에 미치는 영향에 관해서〉[4]를 발표하였다. 그는 이산화탄소에 의한 에너지 흡수를 고려한 최초의 과학자는 아니었다. 최초의 과학자는 프랑스 수리물리학자인 장 푸리에였다. 아레니우스는 앞서 가졌던 추측을 정량화시켰다.[5]

만약 대기 중의 이산화탄소의 농도가 변하게 될 때, 이산화탄소가 가지는 효과는 무엇인지에 대해서 아레니우스는 계산하였다. 그는 각 계절과 각 해에 대해서 북위 70°부터 남위 60°까지 매 10°로 13개의 위도대 별로 평균 온도의 변화를 밝혀내었다. 그는 만약 대기 중의 농도가 19세기 말에 실제 존재하였던 농도 값의 67 %, 150 %, 200 %, 250 %, 300 %가 될 때 각 위도대, 각 계절, 전년에 걸친 온도가 어떻게 될까에 대해서 밝혔다. 그는 대기 중의 이산화탄소 농도가 2배로 될 경우, 연 평균 온도가 적도에서는 4.95 ℃, 북위 60°에서는 6.05 ℃ 증가한다고 계산하였다. 이것은 이산화탄소 농도가 2배가 될 때 2 ℃ 온도 증가를 이룰 수 있다는 최근 연구결과보다는 더 높게 추정된 것이지, 이론은 여전히 타당하다. 또한 아레니우스는 이산화탄소의 감소가 빙하시대의 발생 원인이라는 이론을 세웠다. 이 이론은 부정확하였다. 왜냐하면 지구 궤도의 변화가 빙하시대를 책임졌기 때문이다. 빙하시대 동안 이산화탄소 농도의 감소는 온도 변화의 원인이라기보다 그것의 효과였다.

1938년 잉글랜드 과학자인 가이 캘런더(Guy Callendar, 1898~1964)는 과거 반세기 동안 대기 중에 이산화탄소가 1,500억 ton이 유입되어 그 기간 동안 지구 기온이 매년 0.005 ℃ 증가하였다고 계산하였다. 따라서 그는 기후변화에 관한 이산화탄소 이론인 '캘런더 효과(Callender effect)'를 주창하였다.[6]

미국 지구화학자 겸 대기화학자인 찰스 킬링(Charles David Keeling, 1928~2005)은 1928년 4월 20일, 미국 펜실베이니아 주 북동부 스크랜튼에서 태어났다. 킬링은 1948년에

---

4) Arrhenius, S., 1896 : On the influence of Carbonic Acid in the Air upon the Temperature of the Earth. *Philosophical Magazine*, vol. 41, pp. 237–271.

5) Allaby, Michael, 2002 : Encyclopedia of weather and climate. Vol. 1, pp. 40–42. Facts On File, Inc.

6) Fleming, James Rodger, 2007 : The Callendar Effect–The Life and Work of Guy Stewart Callender (1898–1964). AMS. 155 pp.

화학으로 일리노이 대학교에서 학사학위를 받았고, 1954년에 노드웨스턴 대학교[7]에서 화학으로 박사학위를 취득하였다.[8]

킬링은 1956년 캘리포니아 대학교 샌디에이고 스크립스 해양연구원에 들어가 사망할 때까지 해양학 교수로 재임하였다. 킬링은 스크립스 해양연구원에 근무하면서, 1961년부터 1962년까지 스웨덴 스톡홀름 대학교 기상연구소의 구겐하임 펠로로 파견되었다. 그리고 킬링은 1969년부터 1970년까지 독일 하이델베르크 대학교 제2 물리학 연구소의 객원교수로 근무하였고, 1979년부터 1980년까지 스위스 베른 대학교의 물리학 연구소에 객원교수로 근무하였다.

킬링은 현재 '킬링 곡선'으로 널리 알려진 자료세트를 만들었던 매우 정확한 측정 방법으로 대기 중의 이산화탄소의 증가를 최초로 확인하였다. 그의 조사 이전에는, 화석연료의 연소와 여러 산업 활동으로부터 방출된 이산화탄소가 대기 중에 축적될 것인가 아니면 완전히 해양과 육지 상의 식생지역에 흡수될 것인가에 대해서 알지 못하였다. 그는 연소로부터 발생한 이산화탄소 중에서 대기 중에 체류하는 것의 양을 처음으로 명확하게 측정하였다. 대기 중의 이산화탄소의 증가를 나타낸 킬링 기록은 1958년부터 하와이 주 마우나로아[9]와 다른 청정 공기 지역(남극관측소, 알래스카 주 바로우 포인트)에서 측정된 것으로 이들은 전 세계 변화의 연구를 위한 가장 중요한 시계열 자료세트라고 많은 사람들이 믿고 있는 것이다. 그림 3-2는 1958년부터 미국 하와이 주 마우나로아 관측소와 남극 남극점 관측소[10]에서 관측된 월 평균 이산화탄소의 농도 변화를 비교하여 나타낸 곡선이다.

킬링의 주요 관심 영역은 탄소의 지구화학과 자연에서 탄소 순환을 강조하는 대기화학의 또 다른 면을 포함하고 있다. 킬링은 이런 분야의 연구에서 국제적인 선도자였고 또한 화석연료의 연소를 통한 대기권의 변화와 토지 이용의 변화에 대한 연구와 탄소 순환과 기후변화 사이의 복잡한 관련성에 관한 연구를 수행하였다. 킬링은 또한 해수중에 용해되어 있는 탄소의 극도로 정확한 측정을 수행함으로써 이산화탄소의 대기 중의

7) 1851년 시카고에서 20km 떨어진 일리노이 주 에반스톤에 존 에반스에 의해 설립
8) The Scripps Institution of Oceanography, 2005 : Obituaries. Charles David Keeling(1928–2005).
9) 19°32′N, 155°35′W
10) 89°59′S, 24°48′W

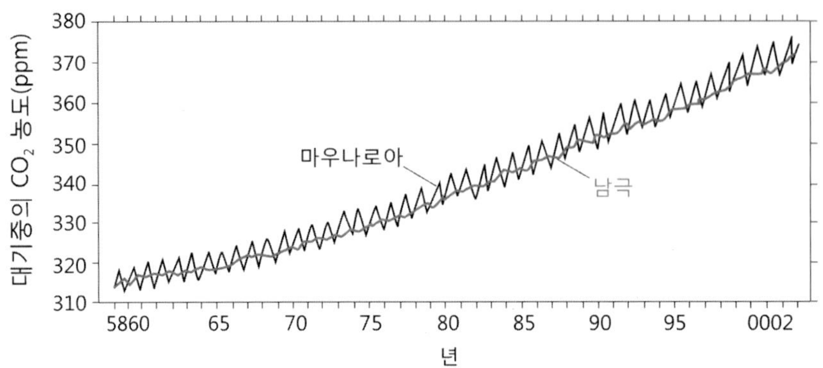

그림 3-2. 이산화탄소 농도의 변화 미국 하와이 주 마우나로아 관측소와 남극 남극점 관측소에서 1958년부터 측정한 이산화탄소 월별 농도의 변화를 비교하여 나타낸 것이다.[11)]

농도를 조절하는 해양의 역할을 연구하였다. 그는 죽을 때까지, 조석 효과와 같은 기후과학의 선구자로서 연구했을 뿐만 아니라 이산화탄소에 대한 연구에 전념하였다.

킬링은 또한 탄소 순환 모델링에 전념하였다. 1996년, 킬링은 스크립스 해양연구원의 동료들과 함께 대기 중의 이산화탄소에서 북반구 계절순환의 진폭이 증가하고 있다는 점을 밝혔다. 이는 성장계절이 더 일찍 시작한다는 결론에 대한 독립적인 지지를 보내는 것으로 아마도 이는 지구온난화의 반응일 것으로 생각되었다.

1981년, 킬링은 오랜 기간 대기 중의 이산화탄소 농도의 측정으로 대기 중의 이산화탄소의 농도가 계통적으로 증가하고 있다는 것을 밝힌 기본적이고 탁월한 업적으로 'AMS Second Half Century Award'를 수상하였다.

1991년 킬링은 미국지구물리연합의 모리스 유잉(William Maurice Ewing, 1906~1974) 메달을 수여받았다. 또한 1993년 킬링은 일본 과학위원회와 아사히 재단으로부터 푸른 행성 상(Blue Planet Prize)을 받았다. 1997년, 킬링은 당시 부통령인 얼 고어(Albert Arnold Gore Jr., 1948~)가 개최한 백악관 의식에서 40년 동안 마우나로아 관측소와 연결된 대기 이산화탄소를 모니터한 탁월한 과학적인 업적을 기려 특별 공로상을 수여받았다. 2002년 조지 워커 부시(George Walker Bush, 1946~) 대통령은 일생 동안 과학연구에

11) Wallace, John M. and Peter V. Hobbs, 2006 : *Atmospheric Science : An Introductory Survey*. Academic Press, 2ed., 483 pp.

서 공로가 있는 사람에게 수상하는 최고의 상인 국가과학메달 수상자로 킬링을 선정하였다. 국가과학재단은 백악관에 제출한 글을 통해 수상자 선정 이유로 "찰스 킬링이 전 지구 기후변화를 연구하는 데 가장 중요한 자료를 수집하여 기후 변화에 이산화탄소가 미치는 영향에 대한 선구자적인 연구를 수행한 점을 높이 평가하였다."고 밝혔다. 그의 국가과학메달의 수상의 영광으로 인해 샌디에이고 프레스 클럽은 킬링을 과학 분야의 '올해의 저명인사'로 선정하였다. 2005년 4월 찰스 킬링은 환경과학 분야에서 세계에서 가장 탁월한 상으로 고려되는 환경공로상인 타일러 상을 수상하였다.

킬링은 해양과 대기 중의 이산화탄소에 관한 2개의 국제 콘퍼런스를 개최하였고 이와 유사한 수많은 모임의 발표자로서 참석하였다. 그는 거의 100편의 연구 논문의 저자였다. 20년 동안 그는 국제 기상학·대기물리학연합의 대기화학과 전 세계 오염에 관한 위원회의 위원으로 세계기상기구의 이산화탄소 조정 중앙 연구소의 과학 담당 소장으로 근무하였다. 찰스 킬링은 심근경색으로 고생한 후 2005년 6월 20일, 몬태나의 자택에서 사망하였다.

과거 기후변화

46억 년 전 지구가 생성된 이후, 지구의 기후는 주기적으로 온난에서 한랭으로 바뀌었고 다시 되돌아가기도 하였다. 때로는 극적으로 전개되기도 하였다. 아주 오래전 퇴적암 내에 보존된 화석들은 열대 식물과 동물들의 집단들이 한때는 현재 기후는 서늘하고 온화한 유럽과 다른 지역 내에 번창하였다는 증거를 제공한다. 1.6 km 두께를 가지는 빙상들이 단지 20,000년 전에 북미 대륙의 많은 부분을 덮고 있었다. 현재는 건조 사막이지만, 약 8,000년 전 북아프리카 사하라 지방은 수많은 습지와 호수들이 분포하였고 해안가에 인간 주거지도 점점이 흩어져 있었다.

과거 수천 년 동안 매우 작은 기후변화들이 인간 문명에 크게 영향을 주었다. 불과 1,000년 전, 바이킹 정착민들은 '그린란드(Greenland)'로 부른 온화한 지역을 식민지화하기 위해서 특히 온화하고 온난한 기간의 장점을 살렸다. 그린란드로부터 그들은 북아메리카 대륙의 일부 지역을 탐험하였고 얼마간 정착하였다. 이 무렵 중앙아메리카의 위대한 마야 문명이 붕괴되었다. 기후변화와 장기간의 가뭄이 마야 문명의 급작스럽고 신비로운 붕괴를 설명하는 여러 가설 중의 하나이다.[1] 1816년 유럽은 '여름이 없는 해'를 경험하였고, 광범위한 농작물 수확 실패는 식량 부족을 초래하여 이는 정치적인 불안을 가져왔다.[2] 그 해

1) NOAA, 2002 : National Oceanic and Atmospheric Administration Paleoclimatology Program.
2) Gore, A., 1993 : Chapter 3, Climate and Civilization Earth in the Balance : Ecology and the Human Spirit. New York : Plume Publications, pp. 56-80.

미국 뉴잉글랜드에서는 6월에 눈이 내렸다. 이전 지구 한랭 기간의 직접적인 원인은 인도네시아에서 발생한 일련의 대형 화산 폭발이다. 이들은 대기권에 엄청난 양의 먼지를 방출하였고 지구에 도달하는 햇빛의 양을 감쇠시켰다. 비록 한랭화의 정도는 전 지구적으로 평균하면 미비하지만, 그것의 효과는 극적으로 나타났다. 동아프리카인 경우, 과거 1,000년 동안 공문서와 구전으로 전해온 역사에 의하면, 국지 문명은 강수량이 더 많았던 기간 동안에는 번영하였고 가뭄 기간 동안에는 어려움을 겪었다.[3)]

현재로부터 150년 이전의 기후변화는 온실기체의 인공 배출 이전에 발생한 것이다. 우리는 과거 기후변화를 조사함으로서 미래기후에 대해서 많은 것을 얻을 수 있다. 과거 기후의 극값은 무엇인가? 그러한 변화를 유발한 것은 무엇인가? 과거 기후변화가 인간을 포함한 식물과 동물의 개체 수에 어떤 영향을 미쳤는가? 과거 기후변화를 사용하여 미래 기후의 예측 모델들을 확인하고 시험할 수 있는가? 여기에서 이들 의문들에 대해서 설명하고 과거기후를 연구하는 고기후학[4)] 분야에 대해서 알아보고자 한다.

1. 과거 기후변화

기후변화는 시간에 따라 발생하고 변화의 정도는 조사하고자 하는 시간 규모에 의존한다. 최근 10년간의 변화들은 과거 수백만 년 동안의 변화와 비교해 볼 때 별로 중요하지 않다. 컴퓨터 모델들이 인간이 배출하는 온실기체들이 21세기에 어떻게 기후를 변화시킬지에 대한 예측에 사용된다. 이 예측 결과를 설명하기 위해서, 우리는 먼저 과거 기후 변화들이 어떻게 대기권의 화학을 변경하였고 지구상의 식물과 동물들에 영향을 미쳤는지를 먼저 조사해야만 한다. 기후변화는 '6개 주요 기간'이란 용어로 설명될 수 있다.[5)]

첫째, 뚜렷한 한랭화 경향이 광합성 유기물의 출현과 함께 10억 년 전에 발생하였다.

---

3) Verschurem, D., K. R. Larid, and B. F. Cummings, 2000 : Evidence for decoupling of atmospheric CO_2 and global climate during the Phanerozoic eon. *Nature*, 408, 698-701.

4) Crowley, Thomas J., and Gerald R. North, 1991 : *Paleoclimatology*. Oxford, Oxford University Press. 360 pp.

5) Kutzbach, J., 1989 : Historial perspectives : climatic changes throughout the millennia. In : DeFries, R. S. and T. F. Malone, eds. Global Changes and our Common Future. Washington, DC. National Academy Press, 50-61.

대기권은 비교적 높은 이산화탄소 농도를 가지고 있었고, 온실효과 때문에 지구는 온난하였다. 그러나 광합성 식물의 등장으로 인하여 이산화탄소는 대기권으로부터 제거되었고 유기 탄소로 저장되었다. 이것이 대기권의 열 가두는 능력을 저하시켜, 뚜렷한 한랭화 경향이 나타나게 되었다.

둘째, 수억 년 전, 지구는 지각 이동, 대륙 이동, 화산 폭발을 포함한 강력한 구조 활동의 기간을 경험하였다. 지각으로부터의 방대한 양의 이산화탄소 방출은 온실효과를 증대시켜 현재보다 평균 5 ℃ 이상 온도가 높아지게 하였다. 생물다양성이 크게 증가하였지만, 이 후 적어도 뚜렷한 종의 절멸이 5번의 기간에 걸쳐서 나타났다.

셋째, 약 1억 년 전, 구조 활동이 가라앉게 되었다. 이산화탄소의 방출이 감소하고 대기권의 온실 효과가 줄어들게 됨에 따라서, 기후는 또 다시 더 한랭하게 되었다.

넷째, 과거 수백만 년 동안, 더 짧은 기간 변동하게 된 한랭과 온난의 교차가 수만 년의 규모로 발생하였다. 태양에 대한 지구의 궤도 모양의 자연적인 섭동 패턴으로 나타나는 빙하기와 간빙기 주기들이 존재한다.

다섯째, 이 후 1,000년 미만의 더 작은 크기의 주기들이 발생하였다. 이들 주기들은 태양 활동의 변화와 관련성이 있는 것으로 생각되지만, 잘 이해되고 있지 않다.[6] 비록 그 주기는 작지만, 그들은 인간 문명에 중요한 영향을 미쳤다. 예를 들면, 약 1,100년 전 최고점에 도달한 '중세 온난기' 동안에는 포도원이 남부 잉글랜드에 번창하였고 바이킹족은 얼음이 없는 바다를 통하여 북아메리카 대륙으로 건너갔다. 약 200년 전에서부터 600년 전(공통기원 1400~1800년)까지 발생한 '소빙하기'는 중위도 지방에 극심한 겨울을 빈번하게 발생시켰다. 한랭한 여름은 농작물을 파괴시켰고, 유럽 일부에서는 기아가 발생하였다.

마지막으로, 과거 150년 전 동안 지구 평균온도는 약 0.8 ℃ 증가하였고 더 높은 위도에서는 수 ℃ 증가하였다. 온도 변화의 크기는 작지만, 그 증가율은 지구의 긴 역사에서 전례가 없는 것이다. 따라서 지구는 약 ± 1~6 ℃의 주기적이고 자연적인 기후 섭동을 받고 있다. 우리는 현재 온난한 간빙기에 살고 있고, 지구는 약 14만년 동안 온난하게 유지되고 있다.

---

6) Struiver, M. and P. D. Quay, 1980 : Changes in atmospheric carbon-14 attributed to a variable Sun. *Science*, 207, 11-19.

1) 지구기원~5억 7,000만 년 전

그림 4-1은 지구의 지질시대 시간 규모를 나타낸 것이다. 지구의 형성은 46억 년 전에 이루어진 이후, 지상 기온은 매우 들쭉날쭉하였다. 45억~40억 년 전 동안, 지상 기온은 지구 핵으로부터 지표면까지의 에너지 전달에 의해서 높아졌다. 마그마 해양을 생성시킴으로써 기온이 오늘날 보다 300~400 ℃ 이상으로 높아지게 만들었다.[7] 그 기간 동안 운석 충돌에 의해 방출된 에너지는 또한 지표면 온도를 높이는 데 기여하였다.

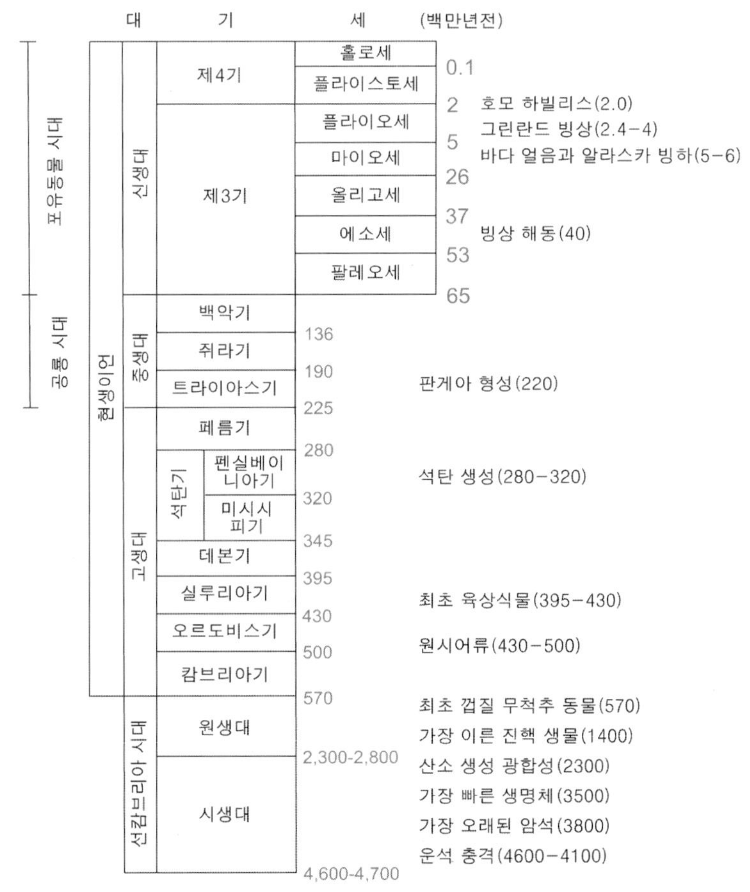

그림 4-1. 지질 연대표 지구 형성 이후 중요한 사건들로서 나이는 백만 년 전 단위이다.[8]

---

7) Crowley, T. J. and G. R. North, 1991 : *Paleoclimatology*. Oxford University Press, New York. 349 pp.

8) Crowley, T. J., 1983 : The geologic record of climatic change. *Rev. Grophys. Space Phys.*, 21, 828–877.

45억~25억 년 전 사이인 시원대 동안, 태양복사 강도는 오늘날보다 20~30 % 더 낮았다. 그러나 마그마 해양이 지각을 형성한 40억 년 전~38억 년 전 이후, 기온은 오늘날 15 ℃에 비교하여 58 ℃만큼 더 높았다. 지각 형성 이후 높은 기온과 결합되는 낮은 태양 강도는 희미한 '젊을수록 어두운 태양 역설'로서 관련된다.[9] 높은 온도의 원인은 증대된 온실효과로 생각할 수 있다. 지각과 맨틀의 응결 동안, 기체 방출 특히 이산화탄소와 수증기 방출이 발생하였다. 많은 수증기들은 응결하여 해양을 형성한 반면, 대부분의 이산화탄소는 공기 중에 머물렀다. 산소 시대 이전(23억 년 전)의 지구 대기는 체적 당 10~80 %의 이산화탄소를 함유하고 있었다. 시원대 동안 이산화탄소의 분압은 0.01~0.1 atm이었다. 이는 현재 값보다 30~300배 많은 양이다.[10] 이산화탄소의 높은 분압은 온실효과를 증대시켰다.

시간이 지남에 따라, 화학적 풍화작용으로 이산화탄소는 탄산염을 함유한 암석으로 변환되었다. 탄산염 형성은 이산화탄소를 에너지 생성원으로 사용하는 시아노박테리아와 다른 독립영양 박테리아에 의해서 증대되었다. 죽은 시아노박테리아가 쌓여 탄산 물질들이 얇은 판자 모양으로 결합된 구조를 형성한 것을 '스트로마톨라이트'라 한다. 스트로마톨라이트는 보통 온난 지역의 천해에서 발견되고 일부는 아직도 여전히 형성되고 있다.

25억 년 전~5억 7,000만 년 전까지의 원생대 동안, 2단계의 대륙 빙하 작용이 발생하였다. 첫째 단계는 25억 년 전에 일어났고 둘째 단계는 9억 년 전에서 6억 년 전에 걸쳐 발생하였다.[11] 빙하작용은 비교적 낮은 태양 강도와 결합되어 나타나는 낮은 이산화탄소 분압에 기인하였다. 2개의 빙하작용 사이 기간 동안, 지구상에는 어느 곳에도 얼음이 존재하지 않았다. 두 번째 빙하작용 기간 동안, 암석 분석에 의하면 저위도의 대륙 바닥에 얼음이 형성되었다.[12] 바다얼음이 저위도 지방에서 존재했다는 증거가 없기 때문에, 지구 전체가 얼음으로 덮였다고는 볼 수 없다.[13] 고생대(5억 7,000만 년 전~2억 2,250만 년 전)와 중생대

9) Ulrich, R. K., 1975 : Solar neutrinos and variations in the solar luminosity. *Science*, 190, 619-624.
10) Pollack, J. B. and Y. L. Young, 1980 : Origin and evolution of planetary atmosphere. *Ann. Rev. Earth Plan. Sci.*, 8, 425-428.
11) Frakes, L. A., 1979 : *Climates Throughout Geologic Time*. Elsevier Science & Technology, Amsterdam. 310 pp.
12) Williams, G. E., 1975 : Late precambrian glacial climate and the Earth's obliquity. *Geol. Mag.*, 112, 441-465.
13) Crowley, T. J. and G. R. North, 1991 : *Paleoclimatology*. Oxford University Press, New York. 349 pp.

(2억 2,250만 년 전~6,500만 년 전)의 많은 부분을 차지하는 5억 7,000만 년 전과 1억 년 전 사이, 지구의 기후는 온화했지만 2개의 중요한 빙하작용에 방해를 받았다.

2) 5억 7,000만 년 전~1억 년 전

5억 7,000만 년 전~4억 6,000만 년까지, 전 세계 이산화탄소 농도는 현재 값의 13~14배 정도였고, 해수면은 항상 높았고 북반구는 북위 30° 이상에서는 물로 덮여 있었다. 높은 이산화탄소 농도와 해수면은 온도가 이 기간 동안 높았다는 것을 제시하는 것이다.

4억 4,000만 년 전 무렵, 고생대의 첫 번째 빙하작용이 지구상의 많은 부분에서 발생하였지만, 이산화탄소 분압은 여전히 현재 값보다 10년 전배가 높았다. 이러한 역설의 원인은 아직도 불분명하다. 고생대 데본기(3억 9,500만~3억 4,500만 년 전까지)동안, 육상 식물이 증가하여 대륙 알베도가 10~15 % 정도 감소하여[14] 기온이 높아지면서 빙하를 녹게 만들었다. 광합성에 의해 이산화탄소를 흡입하는 식물은 온난화를 억제하였다. 고생대 동안 두 번째 빙하작용은 석탄기(3억 4,500만 년 전~2억 8,000만 년 전까지)에서 시작하였다. 이 빙하작용은 1억 년 동안 지속되었고, 해수면이 낮아졌다.

고생대 페름기(2억 8,000만 년 전~2억 2,500만 년 전), 중생대 트라이아스기(2억 2,500만~1억 9,000만 년 전까지) 또는 쥐라기(1억 9,000만 년 전~1억 3,600만 년 전) 동안 기온은 온난하였고 빙하작용도 없었다. 트라이아스기인 2억 2,000만 년 전 무렵, 대륙들은 마침내 함께 뭉쳐져 초대륙인 '판게아'를 형성하였다. 이 시기 이후, 대륙들은 천천히 분열되고 떨어져 이동하여 현재의 대륙 분포를 가지게 되었다. 판게아의 기후는 현재보다 더 건조하고 더 온난하였다.[15]

3) 1억 년 전~300만 년 전

중생대 백악기(1억 3,600만 년 전~6,500만 년 전)와 제3기(6,500만 년 전~200만 년 전) 초기 동안인 1억 년 전과 5,000만 년 전 사이, 지구 기온은 다시 온화해졌고, 지구상에는

---

14) Posey, J. W. and P. F. Clapp, 1964 : Global distribution of normal surface albedo. *Geofis. Int.*, 4, 33-48.

15) Crowley, T. J. and G. R. North, 1991 : *Paleoclimatology*. Oxford University Press, New York. 349 pp.

빙하가 전혀 없었다. 백악기 중반 기간(1억 2,000만 년 전부터 9,000만 년 전까지) 온도는 현재 이상으로 올라갔다. 이 기간이 전 세계에 얼음이 존재하지 않은 마지막 기간이다. 해수면은 상승하여 대륙의 약 20 %를 덮게 되었다.[16)]

백악기 말기(6,500만 년 전)에 공룡을 포함한 모든 식물과 동물 종의 75 %가 사라지게 되었다. 이러한 멸종을 '백악기-제3기 멸종(K-T extinction)'이라 하며, 이는 10 km의 소행성이 지구를 강타하여 생긴 것으로 알려지고 있다.[17)] 소행성 충돌설은 K-T 전이에 대응하고 있는 지표면 아래에 존재하는 점토층 내에서 광범위하게 분포하는 이리듐 원소의 존재로서 뒷받침을 받고 있다. 비록 이리듐이 하와이 화산 폭발 플룸에서도 측정되기는 하지만,[18)] 하와이 화산 폭발 플룸들은 이리듐이 전 세계적으로 분포할 수 있는 성층권까지 투과하지는 못하는 것으로 알려지고 있다.[19)] 현재 K-T 경계에서 이리듐 층에 대한 가장 적절한 설명은 소행성과 같은 지구 밖에 관한 것이다. 소행성 충돌은 대규모의 먼지 구름을 발생하여 수 주일에서 수개월 동안 햇빛을 차단하여 지상 온도를 10 ℃ 낮추었을 것으로 생각된다. 지상 온도의 감소는 생물체 멸종으로 반응하게 되었다. 일부 멸종은 K-T 전이 기간 이전에 발생했기 때문에, 소행성 충돌설은 여전히 논쟁의 대상이 되고 있다.

온도는 중생대 백악기부터 신생대 제3기 팔레오세(6,500만 년 전~5,300만 년 전)까지 계속하여 한랭하게 되었다. 팔레오세 후기부터 에오세(5,300만 년 전~3,700만 년 전) 초기까지 온도는 급격하게 증가하였다. 5,500만 년 전~5,300만 년 전까지, 온도는 신생대 어떤 다른 시간보다 더 높았다. 그러나 이는 중생대 후기 백악기 동안보다는 더 낮았다. 에오세 초기 온난화가 시작됨에 따라 심해 퇴적물 내의 탄소 함량은 감소하였다. 이는 이산화탄소의 증가를 지적하는 것이다.[20)] 온난화의 시작 동안 노르웨이-그린란드 해가

16) Barron, E. J., J. L. Sloan and C. G. A. Harrison, 1980 : Potential significance of land-sea distribution and surface albedo variations as a climatic forcing factor : 180 m.y. to the present. Palaeogeog. *Palaeoclim. Palaeoecol.*, 30, 17-40.

17) Alvarez, L. W. and W. Alvarez, F. Asaro, and H. V. Michel, 1980 : Extraterrestrial cause for the Cretaceous-Tertiary extinction. *Science*, 208, 1095-1108.

18) Zoller, W. H., J. R. Parrington, and J. M. Phelan Korta, 1983 : Iridium enrichment in airborne particles from Kilauea Volcano : January 1983. *Science*, 222, 1118-1121.

19) Crowley, T. J. and G. R. North, 1991 : *Paleoclimatology*. Oxford University Press, New York. 349 pp.

20) Berner, R. A., A. C. Lasaga, and R. M. Garrels, 1983 : The carbonate-silicate geochemical cycle and its effects on atmospheric carbon dioxide over the last 100 million years. *Am. J. Sci.*, 283, 641-683.

열리게 되었다.[21] 이런 사실과 다른 지구조 변화 활동은 화산활동을 증대시키는 결과를 낳았고 이에 따라 대기 중의 이산화탄소 농도를 증가시키도록 하였다.

에오세 초기 온도 최대에 뒤따라, 나머지 기간(5,000만 년 전~300만 년 전)은 지구한랭화가 일어났다. 이 기간 동안, 대륙은 더 높은 위도로 이동하였고 이에 따라 육지의 평균 온도는 낮아지게 되었다. 급격한 한랭 사건이 에오세 후기인 4,000만 년 전에서부터 3,800만 년 전 무렵에 발생하였고 이에 따른 멸종은 신생대 동안 가장 큰 멸종 중의 하나로 기록되고 있다.

신생대 얼음은 현재 남극빙상의 밑부분을 형성한 4,000만 년 전 무렵에 남극대륙 상에서 처음으로 등장하였다. 빙상은 오랜 기간 동안 광범위한 구역에 걸쳐 넓고 두꺼운 빙하 얼음이 덮고 있는 것을 말한다. 만약 바다얼음이 육지와 인접하여 위치한다면, 빙상은 또한 바다얼음의 꼭대기에서도 형성된다. 빙하는 눈의 치밀 과정과 재결정 과정을 통하여 형성된 거대한 육지 얼음 덩어리이다. 빙하는 그 자신의 무게에 따라 천천히 아래 경사면 또는 모든 방향으로 바깥쪽으로 흐르게 된다. 바다얼음은 해수가 결빙되어 형성된 것을 말한다. 오늘날 남극은 남극횡단산지를 경계로 하여 동 남극빙상과 서 남극빙상으로 덮여져 있다. 로스 해와 육지 상에 자리 잡고 있는 서남극빙상은 오로지 대륙에서만 덮여있는 동남극빙상보다는 크기가 매우 작다.

신생대 제3기 올리고세(3,700만 년 전~2,600만 년 전) 동안, 에오세 동안 시작된 온도 감소 경향을 계속하였다. 남극 얼음 면적은 확장 되었다. 마이오세(2,600만 년 전~500만 년 전) 초기 동안인 2,600만 년 전에서부터 1,500만 년 전까지 온도는 일시적으로 안정되었다. 1,500만 년 전부터 1,000만 년 전까지 온도는 떨어져 남극 얼음 면적은 증가하였고 해수면은 낮아졌다. 이러한 온도 하강은 해수 연직 혼합의 변화에 기인한 이산화탄소 농도의 감소로 인해 발생하였다.[22]

플리오세(500만 년 전~200만 년 전) 초기 500만 년 전부터 400만 년 전까지 온도는 약간 회복되어 남극빙상의 크기를 감소시켰다. 비록 북반구의 많은 부분들이 플리오세

21) Talwani, M. and O. Eldholm, 1977 : Evolution of the Norwegian-Greeland Sea. *Geol. Soc. Am. Bull.*, 88, 969-999.

22) Crowley, T. J. and G. R. North, 1991 : *Paleoclimatology*. Oxford University Press, New York. 349 pp.

초기 동안에 온난하였지만, 계절적인 북극해 바다얼음과 알라스카 위의 빙하들이 500만 년 전에서 600만 년 전에 최초로 형성되어 그 이후 지속되었다.[23] 260만 년 전부터 240만 년 전까지 급격한 온도 하강이 발생하였고 이로 인해 그린란드 북부지방에는 나무가 사라졌고, 툰드라는 시베리아로 확장되었다. 그린란드 빙상은 이러한 한랭기 동안에 형성되었다. 어떤 사람들은 그린란드 빙상의 형성 시기를 300만 년 전에서 400만 년 전으로 제안하기도 한다.[24]

4) 300만 년 전~2만 년 전

과거 300만 년은 북반구 빙상의 전진과 후퇴로서 특징지어진다. 플리오세 후기와 신생대 제4기 플라이스토세(200만 년 전~1만 년 전) 초기 동안 빙상의 전진과 후퇴의 변동이 약 4,000년의 주기로 발생하였다.[25] 과거 70만 년 동안 그러한 빙상의 전진과 후퇴는 약 10만 년 주기로 발생하였다. 10만 년 주기의 원인은 밀란코비치 주기로 설명할 수 있다.

밀란코비치 주기는 지구 온도의 주기적인 변화와 플라이스토세 동안 빙하의 전진과 후퇴에 의해서 나타난다. 이와 마찬가지로, 밀란코비치 주기는 또한 온도의 변화에 상관되어 이산화탄소와 메테인의 변화에 반응해야만 한다. 온도가 증가하면 해수 내의 이산화탄소 용해도가 감소하게 되고, 대기 중에 유입되는 이산화탄소는 증가하게 된다. 온도 변화는 또한 해수의 연직 혼합율, 식물 플랑크톤에 의한 영양소 흡입률, 대륙붕의 침식률을 변화시켜 이산화탄소의 혼합비에 영향을 미치게 한다. 온도 변화로부터 발생하는 미생물 활동의 변화는 온도와 메테인 사이의 상관관계를 설명하게 해준다(그림 4-2).

---

23) Clark, D. L., R. R. Whitman, K. A. Morgan, and S. D. Mackey, 1980 : Stratigraphy and glacial-marine sediments of the Amerasia Basin, central Arctic Ocean. *Geol. Soc. Am. Spec. Pap.*, 181.

24) Leg 105 Shipboard Scientific Party, 1986 : High-latitude palaeoceanography. *Nature*, 230, 17-18.

25) Shackleton, N. J. and N. D. Opdyke, 1976 : Oxygen isotope and paleomagnetic stratigraphy of Pacific core V28-239 late Pliocene to latest Pleistocene. In Investigation of Late Quartenary Paleoocenography and Paleoclimatology, Cline R. M. and Hays J. D., eds., Geol. Soc. Am. Mem., 145, Geol. Soc. Am., Boulder, CO, pp. 449-464.

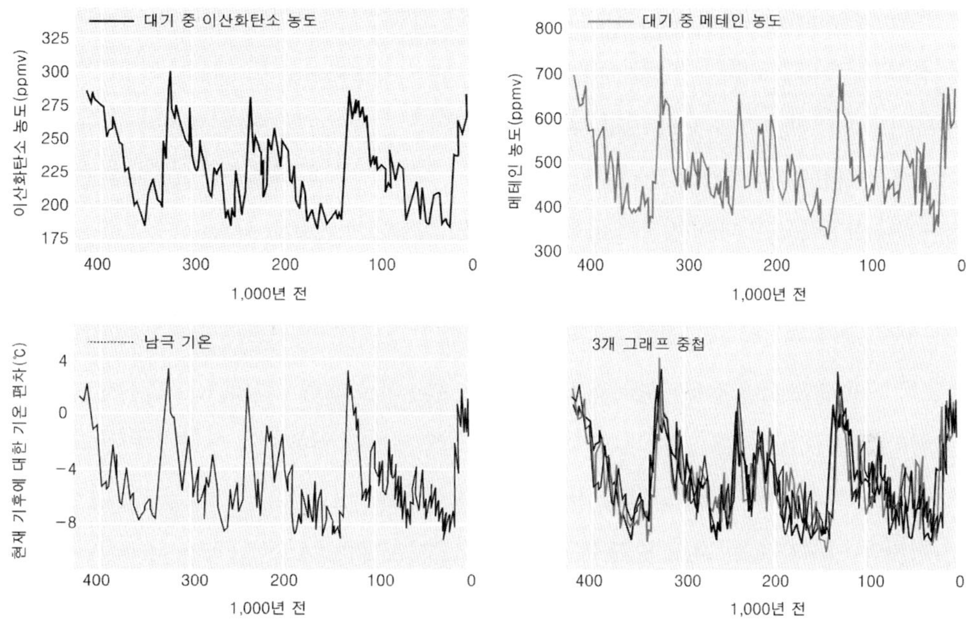

그림 4-2. 45만 년 동안 보스토크 얼음코어로 분석한 자료 대기권 내의 이산화탄소, 메테인, 남극기온의 변동으로 오른쪽 아래 그림은 3개의 그래프를 중첩한 것이다.[26)]

온도 최소가 약 15만 년 전에 발생했다. 그 무렵, 빙하는 미국에서는 위스콘신 주까지 확장되었고 유럽에서는 아주 남쪽까지 확장할 수 있었다.[27)] 온도는 약 13만 년 전에서 증가하여 빙하를 녹게 하였다. 남극 대륙의 온도는 오늘날보다 2~3 ˚C 올라갔다. 지구 공전 궤도의 이심률이 증가함에 따라, 온도는 다시 한랭하게 되었고 새로운 빙하작용의 주기를 일으키게 되었다. 이 기간 동안(최종 빙하기), 2개의 주요 빙하작용 단계가 발생하였다. 첫째는 11만 5,000년 전에 시작하였고 두 번째는 7만 5,000년 전에서 시작하였다. 두 번째 단계는 약 6,000년 전까지 계속되었다.

---

26) Burroughs, William, 2003 : *Climate Into the 21st Century*. World Meteorological Organization. Cambridge, Cambridge University Press. p. 66.

27) Kukla, G. J., 1977 : Pleistocene land-sea correlations. I. Europe. *Earth Sci. Rev.*, 13, 307-374.

5) 2만 년 전~9,000년 전

최종 빙하 최대(최종 빙하시대)는 2만 2,000년 전에서 1만 4,000년 전까지 발생하였다. 북아메리카 동부, 유럽 서부 또는 알프스 산맥 상에서 빙하작용이 있었는지 없었는지에 따라서 고려될 때, 빙하작용 최대를 위스콘신, 바이크젤 또는 뷔름이라 부른다. 최대 동안, 북미에 덮여있던 빙상을 로렌타이드 빙상이라 부르고, 유럽 북부의 많은 부분을 덮고 있던 빙상을 페노스칸디안 빙상이라 부른다. 이들 빙상은 약 3,000~4,000 m 두께를 가졌고 약 120 m 해수면 감소를 가져왔다.[28] 해수면 감소는 시베리아와 알라스카를 연결할 만큼 충분하여 베링 육교를 만들었다. 이 육교는 사람들로 하여금 아시아에서부터 북미로 이주하도록 허용하였고 결국에는 중미와 남미까지도 이주하도록 허용하였다. 로렌타이드 빙상은 서쪽 로키산맥으로부터 동쪽 대서양까지 확장되었지만 남쪽으로는 단지 미주리 주와 오하이오 계곡까지만 확장되었다.

마지막 빙하기 동안 온도는 북반구에서는 오늘날보다 약 4 ℃ 더 낮았고, 남극에서는 현재보다 8 ℃ 더 낮았다. 마지막 빙하기 동안, 남극 얼음 면적은 북극해 얼음 면적이 확장된 바와 같이 확장되었다. 열대지방에서는 강수가 감소하였고 이에 따라 내륙 호수와 강의 수면이 낮아졌다. 전 세계적으로 지상 부근의 바람은 오늘날보다 20~50 % 더 강하였다. 이산화탄소 혼합비는 약 200 ppmv으로서 이는 현재 값의 거의 1/2 정도였다. 메테인 혼합비는 현재값의 20 % 정도인 0.35 ppmv이었다.

그림 4-2는 2만 년 동안 북반구와 남극의 보스토크 얼음코어로부터 추정된 온도 변화를 보여주고 있다. 얼음 코어 자료에서 살펴보면, 남극의 온도는 1만 7,000년 전과 1만 1천 년 전 사이에는 증가하였다. 이 기간 동안 1만 3,500년 전과 1만 2,000년 전 사이 휴지기가 있었다. 온도 증가는 밀란코비치 주기 변동에 의해서 이루어졌다. 이것은 1만 6,000년 전에서 1만 7,000년 전에서 시작된 남극의 얼음 용융을 이루도록 하였다.[29]

북반구에서 발생한 온도 상승과 빙하쇠퇴는 1만 7,000년 전 무렵에서 시작된 남극에서 이루어진 것과 동일한 시기에 시작되었다. 처음에 북반구 빙하쇠퇴는 천천히 일어났다.

---

28) CLIMAP Project Members, 1984 : The last interglacial ocean. *Quart. Res.*, 21, 123-224.
29) Jones, P. D. and L. D. Keigwin, 1988 : Evidence from Fram Strait (78°N) for early deglaciation. *Nature*, 336, 56-59.

1만 3,000년 전부터 1만 2,000년 전까지 일어난 급격한 온도 증가가 빙하쇠퇴를 촉진시켰다. 1만 2천 년 전 부근, 온도가 약간 떨어진 후 1만 900년 전에서 갑자기 떨어지기 시작하였다. 이러한 강한 한랭화를 '영거 드라이아스 한랭기'라 부르는데 1만 100년 전까지 지속 되었다. 드라이아스는 북극지방에서 피는 꽃의 이름이다. 영거 드라이아스 한랭기는 1만 2,100년 전에서부터 1만 1,950년 전까지 발생한 '올더 드라이아스 한랭기'를 뒤따랐다. 영거 드라이아스 한랭기는 빙하로부터 많은 양의 용융수 방출 때문에 나타나는 대기 순환의 변화에 기인된 것으로 생각되고 있다. 빙하후퇴 기간 동안 용융수의 폭발은 워싱턴 주 동부 지방의 컬럼비아 대지에 홍수를 발생시켰다. 이 홍수는 역사상 가장 큰 홍수로 알려지고 있다. 40개 이상의 유사한 용융수의 폭발이 이 기간 동안 발생하였다.[30] 이 중 일부는 북대서양으로 흘러 들어갔다.

영거 드라이아스에 뒤따라, 온도는 다시 증가하였다. 대부분의 북반구 빙상들이 9,000년 전에 사라졌다. 그러나 로렌타이드 빙상은 6,000년 전까지 남아 있었다. 요약하면, 북반구의 2개의 큰 빙상은 1만 4,000년 전에서부터 9,000년 전까지 5,000년의 기간 동안 사라졌다.

6) 홀로세

1만 년 전에서부터 현재까지의 기간을 신생대 제4기 홀로세라 한다. 홀로세의 처음 5,500년 동안의 온도는 나머지 4,500년 동안의 온도보다 더 온난하였다. 인간은 약 8,000년 전에 농사를 짓기 시작하였다. 6,000년 전에서부터 5,000년 전까지 북반구의 온도는 오늘날보다 약 1 ℃ 더 온난하였다. 이 온난기를 '홀로세 중반 최대'라 부른다. 식물들이 무성하게 자랐기 때문에, 이 기간을 '기후 최적기'라 한다. 이에 상응하는 남극에서의 온도 변화는 덜 불분명하였다.

홀로세 중반 이후, 온도는 한랭하였다. 공통기원 1100년~1300년 사이 북반구의 온도 특히 유럽의 온도는 다시 온난하여 홀로세 중반 이후 어떤 시기보다도 더 온난하게 되었다. '중세 기후 최적'이라 불리는 이러한 온난기 동안, 북극 얼음은 후퇴하였고 아이슬란드와 그린란드는 바이킹족에 의해서 점령당했고 독일과 이탈리아 사이의 알프스 통로들에는

30) Waitt, R. B., 1985 : Case for periodic, colossal jokulhlaups from Pleistocene glacial Lake Missoula. *Geol. Soc. Am. Bull.*, 96, 1271-1286.

얼음이 없어졌고 포도가 풍성하게 수확되어 잉글랜드에 포도주 생산이 이루어졌다.[31)]

공통기원 1450년~1890년 사이 북미의 온도 특히 유럽의 온도는 한랭하게 되었고 온화한 빙하작용이 재등장하게 되었다. 이 기간을 소빙하기라 한다.[32)] 이 기간 동안 가장 낮은 온도는 1600년대 중후반, 1800년대 초반, 1800년대 후반에 나타났다.[33)] 소빙하기 동안, 빙하들은 유럽 알프스 산맥, 시에라네바다 산맥, 로키 산맥, 히말라야 산맥, 남부 안데스 산맥, 아프리카 동부 지방의 산맥, 뉴기니, 뉴질랜드에서 전진하였다. 아이슬란드 주변의 해빙 지역도 증가하였다.[34)] 비록 전 세계에 걸쳐 온도가 떨어졌지만, 소빙하기 일부 기간 동안 남극의 온도는 온난하였다. 소빙하기 동안 감소한 온도는 영거 드라이아스 기간 동안 감소한 온도 크기보다는 더 작았다.

소빙하기 동안인 서기 1815년 4월 5일부터 12일까지 인간역사에서 가장 인명피해를 많이 낸 화산인 인도네시아 탐보라 화산 분화가 일어났다. 이때 92,000명의 섬사람이 직접 사망하고 질병과 기아를 통하여 간접적으로 사망하였다. 화산은 170만 톤의 재와 에어로졸을 방출한 것으로 추산되었고 전 세계적으로 이동하여 그 뒤 2년 동안 북미와 유럽의 온도를 한랭하게 만들었다.[35)] 1816년 봄과 여름에 서리가 내려 미국, 캐나다, 유럽의 농작물을 파괴하여 유럽 일부지역에서는 극심한 기아에 시달리도록 하였다. 북아메리카의 북동부지방과 캐나다에서는 1816년이 '여름이 없는 해'로 알려져 있다. 화산 입자들에 의해서 발생하는 다채로운 일몰은 조지프 터너(Joseph Mallord William Turner, 1775~1851)[36)]에 의해서 화폭에 담아졌다. 1816년 어두운 여름, 조지 바이런(George Gordon Byron, 1788~1824)[37)]은 스위스 제네바에서 퍼시 셸리(Percy Bysshe Shelley, 1792~1822)[38)]을 만났고 이들은 친구가 되었다. 날씨 때문에 우울해지자, 바이런과 셸리의 아내인

---

31) Le Roy, Ladurie E., 1971 : Times of Feast, *Times of Famine* : *A History of Climate since the Year 1000*. Doubleday, New York.

32) Mattes, F. E., 1939 : Report of committee on glaciers, April 1939. *Trans. Am. Geophys. Union*, 20, 518-523.

33) Crowley, T. J. and G. R. North, 1991 : *Paleoclimatology*. Oxford University Press, New York. 349 pp.

34) Bergthorsson, P., 1969 : An estimate of drift ice and temperature in 1000 years. Jökull, 19, 94-101.

35) Stommel and E. Stommel, 1981 : The year without a summer. *Sci. Am.*, 240, 176-186.

36) 잉글랜드 런던 출생의 화가로서 주로 수채화와 판화를 제작했다.

37) 낭만파를 대표하는 영국의 시인.

38) 잉글랜드 낭만파 시인.

메리 셸리(Mary Wollstonecraft Shelly, 1797～1851)는 가장 우울한 작품을 쓰는 경쟁에 돌입하였다. 바이런 경은 〈어둠〉이란 시를 썼고, 메리 셸리는 《프랑켄슈타인 : 근대의 프로메테우스》란 소설을 집필하기 시작하여 1818년에 완성하였다.

2. 현재 온도와 역사시대 온도의 비교

현재 온도는 지구 역사에 선례가 없을 뿐만 아니라 온도 증가율도 이례적이다. 표 4-1은 1856~1999년 동안 온도 증가율은 약 0.43 ℃/100년이었고, 1958년부터 1999년까지 온도 증가율은 약 1.1~1.4 ℃/100년이었다는 것을 보여주고 있다. 최근 1천 년 동안 온도 증가율은 약 0.052 ℃/100년이고, 영거 드라이아스 한랭기 이후 빙하쇠퇴 동안 온도 증가율은 0.3 ℃/100년이고, 마지막 간빙기에 주도한 빙하쇠퇴 동안 온도 증가율은 0.13 ℃/100년으로 비교된다. 모든 경우 현재 온도 증가율보다는 더 낮았다. 그렇지만 보스토크 얼음코어 자료들을 자세히 살펴보면, 빙하쇠퇴 동안 짧은 시간 주기 동안의 온도 증가율은 매우 컸음을 알 수 있다. 예를 들면 영거 드라이아스 한랭기 이후 빙하쇠퇴의 마지막 몇 해 동안 온도 증가율은 2.2 ℃/100년이었다. 이때와 오늘날의 차이는 지금은 지구가 빙하쇠퇴기가 아니라 간빙기에 위치하고 있다는 것이다. 현재 진행되는 급격한 온도 증가는 빙하기에서도 이례적으로 급격하다.

표 4-1. 역사 시대 동안 온도 변화율

기간	현재부터 몇 년 전	100년당 온도 변화(K)
1958~1999년 동안(라디오존데 자료)	52~10	+1.4
1958~1999년 동안(육상과 선박 관측 자료)	52~10	+1.1
1958~1999년 동안(육상과 선박 관측 자료)	144~10	+0.43
최근 1,000년(보스토크 얼음코어 자료)	1,000~0	+0.052
영거드라이아스 후 빙하쇠퇴기(보스토크 얼음코어 자료)	12,632~11,191	+0.3
영거드라이아스 후 빙하쇠퇴 마지막 기간(보스토크 얼음코어 자료)	11,237~11,191	+2.2
마지막 간빙기의 주도적인 빙하쇠퇴(보스토크 얼음코어 자료)	128,000~128,000	+0.13

3. 과거 기후와 생태계를 결정하는 방법

100만 년 전, 인간들은 기후 자료들을 수집하지 않았다. 따라서 기후가 아주 오래전에 어떤 양상으로 나타났었는지에 대해서 우리는 어떻게 알 수 있는가? 과학자들은 과거의 서로 다른 기간 동안 각각 적합한 수많은 기술들을 사용해 왔다. 옛날 생명체가 암석 생성 내에 보존된, 화석화된 잔존물들은 100만 년 전 지역에 서식하던 종들의 유형을 지적할 수 있도록 한다. 대륙 이동에 대한 정보를 가진다면, 현재 열대 또는 중위도 종들 또는 사막 또는 열대우림 종들이 당시 존재하였던 기후 형태를 제시할 수 있다. '역사시대 온도'는 여러 가지 방법으로 결정된다. 2가지 전문기술은 '얼음코어 분석'과 '해양저 퇴적물 분석'이다. 이 외의 다른 방법은 탄소동위 원소법, 호수 연층, 호수 밑바닥 퇴적물, 나이테, 암석, 토양 퇴적물 내의 꽃가루, 심해 퇴적물 내의 꽃가루 분석 등이다.

1) 얼음코어 분석

남극 대륙 상에 눈이 축적되게 되면, 눈은 '소결(sintering)'이라 불리는 과정에 의해서 서서히 치밀해지고 재결정화 되어 얼음으로 변한다. 소결이란 원자 또는 분자 확산에 의해서 이루어지는 물질의 화학적인 결합이다. 얼음 형성 과정 동안, 공기는 얼음 내에서 방울 또는 기공으로 격리된다. 얼음이 형성되던 시기에 붙잡힌 공기는 당시 공기의 성분을 거의 간직하게 된다. 얼음 방울 내에 붙잡힌 공기의 성분들 중에는 이산화탄소, 메테인, 산소 분자 등이 포함되어 있다. 연직 얼음코어가 추출될 때, 그들의 공기 방울의 성분들을 분석할 수 있다. 산소 분자 내의 대부분 산소 원자는 8개의 양성자와 8개의 중성자를 포함한다. 그러므로 원자량은 16이 된다. 산소 원자 중에 1/1000은 8개의 양성자와 10개의 중성자를 가지게 되어 원자량이 18이 된다. 이러한 원자를 풍부한 산소 동위원소(^{18}O)라 부르는데, 이것은 표준 산소 원자(^{16}O)보다 더 무겁다. 일반적으로 기온이 하강하거나 기온이 상승하게 되면, 눈 속에 갇힌 산소 분자 내의 ^{16}O에 대한 ^{18}O의 비가 변동하게 된다. 사실 비교적 선형적인 관계가 눈표면 연평균 온도와 ^{16}O에 대한 ^{18}O의 비 사이에서 발견되었다. 따라서 얼음코어 내의 ^{18}O에 대한 측정으로부터 과거기온을 추정할 수 있다.[39)]

산소 동위원소 비는 1만 년 전에서부터 100만 년 전까지 발생하였던 과거 온도, 강수율과 증발율을 결정하는 데 사용된다. 한대 얼음 침적으로 가두어진 산소 방울들은 과거 기후 조건들을 보여준다. 석탄과 해양 플랑크톤과 같은 생명체 유기물에 의해서 침적되거나 산호 구조 또는 침전물 내에 보존된 칼슘 탄산염의 샘플들은 유기물이 생존하는 동안 과거 해양 온도를 밝혀줄 수 있다. 예를 들어 화석 석탄으로부터 과거 해수면 온도를 추정한 값은 10,200년 전에 열대 남서 태평양의 해수는 오늘날보다 5 ℃ 더 낮게 나타난다.[40)]

한대 얼음코어는 과거 150,000년에 걸쳐서 기후에 매우 귀중한 통찰력을 제공하고 있다. 매년 눈은 지표 얼음을 형성하기 위해 퇴적되고 그 다음해에 묻히게 된다. 따라서 얼음은 최근(얕은) 것으로부터 오래된 과거(깊은)를 지닌 층서학적 기록을 제공한다. 1982년, 러시아 과학자들은 유정을 시추하는 것과 비슷한 기술을 사용하여 남극 빙상의 2,083 m 깊이까지 얼음 코어를 생산하였다. 보스토크 얼음코어의 절단면과 적종의 깊은 얼음코어들로부터 구한 절단면은 여러 형태의 분석용 물질을 제공한다.[41)] 얼음 내에 가두어져 있는 공기 방울 내의 이산화탄소와 메테인 농도의 분석은 여러 깊이에서 대기권 내의 농도들과 유사한 평행 섭동을 보여 준다(그림 4-2).

얼음 내의 산소 동위원소비는 약 ± 2~3 ℃의 과거 온도 변동을 지적한다. 밀란코비치 주기의 온난화 기간 동안, 온실기체들은 자연 저장고로부터 대기권으로 천천히 방출된다. 예를 들면, 수증기에 대한 이산화탄소 용해성은 온도가 증가하면 감소하기 때문에 더 온난한 수증기들은 대기권에 더 머물게 된다. 또한 토양이 온난하게 되면, 토양 유기물질의 미생물 붕괴율이 증가하고 대기권으로 이산화탄소와 메테인을 방출하게 된다. 고체 메테인인 '메테인 포접 화합물'은 습지 침전물과 영구동토에서 발견되었고 기체상 메테인으로 대기권으로 방출되고 온난화에 더욱더 공헌하였다. 따라서 온실기체들인 이산화탄소, 메테인, 산화질소들은 과거 빙하기 동안 더 낮았고 해빙 동안 증가하였다. 이들 과정들은

---

39) Jouzel, J., J. C. Lorius, J. R. Petit, C. Genthon, N. I. Barkov, V. M. Kotlyakov, and V. M. Petrov, 1987 : Vostok ice core : A continuous isotope temperature record over the last climatic cycle (160,000 years). *Nature*, 329, 403-409.

40) Beck, J. W., R. L. Edwards, E. Ito, F. W. Taylor, J. Recy, F. Rougerie, Pascale Joannot, and Christian Henin, 1992 : Sea-surface temperature from coral skeletal strontium/calcium ratios. *Science*, 257, 644-647.

41) Raynaud, D., J. Jouzel, J. M. Barnola, J. Chappellaz, R. J. Delmas and C. Lorius, 1993 : The ice record of greenhouse gases. *Science*, 259, 926-933.

온도 증가 뒤에 지연되었고 온실기체의 대기권 내의 농도 최고값은 온도 최고값이 나타난 후 1,000년이 지난 후 뒤따랐다. 또한 더 온난한 얼음이 없는 기간 동안, 열을 흡수하는 지표면의 색깔이 더 검게 나타났고 태양 에너지의 반사는 감소하였다. 반사율의 감소는 간빙기 온난화를 절반 정도 설명한다.

남극과 그린란드 내에서 수행된 다른 심저 코어 프로젝트는 수만 년 기간 동안 ± 2~3℃ 변동하였다는 것을 확인하였다. 일반적으로 과거 온난 기간들은 대기권 내의 이산화탄소와 메테인의 고농도 시기와 상응하고 그 반대도 이루어진다. 그러나 주기들은 복잡하고, 과거 기후와 이산화탄소 사이만을 연관시킨다면 때때로 약하게 나타난다.[42)]

2) 해양저 퇴적물 분석

온도 자료를 얻는 관련 방법에는 해양저의 퇴적물을 시추하여 탄산칼슘 껍질의 성분과 분포를 분석하는 것이 있다. 수소와 산소를 함유하고 있는 물이 해수면으로부터 증발할 때, 해양 내의 ^{16}O에 대한 18O의 비는 증가한다. 왜냐하면 ^{16}O는 ^{18}O에 비해 더 가볍고 ^{16}O를 함유하고 있는 물이 ^{18}O를 함유하고 있는 물보다 더 쉽게 증발하거 때문이다. 껍질 내의 탄산칼슘은 해수로부터 기원한 산소를 포함하기 때문에, 그리고 해수온도가 높으면 ^{16}O에 대한 ^{18}O의 비가 더 낮아지기 때문에, 껍질 내의 ^{16}O에 대한 ^{18}O의 비가 높으면 더 높은 해수 온도와 관련된다. 껍질을 가진 유기체들이 어떤 온도범위 내에서만 서식하기 때문에, 연직 코어 시료 내의 껍질의 분포는 또한 역사적 해수 온도에 대한 식견을 제공한다.

3) 탄소동위원소 분석

75,000년 전 기록에 의하면, 한때 생존하였던 식물과 동물들의 잔존물들은 탄소 동위원소를 사용하여 연대를 측정할 수 있다. 매우 오랜 세월 동안 살고 있는 나무 종들의 성장 나이테는 수천 년 동안 어느 지역의 기후 조건을 유추하는 데 사용된다. 예를 들면, 오스트레일리아 태즈메이니아 주에 서식하는 현생 후온 소나무로부터 수집된 고갱이

---

42) Velzer, J., Y. Godderis and L. M. Francois, 2000 : Evidence for decoupling of atmospheric CO_2 and global climate during the Phanerozoic eon. *Nature*, 408, 698–701.

내에서, 1896~1988년 동안 형성된 가장 최근 바깥쪽 나이테는 실제 측정된 온도 기록들과 상관관계를 가진다. 이러한 상관관계들은 더 오래전에 만들어진 안쪽 나이테에서의 온도 기록들을 재구성하는데 사용된다. 결과들에 의하면, 과거 1,089년 동안 1965년 이후와 같은 온난 기간은 존재하지 않았다.[43] 다른 연구에서, 미국 캘리포니아 주 남부 시에라네바다 산맥에서 2,000년 나이테 기록에 의해서 밝혀진 연 온도 패턴은 중세 온난기(공통기원 800~1200년)와 소빙하기(공통기원 1400~1800년)와 연관성이 크다.[44]

4) 꽃가루 분석

식물 꽃가루의 샘플들로 과거 기후의 특징을 밝혀낼 수 있다. 식물 꽃가루는 일반적으로 붕괴되지 않는다. 호수와 소택지 표면에 떨어지는 꽃가루는 침전물 내에 묻히게 된다. 코어들이 호수와 절개지의 밑부분 침전물로부터 추출된다면, 더 오래된 꽃가루 퇴적물은 깊은 곳에 있을 것이고 최근 퇴적물들은 얕은 곳에서 존재할 것이다. 여러 종들의 다량 꽃가루들을 현미경으로 일일이 계산하는 것을 결합한 동위원소 연대측정법은 수백 년 또는 일부 경우 수만 년 동안 임의 지역에서 서식하였던 식물들의 상황을 상세하게 제공할 수 있다. 그들이 현재 서식하고 있는 것과 같이 종들이 동일한 기후를 더 선호한다고 가정한다면, 시간에 따른 지역 기후에 대해서 많은 것을 추론할 수 있을 것이다. 예를 들면, 여러 가지 나무 종들의 나무 꽃가루의 많은 양들이 소빙하기(공통기원 1200~1850년) 2 °C 한랭화 때 숲의 조성 변화에 대한 모델 예측과 상응하는 결과들이 남부 온타리오 호수 침전물에서 발견하였다.[45]

최근 역사시대 동안, 인간들은 탁월한 기후 조건들을 종종 설명하는 내용들을 기록해 왔다. 유용한 기록들이 수백 년에서부터 수천 년까지 이루어졌다. 예를 들면, 1634~1648년까지 동안 스페인에서 예수교 활동의 개인 통신에 대한 연구에서 맹렬한 강우와 추위가

---

43) Cook, E., T. Bird, M. Barbetti, B. Buckley, R. A'Arrigo, R. Francey, and P. Tans, 1991 : Climatic change in Tasmania inferred from a 1089 year tree-ring chronology of Huon pine. *Science*, 253, 1266-1268.

44) Scuderi, L. A., 1993 : A 2000-year tree ring record of annual temperatures in the Sierra Nevada Mountains. *Science*, 259, 1433-1436.

45) Campbell, I. D. and J. H. McAndrews, 1993 : Forest disequilibrium caused by rapid little ice age cooling. *Nature*, 336-338.

있었음을 알아내었다.[46] 중앙 잉글랜드와 같은 일부 지역을 위한 강우량과 온도 자료들에 대한 측기 측정은 수백 년 전에 이루어졌다. 100년 전보다 더 오래된 측기 기록들은 최근 측정보다 정확도가 떨어진다. 요약하면, 여러 가지 방법들이 다양한 과거 시간 기간에 따른 기후 조건들을 규명하기 위해서 사용된다(그림 4-3).

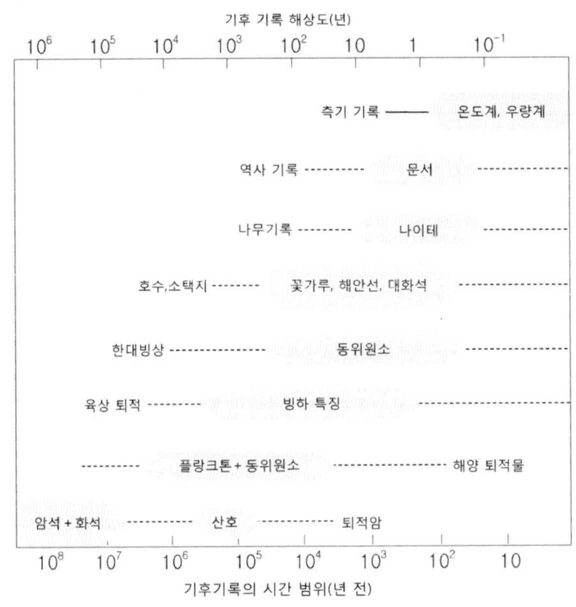

그림 4-3. 과거 기후들을 결정하는 여러 방법[47]

4. 급격한 기후변화

고기후학자들은 과거 온도를 알아내기 위해서 그린란드 내의 얼음 코어로부터 산소 동위원소비를 사용하여 흥미를 자아내는 수수께끼를 발견하였다. 마지막 빙하기에 뒤따라

46) Rodrigo, F. S., M. J. Esteban-Parra and Y. Castro-Diez, 1998 : On the use of the Jesuit order private correspondence records in climate reconstructions : a case study from Cattille (Spain) for 1634-1648 AD. *Climate Change*, 40, 625-645.

47) Webb III, T., J. Kutzbach and F. A. Street-Perrott, 1985 : 2,000 years of global climate : palaeoclimatic research plan. In : Malone, T. F. and J. G. Roederer, eds. Global Change : The Proceedings of a Symposium Sponsored by the ICSU. ICSU (QE1 G51). Cambridge. Cambridge University Press. pp. 182-218.

서, 지구의 기후는 온난화되었고 한대 얼음들은 퇴각하였다. 약 14,000년 전, 온난화가 갑자기 중단되었다. 1,500년 이내에 기후는 6 ℃까지 냉각되었고 빙하들이 되돌아왔다. 그런 다음 11,650년 전, 지구는 전례가 없는 급격한 온난화를 경험하였다. 무엇이 그러한 급격한 기후 변화를 일으킬 수 있을까? 이 사건과 연관되어 최종적으로 나타난 것은 해양 컨베이어 벨트 순환의 변화이다.

위스콘신 빙하작용에 뒤따라 한대얼음이 퇴각함에 따라서, 녹은 얼음과 담수 유입은 염분을 낮추게 되었고 이에 따라 북대서양의 밀도를 낮추게 되었다. 해양 염분이 낮아짐에 따라서, 밀도가 낮아진 북대서양 해수는 침강을 멈추었다. 열대 대서양으로부터 북쪽으로 열을 수송하는 해양 컨베이어 벨트가 갑자기 정지하였고 북아메리카와 유럽은 한랭 온도의 재등장을 경험하게 되었다. 이 한랭화를 당시 유럽으로 침범한 한지성 드라이아스 식물의 이름을 따서 '영거 드라이아스 사건'이라 부른다. 한랭화에 따른 해양 증발량의 감소는 강수량을 감소시켜 당시 아프리카 사하라와 멕시코에 장기간 가뭄을 초래하였다.[48] 최종적으로 낮은 염분을 가진 해수가 혼합되고 분산됨에 따라서, 해양 컨베이어 벨트가 복원되었고 간빙기 온난화가 급격히 재등장하였다. 사실, 20년 동안 기온이 5~10 ℃까지 증가하였고 증가된 강수는 그린란드에 2배의 적설을 초래하였다.[49]

또 다른 급격한 기후 사건은 약 8,200년 전에 발생하였다. 빙하가 전진하게 되면, 그들은 방대한 양의 흙과 바위를 앞쪽으로 밀어 커다란 '말단 빙퇴석'을 형성하게 된다. 지구가 온난해지자, 얼음이 녹아 동부 캐나다에 거대한 호수를 생성하였다. 호수가 다 채워지고 빙퇴석을 넘치도록 하였을 때, 엄청난 양의 담수를 북대서양으로 보내게 되면서 호수는 붕괴되었다. 더 낮아진 염분은 다시 해양 컨베이어 벨트를 가로막았고 400년 기간 동안 온난화 경향을 중단시켰다. 이들 사건들은 기후가 어떻게 갑자기 변화할 수 있는가를 보여주었다.

생명과 기후는 해결할 수 없을 만큼 밀접하게 연관되어 있는가? 과거 기후변화로부터 우리가 배울 수 있는 것은 무엇인가? 산업시대 이전 대부분인 경우, 기후변화는 인간

---

48) Street-Perrot, F. A. and R. A. Perrot, 1990 : Abrupt climate fluctuations in the tropics : the influence of Atlantic Ocean circulation. *Nature,* 343, 607-612.

49) Taylor, K., 1999 : Rapid climate change. *American Scientist,* 87, 320-327.

시간의 얼개 내에서 천천히 발생하였다. 5 ℃ 정도의 자연 변화들은 수만 년의 기간 동안 발생하였다. 이것은 많은 동물들과 식물들이 더 안락한 기후로 이동할 수 있을 만큼 충분하게 천천히 발생하였다. 간빙기 동안에는 식물과 동물 종의 이주가 고위도 쪽으로 일어났고 빙하기 동안에는 저위도 쪽으로 일어났다.

그러나, 지구시스템의 작은 섭동들이 지역기후 또는 지구기후 내에 극단적인 급격한 변화들을 발생시켰고, 이는 종들의 전멸을 발생시킬 수 있다는 증거들을 보여 주었다. 한때는 생존하였으나 지금은 멸종된 종들은 모든 종들의 95 %로 추정되고 있다. 이들 멸종의 많은 부분은 기후변화와 연계된다. 예를 들면, 6,500만 년 전 공룡 멸망에 대한 가장 강력한 이론 중의 하나는 다량의 소행성 충돌과 이에 따른 먼지 구름으로 인한 극단적인 지구한랭화이다. 또한 식물 꽃가루 기록들은 영거 드라이아스 사건 동안 식물 종들의 급격한 변화들을 보여주었다. 과거 기후섭동들을 조사한 일부 과학자들은 만약 인간이 초래한 이러한 기후변화가 계속 이어진다면, 지구의 기후는 불안정하게 되어 예측 불허의 변화를 초래할 것이라고 경고했다.[50)]

더 온난한 세계가 더 좋은 것이냐에 대한 조사를 위하여, 과학자들은 보통 과거 온난한 간빙기(약 120,000년 전)를 되돌아본다. 그러나 'MIS 11'으로 알려진 더 오래된 간빙기(423,000년 전~362,000년 전)는 최종 빙하기보다 더 많은 식견을 미래에 제공할 수 있다. MIS 11의 연구를 통해 우리는 해수면이 현재보다 20 m 높았음을 알 수 있었고 해양 생지화학 내의 복잡한 변화뿐만 아니라 증가된 온도는 이산화탄소를 보관하는 해양의 능력을 떨어뜨렸음을 알게 됐다.[51)]

결론적으로, 생물상(biota)은 천천히 일어나는 기후변화에는 생물이 이주하거나 적응하는 것으로 드러나지만, 급격한 변화는 멸종을 포함한 여러 가지 결과를 초래할 수 있다. 인간에 의해 유발된 지구온난화는 과거 최대 변화(6 ℃)와 거의 비슷한 크기지만 20~50배까지 더 빠르게 진행할 수 있다.

---

50) Lorius, C. and H. Oeschger, 1994 : Paleoperspectives : reducing uncertainties in global climate change? *Ambio*, 23(1), 30-36.

51) Howard, W. R., 1997 : A warm future in the past. *Nature*, 388, 418-419.

제5장

현재 기후변화

지구의 기후는 대체로 수천 년에서부터 수백만 년 기간 동안 변화하였다. 과거 100~150년 동안 최근 기후변화가 과거 장기간 자연적인 변동과 어떻게 비교되는가? 인간에 의한 온실기체 배출에 의해서 유발되는 최근 기후변화들이 더 중요한 것인가?

유럽 알프스 산맥 내의 빙하들이 급격하게 녹고 있고 1850년 이후 전체 체적의 절반 정도로 감소하였다. 그리스 아테네에 공급하는 주요한 저수지들은 1990년대에 거의 10년 동안 가뭄으로 어려움을 겪었다. 호수의 수위는 낮아졌고 4백만 인구에 대한 물 공급이 위협을 받았다. 전 지구적으로, 1860년 이후 1998년에 연 평균온도가 가장 높았고 두 번째로 높았던 해가 2001년 이었다. 과거 150년 동안 온난한 해로 기록된 15개년 중에서 10개년이 1990년대에 나타났다. 사실, 전 지구 측기 온도 기록에서 가장 온난한 기간은 20세기 마지막 10년이었다.

최근 비정상적인 온난, 건조 또는 습윤 기후 극값들의 예들은 빈번하게 발생하였다(표 5-1). 이 예들은 기후가 자연법칙에 반하는 변화를 겪고 있음을 제시하고 있다. 그러나 자연법칙에 반하는 변화의 과학적인 발견은 관측된 변화가 변동의 자연적인 패턴과는 다르다는 것을 설명할 수 있는 것을 요구한다. 인간 온실기체 배출과 지구온난화 사이의 원인과 효과 관계를 정립하는 데는 부수적인 증거들이 필요하게 될 것이다. 아마도, 최근 기후 경향에 대한 인간 책임은 증명될 수 있을 것이다. 연구자들은 과거 150년 동안 발생한 대륙, 공기, 해양, 생물상 내의 수많은 급격한 변화들을 확인함으로써 그러한 증거들을 최근에 밝혀내었다. 심지어, 이들 최근 변화들은 10만 년이 아닌 수십 년 동안에 발생하였다. 이것은 인간에 의해 유발된 기후 변화는 온당한 의심을 뛰어넘는 것으로 증명되었다.

1. 기온 변화

20세기는 가장 온난한 세기였고 1990~2000년 동안 10년은 과거 1,000년 동안 가장 온난한 10년이었다(그림 5-1(a)). 과거 150년 동안, 하층 대기권, 즉 대류권의 전 지구 연평균 온도는 약 0.6 ± 0.2 ℃ 상승하였다(그림 5-1(b)). 최근 온도 증가는 '시계열 이상'으로서 분명해진다. 전 세계에 걸쳐 위치하고 있는 수많은 관측소에서 표준 온도계를 사용하여 지상 부근의 기온을 측정한 수천 개의 측정 자료들이 이 온난화 경향의 존재를 뒷받침하였다.[1)]

최근 수십 년 동안 일어난 온난화는 일반적으로 고위도와 일부 대륙 중앙부 지역들에서 더 크게 나타났다. 전 지구적인 변화와 더불어, 많은 국지 및 지역에서 나타나는 십 년 동안의 기후경향들이 인공 기후변화의 예측과 일치한다. 예를 들면, 미국 워싱턴 주 벨링햄의 2월 평균 온도가 1920~1997년 동안 2.2 ℃ 증가하였다. 유럽에서는 1946~1999년까지 온도 변화가 뚜렷하였고 인간 영향이 기후에 영향을 준 것으로 나타났다.[2)]

하층 대기권인 대류권이 온난화되고 있는 동안, 상층 대기권인 성층권은 한랭화되고 있다. 온실기체 농도가 증가함에 따라서, 더 많은 열이 성층권과 우주공간으로 달아나는 대신에 대류권에 가두어질 것이라고 이론들은 예측하였다. 또한 인간에 의해 만들어진 CFCs에 의한 성층권 오존층의 고갈은 성층권으로부터 우주공간으로 더 많은 열손실이 일어나는 데 일조하게 될 것이다. 지표면으로부터 성층권까지 온도의 연직 분포에서 보면, 상층 대기권 내의 온도 감소에 동반된 하층 고도에서의 온도 증가가 나타난다.[3)]

---

1) Hansen, J. and S. Lebedoff, 1987 : Global trends of measured surface air temperature. *J. Geophy. Res.*, 92(D11), 13,345-13,372.
2) ECA, 2002 : Tank, A. K., J. Wijingarrd, and A. van Engelen, eds. Climate of Europe. European Climate Assessment. (Working Group of 36 institutions in 34 countries)
3) Lambeth, J. D., and L. B. Callis, 1994 : Temperature variations in the middle and upper stratosphere : 1979-1992. *J. Geophy. Res.* (D10), 20,701-20,712.

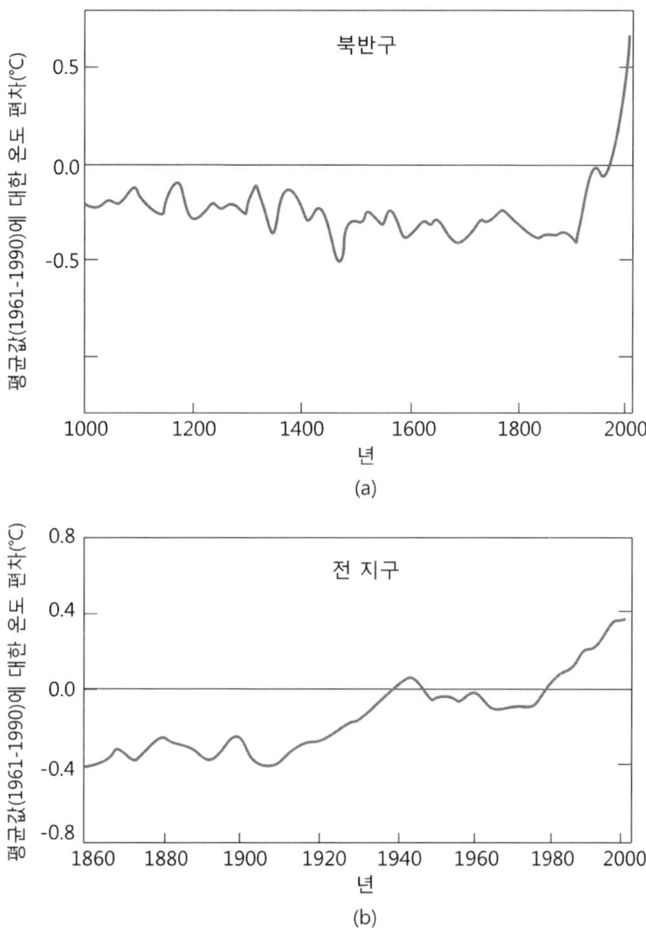

그림 5-1. 지구 기온의 변동 과거 1,000년(a)과 과거 140년(b)을 나타내었다.[4]

해수면 온도도 상승하고 있다. 1980년경 이후, 적외선 센서를 탑재한 인공위성들이 밤낮으로 해수면 온도를 측정하고 있다.[5] 이것들은 전 지구에 걸쳐 매월마다 2천만 개 이상의 측정값을 제공한다. 이러한 대용량 자료군을 통계적인 방법으로 처리하면 경향을

4) Intergovernmental Panel on Climate Change (IPCC), 2001a : Climate Change 2001. The Scientific Basis. Contribution to Working Group I to the Third Assessment Report of the Intergovernmental Panel on Climate Change. Cambridge University Press, New York. Houghton, J. T. et al., eds. Cambridge, United Kingdom and New York, NY, USA, 881 pp.

5) Strong, A. E., 1989 : Greater global warming revealed by satellite-derived sea-surface temperature trends. *Nature*, 338, 642-645.

알 수 있다. 해수면 온도는 1976~2000년 사이 10년당 0.14 ℃의 증가를 보였다.[6] 적어도 일부 지역에서의 더 깊은 해양 온도도 증가하고 있다. 24° 위도선을 따라서 수심 800~2,500 m 사이에 나타나는 대서양 해수는 1957년 이후 뚜렷하게 온난하게 되었다. 수심 1,100 m에서의 온난화는 매 세기마다 1 ℃의 비율로 발생하고 있다.[7]

표 5-1. 최근 비정상적인 기후변화의 일화적인 증거[8]

일시	내용
1995년 2월	미국 로스앤젤레스는 35 ℃의 고온 기록을 나타내었고 다음 해에도 반복되었다.
1996년 4월 4일	미국 시애틀 기온이 평균보다 5.6 ℃ 높았고 산악 눈 덮인 고도가 평년에 비해 훨씬 높았다.
1998년 여름	통제할 수 없는 들불이 미국 플로리다 주의 넓은 지역을 휩쓸었다.
1998년 8월	미국 루이지애나 주에서 열파와 관련된 스트레스로 41명이 사망하였다. 이것은 1986년 루이지애나 주에서 통계를 시작한 이래 예전 기록에 대해 2배 이상을 기록한 것이다.
1999년 7월	미국 중서부에서 열파와 관련된 스트레스로 사망한 사람이 250명에 달하였다.
2000~2001년	영국에 발생한 기록적인 강우로 광범위한 지역에 홍수를 초래하였다.
2001년	전 지구적으로 온도 기록이 시작된 이후 1998년에 이어 두 번째로 온난한 해였다.
2001~2002년	11월, 12월, 1월이 기록상으로 가장 온난한 미국 겨울이었다. 가뭄 조건이 조지아 주에서부터 메인 주까지 15개 주에서 우세하였고 뉴욕 주의 저수지는 평년보다 30 % 아래까지 내려갔다.
2002년 봄	이탈리아 알프스 산맥 내에 있던 벨브드 빙하가 급격하게 녹은 밑바닥에 새로운 호수가 형성되었다. 4월 15일과 16일, 미국 내의 70개 지점에서 최고 기온을 경신하였다. 뉴욕 시는 평년보다 16 ℃ 높았다. 4월 25일 미국 서부 5개 주는 가뭄 비상사태를 발령하였고, 산악 눈쌓임이 평년보다 80 % 아래로 나타났고, 수분 수준이 최저로 기록되었다. 4월 29일 극심한 토네이도가 미국 동부지역을 강타하여 6명이 사망하였다.
2002년 8월	평균 강우량의 네 배에 해당하는 강우가 내려 200년 만에 최악의 홍수가 중부 유럽을 강타하여 100명 이상이 사망하고 200억$의 피해를 입었다.

6) IPCC, 2001 : Houghton, J. T., Y. Ding, D. J. Griggs,, M. Noguer, P. J. van der Linden, X. Dai, K. Maskell, and C.A. Johnson, eds. Climate Change 2001 : The Scientific Basis. Intergovernmental Panel on Climate Change. Working Group I. Cambridge. Cambridge University Press.

7) Parrilla, G., A. Lavin, H. Bryden, M. Garcia and R. Millard, 1994 : Rising temperature in the subtropical North Atlantic Ocean over the past 35 years. *Nature*, 369, 48-51.

8) Hardy, John T., 2003 : *Climate Change-Causes, Effects, and Solutions*. John Wiley & Sons, Ltd., 247 pp.

2. 수증기와 강수변화

더 온난해진 대류권은 해양으로부터의 증발량을 증가시켜 대기권 내에 수증기와 강우의 전 지구 평균값을 높이도록 한다. 전반적으로, 전 지구 육지의 강수량은 1900년 이후 약 2 % 증가하였다.[9] 증발량은 태양 열에너지의 입력이 가장 큰 곳인 저위도 열대 해상의 온난 해수에서 가장 크게 나타났다. 전 지구 대기 순환 패턴은 이 수분들을 극 쪽의 고위도로 분배시키는 경향이 있다. 고위도에 도달한 것은 냉각되고 응결하여 비로 내리게 된다. 이 응결은 많은 양의 숨은열을 방출한다.

지구온난화로부터 반응하는 부수적인 열에너지에 대한 모델들은 열대 위도 대의 해수면으로부터 증발된 수증기는 강수로 나타기 전까지 더욱더 북쪽으로 이동시킬 것으로

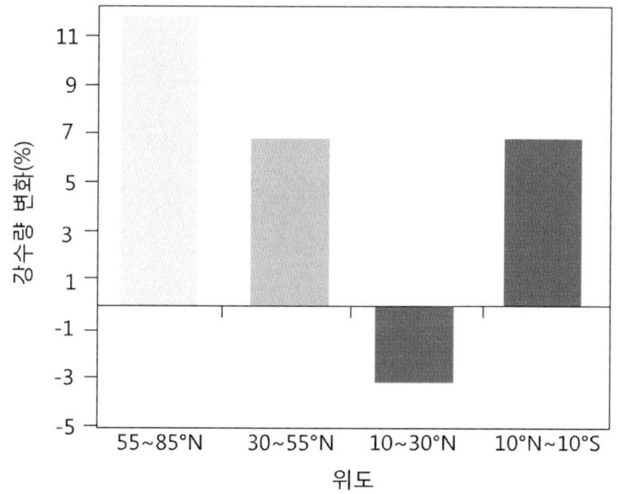

그림 5-2. 1900~1999년 동안 위도에 따른 연강수량의 변화 연강수량은 중위도에서는 증가하였으나 아열대 위도에서는 감소하였다.[10]

---

9) Folland, C. K. and T. R. Karl, 2001 : Observed climate variability and change. In : Houghton, J. T., Y. Ding, D. J. Griggs,, M. Noguer, P. J. van der Linden, X. Dai, K. Maskell, and C.A. Johnson, eds. Climate Change 2001 : The Scientific Basis. Intergovernmental Panel on Climate Change. Working Group I. Cambridge. Cambridge University Press, pp. 99-181.

10) IPCC, 2001 : Houghton, J. T., Y. Ding, D. J. Griggs,, M. Noguer, P. J. van der Linden, X. Dai, K. Maskell, and C.A. Johnson, eds. Climate Change 2001 : The Scientific Basis. Intergovernmental Panel on Climate Change. Working Group I. Cambridge. Cambridge University Press. p. 144.

예측하였다. 이에 따라, 온실효과가 증폭되어, 강수는 위도 30°의 극 쪽으로 증가하고, 5°~30° 사이의 위도 대에서는 감소하게 된다. 1900~1999년 동안의 강우 자료들을 조사해 보면, 그러한 경향이 전 지구적으로 나타났다(그림 5-2). 또한 이 패턴은 1946~1999년 동안에 유럽에서도 나타났다. 즉, 강수일수와 강수량이 유럽 북쪽 지역에서는 증가하였고 남쪽 지역에서는 감소하였다.[11] 40°N에 위치한 미국 콜로라도 주 볼더의 경우, 하층 대기권 내의 수증기 농도가 1981~1994년 동안 증가하였다.[12]

마지막으로, 1980년대 이후 자연적인 엘니뇨와 남방진동(ENSO)은 매우 빈번하게 발생하였고, 이전 경우보다 더 오래 지속되었다. 일부 연구자들은 이런 ENSO의 강화는 적어도 부분적으로 온실온난화의 결과라고 제안하였다.

3. 구름과 온도교차 변화

앞서 살펴본 온도변화와 해양 증발량의 증가는 적어도 중위도 내에서는 구름의 증가를 유발하였다. 전 지구 평균 구름양은 최근 10년 동안 증가하였다.[13] 더 나아가, 증가된 구름양은 더 온난한 겨울을 유발할 수 있고 더 서늘한 여름을 초래할 수 있다. 예측된 바와 같이, 미국 내에서 측정된 자료를 살펴보면, 구름양이 10 % 이상 증가한 반면, 여름과 겨울 온도 차이는 감소하였다.

하늘 전체를 구름이 덮고 있는 조건에서, 지표면은 야간에서 열을 적게 잃게 되고 이에 따라 주간과 야간 온도 차이가 감소하게 된다. 실제로, 1940년대 이후 주간과 야간 평균 온도의 차이는 유럽과 미국에서 모두 감소하였다.[14] 전 지구적으로, 야간 최저값이

---

11) ECA, 2002 : Tank, A. K., J. Wijingarrd, and A. van Engelen, eds. Climate of Europe. European Climate Assessment. (Working Group of 36 institutions in 34 countries)

12) Ottmans, S. J. and D. J. Hofmann, 1995 : Increase in lower-stratospheric water vapour at a mid-latitude Northern Hemisphere site from 1981 to 1984. *Nature*, 374, 146-149.

13) Nichollas, N., G. V. Gruza, J. Jouzel, T. R. Karl, L. A. Ogallo, and D. E. Parker, 1996 : Observed climate variability and change. In : Houghton, J. T., L. G. M. filho, B. A. Callander, N. Harris, A. Kattenberg, and K. Maskell, eds. Climate Change 1995 : The Science of Climate Change. Intergovernmental Panel on Climate Change. Working Group I. Cambridge. Cambridge University Press, pp. 132-192.

14) Kukla, G. and T. R. Karl, 1993 : Nighttime warming and the greenhouse effect. *Environmental Science and Technology*, 27(8), 1468-1474.

주간 최고값을 능가함에 따라서 지상기온의 일교차는 1950년대 이후로 감소하였다. 증가된 구름양이 가장 가능성 있는 원인이다.[15)]

4. 해양순환 패턴 변화

해양순환의 전 지구 패턴이 변화하고 있다. 예를 들면, 일부 연안 지역을 따라서 일어나는 심해수의 용승이 증가하고 있다. 여름 동안, 여러 대륙의 연안 지역은 온난한 육지 상의 저기압과 서늘한 해양 상의 고기압 사이에서 뚜렷한 기압 차이를 발달시켰다. 이러한 자연적인 기압 경도는 해안 밖으로 격렬하게 부는 바람을 유발했다. 연안과 평행하게 부는 바람은 표층수를 앞쪽으로 밀게 되고, 코리올리 힘 때문에 표층수는 북반구에서는 오른쪽으로, 남반구에서는 왼쪽으로 움직이도록 한다. 이것을 '에크만 수송'이라 부르는데, 대륙의 서쪽 가장자리에서의 표층수의 방향은 일반적으로 해안가 밖으로 향하게 한다. 표층수는 깊은 곳에서부터 위쪽으로 움직여 차갑고 영양분이 풍부한 해수로 대체된다.

만약 지상 공기가 매년 더 따뜻하게 된다면, 육지는 연안수보다 더 급격하게 가열될 것이고 이론적으로 기압경도와 연안 바람세기는 강하게 될 것이다. 증거들이 그러한 경향을 옹호한다. 연안 용승이 발생하는 4개 지점에서의 바람세기는 1946년부터 1989년까지 뚜렷하게 증가하였다.

만약 이런 경향이 계속된다면, 용승이 일어나는 심해수 이상으로 영향이 미치게 될 것이다. 해수면 온도가 감소하는 지역은 육지와 비교하여 연안 안개의 발생 빈도와 세기가 커지게 될 것이다. 이와 더불어, 내륙의 온도가 증가하게 되면, 증가된 기압 차이가 내륙을 통과하면서 바람을 더 강하게 불도록 할 것이다. 이와 동시에, 더 서늘한 연안수는 증발을 덜 하게 되고 이에 따라 강우가 감소하게 될 것이다. 남부 캘리포니아와 같은 지역인 경우, 감소된 강우와 증가된 바람은 극심한 산불 위험에 봉착하도록 할 것이다.

11,650년 전~14,000년 전까지 발생한 '영거 드라이아스기'는 해양순환 패턴에 또 다른 가능성 있는 변화를 예시하였다. 녹은 얼음으로 인한 담수 유입의 증가는 북대서양에

---

15) Dai, A., A. D. Del Genio, and I. Y. Fung, 1997 : Clouds, precipitation and temperature range. *Nature*, 386, 665–666.

열을 가져다주는 해류를 천천히 흐르도록 하였다. 일부 증거들은 이 패턴이 아마도 다시 진행되고 있다고 제안하고 있다.[16)]

5. 눈과 얼음 변화

전 세계에 분포하는 산악빙하들이 눈에 띄게 줄어들고 있다. 지구상의 많은 지역으로부터 산악빙하의 양적 측정은 이러한 경향을 확인시켜 주고 있다.[17)] 최근 빙하 후퇴는 유럽 알프스와 북아메리카 서부 지역에서 잘 보여주고 있다. 즉, 19세기 이후부터 촬영된 사진과 측정 자료들이 빙하의 후퇴를 보여 주고 있다. 아프리카인 경우, 케냐 산의 빙하들은 1899~1987년 동안 빙하의 면적이 75 %가 줄어들었고 이들 중 40 %는 1963~1987년 동안 발생한 손실이다.[18)] 알래스카 빙하의 얼음 손실률은 10년 동안 2배 이상으로 나타났고 빙하들이 녹음으로 인한 해수면 상승에 절반의 원인을 제공하였다.[19)]

보기에는 보잘것없지만 여전히 중요한 것은 과거 20년 동안 북반구 상에서 연 평균 강설량이 10 % 감소한 것이다.[20)] 북극에서 봄철 눈녹음이 1940년대와 1950년대보다 2주 앞당겨서 발생하였다.[21)] 더 높은 온도에 반응한 캐나다에서는 영구동토 경계가 1964~1990년 사이에 120 km 북쪽으로 이동하였다.[22)]

한대 바다얼음도 과거 50년 동안 뚜렷하게 감소하였다. 북반구에서, 여름 바다 얼음의 양은 약 20세기 후반 50년 동안 약 15 % 감소하였다. 1978~1987년 사이에서의 감소는 2.1 %였다.[23)] 남극의 경우, 벨링스하우젠 해의 바다얼음의 양이 1970년대와 1980년대

16) Schlosser, P., P. G. Boenisch, M. Rhein, and R. Bayer, 1991 : Reduction of deepwater formation in the Greenland sea during the 1980s : evidence from trace data. *Science*, 251, 1054-1056.

17) Oerlemans, J., 1994 : Quantifying global warming from the retreat of glaciers. *Science*, 264, 243-245.

18) Hastenrath, S, and P. Krus, 1992 : The dramatic retreat of Mount Kenya's galciers between 1963 and 1987 : greenhouse forcing. *Annals of Glaciology*, 16, 127-133.

19) Arendt, A. A., K. A. Echelmeyer, W. D. Harrison, C. S. Lingle, and V. B. Valentine, 2002 : Rapid wastage of Alaska glaciers and their contribution to rising sea level. *Science*, 297, 382-386.

20) Groisman,P. Y., T. R. Karl, and R. W. Knight, 1944 : Observed impact of snow cover on the heat balance and the rise of continental spring temperatures. *Science*, 263, 198-200.

21) Walsh, J., 1991 : The Arctic as a bellweather. Nature, 352, 19-20.

22) Kwong, Y., T. John, and T. Y., 1994 : Northward migration of permafrost along the Mackenzie highway and climate warming. *Climatic Change*, 26, 399-419.

23) Gloersen, P., and W. J. Campbell, 1991 : Recent variations in Arctic and Antarctic sea-ice covers.

후반과 1990년대를 비교해보면 감소하였음을 알 수 있다.[24] 1990년대 동안, 남극의 빙붕의 큰 조각들이 깨어져 바다로 표류하였고, 1995년 1월에는 라르센 빙붕의 북쪽 끝부분이 갑자기 붕괴되었다. 어떤 연구자는 "상황이 극적으로 변화하지 않는다면, 다른 빙붕들도 사라질 것으로 확신하고 있다."라고 예언하고 있다.[25] 마지막으로, 1931년 이후 포경선의 기록에 기초해 보면, 10월에서 다음 해 4월까지 평균한 남극 여름 바다얼음 가장자리의 위치는 1950년대 중반과 1970년 초반 사이에 위도 2.8° 아래 남쪽으로 이동하였다. 얼음으로 덮여있던 면적이 약 25 % 감소하였다.

중앙 그린란드빙상이 두꺼워지는 것은 처음에는 산악빙하 내의 얼음의 얇아지는 경향에 반대되는 것처럼 보였다.[26] 그러나 지구온난화가 심화됨에도 불구하고, 그린란드와 같은 고위도 지방의 온도는 일반적으로 결빙점 아래로 유지하였다. 따라서 그러한 북쪽 위도들에의 강수량은 많은 눈으로 나타났다. 그린란드의 증가된 강수량은 또한 대규모 대기순환 내의 변화 관련되었고 그 결과 북대서양 상공을 통과하는 폭풍의 경로들을 이동시켰다.[27] 사실, 그린란드를 횡단하는 절개를 조사해 보면, 비록 동부 그린란드에는 어느 정도 두꺼워졌지만, 1954~1995년 동안 서부 그린란드는 매년 약 31 cm 정도 얇아졌다.[28]

6. 해수면 변화

해수면은 예상하지 못할 정도의 속도로 변화하고 있다. 물은 따뜻하게 되면, 체적이 팽창한다. 해양인 경우, 이것이 육지와 비교할 때 해수면을 상승하는 유일한 결과이다.

Nature, 352, 33-36.

24) Jacobs, S. S., and J. C. Comiso, 1993 : A recent sea-ice retreat west of the Antarctic peninsula. *Geophysical Research Letters*, 20(12), 1171-1174.

25) Doake, C. S., H. F. J. Corr, H. Rott, P. Skvarca, and N. W. Young, 1998 : Breakup and conditions for stability of the northern Larsen Ice Shelf, Antarctica. Nature, 391, 778-780.

26) Zwally, H. J., 1989 : Growth of Greenland ice sheet interpretation. *Science*, 246, 1589-1591.

27) Kapsner, W. R., R. B. Aley, C. A. Schuman, S. Anandakrishnan, and P. M. Grootes, 1995 : Dominant influence of atmospheric circulation on snow accumulation in Greenland over the past 18,000 years. *Nature*, 373, 52-54.

28) Paterson, W. S. B., and N. Reeh, 2001 : Thinning of the ice sheet in northwest Greenland over the past forty years. *Nature*, 414, 60-62.

20세기 동안 해수면 상승의 2/3은 해수의 열팽창에 의한 것이고, 1/3은 빙하와 빙관의 녹음으로 인해 바다로 유입된 담수의 추가가 되어 이루진 것이다. 조류계 기록들에 육지 이동을 보정하면, 해수면의 총괄적인 증가를 알 수 있다. 해수면에 대한 최근 경향에 대한 가장 광범위한 연구들 중 하나는 10년 이상의 자료를 보유하는 500개 지점의 조류계 기록들을 분석한 결과에 따르면, 전 세계 평균 해수면은 매년 ± 2.4 mm 증가하였다.[29] 조류계와 위성 고도계 자료 모두를 고려해 보면, 20세기 동안 해수면은 매년 0.3~0.8 mm 증가하였다.

7. 생물 집단 변화

식물과 동물 집단들의 변화들은 기후변화의 가장 민감한 지시자 중의 하나이다. 미국 다트머스 칼리지의 도넬라 메도우즈(Donella Meadows, 1941~2001) 교수는 다음과 같이 언급하였다. "행성의 살아있는 시스템과 선도적인 지시자들에 접촉하는 사람들이 존재한다. 이런 사람들에게는 만약 위와 아래로 도약하면서 여보게 나는 변화하고 있다! 라고 고함친다면 지구는 거의 분명한 신호를 보낼 수 없는 것으로 보고 있다."

해양 환경 내에서 일어나는 대부분 유기체의 성장과 재생산은 그 종마다 임의의 최적 온도와 밀접하게 연관된다. 그러나 단지 몇 개의 경우들만 해양 종들의 번성의 장기 기록들을 가지고 있다. 남부 캘리포니아의 연안수 내에 존재하는 동물 플랑크톤의 양이 1951~1993년 동안 80 %가 감소하였다. 이 감소는 표층 해수면 온도가 1.2~1.6 ˚C 정도 상승할 때 발생하였다.[30] 미국 캘리포니아 주 몬트레이만의 조간대 군집이 1931~1933년 동안에서 자세하게 기술되었고, 1993~1994년 동안에 다시 조사되었다. 그 결과 45개의 무척추동물 중에서 32개가 뚜렷한 서식지 이동을 하였다. 남방 종들은 증가하였고 북방 종들은 감소하였다.[31]

더 높아진 해양 온도는 세계에서 가장 생물학적으로 다양한 군집 가운데 하나인 열대

29) Peltier, W. R., and A. M. Tushingham, 1989 : Global sea level rise and the greenhouse effect : might they be connected? *Science*, 244, 806-810.
30) Roemmich, D. and J. McGowan, 1995 : Climatic warming and the decline of Zooplankton in the California current. *Science*, 367, 1324-1326.
31) Barry, J. P., C. H. Baxter, R. D. Sagarin, and S. E. Gilman, 1995 : Climate-related, long-term faunal changes in a California rock intertidal community. *Science*, 267, 672-674.

산호초들을 위협하였다. 열대 지역의 산호초들은 폭풍으로부터 안전한 연안 지역으로 피난하고 어업과 여행을 위한 지역으로서 경제적으로 중요하게 된다. 산호초를 만드는 산호들은 공생 유기체이다. 즉, 산호의 조직 내에 극히 작은 광합성 조류들이 생존한다. 만약 정상보다 더 높은 온도에 의해서 스트레스를 받게 된다면, 산호는 그들의 조류를 잃게 되어 하얗게 변한다. 이후 산호는 회복되거나, 만약 스트레스가 길어지게 되면, 죽게 된다. 1980년대 이후 산호백화현상의 빈도와 범위가 급박하게 증가하였다. 일부 지역에서는 산호초의 커다란 확장이 사라졌다. 인공위성 해수면 지도는 대규모 백화현상이 거의 항상 비정상적인 '해양 열점'과 관련된다는 것을 나타내었다. 해양 열점은 장기간 평균 월 최고 온도가 1 ℃ 이상 초과하는 해양 지역이다.[32)]

지상 군집 내에서, 조류들이 알을 낳는 시기가 적어도 일부 중위도 지역 내에서 앞당겨졌다는 증거들이 나타났다. 특히, 영국의 연구에 의하면, 1971~1995년 동안 65개 조류 종 가운데 20개 조류 종이 알을 낳는 시기가 4일에서 17일(평균 8.8일) 더 일찍 일어났다.[33)] 양서류들은 이른 봄 온도가 증가하는데 대한 반응으로 산란기가 앞당겨지는 것을 보였다.[34)] 북극해 내의 바다얼음 양이 1980년대와 1990년대 동안 연간 6 % 감소하였다. 북극곰의 경우, 얼음이 없는 지역이 더 넓어지고 얼음이 없는 기간이 더 늘어나게 되자 그들의 사냥지역이 제한되어 생존의 위협을 받고 있다.[35)]

8. 식생 변화

지구상 식생 내에서 발생하는 이상한 이동들이 최근 기후변화의 또 다른 지시자이다. 고위도(한대) 지역에서는 온도가 1880년 이후 약 2 ℃ 증가하였다. 이것은 전 지구 평균의 2배에 해당한다. 몽골 서 중앙지역에 생장하는 450년 나이테 연대학에 기초를 둔 연구

---

32) Goreau, T. J., and R. L. Hayes, 1994 : Coral bleaching and ocean "Hot Spots". *Ambio*, 23(3), 176-180.

33) Crick, H. Q. P., C. Dudley, D. E. Glue, and D. L. Thompson, 1997 : UK birds are laying eggs earlier. *Nature*, 388, 526.

34) Beebee, T. J. C., 1995 : Amphibian breeding and climate. *Nature*, 374, 219-220.

35) Stefan, N., L. Rosentrater and P. M. Eid, 2002 : Polar Bears at Risk. World Wildlife Fund International Arctic Programme.

결과 시베리아 소나무들의 성장률이 최근 지구온난화에 반응하여 크게 증가함이 밝혀졌다.[36] 알래스카에서 생장하는 흰 가문비나무의 연간 성장이 온난화에 반응하여 1930년대에 증가하였다. 그러나 가을, 겨울, 봄의 온도가 계속 높아짐에 따라서, 햇빛의 이용도와 잎으로부터 증가된 물 손실과 같은 다른 요인들이 아마도 제한을 가하였다. 1970년대에 이르러, 물 스트레스와 나무좀과 같은 병충해로부터의 공격이 나무 성장을 뚜렷하게 저하시켰다.[37]

미국 북동부 지역에 생장하는 붉은 가문비나무는 19세기 초반 뉴햄프셔 주의 일부 지역의 숲의 45 %를 차지하였다. 1984년에 이르러, 동일한 지역 내에서 붉은 가문비나무는 숲의 5 %만을 차지하였다. 비록 대기오염으로 인한 산성비와 같은 인자들이 주도적인 역할을 하였다 하더라도, 이러한 이동을 가장 적절하게 설명하는 것은 동일한 기간 동안 증가된 여름 온도와의 강한 상관관계이다.[38]

위성 자료를 분석한 결과에 따르면, 1981~1991년까지 지구상의 식생들의 광합성 활동이 증가한 것으로 나타났고, 특히 40~70°N 사이에서 많이 증가하였다.[39] 여기에는 뚜렷한 온난화가 적정한 계절 이전에 눈 덮임이 사라지도록 한 것이 작용하였다. 증가한 여름철 광합성량과 이산화탄소 흡수량은 대기권 내의 이산화탄소 농도의 계절(겨울과 여름) 차이에서 20 % 증가로 반영되었다.

마지막으로, 지구온난화는 고위도 해양 서식지 내의 식물플랑크톤의 군집 생태계를 변경하고 있다. 캐나다의 고위도 북극 담수 연못의 퇴적물 코어들은 미화석 규조류(단세포 광합성 플랑크톤) 내의 최근 변화를 지적하고 있다. 지난 수천 년 동안 조성이 안정적이었던 종의 떼들이 19세기를 시작으로 하여 조성이 극적으로 변화하였다.[40] 또한 극단적인 생태

---

36) Jacoby, G. C., R. D. D'Arrigo, and T. Davaajamts, 1996 : Mongolian tree rings and 20th century warming. *Science*, 273, 771-773.

37) Jacoby, G. C. and R. D. D'Arrigo, 1995 : Tree-ring width and density evidence of climatic and potential forest change in Alaska. Global Biogeochemical Cycles, 9(2), 227-234.

38) Hamburg, S. P., and C. V. Cogbill, 1988 : Historical decline of red spruce populations and climatic warming. *Nature*, 331, 428-430.

39) Myneni, R. B. C. D. Keeling, C. J. Tucker, G. Asrar and R. R. Nemani, 1997 : Oncreased plant growth in the northern high latitudes from 1981 to 1991. *Nature*, 386, 698-702.

40) Douglas, M. S. V., J. P. Smol and W. Blake Jr., 1994 : Marked post-18th centurey environmental change in high-arctic ecosystems. *Science*, 266, 416-419.

계 변화는 남극반도 부근의 시그니 섬의 호수에 서식하고 있는 식물플랑크톤 군집들을 변경시켰다. 1980년과 1995년 사이 호수 온도는 평균 1 ℃ 증가하였다. 이것은 전 지구 평균 온도 증가의 4배에 해당하는 값이다. 영구 얼음 덮임 지역은 1951년 이후 45 %가 줄어들었고 얼음이 얼지 않는 기간도 1980~1993년 동안 63일이 증가하였다.[41)]

9. 속성 변화

앞서 설명한 최근 기후변화들은 지구온난화 경향과 일치하지만, 온난화 경향이 온실기체를 인간이 배출한 탓으로만 돌릴 수 있을까? 인간이 유발한 변화들이 자연 변화에 중첩되었다. 자연 배경변동(잡음)으로부터 인간 유발변동(신호)들을 어떻게 우리가 가려낼 수 있을까? 실제적인 속성은 공간과 시간 모두 변화의 동시적인 패턴을 조사함으로써 대부분 이끌어 낼 수 있다.

첫째 방법은 만약 일부 최근 기간 동안 이루어진 관측된 변화 예를 들면 전 지구 온도 증가는 어떤 장기간 자연변동과는 통계적으로 다르게 나타나는 것이다. 전 지구 평균온도는 모든 시간규모 상에서 상당한 변동성을 보였고, 100년 이상 동안 0.3 ℃ 이상의 자연 경향을 보인 것으로 생각된다. 비록 자연 변동성이 매우 크지만, 20세기 동안 관측된 지구온난화를 설명하기에는 불충분하다.[42)] 그러한 자료들을 조사한 여러 유명한 과학자들은 과거 100년 동안 전 지구 평균 온도 증가의 80에서 95 %의 확률로 자연 변동성 이외에 존재한다고 결론지었다. 그보다도 증가는 온실기체들을 인간이 배출한 것에 기인한다.[43)]

지구온난화와 온실기체의 인간 배출 사이의 연관성을 구축하는 둘째 방법이 미국 벨연구소의 신시아 쿼(Cynthia Kuo)와 연구자에 의해서 사용되었다. 이들은 시계열 통계를 사용하여 1958년부터 1988년까지 30년 동안 이산화탄소의 인공 농도 증가와 온도 증가

---

41) Quayle, W. C., L. S. Peck, H. Peat, J. C. Ellis-Evants and P. R. Harrigan, 2002 : Extreme responses to climate change in Antarctic lakes. *Science*, 295, 645.

42) Wigley, T. M. L. and S. C. B. Raper, 1990 : Natural variability of the climate system and detection of the greenhouse effect. *Nature*, 344, 324-327.

43) Tol, R. S. J., 1994 : Greenhouse Statistics. Time series analyses, Pt II. Institute for Environmental Studies, Amsterdam.

사이에 강한 양의 상관관계가 있음을 보였다. 2개 변수(이산화탄소와 온도)들 사이의 일관성의 수준은 약 백만 분의 2이다.[44)]

기후변화에 대한 인간의 연관성을 결정하는 셋째 방법은 온실기체 증가에 따라 예상되는 결과들을 살펴보는 모델들을 비교하고 4차원(위도, 경도, 고도, 시간) 내에서 하나의 변수(예, 온도)에 대한 변화의 패턴들을 관측하는 것이다. 예를 들면, 과거 수십 년 동안 온도의 고도 변화에 대한 관측된 위도 변화는 전 지구 기후모델에 의해서 예측된 패턴들과 잘 일치한다. 또한 모델들은 고농도의 황산염 에어로졸을 나타내는 지역에서는 온난화가 적게 나타나는 것으로 예측한다. 고농도 에어로졸 분포의 관측된 공간과 시간의 패턴들은 모델에서 예측된 감소된 온난화의 지역들과 대응된다.

기후변화는 온도변화 이상의 많은 것을 포함한다. 예를 들면, 전반적인 온도와 강수량 변화 이외 적어도 기후변화를 나타내는 5가지의 측정치들이 온실기체의 증가된 대기권 내의 농도에 민감하다고 생각된다. 다변량 통계가 다수의 변수들 내에서 동시적인 변화들의 상관관계를 구하기 위해서 사용된다. 그러한 변화들에는 최대와 최저 내의 동등하지 않은 증가, 한랭 계절에서의 강수량 증가, 극심한 여름 가뭄, 극심한 일 강수량 사건으로부터 유도되는 총 강수량의 비, 매일매일의 온도 변동의 감소가 포함된다. 예를 들면, 1910년 이후 미국 내에서 그러한 변화를 분석하는 온실기후 반응지수는 1910년 이후 지수 증가는 순수 자연 원인의 단지 1~9 %에 해당한다.[45)]

10. 현재 진행되는 지구온난화의 증거

전 세계에 분포하는 빙하와 빙상이 만약 전부 녹는다면, 해수면의 높이는 약 70 m 상승할 것이다.[46)] 그리고 전 세계의 얼음은 기후학적으로 민감한 한대지역에 집중되어 있다. 그러나 다행스럽게도 얼음양의 변화는 수천 년의 세월 동안 이루어지는 것으로

44) Kuo, C., C. Lindberg and D. J. Thompson, 1990 : Coherence established between atmospheric carbon dioxide and global temperature. *Nature*, 343, 709–713.

45) Karl, T. R., D. R. Easterling, R. G. Quayle, 1996 : Indices of climate change for the United States. *Bull. Amer. Meteor. Soc.*, 77(2), 279–292.

46) Abdalati, Waleed, 2006 : Recent changes in high-latitude glaciers, ice caps and ice sheet. *Weather*, 61(4), 95–100.

잘 알려져 있지만, 이러한 생각과는 다르게 얼음양이 현재 기후에 반응하여 매우 빠르게 변화하고 있다는 것이 발견되고 있다. 이러한 기후반응들은 대단히 중요한 현상과 연관되어 나타난다. 이는 해수면 상승과 얼음의 용융 또는 빙하 분리로 인한 담수의 배출로 이어지고 이들은 해양순환에 영향을 미친다.

수백만 년 동안, 지구가 온난화되고 한랭화 됨에 따라 해수면의 높이가 상승하거나 하강하였고 이에 따라 육지 상의 얼음도 줄어들거나 늘어나게 되었다. 오늘날에도 이러한 양상은 변함이 없다. 20세기 동안 해수면의 상승은 거의 2 mm/yr의 비율로 이루어졌고,[47] 최근 12년 동안에는 3 mm/yr의 비율로 상승하고 있다.[48] 그러나 과거와 달리 오늘날에는 수백만 명의 사람들이 연안에 살고 있어 해수면의 변화에 취약하다. 해수면이 증가하여 해변을 침식시키면, 홍수 발생 가능성이 증가하게 되고, 장벽을 이루는 섬과 연안 습지들이 가지는 강한 폭풍과 허리케인의 효과를 완화하는 능력이 감소하게 된다. 해수면이 1 m 상승함에 따라 부담하게 될 비용은 미국 자체로만 천억$로 추산되고 있다. 취약한 저지대 연안지역이 침수됨으로서 발생하는 전 세계적인 비용은 매우 크게 나타날 것이다. 특히 가난한 나라에서는 그러한 변화에 대처할 자원을 가지고 있지 않아 속수무책이다. 그러한 고려는 해수면의 1 m 상승은 이 세기 동안 0.09~0.88 m 범위 정도로 예측되는 한에서는 뚜렷하지 않다는 사실을 접하게 되면 특히 중요하다.[49] 그리고 이러한 규모의 상승은 과거 20년 동안에 일어났다.[50]

더군다나 해양에서 온난화되는 지역의 확장은 20세기에 관측된 해수면 상승의 셋째 요인으로 작용하고 있고, 해수면 상승이 가장 뚜렷할 것으로 예상되는 곳이 그린란드빙상과 남극빙상이다. 여러 가지 상이한 이유로 인하여 각각은 서로 다른 특성을 나타내고

---

47) Miller, L. L. and B. C. Douglas, 2004 : Mass volume contributions to twentieth century global sea-level rise. *Nature*, 428,(6981), 406-409.

48) Leuliette, E. W., R. S. Nerem and G. T. Mitchum, 2004 : Results of TOPEX/Poseidon and Jason calibration to Construct a Continuous Record of Mean Sea-Level. *Marine Geology*, 27, No. 1-2, 79-94.

49) Intergovernmental Panel on Climate Change(Ed.), 2001 : Climatic Change 2001 : The Scientific Basis-Contribution of Working Group I to the Third Assessment Report of the Intergovernmental Panel on Climatic Change, 881 pp. Cambridge Univ. Press, New York.

50) Fairbanks, R. A., 1989 : A 17 000-year glacio-eustatic sea-level record-Influence of glacial melting rates on the Younger Dryas event and deep-ocean circulation. *Nature*, 342,(6250), 637-642.

있다. 대부분의 얼음이 연약 층으로 해수면 아래에 놓여있는 남극 서부 지역은 얼음의 일방적인 퇴각을 취약하게 만든다. 그린란드 빙상은 상당히 녹아서 바다 쪽으로 얼음의 흐름을 급격하게 가속화시키고 있다.[51] 반면 알래스카빙하와 파타고니아빙원과 같은 작은 규모의 얼음의 양은 급격하게 줄어들고 있어 가히 위협적인 수준이다.

빙상과 빙하가 향후 100년간 어떻게 해수면 상승에 기여할지에 대한 이해를 구하기 위해서, 빙하 또는 빙상의 질량 평형을 조절하는 것이 무엇인지를 이해하는 것이 중요하다. 질량 평형은 적설과 같은 질량을 추가하는 인자들과 지표면 융해, 부유하는 얼음 밑면의 녹음, 승화와 같은 질량을 감소하는 요인들 사이의 차이를 나타내는 것이다.

기후가 온난해짐에 따라, 질량 결손을 가져오는 모든 성분들은 증가하기 시작하여 빙하의 축소를 가져온다. 그러나 그와 동시에 지상에 떨어지는 눈의 양 또한 증가하여 빙하의 성장에 기여한다. 큰 빙상인 경우, 이들 과정 중의 어떤 성분이 다음 세기 동안 주도적으로 기여할 것인가에 대한 명백한 해답은 없다. 또는 얼마만 한 양으로 일어날 것인가에 대한 명백한 해답도 존재하지 않는다. 결과적으로 고위도 빙하와 극관의 평형 상태와 이들이 해수면 상승에 기여하는 정도를 이해하는 것에 관심을 기울일 뿐만 아니라 지구상의 거대한 빙상의 평형 상태를 이해하는 데 상당한 관심을 기울이고 있다. 최근 10년간 새로운 위성 탑재용 측기와 항공기 탑재용 측기의 개발과 지표면 고도 변화, 용융 넓이, 해류 속도, 지표면 온도 등과 같은 위상 자료세트의 출현을 통하여 지구상에 얼음으로 덮인 지역의 변화를 관측할 수 있는 능력이 획기적으로 향상되었다. 보충적인 야외 관측과 모델링 노력을 결합한 이들 관측 자료들은 질량 평형을 조절하는 메커니즘에 중요한 새로운 식견을 계속적으로 제공하고 있고 이러한 과정들이 어떻게 미래에 활동할 것인가를 지시하는 사항들을 제공하고 있다.

1) 남극빙상

남극빙상은 해수면을 61 m 상승시킬 수 있는 얼음을 보유하고 있다. 남극빙상은 남극횡단산맥을 기준으로 하여 서남극빙상과 동남극빙상으로 구분된다. 서남극빙상은 해수면

51) Ardent, A. A., K. A. Echelmeyer, W. D. Harrison, C. S. Lingle and V. B. Valentine, 2002 : Rapid wastage of Alaska glaciers and their contribution to rising sea-level. *Science*, 297(5580), 382-386.

아래에 놓여있는 연약 변형층에 기반을 두고 있다. 결과적으로 중대한 퇴각은 물이 얼음층 경계를 채우도록 하여 마찰을 줄이고 얼음을 주변 바다로 방류하는 서남극빙상의 경향성을 증가시킨다. 이로 인해 6 m 이상의 해수면 상승을 가져온다. 이런 이유로 서남극빙상은 대응되는 동남극빙상보다 훨씬 안정성이 떨어진다.

4 km 두께 이상을 가진 몇몇 지역 내의 얼음 일부는 여전히 수천 년 전부터 진행된 기후 변화에 반응하고 있고 최근까지도 빙상은 기후변화 반응에 천천히 진행된다는 견해가 지배적이었다. 그러나 빙상 내부에서의 변화는 천 년 이상의 규모로 일어나는 반면, 가장자리 근처의 변화는 다르게 나타난다. 남극 대륙 주변부의 많은 부분은 부유하는 빙붕 또는 대기와 해양의 온난화의 효과에 영향을 잘 받는 '얼음 혀'로 덮여 있다. 빙붕 또는 얼음 혀는 얼음보다 더 중요한 암시를 가지게 된다. 이런 취약성으로 인하여 2002년에 가시적인 현상으로 일어났다. 몇 주 동안에 라르센 B 빙붕의 많은 부분이 붕괴되었다. 붕괴 전에 라르센 B 빙붕은 수백 m의 두께를 가지고 있었고, 12,000년 이상 존재한 것으로 믿어지고 있다. 이 빙붕의 붕괴만으로 해수면 높이의 상승을 가져오지 않았다. 왜냐하면 이것은 부유하는 얼음이었기 때문이다. 그러나 이것은 환경 변화에 얼음으로 덮인 부분이 영향을 미친 한 사례라 할 수 있다.

그러나 몇 개월 동안 일어난 붕괴 이후 뒤따른 것은 직접적인 해수면 상승이었다. 모든 빙하들이 가속화되어 라르센 B 빙붕 속으로 흘러 들어왔고 그중 일부는 8배 이상으로 가속화되었다. 그 결과 이들 빙하들은 바다로 방출되는 것이 증가함에 따라 급격하게 얇아지게 되었다. 6개월 만에 38 m가 얇아졌다. 이와 동시에 라르센 빙붕의 나머지 남은 부분을 유지하는 빙하는 붕괴하지도 않았고 가속화되는 징후도 나타내지 않았다. 자연에 의한 이러한 실험에서, 빙붕은 빙하의 버팀목으로 작용하고 빙하의 흐름을 계속 유지시킨다는 앞서 수십 년 전의 논쟁적인 가설을 확인하는 데 도움을 주었다. 라르센 B 빙붕의 경우에서와 같이, 일단 방벽이 제거되면 부벽효과가 사라지게 되어 얼음은 바다 쪽으로 빙하의 흐름을 가속화시킨다. 그러나 이러한 빠른 흐름은 오랫동안 유지되는 것이 아니라 시간이 지남에 따라 이들 빙하들은 새로운 경계 조건으로 조절되고 새로운 평형 상태로 접근하게 된다.

남극대륙 상의 라르센 B 빙붕의 위치는 극단적인 예를 제공한다. 왜냐하면 남극대륙이

20세기 후반에 수 ℃로 온난화되었기 때문이다.[52] 그래서 많은 빙하와 빙붕들이 퇴각하고 있다. 이 지역의 온난화는 남극대륙의 다른 지역보다 훨씬 높게 일어나고 있다.[53] 남극대륙의 대부분의 지역은 최근 10년 동안 한랭화를 경험하였다. 여전히 우리는 가속에 의해서 뒤따르는 퇴각의 움직임의 징후를 감지하고 있으며 빙상의 여러 곳에서 얇아짐을 감지하고 있다. 가장 뚜렷한 지역은 아문센 해로 방출되는 드웨이트 빙하와 파인 섬 빙하이다.[54] 종종 잠재 불안정 때문에 서남극빙상에서 약한 부분의 녹음으로 인하여 해수면 상승이 0.13~0.24 mm/yr로 일어났다.[55] 이것은 전체 해수면 상승의 10 %에 해당한다. 이 이유는 아문센 해로 흐르는 빙하의 가속에 있으며 이는 영상 약 0.5 ℃인 난류에 의한 빙붕의 약화에 대부분 반응하게 된다. 이 지역에서 일어나는 것은 라르센 B 빙붕의 주변에서 일어나는 것보다 극적인 것은 아니지만, 해수면 상승의 공헌과 어떤 지역의 잠재 불안정의 크기를 가늠하는 좋은 증거가 된다. 만약 빙붕이 사라지고 빙하 퇴각이 분지 쪽으로 깊숙이 진행한다면, 이러한 빙하들은 계속적으로 가속되어 해수면 상승에 더욱더 공헌하게 될 것이다.

그렇지만 모든 서남극 하구빙하와 얼음흐름이 가속되는 것은 아니다. 일부 지역은 천천히 일어나고 심지어는 멈추는 경우도 있다. 여기에 해당하는 지역은 로스 빙붕을 유지시키는 캠브 얼음흐름(예전에는 얼음흐름 C라 불렀다)이다. 결과적으로 서남극빙상의 일부지역은 성장하고 있으며 실제 해수면 상승을 느리게 하고 있다. 그러나 약 0.07 mm/yr에 해당하는 해수면 상승으로 캠브 얼음흐름과 같은 얼음흐름의 순성장은 서남극빙상의 어느 곳에서 관측되는 손실을 상쇄하기에는 충분하지 못하다.[56]

---

52) Vaughn, D. G., G. J. Marshall, W. M. Connolley, J. C. King and R. Mulvaney, 2004 : Climate change -Devil in the detail. *Science*, 293, No. 5536, 1777-1779.

53) Cook, A. J., A. J. Fox, D. G. Vaughan and J. G. Ferrigno, 2005 : Retreating glacier fronts on the Antarctic Peninsula over the past half-century. *Science*, 308,(5721), 541-544.

54) Thomas, R., E. Rignot, G. Cassassa, P. Kanagaratnam, C. Acuna, T. Akins, H. Brecher, E. Frederick, S. Gogineni, W. Krabill, S. Manizade H. Ramamoorthy, A. Rivera, R. Russel, J. Sonntag, R. Swift, J. Yungel and J. Zwally, 2004 : Accelerated sea-level rise form West Antarctica. Science, 306, No. 5964, 255-258.

55) Shepherd, A., D. Wingham and E. Rignot, 2004 : Warm ocean is eroding the West Antarctic Ice Sheet. *Geophys. Res. Lett.*, 31, L23402.

56) Joughin, I. and S. Tulaczyk, 2002 : Positive mass balance of the Ross Ice Streams West Antarctica. *Science*, 295,(5554), 476-480.

서남극빙상과 동남극빙상 모두에서 전체 질량평형을 결정하기 위해서 1992~2001년 동안 유럽원격탐사위성(ERS-1과 ERS-2)에 탑재된 위성 레이더 고도계로 측정한 자료를 면밀히 분석한 연구도 있다.[57] 분석 결과에 의하면, 서남극빙상에서는 드웨이트 섬과 파인 섬 지역에서 빙하가 얇아짐에 따라 지표면이 평균 2.9 cm/yr로 낮아지고 있다. 지각 융기와 만년설의 치밀화 과정을 고려하면, 9년 동안 서남극빙상 질량 평형은 -51 km^3/yr로 나타났으며, 이것을 해수면 상승으로 환산하면 0.13 mm/yr로 나타난다.

거대한 동남극빙상의 경우, 지표면 상승이 0.8 cm/yr로 나타났으며, 이는 얼음양이 18 km^3/yr가 증가한 것으로 해수면은 0.045 mm/yr로 낮아졌음을 시사하고 있다. 1992~2003년 동안 ERS-1과 ERS-2 자료세트를 사용하여 유사한 분석을 수행한 연구도 있다.[58] 주변부를 제외한 동남극빙상은 49 km^3/yr로 얼음양이 증가하여 해수면 상승이 0.12 mm/yr로 낮아졌다. 이들은 이러한 성장이 최근에 일어난 눈의 축적 이상이라고 주장하였다. 이러한 성장의 일부는 홀로세 초기부터 시작되어 현재까지 계속된 눈 축적량의 증가에 대한 반응이라는 증거라고 주장하였다. 두 추정값 사이에 차이가 존재하지만, 그들 모두는 서남극빙상에서 일부 손실을 막는 동남극빙상의 얼음 성장을 일관성 있게 찾아내었다.

동남극빙상과 서남극빙상에 대한 연구 결과에 따라서 질량 평형에 대한 추정값을 취한다면, 남극대륙 전체에 대한 순손실은 -33 kg^3/yr이며 해수면 상승은 0.084 mm/yr 만큼 이루어지고 있다.

2) 그린란드빙상

그린란드빙상은 2.25 km^3의 전체 체적과 1.6 km의 평균 두께를 가지고 있으며 이는 남극빙상의 1/10 수준으로 7 m 해수면 상승을 가질 수 있는 얼음을 보유하고 있다. 그러나 남극빙상과는 다르게 그린란드 빙상의 많은 부분이 현재 녹고 있다. 주변부의 부유하고 있는 빙붕과 얼음 혀의 녹음과 빙상 내부의 눈과 얼음의 녹음은 그린란드의 평형 상태에

57) Zwally, H. J. M. B. Giovinetto, J. Li, H. G. Cornejo, M. A. Berkley, A. C. Brenner, J. L. Saba, and D. Yi, 2005 : Mass changes of the Greenland and Antarctic ice sheets and shelves and contributions to sea-level rise 1992-2002. *J. Glaciol.*, 51(175), 509-527.

58) Davis, C. H., Y. Li, J. R. McConnell, M. M. Frey and E. Hanna, 2005 : Snowfall-driven growth in east Antarctic ice sheet mitigates recent sea-level rise. *Science*, 308(5730), 1898-1901.

잠재적인 불안정성을 발생시킬 수 있다. 이러한 녹음 현상이 증가하고 있다.[59]

1979~2005년 동안, 빙상이 녹은 면적을 결정하기 위한 기본 자료인 위성자료를 가지고 있으며 이들 자료로부터 4월에서 10월 동안 평균 용융 지역이 31 % 증가하였다는 것을 알 수 있다.[60] 26년 동안 이러한 강력한 양의 녹음 경향은 과거 수십 년 동안 전체 지구의 온난화 비율보다 북극 지방이 두 배 정도 더 빨리 온난화되었다는 것을 시사해 주는 것이다.[61] 이러한 높아진 온도가 녹음을 증가하는 데 공헌하였고 빙하가 녹음으로 인하여 지표면이 검게 됨으로써 양의 되먹임 메커니즘이 확립되었다. 위성으로 유도된 빙하의 녹음 현상은 지표면 질량 평형 추정에 대한 모델 결과[62]와도 일치하고 있다. 1961~1990년 기간과 1998~2003년 기간 사이를 비교해 보면, 용융률과 이에 따른 유출이 강수에 의해서 후자 기간에서 증가한 것으로 나타난다. 1998~2003년 동안 그린란드 지표면 질량 평형으로부터 구한 해수면 상승은 0.15 mm/yr로서, 이전 기간보다 큰 값으로 나타났다.

유출과 용융수를 통한 얼음의 손실에 직접적으로 공헌하는 것 이외에도, 이러한 용융은 또한 다른 요인들을 통하여 얼음 손실에 일조하는 잠재성을 내포하고 있다. 그린란드 빙상의 서부 측면에 존재하는 평형 선으로부터 구한 자료에 의하면 지표면 용융수가 크레바스 또는 물랭을 통하여 1 km 얼음 속까지 침투한다는 것을 지적하고 있다. 이렇게 침투한 용해수는 얼음과 기반암 사이의 경계면을 매끄럽게 하여 여름철에 빙하의 가속을 일으키게 된다.[63] 이러한 여름 가속은 빙상의 가장자리 쪽으로 얼음흐름을 재촉하게 된다. 가장자리에서 얼음 흐름이 바다로 배출되거나 빙상이 용해하도록 한다. 시간이 지남에 따라 이러한 현상은 빙상의 모습을 변화시킬 수 있으며, 이러한 지역들이 낮아짐에 따라 미래에 일어날 용해에 매우 취약하게 된다.[64]

---

59) Abdalati, Waleed, 2006 : Recent changes in high-latitude glaciers, ice caps and ice sheet. *Weather*, 61(4), 95-100.

60) Steffen, K. and R. Huff, 2005 : http://cires.colorado.edu/ science/groups/steffen /greenland/melt2005/

61) ACIA, 2004 : Impacts of warming Arctic. Cambridge University Press.

62) Hanna, E., P. Huybrechts, I. Janssen, J. Cappeln, K. Steffen and A. Stephens, 2005 : Runoff and mass balance of the Greenland ice sheet : 1958-2003, *J. of Geophys. Res. Atmos.*, 100(D13), D13108.

63) Zwally, H. J., W. Abdalati, T. Herring, K. Larson, J. Saba and K. Steffen, 2002 : Surface melt-induced acceleration of Greenland ice-sheet flow. *Science*, 297, No. 5579, 218-222.

64) Parizek, B. R. and R. B. Alley, 2004 : Implications of increased greenland surface melt under global-warming scenarios : ice-sheet simulations. *Quaternary Sci. Rev.*, 23, (9-10), 1013-1027.

그린란드의 하구빙하의 많은 부분은 바다로 직접 흘러가는 조수의 영향을 받는 빙하이다. 이들 빙하들은 길이가 수십 km 달하는 부유하는 얼음 혀로 경계를 짓고 있다. 이들 얼음 혀는 봄과 여름동안 지표면에서 용융이 일어나고 비교적 온난한 해수와 접촉함으로써 아래쪽으로부터 용융이 일어난다. 남극에서와 같이, 이들 부유하는 얼음 혀가 퇴각하거나 붕괴될 때, 이에 따라 보강하는 효과가 사라짐에 따라서 빙하를 가속시켜 어떤 경우에는 빙하가 매우 빠르게 얇아지게 된다.

이러한 현상이 그린란드에서 분명하게 관측되는 한 장소는 자콥스하븐 이스브레이다. 1990년대 중반 많은 그린란드 하구 빙하가 일반적으로 얇아진 반면, 자콥스하븐빙상의 얼음 흐름은 실제 약간 두꺼워졌다. 자콥스하븐빙상의 얼음 흐름은 7 km/yr로 세계에서 가장 빠르게 움직이는 빙하 중의 하나이다. 이런 두꺼워짐은 1990년대 중반 얼음 흐름이 천천히 움직인 직접적인 결과로 나타난 것이다. 그러나 1997년 이후 주변부의 기온과 수온이 증가함에 따라서 부유하는 얼음 혀들이 대체로 얇아지게 시작하였다. 이런 얇아짐이 거의 50년 동안 안정하게 위치하였던 얼음 혀를 약화시켰고 2001년에 퇴각이 이루어지기 시작하여 2005년 위치까지 매년 수 km 퇴각되었다. 빙하의 얇아짐과 퇴각은 얼음 흐름의 연속적인 가속을 동반하게 되었다. 흐름의 속도가 거의 두 배로 증가하여 12.6 km/yr에 달하게 되었다. 이러한 이동 속도의 증가에 연관되어 얼음 흐름이 얇아지는 속도가 약 15 m/yr로 급증하였다. 이러한 퇴각은 2005년을 통하여 계속 이루어졌고 전체적인 영향에 대해서는 아직도 알려져 있지 않고 있다. 그러나 1997년에 시작된 급격한 엷어짐이 안쪽으로 전파됨으로써 얼음 흐름이 질량을 계속적으로 손실시키고 얼음을 상류 쪽과 주변부로 더 끌어들이게 되었다.

동부 연안에 위치한 캉거들룩수아크 빙하에서는 1990년대 중·후반에 10 m/yr 의 속도로 얇아졌지만 2000~2005년 동안에는 흐름의 속도가 210 %로 증가하였다. 이러한 가속은 빙하가 50 m/yr 이상으로 엷어진다는 것을 의미한다. 자콥스하븐 빙하와 캉거들룩수아크 빙하는 매우 극단적인 예이긴 하지만, 많은 그린란드 하구빙하들도 1990년대에는 줄어들었다는 증거가 존재한다. 그 이유는 지표면 축적과 삭마 사이의 차이를 균형을 만들기 위해서 필요한 흐름 율 이상으로 나타났기 때문이다. 남부 그린란드의 많은 하구빙하들은 더욱더 심각한 상황에 처하게 되었고, 특히 동쪽에서 뚜렷한 펴짐을 볼 수 있으며 1996년부터 2000년과 2005년까지 매우 뚜렷한 가속을 보이고 있다. 이러한 뚜렷한 효과들은 빙상 가장자리에서 빙하의 감소를 일으키고 있다.

그러나 동일 시간에서 빙상의 내부는 수 cm/yr로 성장하였다.[65] 이 양은 주변부에서 엷어지는 비율과 비교해보면 매우 작게 보이지만, 이것은 매우 넓은 지역에서 발생하여 용융과 빙하의 깨어짐과 배출에 기인한 얼음의 손실을 뚜렷하게 상쇄시켰다.

이러한 경쟁적인 효과들을 그린란드 빙상에서 광범위한 질량 평형을 추정함으로서 이끌어 내었다. 얼음의 질량 손실은 −224 km^3/yr로 2005년에 가장 낮았고 이는 0.57 mm/yr의 해수면 상승을 유발하였다. 이 값은 순지표면 질량 증가의 추정 값과 하구 빙하 속도의 위성 관측과 항공기에 의한 두께 관측에 의해서 계산된 배출량을 비교함으로서 얻었다.[66] 그들은 또한 1995년과 2000년에 대해서도 각각 −91 km^3/yr(0.23 mm/yr 해수면 상승), −138 km^3/yr(0.35 mm/yr 해수면 상승)로 질량 손실을 추정하였다. 이들 값으로부터 지난 10년간 배출이 증가함으로서 순 얼음 손실이 급증하였다는 것을 알 수 있다.

가장 질 높은 추정값은 빙상 표면 고도 변화를 위한 ERS-1과 ERS-2 레이더 고도 측정과 현업 레이더 고도 측정이 이루어지지 않는 빙상 주변부 근처에서 수행한 항공기 레이저 고도 측정을 결합하여 유도되었다. 이러한 방법을 사용하여 1992년부터 20002년 사이에 질량 증가가 +12 km^3/yr(−0.03 mm/yr 해수면 상승)으로 그린란드빙상이 약간 성장한 것으로 추정한 연구 결과가 있다. 만약 내부 성장을 고려한다면, 오랫동안 불균형이 존재한 것이 아니라 아주 최근에 눈 축적에 의해서 증가한 것으로 추정된다.

1993~2005년 동안의 대부분 해의 봄에 빙상 상공을 비행하면서 항공기에 의한 레이저 고도 측정값을 사용한 세 번째 방법으로 추정한 값은 1990년대 중반의 것은 59 km^3/yr (0.15 mm/yr 해수면 상승)이고 1997~2003년 사이에는 80 km^3/yr(0.2 mm/yr 해수면 상승) 이었다.[67]

---

65) Johannessen, O. M., K. Khvorostovsky, M. W. Miles and L. P. Bobylev, 2005 : Recent ice sheet growth in the interior of Greenland. *Science*, 310(5750), 1013-1016.

66) Rignot, E. and P. Kanagaratnam, 2006 : Changes un the velocity structure of the Greenland ice sheet. *Science*, 311(5763), 986-990.

67) Krabill, W. B., E. Hanna, P. Huybrechts, W. Abdalati, J. Cappelen, B. Csatho, E. Frederick, S. Manizade, C. Martin, J. Sonntag, R. Swift, R. Thomas and J. Yungel, 2004 : Greenland ice sheet : Increased coastal thinning. *Geophys. Res. Lett.*, 31, L24402, doi:10.1029/2004GL021533.

이러한 결과들은 다음과 같은 이유로 큰 불일치를 나타내고 있다. 첫째, 조사한 시간 주기의 차이를 들 수 있다. 둘째, 사용한 분석 방법의 차이를 들 수 있다. 셋째, 축적, 삭마, 만년설 치밀 작용과 각 방법에서 사용한 역학에 부여한 근원적인 가정을 들 수 있다. 이들 3가지 연구 방법 사이의 차이는 빙상 움직임의 여러 방면에 중요한 통찰력을 제공하고 그린란드 빙상 질량 평형에 대한 상황파악을 그릴 수 있도록 하였다. 이러한 상황파악 중의 하나는 빙상의 움직임이 온난화된 기후에서 예상되는 것이었다. 빙하의 높이가 빙하의 내부의 온도가 한랭한 경우에는 온난한 기온이 강수 가능성을 향상시킴에 따라서 빙하의 내부는 성장하고, 빙하의 변두리는 빙하의 용융과 흐름의 속도가 증가함으로써 결과적으로 빙하의 변두리는 축소된다. 이러한 경쟁적인 현상의 상대적인 크기에 대한 불일치는 존재하지만, 증가하는 용융과 흐름의 속도에 관련된 효과들을 결합시켜 추정한 최근 하구 빙하 가속의 크기와 규모들을 살펴보면 그린란드빙상이 해수면 상승에 대한 주요 공헌자라는 것을 알 수 있다.

3) 고위도 빙하와 극관

전 세계에 분포하는 빙하와 극관은 0.5 m의 해수면 상승을 이룰 수 있는 얼음 양을 보유하고 있다. 이는 거대한 그린란드빙상과 남극빙상보다는 훨씬 적은 양이라 장기간에 걸친 위협을 할 가능성은 매우 미약한 실정이다. 그러나 빙하와 극관들은 빙상보다 크기가 더 작고 많은 경우 더 온난하기 때문에 기후 변화에 대한 그들의 반응은 더욱더 급격하게 이루어질 것이다. 이런 의미에서 이들이 가지는 해수면 상승에 대한 영향에 대한 잠재 가능성이 빙상보다 더 뚜렷하게 나타날 것이다.

빙하와 극관이 가지는 얼음양의 변화를 정량적으로 추정하는 것은 한계가 있지만, 고도와 현장 측정으로 고위도의 현재 질량 평형 상태에 대한 중요한 정보를 얻을 수 있었다. 1990년대 후반부터 항공기 탐사가 알래스카에 분포하는 많은 빙하 상공에서 수행되었고 이들 자료들은 1950년대 중반부터 관측된 지상 자료들과 비교되었다.[68] 그 결과 1955년부터 40년 동안 알래스카 빙하는 −57 km^3/yr(0.14 mm/yr 해수면 상승)의 얼음 손실을 가져왔으나

68) Ardent, A. A., K. A. Echelmeyer, W. D. Harrison, C. S. Lingle and V. B. Valentine, 2002 : Rapid wastage of Alaska glaciers and their contribution to rising sea-level. *Science*, 297(5580), 382-386.

1995년부터 2000년과 2001년까지 기간 동안은 앞선 기간보다 2배에 해당하는 −105 km^3/yr(0.27 mm/yr 해수면 상승)으로 나타났다. 이것으로 미루어 보아, 알래스카 빙하가 현재 일어나는 해수면 상승의 주요 공헌자 중의 하나라는 것을 알 수 있다. 2005년 여름 항공기 탐사가 반복적으로 수행되었다. 이로 인하여 얼음 손실률이 천천히 일어날 것인가 가속될 것인가 또는 동일할 것인가에 대한 중요한 정보를 제공하게 될 것이다.[69)]

유사한 항공기 탐사가 캐나다 극관에서 수행되어 분석한 결과 1990년대 후반 동안 체적의 감소가 많이 이루어져 0.064 mm/yr의 해수면 상승에 기여하였다. 이 양은 알래스카 빙하에서 일어난 축소에 비해 1/4 정도 수준이지만 감소 비율은 1990년대부터 가속되는 것으로 나타나고 있다.[70)] 그린란드에서 일어난 것처럼 얼음이 사라지는 부분은 용융이 일어나는 하부에서 일반적으로 발견되고 있다. 고도가 높은 축적 대는 탐사기간 동안 변화가 적거나 변화가 전혀 일어나지 않았다. 그러나 캐나다에서 가장 얼음의 손실이 큰 곳은 배핀군도로, 이곳은 1990년대 동안 기온이 특별히 온난하지 않았다. 그러므로 이러한 변화는 19세기 동안 중단된 소빙하기의 끝부분에서 계속적으로 반응하는 것으로 생각된다. 2005년 봄 이러한 극관에 대한 부수적인 탐사가 반복되었고 2006년에는 더 많은 탐사가 계획되고 있다. 2000~2005년 동안의 시간주기는 1995~2000년 동안의 시간주기보다 배핀 만 주변이 더 온난하다는 것이 뚜렷하게 밝혀짐으로써 이 지역에서 일어나는 얼음손실은 심화될 것으로 예상된다.

질량 평형 측정이 러시아 북극에서 대단히 드물게 이루어지긴 하지만 몇몇의 측정 결과는 약간 음의 질량 평형이 존재하고 있음을 제시하고 있다.[71)] 이들 지역에서 일어나는 순 얼음 손실은 러시아령 북극 섬의 얼음 전선 퇴각에 대한 관측에 의해서 더 나은 결과를 얻을 수 있다.[72)] 그러나 동부 스발바르 지역에 분포하는 유라시아 북극에서 가장

---

69) Abdalati, Waleed, 2006 : Recent changes in high-latitude glaciers, ice caps and ice sheet. *Weather*, 61(4), 95-100.

70) Abdalati, W., W. B. Krabill, E. Frederick, S. Manizade, C. Martin, J. Sonntag, R. Swift, R. Thomas, J. Yungel and R. Koerner, 2004 : Elevation changes of ice caps in the canadian archipelago. *J. Geophys. Res.-Earth Science*, 109, No. F4, F00407.

71) Dowdeswell, J. A. and J. O. Hagen, 2004 : Arctic ice caps and glaciers. In : Bamber, J. L. and A. J. Payne(Eds.) Mass Balance of the Cryosphere, Cambridge University Press.

72) Glasovskiy, A. F., 1996 : Russian Arctic. In : Jania, J. and J. O. Hagen(Eds.) Mass Balance of Arctic Glaciers. International Arctic Science Committee Report No. 5.

큰 극관인 에우스트포나에서는 주목할 만한 얼음 성장이 일어나고 있다. 이 성장은 이러한 지역에 존재하는 바다얼음 지역이 축소됨으로써 발생하는 축적의 증가에 의한 것이다.[73)]

전체적으로 북반구 고위도에 분포하는 극관과 빙하는 순 얼음 손실을 확실하게 보여주고 있다.[74)] 알래스카와 캐나다 북극에서는 1990년대 중·후반부터 손실률이 증가하고 있으나 북극 일부 지역에서는 아주 적은 음의 질량 평형 변화를 나타내고 있다. 결과적으로 북극에서 빙하 가속이 일어난다는 확실한 증거는 없으나, 북극 온난화는 지표면 용융뿐만 아니라 강수의 증가를 초래하고 있다.[75)]

남극대륙 밖에 분포하는 남반구 주요 고위도 얼음은 파타고니아 빙원에 존재한다. 지상 야외 측정[76)]과 NASA의 SRTM에서 얻은 자료를 비교해보면, 고위도 얼음 손실의 가속화는 북반구 일부 지역에서 한정적으로 일어나고 있음을 알 수 있다. 지상 측정이 이루어진 시기인 1968~2000년 동안 빙원에서 손실된 얼음 양은 0.042 mm/yr의 해수면 상승을 이룬 양에 해당되지만 1995~2000년 동안에는 0.105 mm/yr로 증가하였다. 파타고니아 빙원에서 일어난 얼음 손실은 알래스카 빙하보다는 미비하지만 상대적인 크기로 보면 빙원에는 훨씬 급격하게 엷어지고 있다고 하겠다.

4) 북극지방

인상적인 변화가 최근 십 년 동안 북극지방에서 일어나고 있다. 그중 하나는 바다얼음의 감소이고 위치변화는 거의 모든 환경에서 관측되고 있다.[77)] 기후모델에 의하면 대기 중의 온실기체의 농도 증가로 인한 온난화가 먼저 나타나고 북극지방이 가장 그 효과가 큰 것으로 나타나고 있다. 이러한 결과의 주된 이유는 바다얼음과 눈 덮임 지역의 감소로

---

73) Bamber, J., W. Krabill, V. Raper and Dowdeswell, 2004 : Anomalous recent growth of part of a large Arctic ice cap:Austfonna Svalbard. *Geophys. Res. Lett.*, 31,(12), L12402. doi:10.1029/2004GL019667

74) Dyurgerov, M. B. and M. F. Meier, 2005 : Glaciers and the Changing Earth System : a 2004 Snapshot. INSTAAR Occasional Paper 58.

75) Braithwaite, R. J., 2005 : Mass balance characteristics of Arctic glaciers. *Annals of Glaciology*. 42(1), 225-229.

76) Rignot, E., A. Rivera and G. Casassa, 2003 : Contribution of the Patagonia Icefields of South America to sea-level rise. *Science*, 302(5644), 434-437.

77) Serreze, M C., J. E. Walsh, F. S. Chapin III, T. Osterkamp, M. Romanovsky, W. C. Oechel, J. Morison, T. Zhang and R. G. Barry, 2000 : Observational evidence of recent change in the northern high-latitude environment. *Clim. Change*, 46, 159-207.

인해 노출된 면적이 증가하여 지표면에 햇빛이 더욱더 흡수됨으로써 초기 가열이 증가되어 기후시스템에 양의 되먹임 현상을 일으킨다는 것이다. 이러한 양의 되먹임이 진행되면, 온난화는 가을과 겨울 북극해에서 특히 강하게 일어나게 된다. 이러한 '북극 증폭'의 최근 신호를 볼 수 있을까?[78)]

전 세계 평균 지상온도는 1880년대 이후 약 0.7 ℃ 증가하였다. 이러한 사실은 일반적으로 온실기체에 의한 온난화로서 설명되고 있다. 또한 과거 30년 동안 북반구 고위도 지방의 연평균 지상온도의 상승은 전 세계 또는 북반구의 연평균보다 더 크게 나타났다.[79)] 북반구 고위도 지방에서는 단지 눈 덮인 지역만 감소한 것으로 알려졌지만,[80)] 1979년에 시작된 위성관측에 의한 기록을 분석해 보면 부유하는 바다얼음의 면적이 현저하게 감소했다는 것을 알 수 있다. 특히 2002년부터 매년 9월에 가장 작은 값을 나타내었다.[81)] 그리고 바다얼음 지역의 얇아짐이 발견되고 있다.[82)] 다른 연구에 의하면, 북극 토양과 영구동토의 온난화, 툰드라로부터 관목으로의 식생 변화, 시베리아 지방에서 북극으로 배수되는 강물의 방출 등을 지적하고 있다. 고기후학 증거에 따르면, 최근 10년간의 북극지방 기온이 과거 400년 중에서 가장 높은 것으로 밝혀지고 있다.[83)] 이러한 사실로 미루어 보아 북극지방의 기후시스템이 전적으로 새로운 상태로 향하고 있다는 것이 드러나고 있다.

---

78) Serreze, Mark C. and Jennifer A. Francis., 2006 : The Arctic on the fast track of change. *Weather*, 61(3), 65-69.

79) Polyakov, I. V., G. V. Alekseev, R. V. Bekryaev, U. Bhatt, R. Colony, M. A. Johnson, V. P. Karklin, A. P. Makshtas, D. Walsh and A. V. Yulin, 2002 : Observationally based assessement of polar amplification of global warming. *Geophys. Res. Lett.*, 29, GL011111.

80) Armstrong, R. L. and M. J. Brodzik, 2001 : Recent Northern Hemisphere snow extent : a comparison of data derived from visible and microwave sensors. *Geophys. Res. Lett.*, 28, 3673-3676.

81) Stroeve, J. C., M. C. Serreze, F. Fetterer, T. Arbetter, M. Meier, J. Maslanik and K. Knowles, 2005 : Tracking the Arctic's shrinking ice cover : Another extreme September minimum in 2004. *Geophys. Res. Lett.*, 32, L0451, doi:10.1029/2004GL021810.

82) Rothrock , D. A., J. Zhang and Y. Yu, 2003 : The Arctic ice thickness anomaly of the 1990s : A consistent view from observations and models. *J. Geophys. Res.*, 108(C3), 3083, doi:10.1029/2001 JC0012083.

Lindsay, R. W. and J. Zhang, 2005 : The thinning of arctic sea-ice, 1988-2003 : have we passed a tipping point? *J. Clim.* 18, 4879-4894.

83) Overpeck, J., K. Hughen, D. Hardy, R. Bradley, R. Case, M. Douglas, B. Finney, K. Gajewski, G. Jacoby, A. Jennings, S. Lamourex, A. Lasca, G. MacDonald, J. Moore, M. Retelle, S. Smith, A. Wolfe and G. Zielinski, 1997 : Arctic environmental change of the last four centuries. *Science*, 278, 1251-1256.

이러한 증거는 북극 증폭의 전조적인 신호와 대체로 일치하지만, 여러 가지 요인들에 의해서 복잡한 양상으로 이루어진다고 볼 수 있다. 전 세계 기후를 모의하고자 하는 거의 모든 기후모델들은 온실기체 농도가 계속적으로 증가할 것이라는 가정 하에서 북극 증폭을 예측하고 있지만, 지상 기온 변화의 시작, 계절성, 크기, 공간 분포 형태에 따라 많은 차이점이 존재하고 있다.[84] 관측 자료로부터 북극 증폭에 대한 최근 신호를 알아내고자 하는 노력들은 기록된 기간이 짧고 관측 장소가 부족하기 때문에 방해받고 있다. 특히 북극해에는 표류 부이와 위성 관측에 의한 자료가 단지 25년밖에 유용하지 못하다.

또한 자연적인 기후 순환에서 변화를 진단하고 예측한다는 것은 매우 어려운 일이다. 예를 들면, 1970년부터 현재까지 기온 경향은 북반구 전체보다 북극지방에서 더 크게 나타나지만, 21세기 시작부터 현재까지 자료를 사용하여 동일한 계산을 해보면 북극지방과 북반구 전체 사이에는 거의 차이가 나타나지 않고 있다. 북극진동(Arctic Oscillation; AO)과 태평양 10년 진동(Pacific Decadal Oscillation)과 같은 대기 순환 패턴의 위치 이동은 최근 변화의 일부분을 설명하고 있다. 북극지방 특히 아이슬란드 저기압 주변부에서 일어나는 지상 기압의 하강과 관련되어 나타나는 북극진동의 위치 이동은 1970년 무렵부터 1990년대 중반까지 시베리아 대륙에서 일어난 온난화와 북미 북동부 지방의 한랭화와 연관된다.[85] 이에 따른 바람 장의 변화는 바다얼음 지역을 쪼개는 데 도움을 주었다.[86] 1951~2001년까지 이루어진 알래스카의 온난화는 1951~1976년까지 진행된 알류샨 저기압의 약화로 특성화된 음의 위상으로부터 1977~2001년까지 일어난 알류샨 저기압의 강화로 특성화되는 양의 위상까지 나타난 태평양 10년 진동에서 돌연한 위치 변화에 일부 연관될 수 있다. 후자 기간 동안 강화된 알류샨 저기압이 북극지역으로 온난·습윤한 공기를 수송시켰다.[87]

---

84) Holland, M. M. and C. M. Bitz, 2003 : Polar amplification of climate change in coupled models. *Clim. Dyn.*, 21, 221-232.

85) Hurrell, J. W., 1996 : Decadal trends in the North Atlantic Oscillation : regional temperatures and precipitation. *Geophys. Res. Lett.*, 23, 665-668.

86) Rigor, I. G., J. M. Wallace and R. L. Colony, 2002 : Response of sea-ice to the Arctic Oscillation. *J. Clim.* 15, 2648-2663.

87) Hartmann, B. and G. Wendler, 2005 : On the significance of the 1976 Pacific climate shift in the climatology of Alaska. *J. Clim.* 18, 4824-4839.

11. 북극 증폭이란 무엇인가?

양의 기후 되먹임이란 개념은 기후시스템 내의 초기 변화가 변화를 증폭시키는 일련의 사건들이 연달아 일어나도록 유발시키는 것이다. 북극 증폭을 증가된 온실기체의 배경으로만 고려한다면, 북극 증폭은 소위 말하는 얼음과 알베도 되먹임에 주로 관계하게 된다. 간단히 말하면, 온난화에 의해서 바다얼음과 눈이 녹게 되면 지표면이 노출하게 되어 태양 복사를 더욱더 많이 흡수하게 된다. 이렇게 되면 온난화가 더 증가하게 되어 더 많은 양의 바다얼음과 눈이 녹게 됨으로써 온난화가 더 가속된다. 이러한 되먹임은 대부분의 지구의 눈이 분포하는 한대지역에서 가장 강하게 될 것이다. 한대지역에는 많은 해에서 강한 하층 역전층이 발견되고 있으며, 역전층은 공기 혼합을 제한함으로써 지상 부근에 가열을 집중시키게 된다. 북극지방은 남극대륙보다 기온 변화에 더 민감하다. 왜냐하면 북극지방은 남극대륙보다 더 온난하고 용융점에 더 근접하기 때문에 얼음과 눈을 더 쉽게 제거할 수 있다. 그러나 더욱더 자세하게 조사해보면, 되먹임은 그렇게 간단하지 않다. 지상기온이 결빙점에 도달하게 되면, 수많은 과정들이 일어나게 된다.[88] 눈이 녹으면, 눈 조직은 크기가 증가하여 눈 알베도를 감소시키고 용융률을 가속화시켜 알베도를 감소시킨다. 바다얼음이 녹는 경우에는 지표면에 물웅덩이를 형성하여 알베도를 또한 감소시킨다. 바다얼음에서 구멍들이 많이 생기게 되면 부수적인 태양복사의 흡수가 일어나 부빙의 가장자리와 밑 부분에서 용융이 일어난다.

되먹임을 작동시키기 위해서, 흡수된 여분의 열의 일부가 북극지방으로 들어오는 태양에너지가 미비하거나 전혀 없는 겨울을 통하여 다음 해까지 수행되어야만 한다. 북극해의 가열과 부유하는 바다얼음 지역의 넓이와 두께 사이의 상호작용은 이러한 면에서 특별히 중요하다.[89] 봄에서부터 가을까지 전형적인 두께가 1~4 m인 바다얼음은 더 한랭한 대기를 가지게 되므로, 북극해를 격리시킨다. 만약 여름 동안 바다얼음의 많은 부분이 없어지게 된다면, 해양은 더 많은 열을 흡수하게 될 것이다. 바다얼음은 가을과 겨울 동안 여전히

88) Curry, J. A., J. E. Schramm and E. E. Ebert, 1995 : On the ice albedo climate feedback mechanism. *J. Clim.*, 8, 240-247.
89) Lindsay, R. W. and J. Zhang, 2005 : The thinning of arctic sea-ice, 1988-2003 : have we passed a tipping point? *J. Clim.* 18, 4879-4894.

성장하지만, 얼음 성장은 지체하게 될 것이고 형성되는 얼음은 전년도에 비해 엷어지게 될 것이다. 그러므로 격리 효과는 약화된다. 여름 해양에 더해지는 여분 열의 일부분은 대부분 빙원 중의 물길(lead)과 빙호를 통하여 대기를 온난하게 한 다음 벗어나게 된다. 이러한 해양의 열 손실은 지표면 온도 변화가 왜 가을과 겨울에 해양 상에서 가장 강하게 일어나는가를 설명할 수 있다. 그러나 여분의 해양 열의 일부는 해양 내에 유지되어 봄이 오면 얼음이 얇아지면 질수록 용융이 더 앞서 시작하게 될 것이다. 여름 검은 해양의 넓은 지역이 햇빛에 노출되면 태양에너지를 많이 흡수하게 된다. 이렇게 되면 해양에 축적되는 열의 양이 더욱더 증가하게 된다. 그 다음 해 가을과 겨울의 얼음 성장은 다시 지체되고 얼음은 또한 더 얇아지게 된다. 다시 해양 열의 일부는 대기로 달아나게 되지만 일부는 그대로 남게 되어 되먹임을 영속시키게 된다. 이와 동시에 온실기체의 직접적인 복사 효과는 더 강해지고 있다. 최종적으로 바다얼음은 용융 계절에는 살아남는 것이 하나도 없게 된다면, 여름에 얼음이 하나도 없는 북극해를 만들게 될 것이다. 일부 기후모델은 2070년경 이러한 일이 일어날 것으로 예측하고 있다.

1) 전 세계 기후모델 내의 북극 증폭

북극 증폭은 모델 모의에서 분명하게 등장한다. 그러나 앞서 언급한 바와 같이, 증폭되는 시간, 장소, 강세에 대해서는 이견이 존재한다. 지표면 온도 변화가 1년에 이산화탄소가 1 % 증가한다는 가정을 부여한 후, 전 세계 기후모델 중 15개에서 예측한 결과들을 검증한 경우가 있다.[90] 그들은 20년 평균 기온을 이산화탄소 농도가 현재보다 두 배에 도달하는 시간에서의 값과 비교하였고, 어떻게 이들 변화가 위도에 따라 일어나는지를 조사하였다. 북극지방에서 증가하는 온도는 저위도 지방에서 증가 하는 온도보다 200~400 %까지 능가하는 것으로 알려지고 있다. 가장 강한 온난화는 북극해에 집중되는 경향이 있지만, 그 시각은 가을, 겨울, 봄으로 다르게 나타난다.

15개의 모델 중에서 5개의 모델이 북극기후영향평가에 참여하였다.[91] 예측은 B-2

---

90) Holland, M. M. and C. M. Bitz, 2003 : Polar amplification of climate change in coupled models. *Clim. Dyn.*, 21, 221-232.

91) ACIA, 2004 : *Impacts of warming Arctic*. Cambridge University Press.

방출 시나리오에 집중되었다. 이 시나리오는 온실기체 농도의 미래 증가를 중간 단계로 예상하고 있다. B-2 사례는 인구, 경제 및 기술 개발에 대한 가정을 변동시켜 구한 결과에 기초를 둔 IPCC[92]에 의해서 개발된 시나리오들 중의 하나이다. 모델 모의 결과들은 3개의 시간을 쪼개어 20년간의 평균하였다. 즉, 2010~2029년(초반 온실 상태), 2040~2059년(중반 온실 상태), 2070~2089년(성숙 온실 상태). 이러한 모의들은 1980~1999년 사이의 20년간 평균값과 각 규준 기간들 사이의 지표면 온도 차이를 비교함으로써 나타내었다.

모델 결과에 따르면, 온난화는 모든 지역에서 4 ℃ 이상 능가하였고, 북극해에서 가장 집중되어 나타났다. 7월인 경우 예측된 온도 변화는 작게 나타났다. 왜냐하면 얼음 표면에서의 용융이 결빙점을 속박하였기 때문이다. 각각 모델 결과를 살펴보면, 5개 중의 4개는 북극해에서 가을에 최대 온난화를 가져왔지만, 크기와 공간 분포는 다양하게 나타났다. 나머지 하나인 미국 국립 대기연구센터 모델은 북극해 온도 변화를 아주 작게 예상하였다. 성숙 온실 상태에 대한 모의결과는 모델들 사이에 차이점이 여전히 있긴 하지만 북극해 온난화가 매우 크게 나타나는 것을 천명하고 있다.

초반 온실 상태에 대해서 예측된 온도 변화는 기준 기간인 1980~1999년에 대해서 비교되었다. 즉, 중앙값이 30년인 2개의 20년 평균 기간 사이의 차이는 최근 10년간 관측되는 변화와 비교해보면 매우 적절하다. 온난화는 다시 가을에 가장 강하게 나타나지만 예상된 대로 2040년부터 2059년까지 일어난 것보다는 미약하다. 11월에서 5개의 모델에서 평균한 온난화는 시베리아 북쪽 동부 북극해에 집중되어 있고 범위는 1~2 ℃ 이다. 북극지방 이외의 일부 지역에서도 동일한 크기의 변화를 보이고 있다. 관측 자료에 의하면, 북극해의 많은 지역에서 가을에는 매 십년 동안 1 ℃ 이상의 대응되는 변화 경향을 보이고 있다. 모델과 모델 사이의 차이점을 다시 주목할 만하지만, 여름 해양 상의 변화는 작다는 것에는 일치하고 있다. 관측 자료에서와 같이, 또한 모든 모델들은 한랭화의 지역도 예측한다. 자연 변동성의 영향을 더 고려한다면, 모델들은 전체 북극지방 상에서 평균한 기온이 현재 값에 거의 근접하거나 더 낮은 온도가 되는 해가 약 2025년에 도달하여 이루어진다고 보였다.

92) http://www.ipcc.ch

2) 최근 변화에 되먹임이 포함되어 있는가?

최근 온난화가 바로 다른 자연 기후 진행인가 또는 온실기체에 유발된 북극 증폭의 최근 신호를 보는 것인가? ACIA 모델에 따르면, 북극해에서 증폭이 두드러지기 위해서는 30~40년 후가 될 것이라 예측하고 있다. 다음 십 년 또는 그 이상에서 자연 기후변동성에 동반되어 바다얼음이 얇아지고 퇴각하는 북극해 신호를 가진 거대한 온난화를 볼 수 있게 될 것이다. 관측적인 추적도 모델 결과와 유사하다. 최근의 북극지방 온난화는 전 세계적인 신호의 일부분이다. 바다얼음이 감소함으로써 북극해에서 지역 온난화가 최대로 일어난다는 설명을 뒷받침해 주고 있어 자연 변동이 강하게 제시되고 있다.

복잡하게 하는 요인들이 존재한다. 수많은 연구에서 증가된 온실기체 농도가 온난한 북극지방을 조장하는 겨울 북극진동의 양의 모드를 이끌어 낼 것으로 논의하고 있다.[93] 흥미로운 관측 자료에 의하면, 1990년대 중반에 강한 양의 상태를 나타내는 북극진동의 위치변이는 중립 조건을 더 많이 감퇴시킨 결과로 일어난 것으로 알려지고 있다. 만약 이러한 연구들이 옳다면, 이러한 최근 감퇴는 자연 변동성이 온실기체 강제와 중첩된 것으로 판단될 것이다. 또한 북극진동, 바다얼음, 온도 사이의 관련성에 대한 논쟁의 여지도 남아 있다.

앞서 언급한 바와 같이, 북극진동의 양의 위치변이는 북극지방 일부분 특히 시베리아에서 나타나는 강한 온난화에 기여하고 있다. 이것은 열 수송의 패턴이 변경됨으로서 이루어졌다. 양의 위치변이 또한 북극해상의 바다얼음의 손실과 온난화에 공헌하였다. 변경된 바람이 시베리아와 알래스카 연안을 따라서 겨울 바다얼음을 물리적으로 깨트리는데 도움을 주고 있다.[94] 이것이 봄에 얼음을 엷게 만들어 여름에 쉽게 용융하도록 한다. 이러한 얼음의 엷어짐이 또한 대기 쪽으로 더 큰 열 플럭스를 만들어 북극해에서 지역 온난화에 공헌하도록 한다.

북극진동이 양의 상태로부터 퇴각하게 되면, 북극지방은 얼음 덮인 지역이 복구하게

---

93) Gillett, N. P., H. F. Graf and T. J. Osborn, 2003 : Climate change and the North Atlantic Oscillation. In : Hurrell, J. W., Y. Kushnir, G. Ottersen and M. Visbeck(Eds.) *The North Atlantic Oscillation : Climatic Significance and Environmental Impact.* Geophysical Monograph, 134, American Geophysical Union.

94) Rigor, I. G., J. M. Wallace and R. L. Colony, 2002 : Response of sea-ice to the Arctic Oscillation. *J. Clim.* 15, 2648-2663.

되고 더 한랭한 조건 쪽으로 복귀하게 된다. 이런 현상은 관측되고 있지 않다. 북극지방은 계속 온난화되고 있으며, 바다얼음의 감소는 가속화되고 있다.[95] 2005년 9월 얼음이 덮인 지역이 위성 기록에서 가장 작은 값을 보였다.[96] 아마도 우리는 과거 높은 상태의 지속적인 효과를 보고 있는 것 같다. 북극 진동이 강하게 양의 상태를 나타낸 1989~1995년까지의 자료를 분석해 보면, 변경된 바람이 많은 양의 북극의 두꺼운 얼음을 북대서양 쪽으로 밀쳤다는 결과를 볼 수 있다.[97] 밀려온 얼음은 엷어지게 되어 여름에 아주 쉽게 완전히 녹게 된다. 북극 진동의 퇴화에도 불구하고, 북극지방은 이런 수세식 에피소드로 복귀되지 않는다.

아주 최근의 많은 연구에서 상이한 견해를 나타내고 있다. 바람에 의해 유도된 얼음과 해양모델과 미국 국립환경예측센터에 의해 생성된 온도 자료를 이용하여, 어느 과학자들은 1948~1999년까지 얼음 두께와 체적 변화를 모의하였다.[98] 그들은 1980년대 후반부터 1990년대 중반까지 변경된 바람이 많은 부분의 얼음 두께를 급격하게 감소시킨 것으로 결론지었지만, 전체적인 하강 경향은 북극지방 온도의 상승과 크게 연관된다. 다른 과학자들의 연구결과들도 유사한 결론에 도달하였다.[99] 온난화가 해양에 의해서 흡수되는 태양 에너지를 더욱더 많게 하기 때문에 여름에 해양에 얼음이 하나도 없는 경우가 생기게 한다. 가을과 겨울에 얼음 성장이 덜 되게 되면 그 다음해 여름에서는 얼음이 더욱더 쉽게 녹게 된다. 다시 말하면, 얼음과 알베도 되먹임이 작동하게 된다.

북극 증폭은 이루어지고 있으며 기후변화 논쟁에서 주도적인 이슈로 계속 이어질 것이다. 해결되어야 할 이슈들이 많이 남아있지만, 설명 가능한 증거는 북극지방이 다음 십 년 동안 커다란 변화를 가져올 수 있는 상태를 구축하는 전제조건의 상태에 있다는

---

95) Stroeve, J. C., M. C. Serreze, F. Fetterer, T. Arbetter, M. Meier, J. Maslanik and K. Knowles, 2005 : Tracking the Arctic's shrinking ice cover : Another extreme September minimum in 2004. *Geophys. Res. Lett.*, 32, L0451, doi:10.1029/2004GL021810.

96) http://nsidc.org/data/seaice_index

97) Rigor, I. G. and J. M. Wallace, 2004 : Variations in the age of Arctic sea-ice and summer sea-ice extent. *J. Geophys. Res.*, 31, L09401.

98) Rothrock , D. A. and J. Zhang, 2004 : Arctic Ocean sea-ice volume : What explains its recent depletion? *J. Geophys. Res.*, 110, C01002.

99) Lindsay, R. W. and J. Zhang, 2005 : The thinning of arctic sea-ice, 1988-2003 : have we passed a tipping point? *J. Clim.* 18, 4879-4894.

것이다. 이러한 전제조건은 자연 변동성의 효과가 중첩되어 모든 계절에 온난화가 크게 일어나고, 용융 계절이 늘어나고, 바다얼음이 얇아지게 되는 것으로 특성화된다. 북극해에서 광범위하게 예측되는 증가가 분명하게 나타나기 전에, 더 많은 바다얼음이 제거되어야만 한다. 최근 볼 수 있는 극도의 바다얼음 감소는 얼음-알베도 되먹임이 시작되고 있다는 메시지를 전달하는 것이다. 온실기체 농도가 증가하지만, 이러한 증가를 멈출 강력한 상쇄 메커니즘이 기후시스템 내에 존재하지 않는다.[100]

100) Serreze, Mark C. and Jennifer A. Francis., 2006 : The Arctic on the fast track of change. *Weather*, 61(3), 65-69.

제6장

미래 기후변화

1896년, 스웨덴 과학자인 스반테 아레니우스는 화석연료(석탄) 연소가 차후 3,000년 동안 대기권 내의 이산화탄소를 2배로 증가시켜 지구 평균 기온을 5 ℃ 증가시킬 것으로 예측하였다.[1)] 비록 그의 이론이 오늘날에도 논리적으로 옳은 것이지만, 그는 증가율을 과소평가하였다. 대기권 내의 이산화탄소 농도는 실제로 100년 동안 30 % 증가하였다. 이것은 아레니우스가 예측한 것보다 18배 더 다르게 많아진 것으로, 21 세기말엽 전에 2배가 될 것이다. 더 나아가, 이것은 이미 지구 평균온도를 역사상 전례가 없이 급격하게 증가시켰다. 또한 해수면과 강수 패턴의 최근 변화는 증대된 온실효과로부터 예상되는 변화와 일치한다.

컴퓨터 모델에 기초한 미래 기후의 예측의 정확도와 정밀도는 증가하고 있지만, 지구 기후시스템은 복잡하고 기후에 영향을 미치는 일부 요인들에 대한 우리의 지식은 여전히 불확실하다. 기후시스템의 양과 음의 되먹음은 기후변화를 증가하거나 감소시키거나 할 수 있다. 또한 민감도에 대한 의문이 존재한다. 즉, 주어진 온실기체들의 증가에 반응하여 지구온도가 얼마나 많이 상승하게 될 것인가? 마지막으로, 경제 성장과 화석연료 연소의 미래 증가율이 주요 불확실성이다.

대기권 내에 이산화탄소 농도가 산업시대 이전 농도의 2배가 될 경우, 대부분 최근

1) Arrhenius, S., 1896 : On the influence of carbonic acid in the air upon the temperature of the ground. *Philosophical Magazine and Journal of Science. Series 5*, 41(251), 237-276.

추정값들은 지구온도가 2~5 ℃ 증가할 것으로 나타내고 있다. 특히, 중위도에서 고위도에서의 온난화는 더 클 것으로 제안하고 있다. 지구 연평균 온도가 3 ℃ 상승한다는 것은 인간 문명의 역사에서 전례가 없는 것으로 될 것이고, 인간과 우리가 의존하는 생태계에 중대한 결과를 가져오게 될 것이다. 중위도에서 5 ℃가 증가한다면, 북쪽으로 500~750 km까지 지상 서식지를 이동시키게 될 것이다. 그러한 이동은 워싱턴 D.C.의 기후를 사우스캐롤라이나 주 찰스턴 또는 남부 프랑스를 알제리아의 기후로 변화시키는 것과 같은 것이다. 이러한 온도 증가율은 최종 빙하기에서부터 현재까지 이루어진 자연 증가의 속도보다 10~60배 더 빠르게 이루어진 것이다.

1. 지구 기후모델

미래기후의 예측은 지구 기후시스템을 모의하는 대기대순환 모델(General Circulation Models; GCMs)로 언급되는 수치 컴퓨터 모델에 의존한다. 기후 모델링 연구들은 전 세계 걸쳐 대학교와 연구 기관들에서 수행되고 있고 많은 부분들은 광범위한 국제협력으로 이뤄진다. 그들에는 영국의 기후예측과 연구를 위한 해들리 센터, 독일 막스 플랑크 연구소, 프랑스의 기후와 환경 모델링 연구소, 캐나다 기후 센터, 미국 해양·대기청(NOAA) 산하 지구유체역학연구소(GFDL), 국립 대기연구센터(NCAR), 국립항공우주국(NASA) 산하 고다드 우주연구소(GISS), 유엔 공동 프로그램인 세계기후연구 프로그램(WCRP), 자연보호 국제연합, 정부 간 해양 위원회 등의 수백 명의 과학자들이 포함된다. 세계기상기구(WMO)와 국제연합 환경 프로그램에 의해서 지원을 받는 수백 명의 과학자들의 국제 협력 노력인 IPCC는 모델링 노력을 포함한 전 세계 기후변화 연구들을 검증하고 요약하는 첨병이다.

전형적으로, GCMs는 위도 1°와 경도 4° 격자로서 개개 유체의 10~200층으로 구성된 대기권과 해양을 설명한다. 모델 내에서 각 격자 상자에 대한 입력은 일반적으로 태양복사 획득률과 손실률, 습도, 기압, 해양 온도, 염분, 대기권 내의 기체 농도와 같은 기후를 결정하는 물리적인 인자들을 포함한다. 모델은 과거, 현재, 또는 가정된 미래 온실기체 농도로 구동될 수 있다. 초기 조건들이 주어져 모델들이 동작할 수 있도록 된 후, 그들은 전 지구 격자에서 각 상자에 시간 간격 동안 온도와 강수량 변화들을 계산한다. 각 시간 단계에서 모델들은 바람과 밀도 차이에 반응하여 혼합됨에 따라서 공기와 물의 위치와 성질들을 재계산한다.

모델들은 일반적으로 여러 시스템을 결합한다. 이것의 의미는 대기권, 육지면, 해양, 빙설권(눈 덮임, 빙하, 극관)과 같은 여러 시스템의 개별 부 모델 사이의 상호작용을 포함한다는 것이다. 부 모델들은 여러 가지 시간규모들을 사용할 수 있다. 빠른 기후시스템은 대기권에서는 며칠 또는 상층 해양에서는 수 개월 내의 변화를 조정한다. 느린 기후시스템은 수십 년에서 수 세기까지 반응하는 심해와 영구 육지얼음을 포함한다.[2)]

'평형 모의'에서는, 모델들은 수십 년 동안 적분한다. 처음에는 현재 값으로 그런 다음 증가된 주로 2배 온실기체 농도로 모의한다. '일시 모의'에서, 시간에 따른 외부 강제력을 통합한다. 예를 들면, 하나의 시나리오는 이산화탄소 농도가 시간에 따라 점진적으로 증가한다는 것을 포함한다. 이것은 확실하게 실재적이지만 훨씬 복잡하다.

모델 모의 결과는 최근 관측된 기후와 비교될 수 있다. 모델과 관측된 변화 사이의 일치는 이산화탄소 농도와 모델 내에 가정된 온도 사이의 관계에 의존한다. 예를 들면, 이산화탄소 2배 증가는 적게는 1.5 °C, 많게는 4.5 °C 이상의 온도 상승을 가져올 수 있다. 또한 관측과 모델 예측 사이의 상관관계는 황산염 에어로졸의 냉각효과가 포함될 때 증가한다.

GCMs은 지난 40년간 진화하였고 개선되었다. 초기 GCMs은 혼합이 없는 정적 늪으로서 해양 열 흡원을 취급하였다. 1987년에 이르러, GCMs는 구름양, 바다 얼음의 계절 변화, 대기권과 주된 열 교환으로서 제공되는 표면 혼합층을 가진 3개 해양층을 다루기 시작하였다.[3)] 1993년부터 과학자들은 좀 더 정교한 모델들을 가지고 중요한 해양 성분들을 관심 있게 쳐다보기 시작하였다. 미국 해군대학원 대학교의 앨버트 셈트너(Albert J. Semtner Jr., 1941~)와 NCAR의 로버트 세르본(Robert Chervon)에 의해서 1990년대에 개발된 모델은 해양을 1/4 각도 블록으로 나누어 이들 내의 평균 성질을 계산하였다.

---

2) Manabe, S., 1998 : Study of global warming by GFDL climate models. *Ambio*, 27(3), 182-186.

3) Schlesinger, M. E. and J. F. B. Mitchell, 1987 : Climate model simulations of the equilibrium climatic response to increased carbon dioxide. *Reviews of Geophysics*, 25, 760-798.

이 계산에는 8대의 병렬 슈퍼컴퓨터가 사용되었다. 이것은 초당 1조 번 계산을 할 수 있는 용량을 갖춘 것이다. 그럼에도 불구하고 시스템의 복잡성 때문에 1년 동안 상세한 해양 순환을 모의하기 위해서는 100시간 이상의 컴퓨터 시간이 걸리게 된다. 이 '일시 해양 모델'은 태평양, 인도양, 대서양을 현재 연결하고 있는 광대한 고리 모양의 해양 컨베이어 벨트를 정확하게 모의하였다.[4]

수십 개의 새로운 대기 · 해양 결합 대기대순환 모델(AOGCMs)들이 개발되었고 평가되었다. 기후의 정확한 예측은 물리적인 기후시스템 못지않게 생물권을 통합시켜야만 한다. 예를 들면, 기후변화에 대한 생물권이 반응하는 방법은 기후변화를 줄이거나 증폭시키거나 둘 중의 하나이다. 광합성은 대기권 내에 존재하는 이산화탄소의 주요 흡수원이고, 가장 중요한 온실기체이다. 세균들은 유기물질(예, 죽은 식생)들을 파괴하고, 호흡을 통한 이산화탄소의 방출은 대기권의 주요한 생성원이 된다. 미생물들은 또한 메테인, 황, 질소를 포함해 복사에 중요한 여러 가지 미량기체들의 생화학적인 순환 내에서 활동적이다. 현재 일부 모델들은 주요 바이오매스 예를 들면 사막, 사바나, 우림 등과 대기권의 상호작용을 통합하였다.[5] 영국기상청이 운용하고 있는 '전 지구 식물지리학 역학 모델'과 같은 기후와 생물권을 결합한 모델들은 생명체를 포함시키지 않은 기후 변화 예측보다는 생명체를 포함한 기후변화의 예측들이 매우 다르게 나타난다는 것을 보여주었다.

여러 가지 접근 방법들이 기후모델의 정확성을 평가하기 위해서 사용되었다. 모델들은 일반적으로 계절주기를 포함하여 현재 전 지구 기후를 모의할 수 있는 그들의 능력을 시험받게 된다. 그들은 또한 수천 년 전에 발생하였거나 과거 수십 년 동안 측정된 지역 강수량의 최근 경향들에 대한 변화를 정확하게 예측할 수 있는지에 대해서 시험을 받게 된다(그림 6-1). 일반적으로, 대부분 모델들은 대기 온도, 강수량, 지표면 열플럭스, 구름양들을 정확하게 예측하고 있다. 예를 들면, 11개의 다른 GCMs들이 지구 전체에 걸쳐서 위도에 따른 평균 강수 패턴에 대해서 유사한 예측을 하였다. 그러나 모델들은 천천히 변화하는 얼음 덮임 면적 또는 대규모 해양 순환을 예측하는 데는 정확성이 떨어졌다.

---

4) Kerr, R. A., 1993 : Ocean-in-a-machine starts looking like the real thing. *Science*, 260, 32-33.
5) Baskin, Y., 1993 : Ecologists put some life into models of a changing world. *Science*, 259, 1694-1696.

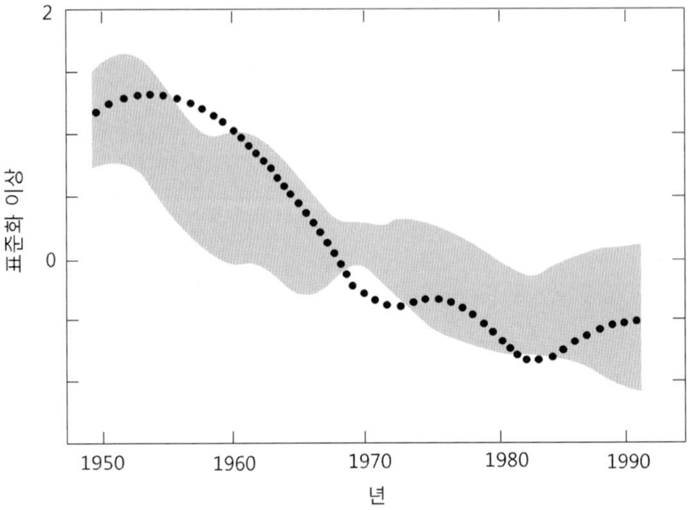

그림 6-1. 7개의 다른 기후모델을 사용하여 구한 강우량과 관측 강우량과의 비교 1949년부터 1993년까지 아프리카 사헬 지방에 대한 7월부터 9월까지 관측된 강우량(대시 선)과 모델로 예측된 강우량(그늘진 지역)으로 기준 기간(0)은 1955년부터 1988년까지이다.[6)]

2. 되먹임 루프와 불확실성

미래 상태들을 예측하고자 하는 어떠한 시도도 불확실성을 가지게 될 것이다. 기후시스템의 복잡성이 주어진다면, 1990~2100년의 기간 동안 평균 지구온난화의 모델이 1.4~5.8 °C까지 이루어진다고 예측되는 것은 놀랄 일이 아니다.[7)] 하나의 변수는 초기 조건의 설정이다. 즉, 얼마나 많은 인공 변화가 모델 구동의 초기 해 이전에 발생하였는가에 달려 있다. 또한 모델과 비교할 자료에 오차가 존재하기도 한다. 예를 들면, 모델들은 오래전에 존재하였던 조건하에서 과거 기후를 되풀이할 수 있는 능력들을 시험할 수

---

6) Intergovernmental Panel on Climate Change (IPCC), 1996 : *Climate Change 1995. The Science of Climate Change.* Houghton, J. T. *et al.*, eds. Cambridge University Press, Cambridge, United Kingdom and New York, NY, USA, p. 258.

7) IPCC, 2001 : Houghton, J. T., Y. Ding, D. J. Griggs,, M. Noguer, P. J. van der Linden, X. Dai, K. Maskell, and C.A. Johnson, eds. *Climate Change 2001 : The Scientific Basis.* Intergovernmental Panel on Climate Change. Working Group I. Cambridge. Cambridge University Press.

있지만, 과거 기후를 작성하는 데 사용되는 방법들은 그들 자신만의 고유 오차를 지니고 있다.

되먹임은 결과를 만드는 어느 인자들 사이의 상호작용이다. 인자들 자신들은 그 결과에 의해서 변형된다. 되먹임은 자연과 인간에 의한 공업화된 세계의 일반적인 특징이다. 예를 들면, 가정용 온도 조절 장치는 실내 온도를 감지한다. 실내 온도가 온도 조절 장치에 설정된 온도 아래로 떨어지게 되면, 온도 조절 장치는 난방기를 켜게 된다. 실내의 열을 높이게 되면, 온도가 올라가게 되고 음의 되먹임으로 작동하여 열 공급을 끊게 되고 열 순환을 끝내게 한다. 양의 되먹임 루프에서, 제대로 작동되지 않는 온도 조절 장치는 매 시간 설정되는 최고 온도를 증가시켜 도달되는 온도가 증가하도록 반응한다. 양의 되먹임은 그들이 만들 수 있는 가능한 질주 행동 때문에 특별히 이에 관심을 가져야 한다. 예를 들면, 습지의 온난화는 퇴적물 내에 미생물 활동을 증가시키도록 하고 대기권으로 온실기체인 메테인의 방출을 증가시킨다. 이것이 부수적인 온난화에 기여하게 된다. 기후에 영향을 미치는 불확실성과 되먹임은 아래의 인자들을 포함한다.

1) 태양활동의 변동

일부 과학자들은 기후는 온실기체들에 의한 변동보다는 태양 출력의 변동에 의해서 더 영향을 받는 것으로 제안하고 있다. 예를 들면, 1645년부터 1715년까지 태양 흑점(플레어) 활동이 최소였고, 지구는 '소빙하기'를 겪게 되었다. 그러나 여러 연구의 결과에 의하면, 비록 그것이 일부 영향을 미친다고 하지만, 최근과 미래에 대한 지구 평균 온도 변화는 태양 변동성보다는 온실기체에 의한 것으로 나타나고 있다.[8)]

2) 수권과 빙설권의 변화

물과 얼음과의 기후시스템의 여러 가지 상호작용들은 중요한 되먹임을 만든다. 첫째, 수증기는 온실기체이다. 해양 온난화와 이에 따른 증가된 증발에 반응하여, 대기권 내의 수증기 농도는 증가한다. 이 과정은 고전적인 양의 되먹임 루프이다. 즉, 온난화는 더

---

8) Hansen, J. E. and A. A. Lacis, 1990 : Sun and dust versus the greenhouse gases : an assessment of their relative roles in global climate change. *Nature*, 346, 713-719.

온난화를 일으키는 기체들을 생산한다. 지구온난화에 반응하는 증가된 대기권 내의 수증기의 양의 공헌은 중요하다.[9)]

또한 구름은 지구가 보유하고 있는 열량을 결정하는 데 매우 중요한 인자이고, GCMs 예측에 많은 차이를 가지는 것은 구름을 처리하는 방법에 의해서 이루어진다. 해양이 온난해짐에 따라서 증발이 증가하게 되면, 구름양은 증가한다. 온실온난화에서 구름의 역할은 집중적으로 연구해야 하는 주제이다. 하층 적운은 태양 에너지를 반사하고 한랭화 순 효과를 가지는 반면, 상층 층운 구름들은 태양 에너지를 가두어 부수적인 온난화에 기여한다. 모델에 의한 모의에서는 전반적인 구름이 1.3~1.8 인자로서 온난화를 증폭시키는 것으로 제안하고 있다.[10)] 증가된 구름양은 야간과 겨울의 최저온도를 증가시켜야만 하고 매일과 계절 온도 교차 모두를 감소시킨다. 1900년 이후 미국에 관한 자료는 그러한 경향을 확인시켜 주었다.

마지막으로, 눈 덮임과 빙하들은 흰색이고 반사가 크게 일어난다. 그들이 녹게 되면, 알베도가 감소하고 더 진한 지표면 또는 식생면에 의해서 더 많은 열이 흡수된다. 북반구의 눈으로 덮인 면적이 과거 20년 동안 약 10 % 감소하였다. 결과적으로. 봄 온난화는 20세기 동안 상당히 증대되었다.[11)]

3) 대기권의 화학적인 상호작용과 산화 상태

온실기체 배출은 대기권에서 발생하는 화학적인 상호작용을 통하여 간접적으로 영향을 미친다. 이들 상호작용들은 복잡하여, 일부는 잘 이해되지 못하고 있다. 그럼에도 불구하고, 여러 연구들은 그들이 기후변화에 중요한 결과를 초래할 수 있다고 제안하였다.[12)]

성층권 오존층은 과도한 자외선 복사로부터 지구를 보호한다. 성층권 오존 고갈은

9) Manabe, S. and R. T. Wetherald, 1967 : Thermal equilibrium of the atmosphere with a given distribution of relative humidity. *Journal of the Atmospheric Sciences*, 24, 241-259.

10) Cess, R. D., G. L. Potter, G. J. Boer, S. J. Ghan, J. T. Kiehl, *et al.*, 1989 : Interpretation of cloud-climate feedback as produced by 14 atmospheric circulation models. *Science*, 245, 513-516.

11) Groisman, P. Y., T. R. Karl, and R. W. Knight, 1994 : Observed impact of snow cover on the heat balance and the rise of spring continental temperatures. *Science*, 263, 198-200.

12) Fuglestvedt, J. S., I. S. A. Isaksen, and W. C. Wang, 1996 : Estimates of indirect global warming potentials for CH_4, CO and NOx. *Climatic Change*, 34, 405-437.

지상 자외선을 증가시킨다. 대기오염 물질이고 온실기체인 대류권 오존의 형성은 자외선에 의해서 증대된다.

4) 황산염 에어로졸과 먼지

여러 자연 생성원들은 지구상에 한랭화 효과를 가진다. 화산활동과 인간에 의해서 증가된 산림벌채, 사막화는 대기권 내의 먼지 농도를 증가시켰다. 이에 따라 나타난 지표면에 도달하는 햇빛의 감소는 기후에 한랭화 효과를 가진다.

황은 자연과 인공 생성원 모두로부터 나온다. 지연 황 화합물들은 해양의 일부 플랑크톤 종에 의해서 방출되고 이들은 구름 응결핵으로 제공된다.[13] 화석연료 특히 고유황 석탄의 연소는 대기권으로 황을 방출한다. 그러한 연소들은 1994년부터 2040년까지 대기권 내에 황의 농도를 160~270 %까지 증가시킬 것으로 예상되고 있다. 황 입자들의 흡입은 인간 호흡기에 병을 일으키고 산성비를 유발하는 주요한 대기 오염물질로, 생태계에 피해를 준다.

대기권 내의 황에 대한 이들 유해한 효과들은 온실 온난화를 감소시키는 황의 역할에 의해 어느 정도 상쇄된다. 대기권 내의 작은 황 입자들과 에어로졸들은 태양 에너지를 반사한다. 북반구인 경우, 황산염 에어로졸에 유발된 음의 복사 강제력(한랭화)은 인공 온실기체들에 의해서 유발된 양의 복사 강제력(온난화)과 거의 같다.[14] 따라서 인공 황 배출로부터 이루어지는 현재 음의 강제력은 결과적으로 특히 북반구 지구온난화를 억제하게 된다.[15] 역설적으로, 공중 건강과 환경의 질을 개선하기 위해서 황 배출을 감소하는 것이 아마도 지구온난화를 악화시키게 될 것이다.

5) 이산화탄소 풍부 효과

광합성을 통해서 식물들은 이산화탄소를 흡입하고 이것을 유기탄소로 변환시킨다. 온실에 대해서 주로 연구한 결과에 의하면, 증가된 대기권 내의 이산화탄소는 식물 성장을

---

13) Charlson, R. J., J. E. Lovelock, M. O. Andreae and S. G. Warren, 1987 : Oceanic phytoplankton, atmsopheric sulphur, cloud albedo and climate. *Nature*, 326(6114), 655-661.

14) Charlson, R. J., S. E. Schwarz, J. M. Hales, R. D. Cess, J. A. Coakley Jr., J. E. Hansen and D. J. Hofmann, 1992 : Climate forcing by anthropogenic aerosols. *Science*, 255, 423-430.

15) Taylor, K. E. and J. E. Penner, 1994 : Response of the climate system to atmospheric aerosols and greenhouse gases, *Nature*, 369, 734-737.

증가시킨다고 지적하였다. 만약 더 큰 규모에서도 진실이라면, 이 과정은 온난화에 음의 되먹임으로 작동될 수 있다. 왜냐하면 증가된 식물 바이오매스가 대기권 내의 이산화탄소 이상으로 탄소를 유기체에 저장할 수 있기 때문이다. 1960년대 이후, 식물들이 이산화탄소를 흡입하는 여름에는 낮고, 식물들이 죽는 겨울에는 높은 대기권 내의 이산화탄소의 계절 변동의 진폭이 증가하고 있다. 이것은 식물 바이오매스가 실제로 증가하였다는 것이고, 이것이 계절 증가에 큰 영향을 미치고 있고 대기권 내의 이산화탄소를 감소하게 된다는 것을 보여주는 것이다.

6) 숲 탄소 변화

풍성한 숲은 대기권으로 엄청난 양의 저장된 탄소를 방출한다. 전 지구적으로, 숲과 토양 내에 약 2억 ton(2 Gt)의 탄소를 함유하고 있다. 아마존 삼림만으로도 저장하고 있는 탄소의 양은 현재 화석 연료 연소로 30년간 이루어지는 것과 동일하다. 숲은 재목과 종이로 변환된다. 이들 생산물은 숲보다 훨씬 짧은 기간 동안 탄소를 저장한다. 농사를 짓기 위해 크게 파괴되는 숲들은 20세기 동안 대기권에 배출된 이산화탄소의 1/3에 해당되는 것으로 추정된다. 1990년, 저위도에서 이루어진 삼림벌목은 연당 1.6 Gt의 탄소를 배출한다. 반면 중위도와 고위도 내에서 이루어진 삼림 확장과 성장은 0.7 Gt의 탄소를 가두게 된다. 따라서 대기권의 순 플럭스는 연당 0.9 Gt의 탄소이다.[16)]

지구온난화는 삼림 서식지의 위도와 고도의 이동을 일으킬 수 있다. 삼림은 충분히 빠르게 이주할 수 없다. 어떤 대규모 삼림 소멸은 대기권으로 상당한 이산화탄소를 방출할 수 있다. 이는 온난화에 양의 되먹임으로 작동한다. 또한, 온난화는 생장하고 있는 식물의 호흡률을 증가시킬 수 있고 이산화탄소의 방출을 증가하도록 유발한다. 소빙하기 동안 이산화탄소와 온도 사이의 상관관계는 2 ℃ 온난화가 수십 년 동안 총 80 Gt의 탄소를 방출하는 결과를 낳았지만 확률의 범위가 크다는 것을 제안하였다.[17)]

대조적으로, 일부 연구들은 지상 탄소의 변화로부터 이루어진 온난화에 음의 되먹임을

---

16) Dixon, R. K., S. Brown, R. A. Houghton, A. M. Solomon, M. C. Trexler and J. Wisniewski, 1994 : Carbon pools and flux of global forest ecosystems. *Science*, 263, 185–190.

17) Woodwell, G. M., F. T. MacKensie, R. A. Houghton, M. Apps, E. Gorham and E. Davidson, 1998 : Biotic feedbacks in the warming of the Earth. *Climatic Change*, 40, 495–518.

제안하였다. 예를 들면, 이산화탄소 농도가 산업시대 이전보다 2배가 되어 형성된 기후는 평균 5.4 °C 더 온난하게 될 것이고, 매일 17.5 mm 더 습윤하게 될 것이다. 그러한 변화는 식물 성장의 증가를 유발하게 될 것이다. 즉, 열대우림 지역에서는 75 %가 증가하였고, 사막과 반사막 지역에서는 60 %와 20 %로 각각 감소하였다. 전반적인 효과는 대기권 내의 이산화탄소와 지상 생물권 내의 유기 탄소로서의 저장으로부터 235 Gt의 제거였다.[18) 그러나 삼림 바이오매스 확장에 의해서 이루어진 냉각화의 많은 부분은 삼림이 더 엷은 개괄지 또는 초지보다 태양에너지를 덜 반사하기 때문에 상쇄될 수 있다.[19)]

7) 토양 유기물 변화

토양 호흡작용으로 방출되는 탄소는 대기권 내의 탄소의 약 10 %를 설명하고, 증가된 온도와 호흡률은 대기권에 부수적인 이산화탄소를 방출하는 강한 양의 되먹임을 일으킬 수 있다. 토양은 최대 지상 탄소 저장고로서 식생보다 거의 3배를 저장하고 있다. 삼림 생태계 내의 탄소 약 2/3가 토양과 토탄 내에 포함되어 있다. 온실 온난화는 토양 내의 유기 물질을 산화시키는 미생물의 신진 대사율을 필연적으로 증가시킨다. 1990~2050년까지 매년 0.03 °C에 달하는 온실 온도의 증가는 토양 유기물질로부터 이산화탄소로서 61 Gt의 탄소를 방출하게 될 것이다. 즉, 이것은 동일한 기간 동안 화석 연료의 연소로부터 방출되는 총 이산화탄소의 약 19 %에 해당하는 양이다.[20)] 그러나 북아메리카의 키 큰 풀인 대목초지의 연구에 의하면, 토양 호흡은 어느 정도 온도를 증가시키는 데 기여한다. 이에 따라 양의 되먹임의 세기를 약화시키게 된다.[21)]

토양들이 온난하게 된다면, 농지, 습지, 툰드라, 토탄들 모두는 잠재적인 양의 온난화 되먹임의 생성원으로 될 것이다. 더 높아진 온도는 토양 내의 질소를 온실기체인 대기권

18) Prentice, K. and I. Y. Fung, 1990 : The sensitivity of carbon storage to climate change. *Nature*, 346, 48-51.

19) Betts, R. A., 2000 : Offset of the potential carbon sink from boreal forestation by decreases in surface albedo. *Nature*, 408, 187-190.

20) Jenkinson, D. S., D. E. Adams and A. Wild, 1991 : Model estimates of CO2 emissions from soil in response to global warming. *Nature*, 361, 304-306.

21) Luo, Y. S. Wan, D. Hui and L. L. Wallace, 2001 : Acclimatization of soil respiration to warming in a tall grass prairie. *Nature*, 413, 622-624.

내의 아산화질소로 변환시키는 것을 촉진시킬 것이다. 또한 토양 온난화는 이산화탄소를 증가시키고 전 지구 토양 탄소의 약 15 %를 함유하고 있는 습지로부터 메테인을 감소시키게 될 것이다. 만약 고위도 영구동토가 녹게 된다면, 미생물들이 토양 유기물질을 파괴시켜 대기권에 부수적인 탄소를 방출하게 될 것이다. 사실 일부 증거들에 의하면, 온난화에 반응하는 북극 툰드라는 이미 순 이산화탄소 흡수원에서 생성원으로 변화하고 있다.[22)] 또한, 북반구 위도 대를 횡단하여 매장되어 있는 토탄 내에는 4,500억 ton의 탄소가 있는 것으로 추정되고 있다. 온도가 상승하게 되면, 토탄 소택지들로부터 대기권으로 탄소를 방출시키도록 유발한다. 일부 지역에서는 12년 동안 65 %가 증가하였다.[23)]

8) 해양 되먹임

해양은 지구기후에 중요한 역할을 한다. 온실온난화로부터 발생한 부수적인 열의 일부는 해양의 지표층에 의해서 흡수되고 혼합에 의해서 심해로 수송된다. 이것은 음의 되먹임으로 천천히 일어나는 지구온난화로 작용한다. 반면, 이산화탄소와 메테인의 물 용해성은 해양 온도가 1 ℃ 상승에 따라서 대략 1~2 %로 감소한다. 그러므로 해양이 온난화됨에 따라서, 이산화탄소는 거대한 해양 저장고로부터 대기권으로 이동하게 되는 양의 되먹임을 이루게 된다. 이렇게 되면 온실효과가 더 증대하게 될 것이다.

고체 탄수화물은 온실기체의 중요한 잠재적인 생성원으로 대표된다. 적절한 온도와 압력이 주어지면, 이산화탄소와 메테인은 '포접화합물'이라고 불리는 얼음과 같은 결정질 고체, 즉 '가스 하이드레이트'를 생성한다. 이들 탄소 형태들은 일부 천해 퇴적물과 툰드라에서 발생한다. 지구온난화는 이들 포접화합물을 녹일 수 있고 메테인 또는 이산화탄소를 물기둥으로부터 많이 방출하며 이들로부터 대기권으로 방출되어 지구온난화를 증가시키도록 한다.[24)]

---

22) Oechel, W. C., S. J. Hastings, G. Voutlitis, M. Jenkins, G. Riechers and N. Grulke, 1993 : Recent evidence of Arctic tundra ecosystems from a net carbon dioxide sink to source. *Science*, 361, 520-523.

23) Freeman, C., C. D. Evans, D. T. Monteith, B. Reynolds and N. Fenner, 2001 : Positive feedback between future climate change and the carbon cycle. *Geophysical Research Letters*, 28(8), 1543-1546.

24) Wilde, P. and M. S. Quinby-Hunt, 1997 : Methane clathrate outgassing and anoxic expansion in southeast Asian deeps due to global warming. *Environmental Monitoring and Assessement*, 44, 149-153.

해양·대기권 결합 모델을 사용하여 수행된 연구들은 온실온난화로부터 증가된 강우량이 해수면을 담수화시키게 될 것이고 남반구 해양의 넓은 지역 상에 해수의 성층을 이루게 될 것으로 제안하였다. 하향 혼합과 심해로 열과 탄소의 수송의 감소는 차후 몇 십 년에 걸쳐서 이산화탄소의 해양 흡입을 감소시키게 될 것이다.[25)]

9) 전체 기후 탄소 순환 되먹임

적어도 하나의 AOGCM과 연결시키는 탄소 순환 모델 연구에 의하면, 지구온난화는 이산화탄소의 지상과 해양 흡수 모두를 감소시킨다는 점을 제안하였다. 순 생태계 생산성(탄소 저장)은 토양 건조도의 증가에 의해서 아열대에서 크게 감소된다. 이와 동시에, 3가지 인자들이 특히 고위도의 탄소 해양 흡수를 감소시키게 될 것이다. 여기서 3가지 인자들은 첫째, 중위도 지방의 고위도에서 이산화탄소 용해성의 감소, 둘째, 연직 혼합과 심해로의 이산화탄소 수송이 감소하는 해수면에 놓여있는 온난 해수의 밀도 성층의 증가, 셋째, 이산화탄소의 생지구화학적 순환의 변화이다. 이들 되먹임으로부터 대기권 이산화탄소의 획득이 10 %이면 2배가 되는 양이고, 20 %이면 4배가 되는 양이다. 이러한 이동은 이들 되먹임이 없이 발생하는 것보다 15 % 이상 지구 평균온도를 상승한다.[26)]

10) 인간 차원

아마도 미래 기후변화를 예측하는 불확실성에 대한 가장 큰 생성원은 인간 차원으로부터 일어나는 것일 것이다. 미래 온실기체 배출은 인구와 경제성장, 1인당 배출량에 달려있다. 새로운 기술들은 화석연료 연소로부터 온실기체 배출을 직접적 감소시킬 수 있거나 격리시킬 수 있을 것이다. 계속적인 에너지 효율의 증가와 대체 에너지(비화석 에너지)의 사용은 배출 증가율을 감소시킬 것이다. 완화와 적응은 다양한 방법으로 기후변화의 음의 영향을 상계시킬 수 있다. 국제 협약에 의한 온실기체 배출을 획기적으로 감소시키고자 하는 계속적인 시도들은 실패할 수도 있고 성공할 수도 있을 것이다.

---

25) Sarmiento, J. L., T. M. C. Hughes, R. J. Stouffer and S. Manabe, 1998 : Simulated response of the ocean carbon cycle to anthropogenic warming. *Nature*, 393, 245-249.

26) Friedlingstein, P., L. Fairhead, H. LeTreut, P. Monfray and J. Orr, 2001 : Positive feedback between future climate change and the carbon cycle. *Geophysical Research Letters*, 28(8), 1543-1546.

3. 시나리오 기반 기후예측

지구시스템과 기후시스템의 복잡성과 모델링의 불확실성에도 불구하고, 온실기체 배출의 기후 효과를 예측하고자 하는 우리의 능력은 계속해서 발전해 왔다. 새로운 모델들은 황산염 에어로졸 냉각화, 얼음의 녹음으로 인한 지구 알베도의 변화, 대기권 내의 이산화탄소 농도보다는 다른 미량 기체 농도의 변화들을 고려하고 있다. 20세기 또는 그 이전 이미 발생한 변화들을 예측하고자 하는 능력은 이들 모델 내에서 확실하게 개발되었다. 그럼에도 불구하고, 모델들은 그들의 예측 출력값을 상당히 다르게 나타낸다. 예측된 변화들에서 불확실성의 범위를 축소시키고자 하는 IPCC는 온실기체들의 일시적인 증가를 통합시킨 수많은 모델들로부터 구한 결과들을 수집하였다. 대부분 연구들은 이산화탄소가 2배, 3배 또는 4배 농도까지 이루어질 때까지 매년 대기권 내의 온실기체 농도가 1 % 증가한다고 가정하였다. 이와 더불어, IPCC는 화석연료 소비에 영향을 미치는 미래 인구와 경제 성장의 가능한 범위를 망라하기 위해서 일련의 배출시나리오(series of emission scenarios; SRES)를 개발하였다.

1) 온실기체와 에어로졸

온실기체들의 농도들은 모든 시나리오에 따라서 20세기 동안 계속 증가하였다. 대기권 내의 이산화탄소는 2100년 이전에 산업시대 이전 농도의 2배에 도달하게 될 것이다. 수많은 여러 모델들에 기반하고 SRES A1B 인구-경제 시나리오를 가정하는 전형적인 예측에 다르면, 2100년에 대기권 내의 이산화탄소 농도는 700 ppm 이상으로 증가하게 될 것이고, 메테인은 약 2050년에 최고값인 2,400 ppb로 되었다가 약간 감소할 것이다. 전체적으로, 다양한 모델 접근과 시나리오들은 1750년 250 ppm 농도와 비교하여 2100년에는 540~970 ppm으로 대기권의 이산화탄소 농도를 예측하고 있다. 그러나 불확실성 특히 지상 생물권에 대한 되먹임으로부터의 불확실성은 490~1,200 ppm의 범위로 확대하고 있다.[27] 다른 온실기체와 에어로졸에 관한 예측된 변화들은 상당히 변동적이다.

---

27) IPCC, 2001 : Houghton, J. T., Y. Ding, D. J. Griggs,, M. Noguer, P. J. van der Linden, X. Dai, K. Maskell, and C. A. Johnson, eds. *Climate Change 2001 : The Scientific Basis.* Intergovernmental Panel on Climate Change. Working Group I. Cambridge. Cambridge University Press.

2) 기온

수증기와 황산염 에어로졸들의 효과뿐만 아니라 여러 가지 온실기체들을 통합시키고 35개의 다른 SRES에 기초한 수많은 일시 모델들로부터 예측된 온도는 1990년부터 2100년까지 1.4~5.8 ˚C의 평균 지구온난화였다.[28] 그러나 기후모델들 중에서 선택된 모델 결과들의 앙상블에 기초해보면, 지구 평균 온도는 2.0~4.5 ˚C이었다. 겨울과 고위도 지방의 온도는 지구 평균보다 2배로 증가되었다.

3) 강수량

전 지구 평균 강수량은 10 % 미만으로 증가할 것이지만, 변화는 계절적이고 지역적으로 다르게 나타날 것이다. 영국기상청 산하 해들리 센터의 모델 실험에서는 중간범위 경제성장과 평소와 같은 배출 시나리오를 가정하였다. 이 경우, 위도 5°~25° 사이의 많은 지역과 대륙중간 지역에서는 더 건조하게 나타났다.

4. 지역기후와 극단적인 사건

지역 기후모델(Regional climate models; RCMs)들은 공간을 상세하게 개선시키고 국지와 지역 변화를 전망하기 위해서 개발되고 있다. AOGCMs 해상도를 개선시키기 위해서, 해양과 대기 대순환 특성을 모의하였고 이들을 전 지구 변화에 사용하였다. 그러나 더 상세한 규모에서의 변화들은 더 규모가 큰 AOGCMs으로부터 얻은 결과와 크기 또는 방향이 다를 수 있었다. 지향, 토지 이용 패턴, 지표면 수문 순환은 지역에서부터 국지 규모에 강하게 영향을 주었다. 이들 모델들은 지역에 따라서 상당한 차이를 밝혀 주었다. 예를 들어, 전 지구 평균과 비교해 보면, 온난화는 육지 지역에서 특히 겨울 고위도 지방에서 더 크게 일어나는 반면, 남아시아와 남아메리카 남부 지방의 여름에 적게 나타난다. 유럽 여름 온도는 2080년에 이러면 약 1.5~4 ˚C까지 증가할 것이다.

---

28) IPCC, 2001 : Houghton, J. T., Y. Ding, D. J. Griggs,, M. Noguer, P. J. van der Linden, X. Dai, K. Maskell, and C. A. Johnson, eds. *Climate Change 2001 : The Scientific Basis.* Intergovernmental Panel on Climate Change. Working Group I. Cambridge. Cambridge University Press.

강수량은 겨울철 북부 중위도 지역과 북부 고위도 지역에서 그리고 겨울과 여름 모두 남극대륙 상에서 증가하게 될 것이다. 겨울의 강우량은 열대 아프리카에서는 증가할 것이고 중앙아메리카에서는 감소할 것이다. 강수량은 겨울 오스트레일리아와 여름 지중해 지역에서는 감소하게 될 것이다.[29)]

더 온난한 평균 온도 이외에도 모델들은 극단적으로 온난한 날들의 빈도의 증가와 극단적으로 한랭한 날의 빈도의 감소를 예측하고 있다. 현재 20년당 평균적으로 발생하고 있는 온도와 강수량의 극값들은 아마도 일부 지역에서는 더 빈번하게 발생하여 '도시 열파' 또는 홍수를 증가하도록 할 것이다. 대륙 중앙부의 여름에는 대규모로 건조 현상이 발생하고 가뭄이 증가할 것이다. 인도 몬순 변동성은 증가할 것이고, 이에 따라 극단적인 건조와 습윤 몬순 현상이 증가할 것이다.[30)]

5. 부분적인 미래 유사성

미래 이산화탄소 농도는 어느 시기에 산업시대 이전 농도인 280 ppm의 2~4배 사이에 도달할 것이다.

1) 2배 이산화탄소 농도 세계

현재 이산화탄소 수준은 산업혁명이전 수준인 280 ppm보다 35 % 이상 더 높고, 상당 이산화탄소 수준보다는 60 % 이상 더 높다. 21세기 초반의 배출율의 증가는 이례적으로 매우 높지만, 대기권 내의 온실기체 농도는 21세기 중반까지 상당 2배 이산화탄소 농도 수준에 이르지는 못할 것이다. 만약 이러한 상황이 벌어진다면, 지구 평균 온도는 21세기 말엽까지 이러한 2배 이산화탄소 농도에 반응하는 거의 완벽한 평형을 기록하게

---

29) Giorgi, F. and B. Hewitson, 2001 : Regional climate information – evaluation and projections. In : Houghton, J. T., Y. Ding, D. J. Griggs, M. Noguer, P. J. van der Linden, X. Dai, *et al.* eds. *Climate Change 2001 : The Scientific Basis.* Intergovernmental Panel on Climate Change, Working Group 1. Cambridge : Cambridge University Press, pp. 583–638.

30) Meehl, G. A., F. Zwiers, J. Evans, T. Knutson, L. Mearns, and P. Whetton, 2000 : Trends in extreme weather and climate events : issues related to modeling extremes in projections of future climatic change. *Bulletin of the American Meteorological Society.* 81(3), 427–436.

될 것이다. 기후시스템의 빠른 반응 부분인 경우, 이러한 2배 이산화탄소 농도 세계는 약 천만 년 전에 존재하였던 세계와 비슷하게 될 것이다.

천만 년 전 세계에서 나타난 현저한 차이 중 하나는 대서양 내의 바다얼음 면적이 크게 감소한 것이다. 바다얼음이 적어짐에 따라서, 대기권은 매년 여름 해양 내에 저장된 열을 뽑아내었고, 이 전달은 북극 겨울 동안 기온을 알맞게 하였다. 더 온난한 겨울들의 하나의 결과로 현재 유라시아의 북극해와 북아메리카를 둘러싸고 있는 넓은 지역의 영구동토와 툰드라(그림 6-2)가 없어졌고, 그들 장소에서 침엽수가 성장하였다.

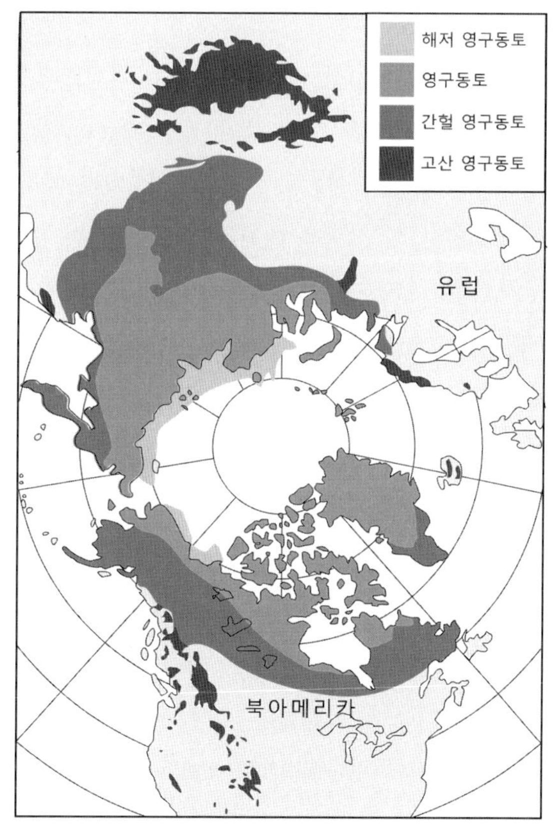

그림 6-2. 2배 이산화탄소 농도 세계에서 녹고 있는 영구동토
북극해 주변의 오늘날 커다란 영구동토의 고리는 점진적인 녹음에 취약하게 될 것이다.[31)]

31) Press, F. and R. Silver, 1998 : *Understanding Earth*, 2nd ed., W. H. Freeman and Company. 682 pp.

바다얼음과 식생은 기후시스템에서 비교적 빠르게 반응하는 부분이기 때문에, 기후가 2배 이산화탄소 농도에 반응하여 온난해짐에 따라서 우리는 한대 바다얼음, 툰드라, 북부지방 삼림들의 많은 부분이 변환할 것이라 예상하고 있다. 이러한 지역의 높은 기후 감도는 여름 일사량 값들이 6,000년 전보다 오늘날이 5 % 이상 더 높기 때문에 유발되는 툰드라와 바다얼음 한계의 북쪽으로 향하는 퇴각으로서 명백하다. 나무들은 북극권의 북쪽으로 이동하고, 바다얼음은 연안으로부터 퇴각하게 될 것이다. 미래에 펼쳐질 상황을 고려하게 되면, 여름 바다얼음 한계는 최근 40년 동안 20 % 이상 축소되고 있다. 영구동토 표면의 녹음 현상은 급격한 속도로 계속 진행될 것이지만, 영구동토의 더 깊은 아표면의 많은 부분들은 영향을 받고 있지 않다.

천만 년 전 북반구 중위도에서, 낙엽성 나무들의 숲들은 현재보다 더 북쪽에서 성장하였다. 기후와 식생들을 결합한 모델들은 다음 세기 동안 단풍나무와 너도밤나무와 같은 중위도 단단한 나무들의 북쪽으로의 이동을 모의하였다. 이에 따라서 오크와 히코리와 같은 온난기후에 적응된 나무들이 그들을 대체하였다. 어떤 한 평가에 의하면, 중위도 나무 수종들은 이미 온난화의 현재 진행률에 최적 성장 조건들을 가지는 지역 내에서 살아남기 위해서 1년에 평균 10 m의 속도로 북쪽으로 이동할 필요가 있다. 대부분 종들은 바람과 동물에 의한 꽃가루, 씨앗, 솔방울의 분산과 이 이동률을 맞출 수 있다. 그러나 22세기 동안 예상되는 더 넓고 더 빠른 이동이 예상되므로, 일부 종들은 최적 환경의 북쪽 이동과 보조를 맞출 수 없을 것이다.

열대와 아열대 지방에서, 관목과 나무 식생은 여러 건조 지역 내에서 천만 년 전에 더 많이 분포했다. 여기에는 인도와 파키스탄의 히말라야 인접지역, 북아메리카 서부지방의 높은 평원, 아르헨티나의 남아메리카 팜파스 지역, 반사하라 아프리카의 부분들과 동아프리카 고산지대이다. 대기권 내 이산화탄소의 높은 수준들은 건조 지역 내에서 C3 식생(나무들과 관목)을 생존할 수 있도록 한다. 그러나 과거 천만 년 전 동안 점진적인 이산화탄소의 감소는 C3 식생들이 C4 풀들과의 경쟁에서 밀리도록 하였다. 다음 세기에서, 우리는 동일한 2배 이산화탄소 문턱값들을 통과하게 될 것이지만, 반대 방향으로 향하고 더 빠른 속도로 이루어질 것이다. C3 관목과 나무들이 C4 식생들로 대체됨에 따라서, 건조와 반 건조 지역들은 더 푸르게 될 것이다.

다음 세기 동안 온난화는 또한 강수와 증발의 지역 패턴들을 여러 가지 방법으로 변경할 것이다. 증발은 전 세계적으로 증가하게 될 것이다. 왜냐하면 더 온난한 온도들은 공기가 더 많은 수증기를 이동하도록 하기 때문이다. 공기 속에 더 많은 수증기를 가지게 되면, 전 지구 평균 강수량은 또한 증가하게 될 것이지만, 패턴들은 지역에 따라 변동할 것이다. 증발이 증가함에 따라서, 강수를 더 많이 받아들이지 못하는 지역들은 더 건조하게 될 것이다. 반면 더 많은 강수를 받는 지역에서는 더 습윤해지게 될 것이다. 아쉽게도 지역 강수의 기후모델 모의결과들이 보통 일치하지 않기 때문에, 수분 경향을 지역에 따라서 예측하는 것은 어렵다.

약 7백만 년 전 산악빙하들이 북아메리카 또는 남아메리카, 아프리카 또는 아시아에서 발견된 증거들은 없다. 산악빙하들이 존재한 유일한 장소는 스칸디나비아 먼 북부지방과 그린란드이었다. 여기에서는 고위도와 높은 고도의 효과들이 결합되어 빙하가 존속할 수 있을 만큼 충분한 한랭한 온도를 만들었다. 지구상의 거의 모든 산악빙하들은 이미 1세기 또는 그 이상 동안 퇴각하게 되었고 퇴각 속도는 가속화되었다. 6.5 °C/km의 환경 기온감률에서, 미래의 2.5 °C 온난화는 산악들의 사면에서 일부는 330 m의 연직 빙하 쇠퇴를 일으키게 될 것이다. 왜냐하면 산악빙하들은 바로 수십 년 내의 기후변화에 반응하기 시작할 수 있고, 대부분 빙하들은 2배 이산화탄소 농도 세계에서 사라지게 될 것이기 때문이다. 녹고 있는 빙하들은 미래에 더 많은 해수면 상승에 공헌하게 될 것이다.

산악빙하들의 사라짐은 일부 건조 지대의 물 공급에 영향을 미칠 것이다. 많은 건조 지역 내에서, 겨울에 내리는 비는 농작물이 성장하지 않는 기간 동안 물을 배달한다. 성장계절의 초기 동안 물은 산악 부근에 있는 눈들이 녹으면서 공급될 것이다. 성장계절 후기에는 빙하의 녹음으로 이루어지는 유출은 물의 주요 공급원이 될 것이다. 2배 이산화탄소 농도 세계에서, 더 많은 증발은 물 공급에 더 많은 스트레스를 부여할 것이다. 산악 눈 쌓임은 더 얇아지게 될 것이다. 왜냐하면 더 많은 겨울 강수가 비로 내리기 때문이다. 덧붙여, 산악빙하로부터의 유출은 빙하가 사라지게 되면 끝나게 될 것이다. 그 결과, 산악들은 관개나 인간의 다른 용도를 위해서 더 적은 여름 계절 물을 저장하고 배달하게 될 것이다.

산 중턱에 서식하는 동물군과 식물군 또한 온난화에 의해서 영향을 받을 것이다. 최적 온도 구역을 유지하기 위해서, 그들 모두는 더 높은 고도로 이동해야만 할 것이고, 전이는 이동이 활발하지 않는 것보다는 비교적 이동 생물 형태가 더 쉽게 될 것이다. 일부 사례에서, 온난화는 더 적절한 환경을 좇아서 산악의 꼭대기로 밀어 올리게 될 것이고 종들을 멸종하게 만들 것이다.

해양 특히 심해는 기후시스템에서 더 느리게 반응하는 부분들 중의 하나이지만, 이것은 '해양 산성화'에 의해서 미래 세기와 수천 년 동안 영향을 받게 될 것이다. 해양은 수소이온 농도(pH)가 7.8에서 8.5 범위를 가진 알칼리이다. pH는 7.0을 기준으로 하여 7.0 미만을 산성으로 7.0 이상을 알칼리로 구분한다. pH는 로그 눈금이기 때문에, 8.0에서 7.0으로 이동하는 것은 산도가 상대적으로 10배 증가하는 것을 의미한다.

수천 년의 세월 동안의 삼림벌채와 인간에 의한 과거 수백 년 동안의 다른 탄소 배출로 인하여, 해양에 1,200억 ton의 탄소가 이미 추가되었고 따라서 평균 pH는 0.1 단위가 이동하였다. 2100년에 이러면, pH는 또 다시 0.2 단위 이상으로 이동할 것이고 해양의 산도가 2배가 되는 효과를 가져 올 것이다. 만역 이런 일이 일어난다면, 아라고나이트로 이루어진 탄산염 껍질을 가진 익족류로 불리는 달팽이 모양의 유기체들은 산호들의 일부 종들과 마찬가지로 껍질들을 만드는 데 어려움이 증가할 것이다. 온도에 민감한 종들을 죽이는 대형 엘니뇨 해 동안 비정상적인 온난함을 가진다면, 산호초들은 또한 보다 더 빈번하게 침출의 국면을 맞이하게 될 것이다.

기후시스템 중에서 가장 느리게 반응하는 부분들은 그린란드와 북극에 있는 빙상들이다. 700만 년 이전, 그린란드에는 빙상이 존재하지 않았다. 왜냐하면 한대 위도 부근에는 너무 온난하여 얼음 축적을 허용하지 않았기 때문이다. 미래에 우리는 상이한 상황에 직면하게 될 것이다. 이미 존재하고 있는 그린란드 빙하에 대해서 설명을 시작하고 어떻게 더 온난한 세계에서 반응할 것인가에 대해서 예측하기로 하자. 빙상 모델로 이루어진 모의들의 결과에 의하면, 2배 이산화탄소 농도 세계에서 2.5 ℃ 지구온난화는 그린란드 빙상 표면에 광범위한 녹음 현상을 만들 것으로 예측하고 있다.

앞서 언급한 바와 같이, 그린란드 빙상의 미래 녹는 면적은 매우 불확실하다. 일부 예측에 의하면, 단지 가장자리만 녹을 것이다. 다른 과학자들은 가장자리 얼음 흐름의 가속화된 흐름이 미래 수십 년 안에 훨씬 많은 얼음 손실들을 유발할 것이고 수 세기 내에는 거의 완전히 손실되게 할 것이라고 생각하고 있다.

거대한 동남극빙상은 1,000만 년 전에는 현재보다 더 컸다. 오늘날, 이 몹시 찬 빙상은 눈이 부족하여 높은 고도의 표면의 대부분을 가로질러 떨어지는 눈은 1년당 수 cm에 불과하다. 더 온난한 2배 이산화탄소 농도 세계에서, 눈의 공급은 증가해야만 하고 내부의 연 얼음 축적은 더 빠르게 더 두껍게 증가해야만 한다. 빙상 내부의 양의 질량 평형 쪽으로 이루어지는 이 변화는 아마도 가장자리의 얼음흐름 내의 더 빠른 흐름에 의해서 반대로 이루어질 것이다. 현재, 이들 2가지 과정들 중에서 어느 것이 동남극빙상 내의 전반적인 얼음 질량 평형을 지배할 것인지는 분명하지 않다.

더 작은 서남극빙상은 1,000만 년 전에도 존재하였다 하더라도, 이것은 현재보다 더 적은 면적을 차지하였을 것이다. 현재 이 빙상의 가장자리에 자리 잡고 있는 광대한 빙붕은 불안정성에 취약하다. 왜냐하면 그들은 해양과 접촉하여 약간 온난하게 되기 때문이다. 빙붕들의 불안전성은 해양으로 이동하는 얼음흐름 내의 흐름을 가속화 시킬 수 있고 대륙의 내륙 밖으로 얼음을 끌어당길 수 있다. 이 증거는 서남극빙상이 2배 이산화탄소 농도 세계에서 더 많이 녹을 수 있다는 것을 제시하고 있다.

그린란드빙상과 남극빙상의 녹음은 천천히 온난화되는 해수의 팽창과 더불어 미래 해수면을 상승하게 될 것이다. 2007년 발간된 IPCC 보고서는 해수면 상승이 20세기 동안 17 cm 이뤄진 것에서부터 21세기 동안에는 2배에 가까운 30 cm가 상승할 것으로 예상하고 있다. 해수면 상승은 그린란드빙상이 과학자들이 예상한 바와 같이 취약해지게 되면 이 추정치 이상으로 훨씬 높게 될 것이다.

2) 4배 이산화탄소 농도 세계

또 다른 예측에 의하면, 대기권 이산화탄소 농도는 2,200~2,300년 동안 산업혁명 이전의 농도보다 4배 이상으로 도달할 수 있다. 아주 먼 미래에 대한 이러한 예측은 본질적으로 확실하지 않다. 왜냐하면 기술 혁신들이 이 커다란 변화를 막을 수 있기 때문이다. 그러나 만약 4배 이산화탄소 농도 세계에 도달한다면, 2배 이산화탄소 농도 세계에 대해서 설명된 모든 온난화 경향들이 증폭되게 될 것이다. 이들 변화들은 지구의 기후를 지난 시간동안 이산화탄소 수준이 가장 높았던 시기인 5,000만 년 전에서 1억 년 전과 같이 바꿀 것이다.

5,000만 년 전의 기후는 현재보다 훨씬 더 온난하였다. 북극해 주변부는 비교적 온화한 겨울에 적응된 활엽수와 모든 상록수들로 혼합된 삼림으로 둘러싸여 있었다. 북극해에는 바다얼음이 존재하지 않았다. 온대 너도밤나무 삼림이 얼음이 덮여 있지 않은 남극 대륙에 존재하였다. 아마도 산악빙하들은 지구상에 어느 곳에도 존재하지 않았을 것이다. 5 ℃ 온난화는 산악 빙하를 산등성이 위로 660 m 퇴각하도록 하였다. 이것은 현재 산악 빙하를 제거할 만큼 충분한 것이었다.

4배 이산화탄소 농도 세계에서, 북쪽 한대 지역들은 얇은 영구동토, 툰드라, 여름 바다얼음, 그리고 아마도 겨울 바다얼음까지도 제거할 만큼 충분히 온난하게 될 것이다. 침엽수 벨트는 천천히 북극해 쪽으로 이동하여 북극해에 도달하게 될 것이다. 남극 주변의 바다얼음 또한 사라질 것이다. 중위도와 더 낮은 위도들에서의 변화들은 2배 이산화탄소 농도 세계와 비슷하겠으나 크기는 더 크게 나타날 것이다.

빙상 변화들에 대한 더 먼 미래를 예측하고자 하는 노력에서, 현재 빙상이 존재하지만 그들 주변의 모두가 더 온난한 기후와 완전히 평형상태를 유지한다는 사실과 함께 또 다시 시작하고자 한다. 그린란드 빙상은 더 취약하게 될 것이지만, 거꾸로 일어날 수 없는 녹음으로 발생할 것인지 아닌지에 대해서는 불확실하다. 또한 서남극빙상은 더 온난한 해양과 완전히 평형 상태를 이룰 것이고 동남극빙상은 또한 예측하기 힘든 속도로 녹을 것이다. 증가된 빙상 녹음과 해양의 열적 팽창에 따라서, 해수면은 더 빠르게 더 높게 상승하여 현제보다 1~2 m 이상 높이까지 도달할 것이다.

6. 온실 경악이란?

미래의 커다란 이산화탄소 펄서에 대한 느리고 빠른 반응들의 혼합이 지구 역사에서 전례가 없는 기후 불균형상태를 만들기 때문에, 기후시스템 내의 상호작용들은 예기치 않은 현상, 즉 '온실 경악(greenhouse surprises)'을 만들게 될 것이다.

빈번하게 언급된 하나의 가능성은 그린란드 빙상의 녹음이 담수를 대서양까지 보내어 염분을 낮출 만큼 충분하여 심층수 형성을 느리게 하거나 중단시키는 것이었다. 1970년대 시작된 래브라도 해의 비교적 작은 염분 하강이 차후 20년 겨울 동안 표층수가 침강하지 못하도록 밀도를 낮추었다. 온실 온난화에 의해서 유발되는 그린란드 빙상 주변부의 녹음 또는 변경되는 강수 패턴들은 북대서양에 저 염분수를 충분히 추가시켜 더 깊은 물의 형성을 느리게 하거나 중단시키게 한다.

이러한 순환 변화의 있음직한 결과는 북유럽의 기온을 더 한랭하게 하는 것이다. 오늘날 심층수 형성 기간 동안 북대서양 표층수로부터 추출되는 열들이 동쪽으로 이동하여 동일한 위도에 위치하고 있는 북아메리카 또는 시베리아 지역들보다 유럽이 더 온난하게 유지되도록 하는 데 도움을 준다. 이런 열이 없다면, 유럽은 아마도 현재보다 5 ˚C 이상 더 한랭하게 되어 캐나다 북부 지방과 같이 될 것이다.

그러나 최근 재평가들은 대서양 내의 심층수 형성이 완전히 없어지게 되는 것은 일어날 수 없다고 제안하고 있다. 행성 바람계는 비교적 한랭한 겨울 기단들이 계속해서 열을 추출하는 열대 대서양으로부터 북쪽으로 비교적 온난하고 소금기가 많은 표층수를 계속해서 보내게 될 것이다. 심층수의 부분적인 감소가 발생할 수 있지만, 유럽에 온난화를 계속 일으키는 효과들을 상쇄하지는 못할 것이다.

2배 이산화탄소 농도 세계에서 4배 이산화탄소 농도 세계로 예측되는 기후 변환은 극적이지만, 남은 것은 어떻게 중위도에서 살고 있는 사람들을 변화시킬 수 있는 것에 대한 것이다.

2배 이산화탄소 농도는 지구온도를 2.5 ˚C 상승시킨다고 고려한다. 알베도 되먹임에 의한 이러한 온도변화가 극 쪽으로 확장되는 것은 많은 사람들이 살고 있는 북아메리카, 유럽, 동아시아 지역인 중위도(40~60˚N)에서의 온난화를 가속화하게 될 것이다. 이들 위도에서의 온도 상승값은 적어도 연평균은 3~3.5 ˚C이고 가장 추운 겨울 동안에는 4~4.5 ˚C가 될 것이다.

이들 온도 변화들은 현대 계절 변화에 대해서 그들을 비교함으로서 가장 잘 이해될 수 있다. 오늘날, 40~60˚N 위도에 분포하는 육지 괴들의 1월 일 평균기온은 약 0 ˚C으로서 7월에는 약 25 ˚C로 올라가고 그 다음 겨울에 다시 떨어지게 된다. 6개월 동안의 이러한 25 ˚C 변화는 월당 4.25 ˚C의 평균 변화에 해당하는 양으로, 이것은 2배 이산화탄소 농도 세계에서 고위도에 예견된 한랭 계절 온도 상승에 해당되는 것이다. 결과적으로, 2배 이산화탄소 농도 세계에 대한 북반구 중위도에서의 온도 반응은 계절이 1/10 이동했다는 것을 느끼게 할 수 있다. 미래의 4월은 현대의 5월과 같을 것이고 미래 11월은 현재의 10월과 같을 것이다. 여름은 2개월이 더 지속될 것이고, 반면 겨울은 더 짧아지고 덜 가혹해질 것이다.

이들 변화들은 충분히 천천히 이루어질 것이며, 전형적으로 매년 이루어지는 변동성에 의해서 충분히 엄폐될 것이다. 이러한 경향은 21세기 동안 살아갈 사람에게는 쉽게 나타나지 않을 것이다.

이러한 다소 좁은 중위도 관점 밖에서, 기후변화에 대한 지구의 반응은 지역에 따라 다를 것이고, 인간과 다른 생명체에 대한 효과 범주도 또한 달라질 것이다. 예측되는 방대한 미래변화들로부터 일부 사례들을 여기에서 언급하고자 한다. 가장 현저한 변화들의 일부는 눈과 얼음이 북쪽으로 퇴각하는 지역에서 발생할 것이다. 오늘날 비교적 낮은 위도에 위치하는 스키 리조트인 경우, 빙점 이하로 유지되는 한랭한 겨울 2개월 동안의 눈의 손실은 제설 계절을 줄여 영업이 불가능하게 할 것이다. 반면, 허드슨 만에서 멀리 북쪽으로 떨어진 지역과 시베리아의 북극 연안 지방에서의 바다얼음 퇴각은 새로운 세계일주 항로를 열게 될 것이다. 기존 항로의 선적 계절의 길이는 이미 길어지고 있고, 국가들은 활발하게 새롭게 더 짧은 북극 항로를 고려하고 있다. 덧붙여, 중위도와 더 높은 위도에서의 겨울 난방을 위해서 더 적은 에너지가 필요하게 될 것이지만, 더 낮은 위도와 중위도에서 여름 냉방을 위한 에너지는 더 많이 소요될 것이다.

고위도에서의 더 온난한 겨울은 많은 농작물이 성장하는 북방 한계를 확장하게 된다. 특히 캐나다와 러시아에서 광범위하게 재배되는 밀인 경우는 더 그렇다. 또한 대기권 내에서 더 높아진 이산화탄소 수준은 일부 식물들이 증발의 건조 효과에 노출되지 않고 더 빠르게 광합성에 필요한 이산화탄소를 얻는 것을 허용해야만 한다.

전 세계 인구의 약 80 %가 살고 있는 열대와 아열대 지방에서 온도 상승은 다른 지방에 비해 더 작게 나타날 것이지만, 이것은 수분 평형에 대해서 뚜렷한 효과를 가지게 될 것이다. 더 큰 온난함은 전 세계 평균 증발률을 높이게 될 것이고 건조지역 내에서의 이것은 다른 수원에 더 큰 스트레스를 가할 것이다. 증발은 증가하지만 강수는 증가하지 않는 지역에서의 농업은 더욱더 관개에 의존할 것이다. 성장 계절의 후반기의 관개를 위해서 눈이나 빙하가 녹은 물로부터 이루어지는 유출에 의존하는 지역에서 양쪽 수원의 감소에 따라 고통을 받을 것이다. 관개를 위해서 수십 년 동안 깊은 아표층수들을 펌프로 뽑아 올린 지역들은 유용한 지하수가 고갈되게 될 것이다. 강우가 증가하는 지역에서, 더 많은 강수는 한랭한 계절 동안 전형적인 전선 시스템의 통과와 관련되는 더 오랜 기간 지속되는 강수보다는 국지적으로 발달하는 여름 폭우로 떨어지게 될 것이다.

육지 얼음의 녹음과 해수의 팽창에 의한 미래 해수면 상승은 연안에 살고 있는 사람들에게 불행한 결과를 초래할 것이다. 지난 100년 동안 17 cm 해수면 상승을 일으킨 동일한 요인들은 해수의 열팽창, 산악빙하의 녹음, 그린란드와 서남극빙상의 일부 녹음들을 계속 이루도록 할 것이다.

비록 IPCC가 21세기 동안 해수면이 30 cm 상승한다고 한 중간 정도의 예측이 하찮은 것으로 보일지 모르지만, 이러한 상승은 많은 사람들이 살고 있는 평탄한 연안 지역들을 가로질러 바다가 육지로 300 m 전진하게 할 것이다. 인구밀도가 높은 방글라데시의 경우, 30 cm 해수면 상승은 현재 해수면 위 해발고도 1 m 이내에 살고 있는 수백만 명이 이주하도록 하게 될 것이다.

미국 동해안과 멕시코 만의 연안 지역과 같은 연안 지역에 조성된 지역의 경우, 지역사회들이 취약지역으로부터 퇴거하는 결정을 내리지 않는다면, 방파제 건설과 해변을 보충하기 위한 모래를 펴 올리는 것과 같은 더 큰 공학 노력들이 필요하게 될 것이다. 보험회사들은 이미 그러한 지역에서의 주택과 건물들에 대한 보험료를 급격하게 올리기 시작하였다. 최근에 일부 과학자들은 가장 큰 허리케인의 강도가 지구온난화에 따라서 증가할 것이지만 이 예측은 도전을 받을 것이라고 제안하였다.

아마도 미래기후를 평가하는 데 가장 큰 '와일드카드'는 지구온난화가 그린란드 빙상을 돌이킬 수 없는 녹음 지역으로 밀게 될 것이라는 가능성이다. 비록 이 가능성이 기후과학자 사이에서 여전히 소수 의견이지만, 이미 불가능하다고 고려되지는 않는다. 만약 그린란드 빙상 전체가 미래세기(또는 수천 년) 동안 녹는다면, 이에 따른 해수면 6 m 상승은 전 세계 연안 지역에 살고 있는 사람들을 실제 재앙으로 이끌게 될 것이다. 평탄한 시골지역에서 살고 있는 사람들은 바다가 침입함에 따라서 내륙으로 수 km 퇴각해야만 할 것이다. 대부분 세계 최대 도시들의 파멸은 예측하기가 더 어렵다. 그들은 각각 그러한 해수면의 높은 상승에 대항하는 갑옷으로서 대형 방파제를 건설할지 안 할지를 결정해야만 할 것이다.

미래 지구온난화에 의해서 유발되는 가장 큰 변화들의 일부는 인간에 대한 광범위한 경제적 영향을 비교적 적게 미친 것이나 생태계 관점에서 보면 그 영향력은 여전히 결정적이게 될 것이다. 북극해 주변 지역에서 발생하는 바다얼음과 영구동토의 대규모의 녹음과 툰드라의 손실은 결코 불모지에 여행하지 않았던 사람들의 생활 속에서 거의 중심적인 이슈로 등장하지는 못할 것이다. 그러나 그들 서식지의 축소는 삼림순록, 북극곰, 나머지 한대 생태계를 철저하게 파괴시키게 될 것이다. 여기에는 생존을 위해서 한대에 적응된 동물들의 사냥에 여전히 의존하는 소수 원주민의 문화들도 포함된다. 급격한 북쪽으로 또는 위쪽으로 이루어지는 더 좋은 환경으로의 전이 때문에 다른 지역들 내의 종의 손실 또한 커질 것이다.

해양 산성화는 우리가 탄소를 태우는 시간만큼 진행될 것이고, 우리가 천천히 태우거나 빠르게 태우거나 간에 발생할 것이다. 공통기원 2300년에는 해양은 주요 플랑크톤 유기체의 하나인 코코리드가 더 이상 탄산칼슘 껍질을 형성할 수 없을 정도의 산도에 도달하게 될 것이다.

7. 기후 변형이란?

최근까지, 공학에 의해서 지구 미래 기후가 변경될 것이라는 가능성은 주류 과학자 사회에서 거의 논의되지 않았고, 많은 과학자들은 보존 노력에 의해서 미래 이산화탄소 증가를 최소화시켜야 한다고 느끼고 있었다. 그러나 이 주제는 이미 전체적으로 터부시되고 있지 않다. 왜냐하면 어떤 범위는 우리가 이미 과거 기후에서 행한 것이고 미래 기후에도 더 명백하게 그렇게 할 것이라기 때문이다.

인간들은 흥미로운 딜레마에 직면하게 된다. 만약 황산염과 탄소 에어로졸의 모든 배출이 갑자기 중단되어 버린다면, 강수는 수 주일 내에 하층 대기권의 초과 에어로졸을 쓸어버리게 되어 그들의 한랭 효과는 재빨리 사라지게 될 것이다. 에어로졸 배출을 깨끗이 정화해 버리는 시도의 결과로, 기후시스템은 단기간에 일어나는 대형 온난화로서 등록하게 될 것이다.

반면에, 인간에 의한 전 세계 이산화탄소 배출은 동시에 갑작스럽게 중단한다면 이는 대기권 내의 이산화탄소 수준들을 아주 천천히 감소시키게 될 것이다. 해양은 50년 내에 앞선 인간들의 활동에 의해서 만들어진 초과 이산화탄소의 펄서들의 1/2를 취하게 될 것이지만, 총량의 10 %는 수천 년 동안 대기권에 남아있게 될 것이다. 인공 온난화의 부분은 대기권에 남아있는 초과된 이산화탄소 펄서의 이러한 꼬리 끝부분까지 오랫동안 지속될 것이다.

대기권에 엄청난 양의 이산화탄소가 추가되는 것을 피하는 하나의 기술적인 아이디어는 잉여 산업 이산화탄소를 파이프를 통해서 해양 또는 오래된 유전으로 보내는 것이다. 많은 기술적인 해결 과정을 거쳐야 하기 때문에, 경비가 주요 이슈이다. 많은 이산화탄소 배출 장소들은 해양 또는 석유 저장소로부터 멀리 떨어져 있어, 일부 이산화탄소는 상당한 경비를 들여 수백 km에서 수천 km까지 파이프를 부설해야만 한다. 덧붙여, 해양으로 직접 보내지는 이산화탄소는 현재 진행되는 속도보다 더 빠르게 해양의 산도를 증가시키게 될 것이다.

네덜란드 대기화학자인 파울 크루첸(Paul Crutzen, 1933~)은 황산염 에어로졸은 이산화탄소 온난화의 일부 또는 전체를 상쇄시키는 데 사용될 수 있다는 것을 제시하였다. 그는 화산 폭발로 배출되는 에어로졸의 태양복사 차단과 한랭 기후의 효과들을 모의하기 위해서 성층권에 추가되는 대단히 많은 양의 황산염 에어로졸을 고려해야 한다고 제안하였다. 엄청난 양의 에어로졸들이 추가됨으로써, 이산화탄소와 다른 온실기체들의 배출을 줄이는 행동을 하지 않더라도 지구의 기후를 한랭하게 만들게 된다.

중력이 수 년 이내에 성층권에서부터 대류권으로 성층권 에어로졸들을 끌어내리기 때문에, 지구온난화를 상쇄할 만큼 높은 농도가 유지된다는 것은 일정한 에어로졸의 공급(연당 수십만 ton)을 필요로 한다. 에어로졸을 배달하는 여러 가지 수단(기구, 우주공간으로 발사되는 폭탄, 현대 상업 비행기보다 큰 고공 비행기 편대)들이 제안되고 있다. 하나의 추정에 의하면, 경비들은 연당 1억$로 예상되지만, 이러한 가격조차도 연소 후 이산화탄소를 격리시키는 경비보다 훨씬 더 낮게 될 것이다. 여러 가능한 결점 중의 하나는 부수적인 황산염들이 해양의 산성화와 지상 환경에 부가될 것이라는 사실이다.

또 다른 최근 제안은 미생물들을 발달시키는 유전학적 조작을 사용하는 것이다. 이들은 이산화탄소를 먹고 온실기체보다는 다른 형태의 탄소로 변형시켜 내보낸다. 만약 그러한 변환이 가능하게 된다면, 하나는 온실기체를 제거할 수 있을 것이고 다른 하나는 에너지원으로 사용할 수 있을 것이다.

먼 미래에, 잉여 이산화탄소 펄서의 대부분은 해양 속으로 사라지게 될 것이고, 기후는 자연 수준 쪽으로 회귀하여 한랭하게 될 것이지만 빙하작용까지는 이루어지지 않을 것이다. 잉여 이산화탄소 펄서의 부분은 대기권 내에서 수만 년 동안 남게 될 것이고 너무 온난하게 기후가 유지되어 북아메리카 또는 유라시아에 새로운 얼음이 축적되지 못할 것이다. 관개된 지역과 쓰레기 매립지로부터의 메테인 배출 진행은 또한 빙하작용점까지 한랭하게 되는 것을 막게 될 것이다.

기후가 조작될 수 있는 세계인 경우, 인류는 '무엇이 자연스러움인가?'라는 의문에 직면하게 될 것이다. 일치된 의견에 의하면, 자연스러움은 산업시대 바로 직전에 존재하였던 기후라 할 수 있다. 동일하게 실행 가능한 견해는 진실한 자연 상태는 현재 과도한 빙하작용이 진행되는 것이 될 것이다. 미래에, 인류는 아마도 더 온난하게 되거나 더 한랭하게 지구를 만드는 공학의 장점을 중요시하게 될 것이다. 인간들은 지구의 자연 상태들의 3가지 주요 변경에 책임을 지게 된다. 첫째는 50,000년 전 무렵 그리고 다시 12,500년 전 석기시대 사람들에 의해 이루어진 많은 포유동물들의 대규모 멸종이다. 둘째는 농업을 위해 땅을 개간하기 위해서 지난 수천 년 동안 남부 유라시아의 삼림을 벌채한 것이다. 셋째이자 가장 큰 것은 과거 2세기 동안 지구 표면들을 변경시킨 산업시대의 광범위한 변화이다. 인간들은 모든 지구의 강, 빙하, 바람이 종합된 활동보다 더 많은 부스러기(암석과 퇴적물)들을 이동시킨다.

추정된 미래 기후 변화들은 과거 가장 큰 자연 변화들과 규모 상으로 대비될 수 있을 것이다. 4배 이산화탄소 농도 배출 시나리오에서 추정되는 5 °C 온난화는 20,000년 전 가장 최근 빙하 최대에서의 한랭의 양과 동등하게 될 것이다. 2배 이산화탄소 농도 배출 시나리오에서 예상되는 2.5 °C 온난화는 빙하 최대 한랭화의 절반의 양이 될 것이다. 우리는 현재 지구를 변환시키고 있는 이러한 엄청난 새로운 실험에서 0.7 °C의 진행 상태에 서 있다. 기술 또는 극단적인 보전 노력들이 개입되지 못한다면, 지구는 46억 년 역사에서 전례가 없는 속도로 더 온난한 미래 쪽으로 향해 달려가게 될 것이다.

제7장 기후변화의 원인

기후변화는 기후시스템에 영향을 미치는 여러 과정들의 작용의 결과이다. 그러나 적어도 여러 해 동안 지구 전체 또는 주요 부분들에 영향을 미치는 변화들은 비교적 조그마한 원인들로부터 일어나기 쉽다. 이러한 변화의 원인은 외적 및 내적 원인으로 나눌 수 있다. 외적 원인의 동인은 기후시스템의 바깥쪽이고 내적 원인은 초기 변화가 시스템 내부 자체에 있다는 것이다. 그러나 특정한 변화에 대한 특정한 원인을 이끌어내는 것은 극히 어려운 일이다. 왜냐하면 기후시스템 내에서 서로 연결되는 특징이 되먹임을 존재하도록 하여 어떤 한 성분의 변화가 전체는 아니라 하더라도 다른 성분들에 변화를 유도하기 때문이다.[1)]

되먹임 효과는 지구 진화의 시간, 즉 가장 오래된 가능한 시간에 대한 기후 변화를 고찰하여 설명된다. 지구가 존재한 46억 년 동안 태양 광도는 20~40 % 정도 증가된 것으로 일반적으로 받아들여지고 있다. 입사 태양복사가 적어지면 지표면 온도를 낮추게 될 것이고 어떤 경우에는 물의 어는점 미만으로 낮아질 것으로 제안되고 있다. 지질학적 증거에서 보면 이것은 '약한 태양과 증가된 지표면 온도' 패러독스를 이끌어내는 경우가 아니라고 제안되고 있다. 이들에 대해서 원시대기 내의 이산화탄소의 고농도가 '온실효과'를 증대시켜 높은 온도를 생성한 것으로 설명하고 있다. 생물 활동의 출현으로 대기

1) 윤일희 편역, 2004 : 현대기후학. 시그마프레스, 498 pp.

중의 산소는 증가하였으나 반면 이산화탄소 농도는 감소하였다. 지표면 변화에 관련되어 결합된 이것은 태양의 출력이 증가하더라도 온도는 안정하게 유지된다는 점을 보증한다.

1. 기후변화의 외적 원인

기후변화의 잠재적인 외적 원인들은 태양의 광도 변화와 지구와 태양 사이의 천문학적 관계 변화 그리고 지구조과정의 결과로서 지표면의 특성 변화 등을 포함한다. 부수적으로 지구 자기장의 극성 변화는 상층 대기에 영향을 미쳐 전체 기후에 영향을 미칠 것이다. 이들 중에서 천문학적 변화와 흑점에 의한 광도 변화의 결과로 나타나는 가능성 있는 변화들이 주목을 받고 있다.

1) 태양광도 변화

과거에는 태양광도 변화에 대해서 큰 관심을 가지지 않았다. 그러나 인공위성에 탑재된 정밀 복사계로 측정이 이루어진 후, 태양 에너지 방출량(W/m^2)이 상당히 변화하고 있다는 사실을 알게 되었다(그림 7-1). 특히 이러한 변화는 태양 흑점 활동과 관련이 있는 것으로 생각하게 되었다. 즉, 흑점의 활동이 최소에서 최대로 증가함에 따라서 태양 에너지 방출량은 약 0. 1% 증가한다.

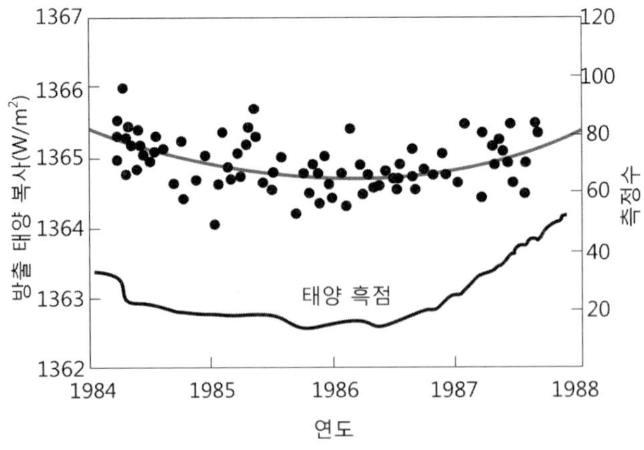

그림 7-1. 지구 복사수지 위성이 측정한 태양 방출 에너지의 변화율(그림 위)과 연평균 태양 흑점 수(그림 아래)의 변동

태양흑점은 태양에서 발생하는 거대한 자기폭풍이 태양 표면에 상대적으로 낮은 온도를 형성하여 어둡게 보이는 부분을 말한다. 역사 시대 동안의 기후변화는 흑점 주기와 관련되고 있다. 이 주기는 '해일 두 배 흑점 주기'인 22년 주기성으로 발생한다. 주기의 진폭은 전반적으로 서서히 증가하는 것처럼 보인 다음 80~100년의 주기로서 급격히 떨어지게 된다. 또한 180년 동안의 준 주기 변동으로도 나타난다.

태양 광도의 단기 변화와 흑점 수 사이에는 상관관계가 존재하며, 이러한 겉보기 주기성들의 개개는 제안된 기후 변동성과 관련지어진다. 특히, 소빙하기는 흑점 내의 '몬더 최소'와 관련된다. 1650~1730년 사이에는 태양의 흑점 활동이 거의 영에 가깝게 급격한 감소가 발생하였다. 그리고 낮은 지상 기온이 지구상에 나타났다. 그러나 소빙하기 자체의 실제 주기는 자료를 얻을 수 있는 지리적인 지역에 따라 변동하는 것처럼 보인다. 흑점수와 지구상의 평균 지상 조건들 간의 직접적인 관련성을 보여줄 수 있는 메커니즘은 아직은 존재하지 않는다.

2) 몬더 최소를 발견한 에드워드 몬더

잉글랜드 천문학자인 에드워드 월터 몬더(Edward Walter Maunder, 1851~1928)는 1851년 4월 12일 잉글랜드에서 메서디스트 목사의 막내아들로 태어났다. 그는 1645년부터 1715년까지 '몬더 최소'라고 현재 알려진 기간을 최초로 확인하였다. 이 기간 동안 흑점 수와 오로라 발생 횟수의 기록이 극도로 적었다.[2)]

몬더는 런던 그리니치에 소재한 왕립 천문대에 근무하였지만, 그는 천문학자로서 정식 자격은 가지고 있지 않았다. 그는 런던 킹스 칼리지를 졸업한 다음, 런던의 한 은행에 취직하였다. 1873년 왕립 천문대에 사진과 분광 분석 조수의 자리가 공석이 되었다. 이 자리는 영국 공무원 내의 한 직책으로, 이 자리를 위해서 전반적인 시험을 치러야 했다. 몬더는 시험을 통과하여 이 자리에 임명되었다.

1891년 새로운 사람이 직원으로 합류하게 되었다. 케임브리지 거턴 칼리지를 우수한 성적으로 졸업한 애니 러셀(Annie Russell, 1868~1947)이 '여성 계산원' 직책으로 그리니

---

2) http://en.wikipedia.org/wiki/Edward_Walter_Maunder

치 천문대에 합류하였다. 몬더는 그녀와 재혼하여 공동으로 태양과 천문학에 대한 대중적인 과학기사들을 발표하였다.

몬더에게 흑점 사진을 찍고 그들의 면적과 위치를 측정하는 책무가 주어졌다. 이런 책무를 수행하는 과정에서 그는 흑점이 나타나는 태양 위도가 11년 흑점 주기의 진행 과정에서 일정한 형태로 변동한다는 것을 발견하였다.

그가 흑점을 촬영하고 측정하고 있을 때, 그의 관심은 독일 천문학자 구스타프 스푀러(Friederich Wilhelm Gustav Spörer, 1822~1895)의 연구로 기울게 되었다. 스푀러는 1400~1510년의 기간 동안 흑점의 개수가 매우 적었다는 것을 확인하였다. 이 기간을 '스푀러 최소'라 부른다. 그는 스푀러가 옳은지 그른지 또는 다른 기간에도 이런 최소기가 있는지 없는지를 확인하기 위해서 천문대의 옛날 기록을 조사하기 시작하였다. 이런 과정에서 몬더 최소가 발견되었다.

그는 영면하고 정확한 관측자로서 렌즈의 도움 없이도 그가 볼 수 있는 가장 작은 천체를 발견하기 위해 매진하였다. 이것은 태양의 표면에 보이는 물체 또는 어떤 다른 멀리 떨어져 있는 천체이지만 사실은 매우 크고 지구에서는 볼 수 없지만 다량의 상세한 형상들을 나타내고 있었다. 그는 화성 표면의 운하의 존재에 대해서 이러한 추리를 사용하였다. 그러나 당시 이러한 것들이 사실로 널리 받아들여졌다 하더라도, 그의 견해는 여담으로 치부되는 소수 의견이었다. 화성의 분화구에는 그의 이름을 딴 분화구가 있다.

이와 마찬가지로 흑점 최소의 발견도 간과되었다. 다른 과학자들은 그들이 불완전하거나 부정확하다고 생각하였던 과거 기록을 그가 너무 맹신하였다고 생각하였다. 그는 1928년 3월 21일 사망하였다.

3) 지구와 태양 사이의 천문학적 관계 변화

기후변화의 천문학적 이론, 즉 밀란코비치 이론은 기후변화를 태양 주위를 공전하는 지구의 궤도 변화로 관련지으려는 시도였다. 지구는 45만년 동안 4번의 빙하기와 간빙기를 거쳤다(그림 4-2 참조). 이들 주요 기간 내에는 작은 주기적인 진동이 존재하였다. 크고 작은 온도 진동은 '밀란코비치 주기'로 불리는 지구 궤도와 관련된 3개의 주기로 설명되고 있다. 밀란코비치 주기는 세르비아의 천문학자인 밀루틴 밀란코비치(Milutin Milankovitch, 1879~1958)의 이름을 딴 것이다. 그들은 태양계의 행성들과 지구 사이의 만유인력에 의해서 이루어진다. 밀란코비치는 지구에 도달하는 입사 태양 복사에 대한 3가지 주기들의 효과를 최초로 계산하였다.

① 지구궤도의 이심률 변화

이심률은 0에서부터 1까지 변동한다. 원의 이심률은 0이다. 현재 지구의 이심률은 0.017로 작은 값을 가진다. 이는 지구의 궤도가 거의 원에 가깝다는 것을 지적하지만 이로 인해 6월과 12월 사이 거리는 3.3 %이고 입사 태양 복사는 6.6 % 차이를 나타낸다.

지구의 이심률은 거의 10만 년 주기로 사인곡선으로 변동한다. 매 10만 년 주기 동안 최소와 최대 이심률이 변동한다. 최소 이심률은 보통 0.01 이상이고 최대 이심률은 보통 0.05 미만이다. 현재 지구 궤도는 작은 이심률을 가지고 있지만 5만 년 전에는 큰 이심률을 가지고 있었다. 큰 이심률을 가진 궤도 동안인 경우, 지구와 태양 사이의 거리는 12월보다 6월이 약 10 % 더 멀고, 입사 태양 복사는 12월보다 6월이 약 21 % 더 적게 될 수 있다. 오늘날 지구-태양 거리는 12월보다 6월이 약 3 % 더 멀고, 입사 태양 복사는 12월보다 6월이 약 7 % 더 적다.

태양으로부터 매년 지구의 평균 거리는 높은 이심률의 기간보다는 낮은 이심률의 기간이 더 적기 때문에, 매년 평균 온도는 높은 이심률 기간보다 낮은 이심률 기간에 더 높게 된다. 간빙기 온도 최대는 모두가 낮은 이심률 기간으로서 122,000년, 230,000년, 315,000년, 403,000년 전에 일어났다는 것을 보여 주고 있다.

② 지구 자전축의 황도경사 변화

지구 자전축의 황도경사는 태양 주위를 도는 지구공전 면에 수직한 선에 대한 축의 각을 말한다. 황도경사의 변동은 41,000년마다, 지축을 22°에서 24.5°로 다시 22°로 되돌아가는 완전한 순환주기를 가지도록 한다. 현재 황도경사는 23.5°로, 순환주기의 중간 부분에 위치하고 있다. 황도경사가 작은 경우(22°), 더 많은 햇빛이 적도를 비추게 되어 남북 간의 온도 대비를 증가시키게 된다. 황도경사가 큰 경우(24.5°), 더 많은 햇빛이 고위도로 도달하기 때문에 온도대비가 감소하게 된다. 이처럼 황도경사는 지구상의 각 위도에서의 계절과 온도에 영향을 미친다.

③ 지구 자전축의 세차운동

세차운동은 공간에 고정된 축에 대한 지구 자전축의 각운동이다. 이것은 지구와 태양계 내의 다른 물체들 사이에 일어나는 만유인력에 의해서 이루어진다. 현재, 북반구는 겨울보다 여름이 태양으로부터 더 멀리 위치하고 있다. 11,000년마다 지구 자전축의 각운동으로 인해 북반구에서는 겨울보다 여름이 태양에 더 가깝게 된다. 지축의 세차운동의 완전한 순환주기는 22,000년이다. 지축의 세차운동은 매 년 지구 대기의 꼭대기에 입사되는 세계 평균 태양복사를 변화시키는 않는다. 그 대신 어느 계절 동안 각 위도에 입사되는 태양 복사의 양은 변화시킨다. 예를 들면, 11,000년마다 북반구 여름은 더 온난하게 될 것이고 남반구 여름은 오늘날보다 더 한랭하게 될 것이다. 온도의 계절 변화는 어느 주어진 위도에서 연평균온도 변화를 초래할 것이고, 그림 4-2에 제시된 남극자료에서 볼 수 있는 온도의 주기적인 변동은 세차운동의 변화에서 기인한 것이다.

④ 밀란코비치 순환주기의 효과

밀란코비치 순환주기는 지구 온도의 주기적인 변화와 플라이스토세 동안 빙하의 전진과 후퇴에 의해서 나타난다. 이와 마찬가지로, 밀란코비치 순환주기는 또한 온도의 변화에 상관되어 이산화탄소와 메테인의 변화에 반응해야만 한다. 온도가 증가하면 해수 내의 이산화탄소 용해도가 감소하게 되고, 대기 중에 유입되는 이산화탄소는 증가하게 된다. 온도 변화는 또한 해수의 연직 혼합률, 식물 플랑크톤에 의한 영양소 흡입률, 대륙붕의 침식률을 변화시켜 이산화탄소의 혼합비에 영향을 미치게 한다. 온도 변화로부터 발생하는 미생물 활동의 변화는 온도와 메테인 사이의 상관관계를 설명하게 해준다.

온도 최소는 약 15만 년 전에 발생했다. 그 무렵 빙하는 미국에서는 위스콘신 주까지 확장되었고 유럽에서는 아주 남쪽까지 확장할 수 있었다.[3] 온도는 약 13만 년 전에 증가하

3) Kukla, G. J., 1977 : Pleistocene land-sea correlations. I. Europe. *Earth Sci. Rev.*, 13, 307-374.

여 빙하를 녹게 하였다. 남극 대륙의 온도는 오늘날보다 2~3 ℃ 높았다. 지구 공전 궤도의 이심률이 증가함에 따라, 온도는 다시 한랭하게 되었고 새로운 빙하작용의 주기를 일으키게 되었다. 이 기간 동안(최종 빙하기), 2개의 주요 빙하작용 단계가 발생하였다. 첫째는 115,000년 전에 시작하였고 두 번째는 75,000년 전에서 시작하였다. 두 번째 단계는 약 6,000년 전까지 계속되었다.

4) 기후변화의 천문학적이론을 구축한 밀루틴 밀란코비치

세르비아의 천체물리학자로서 기후의 수학적인 이론을 개발에 몰두한 세월 동안, 밀루틴 밀란코비치는 수 십만 년 동안 지구가 받은 태양 에너지의 계절과 위도 변동에 대해서 계산하였다. 1941년, 그는 일사량의 변화는 플라이스토세 빙상의 확장과 퇴각에 관계된다는 그의 발견을 출판하였다.

밀루틴 밀란코비치는 1879년 5월 28일 달리(Dalj)의 근교의 슬로베니아 농촌 마을에서 태어났다. 밀란코비치는 1904년에서 기술 과학 박사학위를 받고 비엔나 공과대학을 졸업하였다. 큰 건설 회사의 선임 기술자로 근무한 후, 그는 1909년에 고향인 세르비아로 귀국하여 베오그라드 대학교의 응용수학과 교수가 되어 1955년에 은퇴할 때까지 그곳에서 근무하였다. 이곳에서 그는 유리 역학, 이론 물리학, 항성 역학을 강의하였다.

밀루틴 밀란코비치는 과거 기후를 추정함으로써 대단한 공헌을 이루었다. 과거 기후를 추정하기 위하여, 그는 시간에 따라 궤도의 기하학이 어떻게 변화하였는지를 알 필요가 있었다. 이 기하학은 3가지 준주기 방법으로 변동한다. 즉, 지축 경사각의 변화, 지구와 태양 사이의 궤도의 모양 변화(이심률 변동), 춘분점의 세차운동이다. 주로 태양과 달의 만유인력에 의해서 발생하는 춘분점의 세차운동은 지구를 비틀거리도록 하여 지구가 근일점에 도달하는 계절을 변동시킨다. 이러한 변화는 두 개의 주기성(23,000년과 18,800년)으로 뚜렷하게 나타난다. 다른 두 개의 주기는 각각 40,000년과 100,000년으로, 주로 금성과 목성과 같은 다른 행성의 만유인력에 의해서 발생한다.

앞서 언급한 공전 궤도 변동은 빙상을 성장시키거나 소멸시킨다. 그러나 어떻게 이러한 섭동이 그러한 세월 동안 태양 복사의 위도 분포를 변화시키는지를 정확하게 결정하는데 필요한 힘든 계산을 수행한 사람이 밀란코비치였다. 세차운동과 경사각의 변화는 계절 사이의 온도 차이를 변경시켰으나 1년 동안 태양으로부터 지구가 받는 총 태양 복사는 변화시키지 않았다. 그러므로 빙하시대 주기에 대한 그들의 조절은 밀란코비치 시절에는 반대로 일어났다. 그는 복사는 위도에 따라 변화하고 계절은 빙상의 성장과 쇠퇴에 있어서 다른 경우보다 더 중요하다고 가정하였다. 독일 기후학자인 블라디미르 쾨펜의 제안으로 그는 북위 65°에서 여름 일사량을 가장 중요한 위도와 계절로 선택하였다. 왜냐하면 큰 빙상은 이 위도 근방에서 성장하고 서늘한 여름은 눈 녹이는 것을 감소시켜 빙상을 성장시키기 때문이다.

밀란코비치는 70여 편의 책과 논문을 발표하였다. 여기에는 1941년 그의 일생의 연구를 정리한 책인 《일사와 빙하시대 문제》도 있다. 또한 고대 기후와 대중적인 천문학을 다루는 것도 포함하고 있다. 그는 후에 그의 회상록을 썼다. 이러한 회상록은 1995년에 그의 아들인 바스코 밀란코비치(Vasco Milankovitch)가 출판한 밀루틴 밀란코비치의 자서전에 사용되었다.

밀란코비치는 빙하 주기에 일사 변화가 중대한 역할을 한다고 굳게 믿었다. 그는 1958년 12월 12일 베오그라드에서 사망하였다. 밀란코비치는 새로운 학문 분야인 '천문기후학'을 창설하였다.

2. 기후변화의 내적 원인

기후시스템에 대한 어떤 내적인 변화는 '기후섭동'을 이끌어 낼 것이다. 현재 대부분의 관심은 인위적으로 생성된 효과들과 그들의 결과에 집중된다. 이들은 다음 세기 내에 주목할 만한 변화를 생성시키는 데 필요한 비교적 짧은 시간 규모로 실행될 수 있다. 이러한 시간 규모에 중요한 유일한 자연 효과가 화산 활동이다.

1) 화산

화산들은 대기 중으로 분진, 열과 수증기를 뿜어내는 거대한 국지원으로 제공한다. 반면 용암류의 형태로 되어 있는 화산 분출물은 지면 특성을 바꾼다. 화산작용은 적어도 십 분의 몇 °C의 측정 가능한 '온도 이상'을 만들 수 있다. 그러나 분출과 대기에 관한 합성적인 효과는 해양의 열저장에 영향을 미치는 데 필요한 시간에 비교해서는 짧은 생존이다. 그래서 온도 이상은 되먹임 효과를 통하여 중요한 장기간 기후 변화를 지속시키거나 유도하지는 않는다.

화산 분출의 에너지와 형태는 그들의 기후 효과를 크게 결정한다. 대부분 분출은 상공 5~8 km 사이의 대류권 안으로 에어로졸들을 주입한다. 이러한 입자들은 직접적으로 중력 강하에 의해서 또는 비에 의한 강하에 의해서 곧 제거되어 이들에 의한 기후효과는 적다. 극렬한 분출은 화산 쇄설물들을 대류권 상부 또는 심지어는 성층권 하부(15~25 km)에까지 올릴 수 있다(예 : 1963년의 아궁 화산과 1982년의 엘치촌 화산). 이러한 경우는 흔히 있는 일은 아니나, 이것은 광범위한 기후효과들을 이끌어 낼 수 있다. 이러한 고도에서는 대기 중의 물과의 직접적인 상호작용에 의해서 즉각적으로 제거될 기회가 적다. 더군다나, 입자들은 성층권 내에서 오랜 체류 시간을 가진다. 예를 들면, 입자의 반경이 2~5 ㎛인 경우에는 1년 정도, 입자의 반경이 0.5~1.0 ㎛로 아주 작은 것들은 12년 동안 머물 수 있다. 이렇게 됨으로써 그들은 성층권 순환에 의해서 광범위하게 분포될 수 있다. 예를 들면, 1883년 크라카토아 화산 분출 이후 붉은 하늘, 푸른 달과 환상적인 색깔을 띤 일몰 등이 여러 달 동안 여러 곳에서 관측되었다.

분출에 뒤따라 즉각적으로 성층권은 일반적인 성층권 입자들보다 약 10배 정도 산란을 많이 하는 10 ㎛ 파장을 가진 입자들에 의해서 지배받는다. 또한 그들은 가시광선 복사를 흡수한다. 청천 하늘이 가지는 광학 두께, τ에 대한 입자들의 공헌은 큰 분출 후에는 0.1까지 올라간다(평년값의 20배). 약 6개월 후에는 황산염 산물들의 증가가 존재하여 가시광선에 의한 산란이 증가하고 적외선의 흡수가 약간 증가한다. 이러한 변화들은 대기 가열률에 영향을 미칠 것이다. 기후에 대한 합성 영향을 평가하기 위한 시도를 위해서는, 단파복사와 장파복사 전체에 대한 후방산란에 의한 흡수의 비가 어떻게 얼마만큼 정상상태보다 변하는지를 계산하는 것이 필요하다. 이것은 부분적으로는 지면 알베도에 의존한다. 만약 지표면 알베도가 매우 높으면, 분출이 흡수와 후방산란을 동일하게 이루게 된다면 온난화가 일어날 수 있다. 왜냐하면 현재 흡수되고 있는 복사가 이전에는 공간으로 잃는 것이었기 때문이다. 그러나 낮은 알베도를 가진 지표면 상의 대부분 입사복사도 어떤 방법을 통하여 흡수된다. 그래서 순 가열이 일어나는 유일한 방법은 흡수가 후방산란보다 더 크게 나타나 변하게 되는 것이다.

모델 모의 결과에 의하면, 전반적으로 대규모의 화산 폭발이 일어날 때 복사 효과들이 전 세계 냉각을 만들 것이다. 화산 효과는 화산 폭발의 목록으로부터 개발된 '먼지 베일지수'를 사용하여 구축된다. 그 결과들은 화산 폭발이 냉각 효과를 가진다는 개념을 확실하게 뒷받침한다. 그러나 모든 분석에서 복잡성이 일어난다. 왜냐하면 화산 입자들은 구름양과 형태에 영향을 미치는 응결핵으로 제공될 수 있어 궁극적으로 기후를 변하게 할 가능성이 있기 때문이다.

2) 대류권 에어로졸

대기 중의 복사 플럭스들에 관한 대류권 에어로졸의 효과들은 표 7-1에 제시된 기체들과 구름들의 효과와 비교된다. 일반적으로 입자들의 효과는 작다. 나아가서 대기 중으로 유입되는 분진들의 증가에 대한 직접적인 증거는 존재하지 않는다. 그리고 많은 측정을 통해보면 큰 화산 폭발을 제외하고는 대기 중에 유입되는 분진들의 변화는 나타나지 않는다. 이것은 그러한 입자들은 가능한 기후 변화 메커니즘으로는 무시할 수 있음을 암시하는 것이다. 그러나 북반구의 전기 전도도가 최근 70년 동안 꾸준히 증가하고 있음이 최근 일부 관측에서 나타나고 있다. 이에 대해 제시된 이유 중의 하나는 자연원이라기보다는 인간 활동에 의해서 기여하는 0.02~0.2 ㎛ 크기 범위를 가지는 에어로졸의 농도의 증가이다. 입자 크기의 이러한 변화는 복사 교환과 구름양 모두에게 변동을 이끌어낸다.

3) 구름

구름 모양과 구름양의 변동은 많은 과정으로부터 나타날 수 있다. 가능한 요인 중 하나는 풍부한 구름 응결핵이다. 자연적으로 또는 인공적으로 대류권 하부에 과도하게 주입되는 에어로졸은 아주 빠르게 제거되는 경향을 가진다. 이것은 아마도 총 응결과 강우를 증가시킨다는 의미이기 때문에, 그들의 효과는 단시간 주기 상에서 국지적으로 일어난다. 이와 유사하게 성층권 속으로 입력은 쉽게 구름양에 영향을 미치지 못한다. 왜냐하면 수증기는 일반적으로 대기 속을 투과하지 못하기 때문이다. 그러나 대류권 상부로의 주입은 '원거리 효과'를 가지게 될 것이다. 화산재이거나 인공적인 것이 거나 간에 고도 10~18 km에 존재하는 약간의 입자들은 얼음 알갱이(빙정)로 형성된 구름의 생성을 증가시킬 것이다. 최근에는 권운 양의 증가를 가능한 임계 기후 섭동 인자의 하나로서 기술하고 있다. 이 이유는 권운 양의 증가가 적외선 복사의 흡수를 증가시키고 이에 따라 일반적인 기후 온난화를 유도하게 될 것이기 때문이다.

표 7-1. 대기 성분과 단파장과 장파장 영역의 전자기 복사 사이의 상호작용

대기 성분	효 과	효과의 크기	
		단 파	장 파
기체 (CO_2, H_2O)	흡수	중간	큼
	산란	작은	무시
에어로졸 (입자)	흡수	작음	작음(인공은 큼)
	산란	중간	작음
구름	흡수	작음	큼(두께에 따라 변동)
	산란	큼	크지만 흡수에 의해서 지배됨

4) 성층권 오존

기체 상 오염 배출로부터 일어나는 것으로 믿고 있는 지구대기에 관한 주된 해로운 효과는 성층권 하부 오존층의 섭동이다. 주된 관심사는 일반적으로 '프레온 가스'라라 불리는 CFCs에 있으며 이들은 냉장고의 냉매제나 스프레이 포사액으로 사용된다. 이런 이유로 북반구에는 광범위한 면적 원을 가지게 되었다. 대류권에 존재하는 프레온은 극도로 안정하여 이곳에서 수십 년 동안 체류한다. 그러나 그들이 25 km 상공에 도달하게 되면, 광 해리 작용으로 인하여 CFCs는 자유 염소를 방출한다. 이 염소가 오존과 반응하여 오존을 파괴하고 오존을 산소로 대체시킨다. 염소 자체는 다른 화합물과 반응하여 대류권 아래쪽으로 수송된다. 다양한 반응에 대해서는 자세하게 알려져 있지 않다. 특히 그들이 일어나는 비율에 관해서는 더욱더 그렇다. 실제로, 어떤 관측에서는 프레온 가스의 영향으로 제안된 것보다는 오존 농도의 자연적인 변동이 훨씬 더 크게 나타났다.

대기화학에 대한 연구는 기후학자들에게 무시되는 경향이 있다. 아마도 그 이유는 화학 반응의 시간 규모가 기후학에서 중요시하는 시간 규모보다는 훨씬 작기 때문이라

생각된다. 그러나 대기의 화학이 복사 교환과 대기 성질들의 전달율에 중요한 의미를 내포하고 있음이 명백해지자, 이에 관심이 증가하고 있다. 이로 인하여 이것이 기후시스템의 종합적인 부분으로 취급되고 있다.

5) 이산화탄소

최근 100년 동안 대기 중의 이산화탄소의 농도가 짙어진 것은 잘 알려진 사실이다. 이것은 전 세계적인 현상이다. 대기 중의 이산화탄소의 증가에 대한 즉각적인 효과는 온실 효과에 의한 지상 기온의 상승이다. 비록 이산화탄소 자체가 온실 기체이긴 하지만, 이산화탄소에 의해서 증대된 온실효과는 대기 중의 수증기의 농도를 유효하게 더 크게 나타나도록 한다.

6) 지표면 변화

인공적인 기후변화의 개념은 지표면에서의 생물학적-지구물리학적 되먹임 효과들에 관한 최신 연구에 의해서 또한 모의되었다. 이들은 생물학적 변화와 대기나 수문학적 변화 사이의 상호작용을 통하여 발생한다. 고전적인 예는 식생 지역의 변화 결과로부터 가뭄 조건의 악화를 찾는 것이다. 아직까지도 그러한 변화들은 전 세계적인 것이 아니라 국지적인 현상이다. 그러나 그들은 오랜 기간 동안 지속되어 대규모 기후 변화를 생성하는 잠재력을 가지고 있다.

3. 지구조과정

'지구조과정'들은 지구의 표면의 기본 지리를 변경시키는 과정들의 수단에 의해서 지표면에 영향을 미치는 지구 내부 열에 의해서 일어난다. 이들 과정들은 지질과학의 통합이론인 '판구조 이론'의 일부분이다. 이들 예들은 대륙의 느린 움직임, 산맥의 융기, 해양분지의 열림과 닫힘을 포함한다. 이들 과정들은 수백만 년의 긴 세월 동안 매우 천천히 작동한다.[4)]

점진적인 대륙 및 해저의 이동을 설명하는 이론을 판구조 이론이라 한다. 과거에 대륙

이동설로 불렸던 이 이론에 따르면, 지구의 외곽은 마치 조각 그림 맞추기처럼 서로 이가 맞는 거대한 판들로 구성되어 있다.[5] 이들 판들은 아래의 약하고 유연한 암석층 위에서 서로 연관하여 서서히 이동한다. 이들 판 위에 박혀 있는 대륙들은 컨베이어 벨트의 피기백 위에 얹혀 이동되는 짐들처럼 느리게 이동한다. 이동 속도는 매우 느려 1년에 수 cm 정도이다.

판구조 이론으로 과거의 기후 변화를 설명할 수 있다. 예를 들면, 오늘날 따뜻한 지역인 아프리카, 오스트레일리아, 남아메리카, 인도에서 발견된 빙하의 증거는 이들 지역들이 약 2억 5천만 년 전에 빙하시대를 겪었음을 알려준다. 그렇다고 해서 적도 근처 저위도 지방의 기온이 빙하를 형성할 정도로 낮았던 것은 아닐 것이다. 그렇다면 이 지역들이 남극 쪽에 위치하였던 초대륙인 판게아에 합쳐져 있다가 빙하시대를 겪고 난 후 판들이 떨어져 나가면서 다른 판 위에서 각자 움직이던 땅 덩어리의 조각들이 현재의 위치를 향해 서서히 이동한 것으로 생각할 수 있다. 그러므로 이들은 현재 아열대 지역에 넓게 분포해 있다.[6] 열대식물의 화석이 오늘날 극지방의 얼음 층에서 발견되는 것도 같은 원리로 설명할 수 있다. 판구조 이론이 입증되기 전까지는 이에 대한 어떠한 이론적인 설명도 존재하지 않았다.

기후변화에 영향을 미칠 수 있는 지구조 과정에는 이 밖에도 여러 가지가 있다. 해양의 판 형성은 지구의 내부로부터 지표를 향해 밀도가 높은 용융물질이 솟구쳐 오르는 해령에서 시작된다. 분출된 용융물질들은 굳어지면서 새로운 해양분지의 물질을 형성한다. 해령의 중앙부에서는 서로 반대 방향으로 이동하는 해양판들이 존재하고 1년에 수 cm씩 확장된다. 이러한 해양판들이 이보다 가벼운 대륙판을 만나게 되면 그 밑으로 들어가게 된다. 이때 밑으로 들어가는 판의 암석들은 높은 열과 압력으로 인하여 녹게 된다. 녹은 암석들은 표면으로 서서히 올라오면서 화산 폭발을 발생시킨다. 이때 많은 양의 수증기, 이산화탄소, 기타 기체들이 대기권으로 분출된다.

---

4) Ruddiman, William F., 2008 : *Earth's Climate : Past and Future*. 2nd ed., W. H. Freeman and Company, New York, p. 10.
5) Ahrens, C. Donald 지음(민경덕, 민기홍 옮김), 2009 : 대기환경과학. 5판. 시그마프레스, p. 362.
6) Lutgens, Frederick and Edward J. Tarbuck 지음(안중배, 김준, 류찬수, 박선기, 서명석, 이화운, 정일웅, 정형빈 옮김), 2009 : 대기과학, 시그마프레스, p. 478-479.

따라서 판의 이동 속도와 대기 중의 이산화탄소 농도의 연관성을 밝혀 기후변화를 설명할 수 있다. 예를 들어, 빠르게 판이 확장된다면, 비교적 넓은 해령이 형성되어 이에 따라 해수면의 상승이 나타나게 된다. 이와 동시에 화산활동도 증가하여 막대한 양의 이산화탄소가 대기 중으로 분출된다. 이에 따라 온실효과가 증가하여 기온의 상승을 초래하게 된다. 해수면이 상승하게 됨에 따라서, 대륙의 면적이 감소하게 된다. 이에 따라 대기로부터 이산화탄소를 제거하는 암석의 화학적 풍화작용도 그만큼 감소하게 된다. 그러나 기온의 상승으로 인하여, 대기 중의 이산화탄소를 제거하는 화학적 풍화작용은 보다 빠른 속도로 증가한다.

해양판이 대륙판 아래로 들어가는 섭입대 위에서 발생하는 일련의 화산들은 상공의 공기흐름을 파괴시킬 수 있다. 또한 대륙판과 대륙판이 충돌하여 형성되는 산맥들은 지구의 대기대순환과 기후에 커다란 영향을 미칠 수 있다. 히말라야 산맥과 티베트 고원 등을 그 예로 들 수 있다.

기후변화에 대한 효과 : 담수 시스템

기후에 의해 유발된 강수, 지표면 유출, 토양 수분의 변화들은 아마도 자연 시스템과 인구에 중요한 영향을 미칠 것이다. 육지, 강, 호수 내의 생명체는 담수의 이용도에 의존한다. 전 세계적으로 연평균 강수량은 860 mm이고, 대부분의 지역에서의 연 강수량은 250~2,540 mm로 분포한다. 온도에 따른 이들 강수 패턴의 차이는 주로 사막으로부터 우림까지 주요 육상 생태계(생물 군계)의 지리적 분포를 결정한다. 지표수원과 지하수원은 가정용, 농업 관개, 산업, 수송, 휴양, 폐기물 처리, 수력발전을 위해 인간에게 공급한다. 인간 거주는 담수의 이용도에 밀접하게 연관되어 이루어졌고 계속 이루어지고 있다. 사실 많은 역사가들은 아프리카(이집트 문명) 또는 중앙아메리카(마야 문명)와 같은 초기 농업 문명들이 성공적이었다고 믿고 있다. 왜냐하면 이들 문명들은 대규모 물 관리 프로젝트에 필요한 사회 구조로 발달하였기 때문이다. 오늘날, 전 세계 인구의 1/3에 해당하는 약 17억 명이 물이 부족한 지역에 살고 있다. 이곳에서는 20 % 이상을 재생 가능한 물 공급으로 사용하고 있다. 이 숫자는 인구성장률에 입각해보면 2025년에 이르면 약 50억 명으로 증가할 것으로 예상되고 있다.

생물학적 구조에서 물은 기본적으로 중요하기 때문에, 물 이용도의 변화는 온실 온난화의 가장 심각한 잠재적인 결과 중의 하나로 대표된다. 지구온난화는 이미 물 공급 문제에 직면하고 있는 지역에서는 새로운 도전을 창출할 수 있다. 온난화는 해양 증발을 가속화시킬 것이고 전체적으로 지구 평균 강수량을 증가시킬 것이다. SRES A2 시나리오에 근거해

보면, 2071년부터 2100년까지 30년 평균 강수량은 1961년부터 1990년까지 30년 기간보다 3.9 %(1.3~6.8 %) 더 증가하는 것으로 예측되고 있다.[1] 그러나 지역과 계절 변화들이 매우 중요하고 지구 평균과는 많은 차이를 나타낼 수 있다. 습윤 공기는 더 높은 위도로 이동할 수 있고, 그 결과 여름을 제외하고는 강수량, 토양 수분, 유출을 더 크게 증가시키게 된다. 이와 동시에, 강수량은 약 5~30° 사이의 저위도에서는 감소하게 될 것이다. 기후변화는 물 이용도, 물 수요, 수질을 변경시키게 될 것이다.

1. 지표수와 지하수

물의 이동에 대한 연구는 수문학의 과학을 구성한다. 물은 대기권으로부터 강수로 지표면으로 이동할 수 있고, 일부 기간 동안 눈 또는 얼음으로서 축적되고, 증발하고, 토양으로 스며들어 대수층까지 침투하거나 식물에 의해서 받아들여지고 잎들을 통하여 발산되어 대기권으로 되돌아간다(그림 8-1).

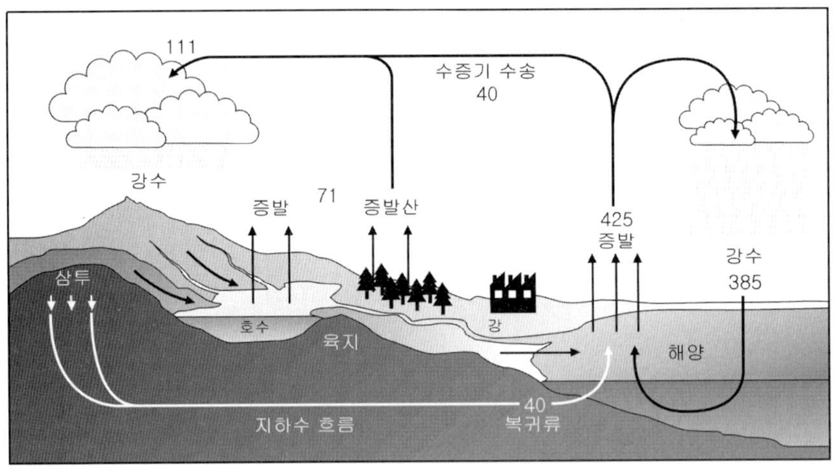

그림 8-1. 지구 물 수지 단위는 10^3 km^3/yr이다.

1) Cubasch, U. and G. A. Meehl, 2001 : Projections of future climate change. In : Houghton, J. T., Y. Ding, D. J. Griggs, M. Noguer, P. J. van der Linden, X. Dai, K. Maskell, and C. A. Johnson, eds. *Climate Change 2001 : The Scientific Basis.* Intergovernmental Panel on Climate Change. Working Group I. Cambridge. Cambridge University Press.

기본 물 평형 모델은 다음과 같은 식 (8.1)로 표현된다.

$$Q = P - E \tag{8.1}$$

여기서 Q는 유출, P는 강수량, E는 증발량이다.

물의 엄청난 양은 식물에 의해서 토양으로부터 올라오게 된다. 이들 중의 많은 양은 잎들의 기공을 통하여 대기권으로 손실되는데 이 과정을 증산이라 한다. 증산 손실은 대기권 내의 이산화탄소 농도에 의해서 영향을 받는다. 이산화탄소 농도가 증가함에 따라서, 이것은 잎 세포 내의 pH를 낮추게 되어 기공 개방이 닫히도록 한다. 이 '기공 저항'은 물 손실을 천천히 일어나도록 한다. 온실과 야외 연구에 기초를 둔 일부 연구자들은 이산화탄소 농도가 산업시대 이전 농도의 2배가 되는 경우와 식물로부터 증산 물 손실이 감소하는 경우에는 토양 내의 물 포화를 더 높이게 되는 결과를 일으키고 60~85 %까지 지표면 물 유출을 증가할 것이라고 추정하였다.

가능증발산(potential evapotranspiration; PE)은 수근대 내에 토양 수분의 어떠한 저장이 없는 동질의 식생으로 완전히 덮여있는 풍경으로부터 증발되고 증산될 수 있는 물의 양이다. 증발산률은 초원, 소나무 숲 등과 같은 식생의 형태에 따라서 다르게 나타난다. 토양으로부터 대기권까지 물의 결과적인 이동이 유효증발산(actual evapotranspiration; AE)이다. 증가된 대기권 내의 이산화탄소 수준은 아마도 PE와 AE 모두를 억압하게 되고 일부 식생들은 둘 사이의 관계를 뚜렷하게 변화시킬 것이다.[2)]

모델 연구들은 증가된 온도와 증발과의 조합에 의해서 감소된 강수량은 많은 지역에서 극심한 물 부족을 초래할 것으로 제시하였다. 온도가 조금만 증가하더라도, 변화하는 강수량과 결합된다면, 지표면 유출에 큰 변화를 유발할 수 있다. 산업시대 이전 이산화탄소 농도의 2배가 되는 경우, 예측되는 강수량의 지역 변화들은 ±20 % 정도인 반면, 유출과 토양 수분의 변화는 ±50 % 정도이다.[3)] 예를 들면, 1~2 ℃ 온난화와 10 % 정도의 강수량

---

2) Lockwood, J. G., 1999 : Is potential evapotranspiration and its relationship with actual evapotranspiration sensitive to elevated atmospheric CO_2 levels? *Climatic Change*, 41, 193-212.

3) Schneider, S. H., P. H. Gleick and L. O. Mearns, 1990 : Prospects for climate change. In : Waggoner, P. E. ed. *Climate Change and U.S. Water Resources*. New York. John Wiley and Sons, 41-73.

감소를 겪는 지역에서는 유용한 지표수 유출이 40에서 70% 정도 감소하게 될 것이다.[4] 미국지질조사소는 미국 내에서 온도가 2 ℃ 증가하고 강수량이 10 % 감소하는 경우, 유출이 평균 35 % 감소할 것이라고 추정하였다.

수문순환의 변동성은 보통 장기간 평균보다 더 중요하다. 이용 가능한 물의 공급은 결코 시간에 따라 일정하게 이루어지지 않는다. 보통 연구들은 강수량, 토양 수분, 저수지 또는 지하수 함양, 또는 홍수와 가뭄의 빈도에 대한 평균과 변동성을 결정하기 위해서 통계적인 분석을 포함한다. 기후 변화는 더 빈번한 극값들을 유발할 수 있다. 농작물들은 물 부족(가뭄) 또는 물 과잉(홍수)에 따라 황폐하게 된다.

지표면 유출은 물의 중요한 수원이고 점점 증가하는 인간들은 저수지 또는 지표수를 저장하기 위한 다른 저장 시스템에 의존한다. 저수지는 물 부족이 일어나는 시기의 요구에 대비하기 위해서 풍부한 유출의 시기의 초과분을 저장하도록 설계되어야만 한다. 저수지들은 일반적으로 어떤 가이드라인에 따라서 계획된다. 즉, 경제성을 위해서 모든 경우에 대해 물을 공급하기 위해 설계되는 것이 아니라 단지 대부분의 경우에 대해서 설계하는 것이다. 따라서 100년에 한번 정도 발생하는 가뭄을 대비하기 위해서 저수지가 충분한 물을 저장하는 것은 아니다.

물 부족의 빈도는 일련의 저장-수익률 곡선들로 설명될 수 있다. 이것은 주어진 저수지가 어떤 수익(물 사용)에 직면할 때 불충분하게 되는 해수들의 백분율을 예측할 수 있도록 해주는 것이다. 예를 들면, 영국의 경우, 1년 동안 하천유수가 양호한 경우, 즉 전형적인 유수의 상위 90분위 값을 가지는 경우, 저수지는 저장 체적이 연 유출의 1 %만큼 필요한 해들의 단지 5 % 정도 부족하도록 설계되고 있다. 만약 40 %가 불충분하도록 저수지가 설계된다 하더라도, 단지 연 유출의 0.3 %만이 가두는 것이 필요하다. 그러나 만약 하천유수가 전형적인 유수의 60분위 값으로 감소한다면, 저수지는 필요한 양에 대해서 불충분한 해들의 단지 5 %만을 가두기 위해서 평균 유출의 약 15 %를 저장할 필요가 생기게 된다. 온실온난화는 평균 조건들보다는 수문 극값들을 변화시키게 된다. 그러므로 하천유수가 감소하는 지역에서의 물 저장 설비들의 주요한 확장이 필요하게 될 것이다.

---

4) Waggoner, P. E., 1991 : U.S. water resources versus an announced but uncertain climate change. *Science*, 251, 1002.

유럽의 경우, 산업시대 이전 이산화탄소 농도의 2배가 되는 경우는 아마도 지중해 지역의 유출을 감소시키는 결과를 일으킬 것이다.[5] 사실, 이 예측된 패턴은 이미 발생하고 있다. 그리스 아테네 북동쪽에 위치하고 있는 일리키 호수는 1990년대 거의 10년간 가뭄으로 시달렸다. 호수 면이 낮아져 400만 명의 물 공급을 위협하였다. 북유럽의 경우, 19개 기후 모델 결과들의 분석들은 극심한 겨울 강우 사건들이 향후 50~100년 내에 5배 이상으로 더 많이 발생할 것으로 제시하였다.[6]

잉글랜드, 스코틀랜드, 웨일스를 포함하는 브리튼 섬의 경우, 기후 모델들은 2050년까지 강수량과 가능증발량에 대해서 뚜렷한 지역적인 변화들을 예측하였다. 연평균 지표면유출은 스코틀랜드 북부지방에서 증가할 것이다. 그러나 잉글랜드 남부지방의 가능 증발량은 30 %까지 증가할 것이고 연평균 유출은 20 %까지 감소할 것이다. 브리튼 섬의 여름 유출은 남부와 동부 지방에서는 50 %까지 감소할 것이고, 지하수 함량도 감소하게 될 것이다.[7] 브리튼 섬의 높아지는 유수 온도는 일부 어류들에 대한 최적의 열적 서식지를 축소시킬 것이고 유수흐름을 낮추게 될 것이다. 이에 따라서 낮아진 흐름은 오염물질의 축적을 허용하게 될 것이다. 남부지방에서의 강수량과 유출이 감소함에 따라서, 물의 수요는 결과적으로 높아지게 될 것이다. 예를 들면, 기후변화에 따라서, 분무기 관개에 대한 수요가 1991~2021년까지 115 % 증가할 수 있을 것이다.[8] 그러나 브리튼 섬의 대부분 지방에서의 겨울 강수량과 홍수는 증가하게 될 것이다. 2050년에는, 20년의 역사적인 빈도를 가지는 극단적인 홍수들이 평균적으로 5년마다 발생하게 될 것이다. 브리튼 섬의 수문학에 대한 이들 변화들은 가정용 물의 확실성으로부터 항해, 수중 생태계 건강, 레크리에이션, 수력발전까지 모든 분야에 심각한 영향을 미칠 것이다.

많은 나라에서의 기후변화는 물 부족 현상을 초래하게 될 것이다. 1996년 IPCC는

5) Giori, F. and B. Hewitson, 2001 : Regional climate information-evaluation and projections. In : In : Houghton, J. T., Y. Ding, D. J. Griggs, M. Noguer, P. J. van der Linden, X. Dai, K. Maskell, and C. A. Johnson, eds. *Climate Change 2001 : The Scientific Basis.* Intergovernmental Panel on Climate Change. Working Group I. Cambridge. Cambridge University Press, pp. 583-638.
6) Palmer, T. and J. Räisänen, 2002 : Quantifying the risk of extreme seasonal precipitation events in a changing climate. *Nature*, 415, 512-514.
7) Arnell, N. W., 1998 : Climate change and water resources in Britain. *Climatic Change*, 39, 83-110.
8) Herrington, P., 1996 : *Climate Change and the Demand for Water*. London, HMSO.

4가지 기후변화 시나리오를 사용하여 1990년과 2050년 사이 1인당 물 이용도의 잠재적인 변화들을 조사하였다. 물 수요는 기후변화가 없는 경우에도 증가할 것이고, 인구성장률이 높은 나라들(예, 케냐와 마다가스카르)의 경우에는 1인당 물이용도가 급격하게 떨어지게 될 것이다. 특히 아프리카는 물 공급에 영향을 미치는 요인들에 취약한 지역이다. 1인당 물 이용도는 과거 50년 동안 75 %까지 감소하였다. 이들 물 부족이 심각한 국가들은 급격한 인구 증가율을 나타내었다. 또한 사하라 사막 이남의 서아프리카와 같은 지역에서의 유수흐름도 과거 20년간 감소하고 있으며 기후변화가 이를 가속화시키고 있다.[9)]

물 수지의 지역 변화들에 대한 예측은 여전히 불확실성을 내재하고 있다. 예를 들면, 미국, 영국 해들리 센터, 캐나다의 기후모델은 모두 2100년까지 온도와 PE의 뚜렷한 증가를 예측하고 있다. 그러나 해들리 모델은 홍수의 증가를 예측하는 반면, 캐나다 모델은 많은 나라에서 물 부족을 예측하고 있다.[10)] 그러나 많은 연구들에 의하면, 북아메리카의 수자원에 대해서 대부분 다양한 음의 영향들을 제시하고 있다.

또한 지하수도 인간이 사용하는 중요한 수자원이다. 예를 들면, 미국 대평원 지하에 저장되어 있는 오갈랄라 대수층[11)]은 미국의 관개 지역의 약 20 %에 물을 공급하였다. 이것은 그동안 충분히 사용되었지만 현재 장기간 함량 율을 초과하여 매년 20 km^3의 물이 과다하게 소비됨으로 인하여 고갈되고 있다. 태평양 북서 국립 연구소(the Pacific Northwest National Laboratory; PNNL)와 미국 농무부의 과학자들은 3개의 전 지구 기후 모델을 사용하여 3개의 상이한 미래 대기권 내의 이산화탄소 농도들의 효과를 평가하였다. 예측된 강수량과 같은 기후 모델로부터의 출력 결과들은 지표면 유출과 지하수 함량과 같은 매개변수들을 추정하는 수문 모델들과 연결시켰다. 대수층의 함량은 모든 3가지 기후변화의 가혹서 하에서 감소하게 될 것이다. 예를 들면, 대기권의 이산화탄소 농도를 560 ppmv라고 가정하고 전 지구 평균 온도 증가를 2.5 ℃로 가정하

---

9) McCarthy, J. J., O. F. Canziani, N. A. Leary, D. J. Dokken and K. S. White, eds. *Climate Change 2001 : Impacts, adaptation and Vulnerability. Intergovernmental Panel on Climate Change, Working Group II.* Cambridge, Cambridge university Press, p. 45.

10) Frederick, K. D. and P. H. Gleick, 1999 : Pew Center on Global Climate Change, 1999 *Water and Global Climate Change : Potential Impacts on US Water Resources*, p. 48.

11) 미국의 8개 주에 걸쳐 있고, 매년 콜로라도 강으로 흘러가는 수량의 200배 정도의 수량을 보유하고 있음.

는 경우, 대수층을 채우는 2개의 주요 유역분지의 함량이 18~45 % 감소하게 된다. 지구온난화에 의해서 강제되는 기후변화는 현재보다 대수층의 물을 덜 유지시키게 될 것이다.[12)]

2. 가뭄과 토양 수분

일부 지역의 온실온난화는 지상온도를 더 높이고, 증발산을 더 많게 하고, 토양 수분을 더 낮추고, 가뭄 빈도를 증가시키도록 할 것이다. 대기권으로부터 공급되는 수분에서 대기권 내에서 요구하는 수분을 뺀 값에 기초를 둔 '가뭄 지수'는 가능한 가뭄 발생을 평가하기 위해서 강우량과 가능 증발산에 대한 기후 모델 출력자료와 함께 사용될 수 있다. 여름 가뭄들은 저위도에서는 빈도가 증가하게 되고 캐나다나 시베리아와 같은 고위도에서는 빈도가 적어지게 된다.

토양수분은 보통 식물 성장과 농업 생산을 조절하는 가장 중요한 인자이다. 전 지구적으로, 모델들은 일부지역에는 증가하고 다른 지역에는 감소하는 뚜렷한 토양수분 변화들을 예측하고 있다. 여름 토양수분의 큰 감소는 중위도와 고위도 지역의 대륙중앙부 가령 북아메리카 대평원, 서유럽, 북부캐나다, 시베리아에서 발생할 것이다.[13)] 미국 델라웨어 대학교 연구자들은 산업시대 이전 이산화탄소 농도의 2배가 되는 경우 전 세계 12개 지역을 선택하여 토양 수분을 조사하였다.[14)] 그들은 8×10 또는 4×5 위도와 경도 격자점을 가진 기후학적 물 수지에 적용하기 위해서 2개의 전 지구 기후 모델을 응용하였고 식 (8.2)와 같이 토양수분지수(I_m)를 계산하였다.

---

12) Rosenberg, N. J., D. J. Epstein, D. Wang, L. Vali, R. Srinivasan and J. G. Arnold, 1999 : Possible impacts of global warming on the hydrology of the Ogallala aquifer region. *Climatic Change*, 42, 677-692.

13) Manabe, S., R. T. Wetherald and R. J. Stouffer, 1981 : Summer dryness due to an increase of atmospheric CO_2 concentration. *Climatic Change*, 3, 347-385.

14) Mather, J. R. and J. Feddema, 1986 : Hydrological consequences of increases in trace gases and CO2 in the atmosphere. In : Titus, J. G., ed. *Effects of Changes in Stratospheric Ozones and Global Climate, Vol. 3 : Climate Change. Proceedings of the International Ozone Modification and Climate Change*, October 1986. UNEP and USA EPA, pp. 252-271.

$$I_m = 100[(P/PE)-1] \quad (8.2)$$

여기서 P는 강수량이고, PE는 가능증발산이다.

미국 텍사스 주 남동부 지역과 멕시코 북부 지역을 망라하는 북아메리카 지역에 대한 결과들은 "변화된 조건 하에서 5~9월까지 50 mm 이상의 강수를 나타내지 못하였고, 여름 증발산 피크 값은 27 %까지 증가하였다."라고 지적하고 있다. 조사된 전 지구 12개 지점에서, 그들은 모든 지역에서 PE의 증가를 예측하였다. 낮은 온도 때문에, 온난화는 고위도 지방의 겨울 증발산에 거의 영향을 미치지 못하게 될 것이다. 강수량은 전반적으로 증가할 것이지만, 부수적인 물은 증발산에 기인한 손실보다는 적을 것이다. 그러므로 연간 물 결핍은 남중부 캐나다(NOAA 모델)와 우크라이나(GISS 모델)를 제외하고는 모든 지역에서 증가할 것이다. 12개 지점 중에서 7개 지점에서에서 2개의 모델들은 더 건조한 조건들이 대부분 미국 중서부 지방, 텍사스와 멕시코 지역, 브라질 북동부 지역으로 뚜렷하게 이동할 것이라고 동의하였다. 전체적으로, 그들은 물 수요가 강수량 이상으로 증가하게 될 것이고, 대부분 지역에서 연간 물 결핍을 겪게 될 것이고, 연간 물 과잉이 감소하게 될 것이고, 여름 토양수분 함량이 감소하게 될 것이라고 결론을 내렸다. 그들은 12개 지역 연구들의 약 2/3에서 태평양 남서부 지역, 우크라이나, 서부중앙아프리카를 제외하고는 가뭄에 견디는 더 많은 종들이 변화할 것이라고 예측하였다.

마지막으로, 온실온난화는 서부 열대 태평양보다 동부 열대 태평양이 더 가열되도록, 즉 엘니뇨 패턴의 강화가 되도록 할 것이다. 이것은 오스트레일리아의 미래 가뭄의 강도를 높이게 될 것이다.[15)]

3. 호수와 개울 생물군

온실온난화가 계속된다면, 호수의 열 구조가 변동하게 될 것이고, 호수 생물군에 대한 영향들은 크게 부정적인 면으로 연관될 것이다. 어류를 포함한 개개 수생 종들은 성장과

15) Meehl, G. A., 1997 : Pacific region climate change. *Ocean and Coastal Management*, 37(1), 137-147.

번식을 위한 최적조건과 온도, 서식 범위를 가지고 있다. 온실온난화로부터의 열은 공기로부터 직접적으로 개울로 전달되고 더 온난한 지하수로부터 간접적으로 전달되어 수생 종들의 가능한 열적 서식지들이 축소되게 된다. 온실온난화는 개개 종에 영향을 미칠 뿐만 아니라 그들이 먹는 먹이들이 다르게 변하게 한다. 따라서 온실온난화는 종들 내의 조성, 안정도, 수성 생태계의 먹이 망 역학들을 변화시키게 된다.[16)]호수에 대한 기후변화의 직접적인 효과들은 온도, 수면, 얼음이 얼지 않는 기간, 용해된 기체들의 농도들의 변화를 포함한다. 높여진 온도들은 산소 용해도를 떨어뜨리고 미생물 산소 요구량을 증가시켜 이들 모두는 조류와 다른 동물들에 유용한 용해된 산소를 감소시킨다. 강수량과 증발산 패턴의 변화들은 특히 대륙 중앙 반건조 지역 내에서 호수의 화학을 쉽게 변화하도록 한다.

전 세계에 분포하는 호수들은 기후변화에 영향을 받게 될 것이다. 예를 들어, 기후변화는 이미 캐나다의 호수 물을 온난화시키고 있다. 대평원 북부지방인 캐나다의 반건조 중앙지역에 위치하는 얕은 폐쇄된 분지 염호들은 특히 호수 염분을 변화시킬 수 있는 강수량과 증발의 변화에 특히 민감하다. 고생태학적 자료들에 근거하여 그들 지역에 기후변화를 투영해보면, 이들 호수들의 염분은 아마도 증가할 것이고 이에 따라서 식물플랑크톤 종들의 이동과 먹이망 변화를 초래할 것이다.[17)]

2배 이산화탄소 농도에 기반을 둔 기후모델 투영에 대한 적용은 중위도 호수(예, 미국 미네소타 주)들에서 얼음 형성이 약 20일 정도 지연되었고 얼음이 덮여있는 기간도 58일까지 줄어들었다는 것을 보여 주었다. 기초 자료(1961년부터 1979년까지)와 비교해 볼 때, 겨울 수온은 약간 변화할 것이지만, 여름 수온은 3~4 ℃ 증가하는 것으로 예상되었다. 온도가 높아지면 표층수의 밀도가 낮아지기 때문에, 여름 물기둥 성층은 또한 증가하게 될 것이다.[18)]

---

16) Beisinger, B. E., E. McCauley and F. J. Wrona, 1997 : The influence of temperature and food chain length on plankton predator-prey dynamics. *Canadian Journal of Fisheries and Aquatic Science*, 54, 586-595.

17) Evans, C. and E. E. Prepas, 1996 : Potential effects of climate change on ion chemistry and phytoplankton communities in prairie saline lakes. *Limnology and Oceanography*, 41(5), 1063-1066.

18) Stefan, H. G., X. Fang, and M. Hondzo, 1998 : Simulated climate change effects on year-round water temperatures in temperate zone lakes. *Climatic Change*, 40, 547-576.

차후 50년 동안 캐나다와 알래스카 북극해의 온도가 3~6 ℃ 증가한다는 예상은 지구 평균 온도 증가의 2배에 해당한다. '알래스카 장기 생태연구소'의 연구에 의하면, 기후변화가 아마도 북극 호수들의 전체적인 먹이망 구조를 변경할 것이라고 지적하였다.[19] 대부분 어류와 같이, 호수에 사는 송어의 지속적인 산출이 적절한 열적 서식지의 감소로 인하여 급격히 감소하고 있다. 생물에너지학 모델을 사용한 연구자들은 7월 동안 상층 물기둥 온도가 3 ℃ 증가되는 경우를 모의하기 위해서 이들 많은 호수들의 주 약탈자인 송어들을 주제로 삼았다. 더 높은 온도에 의한 물질 대사의 증가 때문에, 그들은 송어가 8배 이상의 먹이를 소비할 수 있다는 것을 발견하였다. 이 연구의 대상이었던 알래스카 투릭 호수는 최근 16년 동안 3 ℃ 온난하게 되었고 어류의 먹이를 공급하는 1차적인 생산성의 감소를 겪고 있다. 만약 온난화가 계속된다면, 호수에 서식하는 송어들은 먹이의 결핍으로 인하여 사라지게 될 것이다.

하천에 서식하는 무척추동물들은 어류를 포함하는 많은 더 고등적인 생물체의 먹이로서 제공된다. 하천 온도가 2~3.5 ℃ 증가한다면, 개체 밀도를 감소시키고, 크기가 작아지게 되고, 곤충과 다른 무척추동물들의 성비를 바꾸게 될 것이다.[20]

많은 지역에서 일어나는 서늘한 지하수 배출은 연어와 송어와 같은 어류의 한랭 수 서식지를 유지한다. 지하수의 온도는 보통 겨울 공기 온도보다는 더 온난하고, 여름 공기 온도보다는 더 서늘하지만, 온실온난화에 따라서 지하수 온도도 상승할 것으로 예상된다. 기온 변동들은 '중립대'라 불리는 깊이까지 일어나는 계절적인 지면 온도 변동을 반영한다. 예를 들면, 미국인 경우, 10~20 m의 지하수 온도는 연평균 온도 보다 더 높은 약 1.1~1.7 ℃이다. 산악지역인 경우, 기온과 지하수온도는 모두 높이에 따라서 일반적으로 감소한다. 스위스와 같은 온대지방의 경우, 높이에 따른 온도의 감소는 4.1 ℃/km이다. 또한 식생에 의해서 가려지는 그림자들은 지하수온도의 평균과 분산을 감소시킨다.[21]

송어와 연어들 중에서 많은 종들은 12~18 ℃의 온도를 선호하고 개체수의 크기는

---

19) McDonald, M. E., A. E. Hershey and M. C. Miller, 1996 : Global warming impacts on lake trout in arctic lakes. *Limnology and Oceanography*, 41(5), 1102-1108.

20) Hogg, I. D. and D. D. Williams, 1996 : Response of stream invertebrates to a global-warming thermal regime : an ecosystem-level manipulation. *Ecology*, 77(2), 395-407.

21) Meisner, J. D., J. S. Rosenfeld and H. A. Regier, 1988 : The role of groundwater in the impact of climate warming on stream salmonids. *Fisheries*, 13(3), 2-7.

열적 서식지 내에서 적정 범위 내의 유용한 면적에 의존한다. 저 고도 하천 내의 밑바닥흐름의 여름 온도가 4~5 ℃ 증가하면, 송어의 유용한 열적 서식지가 축소되게 될 것이다. 어떤 사람은 하천 온도가 더 높아진다면, 고 고도 하천 내에 서식하는 송어들의 성장률은 증가하게 되고, 이것은 더 높은 여름 온도의 부정적인 효과들을 상쇄하게 될 것이라는 가설을 내 놓기도 하였다. 그러나 증가된 온도에서 3개의 상이한 섭취율과 풍부한 먹이량을 가정한 모의에서는 먹이 소비를 15~20 % 증가시키면 2 ℃ 온도 증가에서의 성장률을 유지할 수 있다는 것을 지적하였다.[22] 남부 캐나다 온타리오 주의 기후변화는 개울 송어들의 개체 수에 심각한 영향을 미칠 것으로 예상된다. 기온과 지하수 흐름 수원 온도는 4 ℃ 이상 증가할 것이다. 이것은 열적 서식지 최고 온도를 더 한랭한 고 고도 상류로 이동시키게 될 것이고 유용한 송어 서식지를 30~42 % 축소시킬 것이다.[23] 미국 북서부 지방에 위치한 야키마 분지 분수령의 온도가 2 ℃ 증가한다면, 치누크 연어의 개체 수가 감소할 것이고 다른 연어 종들은 50 %까지 감소할 것이다.[24]

4. 기반구조

기후변화에 따른 일부 호수와 하천의 변화는 항해, 관개, 수력 발전, 쓰레기 처리와 같은 인간 활동에 대한 그들의 사용에 부정적으로 영향을 미칠 것이다. 북아메리카 오대호들은 기후변화에 반응하는 전 세계 다른 호수들에서 일어날 수 있는 사례연구를 대표한다.[25] 오대호는 전 세계 표층 담수의 20 %를 저장하고 오대호 분지 주변에 미국인은 약 12 %이고, 캐나다인은 27 %가 거주하고 있다. 항해용 수로들로서 제공되는 오대호는

22) Ries, R. D. and S. A. Perry, 1995 : Potential effects of global climate warming on brook trout growth and prey consumption in central Appalachian streams, USA. *Climate Research*, 5(3), 197-206.

23) Meisner, J. D., 1990 : Potential loss of thermal habitat for brook trout, due to climatic warming, in two southern Ontario streams. *Trans. Amer. Fisheries Soc.*, 119, 282-291.

24) Chatters, J. C., D. A. Neitzel, M. J. Scott, S. A. Shankle, 1991 : Potential impacts of global climate change on Pacific Northwest Chinook salmon (Oncorhynchus tshawytschia) : an exploratory case study. The Northwest Environmental Journal, 7, 71-92.

25) Marchand, D., M. Sanderson, D. Howe and C. Alpaugh, 1988 : *Climatic change* and great lakes levels the impact on shipping. *Climatic Change*, 12, 107-133.

17개 미국 주들과 캐나다 지방으로 화물선 운항의 수요를 담당하고 있다.

기후변화는 오대호 지역의 생태학, 해운업, 경제에 중요한 영향을 가지게 될 것 이다. 2배 이산화탄소 농도의 경우, 이것은 호수를 채우는 하천 유출을 15~21 % 감소시킬 것이고, 평균 온도를 겨울에는 5 ℃, 여름에는 3 ℃ 증가시킬 것이다. 증발이 유출을 초과하기 때문에, 호수면의 수위는 0.5 m 정도 낮아질 것이다. 상업적인 이익은 계절적인 얼음 덮임이 감소하여 1년에 11개월 정도 운항 시즌이 확대되는 것이다. 반면, 항구들이 더 깊게 준설되지 않는다면, 낮아진 호수면 수위는 일부 선박들이 항구에 진입하지 못하도록 할 것이다. 최상의 추측에 따르면, 기후변화에 따른 선적 비용들은 2050년에 이르면 30 % 상승할 것이다. 전체적으로 기후변화는 오대호에 심각한 사회경제학적 영향을 미칠 것으로 전망된다.[26)]

호수와 하천에 대한 기후변화 효과들은 기반구조에 여러 방면으로 영향을 미칠 수 있다. 하천 흐름과 호수 수위 감소가 일어나는 지역에서는 수력 에너지 생산에 어려움을 겪을 것이다. 호수 또는 강어귀에 유입되는 하천흐름은 보통 취수하는 물로부터 유입된 오염물질들을 배출하는 역할을 한다. 흐름이 감소하게 되면, 이러한 생태학적 서비스를 상실하게 된다. 마지막으로, 일부 연안지역에서 발생하고 있는 해수면 상승은 지하수에 염수를 침투시켜 수질을 악화시키게 될 것이다.

5. 습지와 빙설권

1) 습지

온도 상승과 표층수의 변화들은 습지 군집에 피해를 가할 수 있다. 습지는 물이 포화된 토양 조건들에 적응된 식생들을 가지는 영구적 또는 일시적 잠수된 시스템이다. 연안 및 담수 습지는 식물, 물새, 어류, 기타 동물들의 많은 종들에게는 임계 서식지들이다. 수면의 계절 변화와 연도별 변화들은 식생 성장을 조절하고 이에 따라서 습지의 생물군에게 강력한 영향을 준다. 개개 상이한 습지 군집들은 수심 경도와 해안선 경사에 따라서

---

26) Marchand, D., M. Sanderson, D. Howe and C. Alpaugh, 1988 : Climatic change and great lakes levels the impact on shipping. *Climatic Change*, 12, 107-133.

적절한 위치를 잡게 된다. 도시화, 여가 발달, 농경지로의 전환 모드는 습지를 위협한다. 왜냐하면 인공 구조물들은 습지 생물군의 이동과 수면 변화에 대한 그들의 서식지 적응에 방해를 주기 때문이다. 오대호의 경우, 기후모델들은 주요 습지가 수면의 하강으로 인하여 위기에 처할 것이라고 제시하고 있다.[27]

2) 빙설권

세계의 유용한 물의 많은 부분은 극관과 산악 빙하에 동결되어 있다. 얼음 체적에 대한 온실온난화의 효과들은 복잡할 수 있다. 대부분 온대지방에서, 온실온난화는 눈으로 내리는 연 강수량의 백분율을 감소시키게 될 것이고 무상 계절의 길이를 증가시키게 될 것이다. 인공위성 자료 분석에 의하면, 1970~1990년 동안 북반구 전체 겨울 눈 덮임이 약 10 % 감소한 것으로 나타났다.[28]

유럽 알프스 산맥과 북아메리카의 많은 산악 빙하들은 빙하지역의 30~40 %까지 손실을 입었다. 이것은 1850~1980년 사이에 존재하였던 총체적의 약 절반에 해당하는 것이다.[29] 호수 얼음과 산악 설괴빙원의 이른 계절 녹음과 산악 빙하 체적의 축소를 포함한 이들 경향들은 계속될 것이고 아마도 가속화될 것이다. 눈과 영구동토가 사라지고 이에 뒤따르는 침식은 산악 하천의 퇴적을 증가시켰고 어류 서식지의 감소를 이루었다. 만약 4 ℃ 평균 온실온난화를 이룬다면, 전 세계의 산악 빙하 질량의 약 1/3~1/2까지 20세기 동안에 사라질 것이다.

온실온난화가 진행된다 하더라도, 적어도 더 온난한 해양으로부터 내륙으로 들어온 한대지역의 온도는 1년 대부분 결빙 온도 이하로 남아있게 될 것이다. 따라서 고위도에서의 예측되는 강수량 증가는 내륙 북극 또는 남극의 얼음 체적을 증가시킬 것이다. 그러나

---

27) Mortsch, L. and F. Quinn, 1966 : Climate change scenarios for Great Lakes Basin ecosystem studies. *Limnology and Oceanography*, 41, 903-911.

28) Folland, C. K., T. R. Karl and K. Y. O. Vinnikov, 1990 : Observed climate variations and change. In : Houghton, J. T., Y. Ding, D. J. Giggs, M. Noguer, P. J. vander Linden, X. Dai, et al. eds. *Climate Change 2001 : The Scientific Basis. Intergovernmental Panel on Climate Change, Working Group 1* Cambridge. Cambridge University Press, pp. 583-638.

29) Haeberli, W. and M. Beniston, 1998 : Climate change and its impact on glaciers and permafrost in the Alps. *Ambio*, 27(4), 258-265.

연구자들은 적어도 그린란드의 눈 축적은 대기권 내의 수증기와 강수의 일반적인 변화보다는 특정한 날씨 패턴에 더 영향을 받는다고 제안하였다. 폭풍들은 주된 온난 기간 동안 그린란드 쪽으로 이동하는 경향이 있고 한랭 기간 동안에는 그린란드로부터 멀리 이동하는 경향이 있다. 따라서 단순한 온난화는 한대지역에 대규모 눈 축적을 일으키지 못하고 IPCC 최고 추정 경우보다 어느 정도 더 큰 미래 해수면 상승을 일으킬 가능성이 있을 것으로 신중하게 타진되고 있다.[30] 영국남극조사소는 1998년 남극 온난화는 전 지구 평균보다 5배 더 빨리 발생하고 있다고 보고하였다. 이에 따라 라르센 빙붕의 많은 부분이 붕괴되었다. 계속되는 남극 연안 지역의 온난화는 로스 빙붕 전체의 안정성을 위협할 수 있을 것이다.

지구가 따뜻해짐에 따라서, 산악지역의 강수는 눈이 적어지고 비로 더 내리게 될 것이다. 많은 산악 지역들의 여행 산업으로 중요한 스키 산업은 심각한 경제적인 영향을 겪게 될 것이다. 미국 서부와 많은 다른 지역에서의 기후 변화는 겨울 산악 설괴빙원 내의 물 저장량을 감소하게 될 것이다. 태평양 북서 지방에 눈으로 덮여있는 산악지역은 2055년에 거의 절반으로 감소하게 될 것이다.[31]

태평양 북서지역에 위치하는 캐스케이드 산맥과 캘리포니아 주 시에라네바다 산맥에서, 여름철 동안 존재하고 있던 설괴빙원들이 녹아서 생기는 급격한 유출은 홍수를 일으킬 수도 있다. 연평균 온도가 3 ℃ 상승한다면, 현재 봄철 눈 녹음의 1/3 정도는 겨울철 유출로 이동하게 될 것이다. 예를 들면, 중부 캘리포니아 주 메르세드 분수령에서, 하천으로 흐르는 피크 유출은 일반적으로 4월 말 또는 5월 초에 발생한다. 2배 이산화탄소 농도가 대기권 내에서 일어난다면, 피크 흐름은 3월에 발생할 것이고, 여름 피크 관개 요구 전에 감소하게 될 것이다. 저수지들은 여름 중반에 고갈될 것이다. 이것은 여름철 동안 물 공급에 심각한 위협을 가져올 것이다.[32]

---

30) Kapsner, W. R., R. B. Alley, C. A. Shuman, S. Anandakrish and P. M. Grootes, 1995 : Dominant influence of atmospheric circulation on snow accumulation in Greenland over the past 18,000 years. *Nature*, 373, 52–54.

31) Pelly, J., 1999 : Predicted summer water shortages attributed to climate change. *Environ. Sci. Technol.*, 33(15), 305A.

32) Gleick, P. H., 1987 : The development and testing of a water balance model for climate impact assessment : modeling the Sacramento Basin. *Water Resources Research*, 23, 1049–1061.

기후가 빙설권에 영향을 줄 뿐만 아니라 또한 빙설권이 기후에 영향을 미친다. 바다 얼음은 해양 온도와 순환에 영향을 미친다. 또한 눈과 얼음은 높은 반사율을 가진다. 따라서 얼음 면적이 축소됨에 따라서, 더 검어진 지구는 더 많은 태양 에너지를 흡수하여 더 온난하게 되고 더 많은 얼음을 녹게 만든다.[33)]

6. 물 관리

인구 증가와 급증하는 물 수요와 결합된 기후변화는 인간에게 유익하게 사용될 수 있는 물 관리에 새로운 도전을 창출하고 있다. 인간들이 사용할 수 있는 물 관리는 항상 도전적이고 값비싼 활동이었다. 인간들은 일부 지역에서 증가하는 홍수와 다른 지역에서 증가하는 가뭄에 적용하기 위한 필요성을 가지게 되었다. 기후변화는 아마도 수자원의 확보를 위해서 부단한 노력을 경주하게 만들 것이다. 지속적인 물 공급들의 위한 관리는 기후변화에 순응하기 위해서 미리 계획을 수립하는 새로운 정책을 필요로 하게 될 것이다.

만약 기후변화가 수문순환의 많은 요소들에 영향을 미친다 하더라도, 차후 수 십 년 동안 이루어지는 인구 증가와 경제 개발은 아마도 1인당 물 이용도의 항으로 기후변화를 중요하게 취급할 것이다.[34)] 차후 30년이 지나면, 이용할 수 있는 물 유출은 약 10 % 증가할 것이지만, 같은 기간 동안 세계 인구는 약 33 % 증가할 것이다. 만약 급격하게 증가되는 물 사용에 대한 효율성이 없다면, 1인당 담수 이용도는 큰 폭으로 감소할 것이다. 수자원들과 그들의 관리를 증대해야 한다는 인식을 위하여, UNESCO는 '세계 물 평가 프로그램'을 구축하였다. 이 프로그램의 목적은 전 세계 담수 자원의 공급과 질을 개선하는 데 도움을 주는 기본 과정, 관리 실행, 정책들의 더 나은 이해를 구축하기 위해서 필요한 도구들과 기술들을 개발하는 것이다.[35)]

---

33) Clark, P. U., R. B. Alley and D. Pollard, 1999 : Northern Hemisphere ice-sheet influences on global climate change. *Science*, 286(5442), 1104-1111.

34) Vörösmarty, C. J., P. Green, J. Salisbury and R. B. Lammers, 2000 : Global water resources : vulnerability from climate change and population growth. *Science*, 251, 1002.

35) UNESCO, 2002 : *World Water Assessment Programme.* Available from : *http//www/unesco.org/water /wwap.*

7. 메테인 방출

현재 대기 중의 메테인 농도는 1,774 ± 1.8 ppb이고 전체 온실기체 복사 강제력에 18%를 담당하고 있다.[36] 대기 중의 메테인은 이산화탄소보다 단위 질량당 장파복사를 흡수하는 능력이 22배 더 높고 대기 중에서 일어나는 오존 화학에 중요한 역할을 한다. 예를 들어, 질소 산화물이 대류권에 존재하는 경우 메테인 산화는 오존 생성을 유도하게 될 것이다. 습지는 대기 중에 존재하는 메테인의 거대한 생성원이고, 북극 호수들은 최근에 들어와서 주요 생성 원으로 간주되고 있고,[37] 쌀농사와 같은 인위적인 활동들도 또한 상당한 기여를 하고 있다.

그러나 메테인 방출의 정량화에는 여전히 큰 불확실성을 지니고 있다. 여기에서는 불확실성에 관한 일부 원인들에 대해서, 불확실성을 감소시키는 도전에 대해서, 전 지구적인 관점과 북극 지방, 아마존 분지, 논과 같은 메테인의 주 생성원의 관점으로부터 연구를 하기위한 가장 중요한 가능성에 대해서 논의하고자 한다.

1) 전 지구적인 관점

호수와 습지 형태에 대한 전 지구적인 분포와 변동을 정확하게 지도상에 표시하는 시도가 이루어지고 있다. 현재 지상과 인공위성으로부터 측정되는 전 지구 습지 지역의 면적은 1에서부터 12×10^6 km^2까지 변동한다. 일부 작은 호수들은 두 개 이상의 인자에 의해서 호수의 면적이 과소평가되기 때문에 감지되지 못한다.[38] 나아가 습지와 호수들의 전 지구 특성의 유의한 차이를 메테인 방출률에서 찾기는 어렵다. 현재 수준에서 위성센서로부터 유도되는 계절별과 1년별에 대한 자료는 더 개발할 필요성이 있다. 식생과 습지

36) Forster, P., *et al.*, 2007 : Changes in atmospheric constituents and in radiative forcing, in *Climate Change 2007 : The Physical Science Basis-Contribution of Working Group I to the Fourth Assessment Report of the Intergovernmental Panel on Climate Change*, edited by S. Solomon et al., pp. 131-234, Cambridge Univ. Press, Cambridge, U.K.

37) Walter, K. M., et al., 2006 : Methane bubbling from Siberian thaw lakes as a positive feedback to climate warming. *Nature, 443*, 71-75, doi:10.1038/nature05040.

38) Walter, K. M., et al., 2007 : Methane bubbling from northern lakes : Present and future contributions to the global methane budget, *Philos. Trans. R. Soc.*, 365(1856), 1657-1676.

형태에 대한 지상 조사와 연결되는 위성 자료는 전 지구 호수와 습지 분지와 면적에 관한 자료를 더 개발하여야만 하기 때문에 계속 개발되어야만 한다.

다양한 생태계로부터 빠져나오는 메테인 플럭스 측정은 방출률, 생지화학 모델, 대기 수송 역전 모델[39]의 정확성을 개선하는 데 필요하게 된다. 현장에서의 자료 취득과 위성으로부터 측정한 대기 농도들과 연직분포들은 이러한 모델들과 함께 전 지구 메테인 방출을 보다 정확하게 정량화하기 위해서 유지되어야만 한다.[40] 메테인 플럭스와 농도들을 모니터하는 측기들에 우선권을 주어야만 한다.

2) 북극지방의 도전과 기회

북극지방의 토양과 호수들은 연속적인 영구동토이건 단속적인 영구동토이건 간에 지하에 탄소를 많이 함유하고 있다. 이곳은 꼭대기 높이 1~25 m 이내에 700~900 × 10^{12} kg의 탄소를 함유하고 있는 저장소이다.[41] 현재 메테인은 얼음이 녹고 있는 호수와 토양 모두에서 방출되고 있다.[42] 영구동토 붕괴의 증가와 영구동토가 녹고 있는 새로운 호수들의 생성을 따라 존재하는 호수들의 해안선 침식이 예상되고 있고 이러한 변화들은 이들 호수들로부터 수 차수의 크기로 메테인 방출을 증가시켰다.[43]

영구동토 녹음 현상이 발달함에 따라서, 해동 호수 확장과 이동과 관련되어 증가된 선형 침식은 하상 침식과 호수 배수를 유발할 수 있다. 예를 들면, 서부 시베리아의 단속적인 영구동토 대에서 이러한 과정은 호수 면적의 감소를 유발하기 시작하였다. 서부 시베리아의 북쪽 먼 지방에 존재하는 깊고 차가운 얼음 쐐기들은 80 % 이상 영구동토 체적으로 구성되어 있고 보통 토양의 약 0.5 m 깊이로 덮여있다. 여름 토양 활동 층 두께의 미묘한

---

39) Zhuang, Q., and W. S. Reeburgh, 2008 : Introduction to special section on Synthesis of Recent Terrestrial Methane Emission Studies, *J. Geophys. Res.*, 113, G00A02, doi:10.1029/2008JG000749

40) Dlugokencky, E. J., et al., 2003 : Atmospheric methane levels off : Temporary pause or a new steady state?, *Geophys. Res. Lett.*, *30*(19), 1992, doi:10.1029/2003GL018126.

41) Zimov, S. A., E. A. Schuur, and F. S. Chapin, 2006 : Climate change : Permafrost and the global carbon budget, *Science, 312*, 1612–1613, doi:10.1126/science.1128908.

42) Walter, K. M., et al., 2006 : Methane bubbling from Siberian thaw lakes as a positive feedback to climate warming. *Nature, 443*, 71–75, doi:10.1038/nature05040.

43) Walter, K. M., et al., 2007 : Methane bubbling from northern lakes : Present and future contributions to the global methane budget, *Philos. Trans. R. Soc.*, 365(1856), 1657–1676.

증가는 영구동토 내에서 얼음 쐐기들의 녹음으로 이루어질 것이다. 한번 녹음 과정이 시작되어 이러한 거대한 얼음 체적이 사라진다면, 영구동토 내로 수십 m 녹게 되어 발생하는 활동적인 해빙 침식에 의해서 육지면에는 뚜렷한 변화가 일어나게 될 것이다.

고지대에서 영구동토가 녹아서 생기는 작은 연못들은 녹고 있는 얼음 쐐기 위에 물길을 만들게 될 것이다. 이들 작은 연못들의 밑바닥에는 겨울 동안에도 얼지 않는 상태로 남게 되어 메테인을 일 년 내내 만들어 방출하게 될 것이다. 습윤한 저지대에서는 물길이 다각형으로 만들어져 배수 지역을 증가시키게 되고 부분적으로 건조한 풍경을 증가시키게 된다. 따라서 건조 표면 토양 내에서는 메테인 산화가 일어나는 지역이 증가하게 되어 이러한 환경으로부터 나타나는 메테인 순방출들을 저감시키게 된다.[44] 이런 이유로 풍경 경감과 배수 패턴에 대한 모델링이 북극 지방 호수와 습지 메테인에 대한 영구동토 해동을 예측하는데 우선순위가 되어야한다.

영구동토 환경으로부터 나타나는 메테인 방출들을 추정하는 데 대한 주요 의문점들은 다음과 같다 : (1) 영구동토 탄소 풀의 크기는 얼마인가? (2) 이 풀의 어느 정도가 해동되어 메테인으로 변환되겠는가? (3) 혐기성 조건 대 호기성 조건 하에서 영구동토 탄소 풀의 어느 정도가 녹게 되는가? (4) 메테인 방출들을 조절하는 메테인 산화의 역할을 무엇인가?

3) 아마존 분지의 도전과 기회

열대 습지들은 대기 중에 존재하는 메테인의 주 생성원이다. 그러나 이들 습지들로부터 얻은 지역적인 추정은 불확실성이 크게 나타났고 많은 열대 시스템에는 방출의 측정이 결여되어 있다. 아마존 분지에 관한 경우, 어떤 연구자들은 일시적으로 변동하는 침수 면적과 식생 면적들을 수동 마이크로파와 능동 마이크로파에 의한 원격탐사에 야외 조사를 병행하여 메테인 방출량이 1년에 22×10^9 kg이라고 추정하였다.[45] 이러한 추정의 정확성을 더 발전시키기 위해서는 광범위한 사바나, 고고도 습지, 시내와 작은 강을 따라 나타나는 좁은 강기슭을 포함하는 조사되지 않은 환경에 야외 조사를 실시하는 것이다.

---

44) Smith, L. C., Y. Sheng, G. M. MacDonald, and L. D. Hinzman, 2005 : Disappearing Arctic lakes, *Science, 308*, 1429, doi:10.1126/science.1108142.

45) Melack, J. M., et al., 2004 : Regionalization of methane emissions in the Amazon Basin with microwave remote sensing, *Global Change Biol., 10*, 530-.544.

남미의 북부지방에서 또 다른 중요한 지역은 네그루 강[46] 분지이다. 왜냐하면 이 지역의 면적이 약 80,000 km^2, 여기에는 계절적으로 풍성하게 나타나는 추수성 풀들과 사초속 식물, 관목 또는 야자나무, 그리고 풍성한 숲이 포함되어 있기 때문이다. 그런데 이들 모두가 메테인을 발생시키는 서식지이다. 이들 유기체가 풍성한 환경 내에서, 메테인의 확산성 방출과 기포성 방출에 관해 1년 단위로 측정할 것과 서식지, 수심, 정수압의 변동, 용존 산소, 온도의 영향을 연구할 것이 제안되었다.[47] 유사한 측정들이 남미의 중앙부에 위치한 빤따날,[48] 광대한 볼리비아 동부지방, 브라질 북부지방의 호라이마 주[49] 사바나, 페루 저지대의 늪에도 필요하다. 그러나 이들 지역 내에 존재하는 습지들의 많은 부분들이 강 내부에 위치하고 있어 접근하기가 어렵다.

아마존 강 저수지에서부터 일어나는 메테인 방출에 대한 측정들이 브라질 아마존 분지의 중앙과 동부에 위치한 사무엘 저수지, 투쿠루이 저수지, 쿠루아우나 저수지, 아마존 중앙부에 있는 마나우스[50]의 북쪽에 위치한 발비나 저수지에서 때때로 이루어졌다. 열대 저수지에서 하류로 이루어지는 기체 발생의 잠재적인 중요성도 설명되었다.[51] 개선된 방법론으로 더 나은 측정을 하기 위해서는 기체 방출의 양을 정량화할 필요가 있다.

전체 저지대 아마존 분지에는 8×10^5 km^{2}의 범람 가능 지역이 있는 것으로 추정되고 있다. 이 지역은 메테인을 발생시키는 광범위한 서식지이기 때문에 메테인 방출에 중요하다. 우주 왕복선 레이더 지형 미션(Shuttle Radar Topography Mission ; SRTM)에 의해서 측정된 영상 간섭 개구 레이더 자료와 유출 모델로부터 생산되는 자료를 결합시켜 제공되는 개선된 지형 측량 자료들을 사용하면 메테인을 생산하는 서식지 범위를 더 잘 추정할 수 있다.

---

46) 아마존 강의 지류로서 콜롬비아 동부의 열대우림지역에서 발원하는 바우페스(마페스) 강과 과이니아 강 등이 그 원류를 이룬다.
47) Belger, L. (2007), Fatores que influem na emissaode CO_2 e CH_4 em areas alagaveis interfluviais do medio Rio Negro, Ph.D. thesis, Univ. Fed. da Amazonas and Inst. Nac. de Pesquisas da Amazonia, Sao Paulo, Brazil.
48) 세계 최대의 저습지로서 자연 그대로의 모습을 유지하며 동물, 식물을 보호하고 있는 곳이다.
49) 브라질 북부에 있는 주로서 주도는 보아비스타이다. 서쪽과 북쪽으로 베네수엘라, 동쪽으로 가이아나와 경계를 이룬다.
50) 브라질 북서부 아마조나스 주의 주도이며 하항(河港)이다.
51) Kemenes, A., B. R. Forsberg, and J. M. Melack, 2007 : Methane release below a hydroelectric dam, *Geophys. Res. Lett., 34*, L12809, doi:10.1029/2007GL029479.

계절적으로 풍성하게 나타나는 사바나, 야자나무 습지, 강기슭 지대, 산악 지형 내의 습지들의 범람과 식생 역학에 대한 측정과 모델링이 우선 연구 대상이고 아마존 내의 플럭스 측정이 계속되어야만 한다.

4) 논 방출 연구에서의 도전과 기회

논으로부터 방출되는 계절 평균 메테인 플럭스(Seasonally averaged methane flux; SAF)는 2~40 mg h^{-1} m^{-2}까지 분포한다. 부분적으로 이러한 범위는 벼가 생장하는 상이한 생태계와 물 관리를 반영하고 있다. 예를 들면 범람 기간이 길어지면 길어질수록 더 많은 플럭스들을 방출한다. 이것은 또한 다른 변수들 중에서 유입되는 유기물질, 토양형, 농작물 계절생태학의 차이를 반영한다. 덧붙여 동일한 들판지역에서 발생하는 SAF들도 들판 이질성 때문에 2~4 인수만큼 계절적으로 방출 차이를 초래한다, 3가지 복제를 사용하는 표준 방법을 사용하여 논에서 메테인 플럭스를 추출해보면, SAF가 40~60 %로 변동한다는 것을 알 수 있다.[52)]

논 방출은 경제와 정치적인 압력에 반응하여 변화시킬 수 있는 농사에 민감하다.[53)] 중국의 경우, 보존 정책은 논 관개에 사용되는 물의 양을 감소시킨 반면, 바이오매스 연소에 대한 금지로 인하여 농작물이 들판에 그대로 남아있도록 하였다. 거름 사용은 무기질 비료의 선호를 감소시켰다. 이들 변화를 정량적으로 살펴보기 위해서는 필연적으로 정확한 물품 목록들을 결정해야 하지만 아직도 도전할 것으로 남겨두고 있다. 많은 농사짓기는 공식적으로 기록되지 못하고 있고 단지 개인적인 교류에 의해서만 유용하게 된다. 농부와의 면담 내용이 중요한 정보이지만 광범위한 조사가 더 필요하다.

더 큰 규모로 논에서 방출되는 메메인 플럭스를 외삽하기 위해서는 쌀 생산에 대한 지리 공간 자료들과 조절 인자들이 필요하다. 현재 농사 조사 자료들은 10 km 미만의 해상도를 만들기 위해서는 불충분하다. 과정 기반 모델링과 원격탐사는 이러한 결함을

---

52) Khalil, M. A. K., and C. L. Butenhoff, 2008 : Spatial variability of methane emissions from rice fields and implications for experimental design, *J. Geophys. Res., 113*, G00A09, doi:10.1029/2007JG000517.

53) Khalil, M. A. K., and R. A. Rasumussen, 1993 : Decreasing trend of methane : Unpredictability of future concentrations, *Chemosphere, 26*, 803–814.

일부 채우는 데 사용되고 있다. 예를 들면, 위성 유도 식생지수는 농작물 생물계절학의 기초하여 논들의 위치를 결정할 수 있다. 이러한 기술은 공간 분포와 시간 변화들에 대한 지도를 만들 수 있다.

최근 과학자들은 메테인 방출을 감지하기 위해서 오직 원격탐사만을 사용하고 있다. 메테인 방출의 개별 방출원에 대한 정확한 강제 조건을 부여하는 것은 모든 방출원들이 시그널에 기여하기 때문에 어렵지만 위성에 의한 측정은 논 방출에 대한 상한 값(연 80×10^9 kg 방출량)을 제시할 수 있도록 한다.[54] 논 방출 수지를 더 정밀하게 만들기 위해서는 더 긴 시계열의 위성 자료들과 논 방출에 근접한 지역 지상 측정망 자료들이 필요하다. 이들 노력들은 온실기체 방출 협정에 대한 국가 공약을 증명하고 모니터하는 데 절대적으로 필요하다.

54) Frankenberg, C., *et al.*, 2005 : Assessing methane emissions from global space-borne observations, *Science, 308*, 1010–1014.

기후변화에 대한 효과 : 생태계

기후요소인 온도와 강수량은 사막으로부터 열대우림까지 주요한 지상 생태계의 지리적인 분포를 결정한다. 토양 형태, 분수령 조건, 경사각의 국지적이고 지역적인 차이들은 상이한 식물들의 생존에 영향을 미친다. 그러나 강우와 온도의 계절적인 패턴들은 식물 군집의 형태를 크게 반영하도록 한다. 식물 군집에는 툰드라, 사막, 초지, 우림 등이 있다. 개개 식물 군집들은 최적의 '기후 공간' 즉 생존에 가장 적절한 온도와 강수량의 임의 조합을 가진다.

지상 생태계는 전 세계 탄소 순환의 필수적인 부분이다. 초지와 삼림은 광합성을 통하여 대기권 내의 이산화탄소를 흡수하고 이것을 일시적으로 유기 탄소로 저장한다. 땅 속에 존재하는 유기 탄소는 미생물에 의해서 분해되어 대기권으로 다시 방출된다. 이들 과정은 모두 온도의 영향을 받고 지구온난화에 의해서 변경될 수 있다.

삼림과 다른 지상 생물 군계들은 식물과 동물의 다양성을 위한 서식지를 제공한다. 만약 삼림이 파괴되거나 사라지게 된다면, 서식지 손실은 군집을 이루고 있는 생명체들의 생존을 위협할 수 있을 것이다. 기후변화는 생체 주기 변화를 유발시키는 성장 계절 또는 온도를 변경시켜 인하여 많은 식물과 동물들에게 직접적으로 영향을 미친다.

일부 국가에서는 삼림이 전체 육지 면적의 주요 부분(미국의 경우 33 %를 차지함)을 차지하고 많은 중요한 기능들을 제공한다. 삼림은 물의 유용성과 유출에 영향을 미치고 여가 공간을 제공하고 재목, 나무 펄프, 장작 연료에 이용되는 목재 생산을 제공한다.

삼림 생산의 총 경제적인 가치는 매우 크게 나타난다. 예를 들면, 1999년 미국의 경우에는 2,900억$에 달하였다.[1)]

마지막으로 기후변화는 목재 생산자를 규제하고 지상 생태계를 보호하고 보존하는 임무를 띤 모든 관리자들에게 도전을 제시하고 있다. 여기서 어떻게 지상 시스템이 과거에 변화를 겪었으며 어떻게 그들이 최근에 변화하였고 어떻게 그들이 인공적인 온실 온난화에 반응하여 미래에 변화할 것인지에 대해서 살펴보고자 한다.

1. 지상 서식지의 지리적인 이동

1) 과거 이동

역사적으로, 전 세계의 주요한 식생 형태들의 공간 분포는 기후변화에 반응하여 뚜렷하게 변화하였다. 예를 들면, 마지막 빙하기의 절정기 동안(18,000년 전) 북반구에 에서의 가문비나무 숲은 북아메리카 오대호 남쪽 작은 지역에서만 한정되어 서식하였고 오크나무들은 동부 지중해의 작은 산간에서만 서식하였다. 최근 18,000년 동안 기후가 온난해짐에 따라서, 가문비나무 숲은 북쪽으로 이동하여 현재 북유럽, 러시아, 캐나다에 서식하게 되었고 미국에서는 완전히 멸종하게 되었다. 동일한 시간 동안, 오크나무 숲은 미국 남부지방, 서유럽과 남유럽으로 확장하였다.

식생 분포에 대한 그러한 변화들은 수천 년의 세월 동안 천천히 발생하였다. 그러나 최근 경향들은 종 분포의 더 급격한 지리적인 이동을 이루고 있다. 나무 분포의 역사적인 기록 문서들과 최근 야외 조사에 의하면, 뉴햄프셔 주의 삼림을 구성하는 붉은 가문비나무의 백분율이 1830년대와 비교해보면 40 %, 1987년과 비교해보면 6 % 감소하였다. 감소는 개간 또는 오염물질 스트레스로부터 일어난 것이 아니라 동일한 기간 동안 평균 여름 온도가 2.2 ˚C 증가한 결과로 이루어진 것이다.

---

1) Howard, J. L., 1999 : *U.S. timber production, trade, consumption, and price statistics 1965-1997*. General Technical Report FPL-GTR-116. Madison, WI : US Department of Agriculture, Forest Service, Forest Products Laboratory, P. 76.

2) 온대 식생

식생 형태의 현재 분포를 정의하는 기후 공간(최적의 온도와 강수 패턴)은 측정될 수 있다. 전 지구 기후 모델들은 정의된 기후 공간의 지리적인 이동을 예측할 수 있다. 따라서 하나의 식생 형태를 위한 유용한 미래 서식지의 가능한 지리적인 분포가 지도로 작성될 수 있다. 예를 들면, 미국 내의 주요한 식생 형태들의 분포에 대한 대규모 변화들은 인공적인 기후변화에 반응하여 20세기 말에 일어날 것이라고 여러 연구에서 제안하였다. 미국 남서부 지방의 건조 지역(사막)들은 강수량이 증가함에 따라서 축소될 것이다. 사바나, 관목지대, 삼림지대 시스템은 대평원의 일부지역에서 초지로 대체될 것이다. 더 적절한 시나리오 하에서 미국 동부 지방에서의 숲들은 확장될 것이지만 더 극심한 기후 시나리오 하에서는 수분이 감소하게 될 것이고 남동 지방의 대규모 산불들은 활엽 숲에서부터 사바나로 급격하게 전환시키게 될 것이다.

2배 이산화탄소 농도의 온난화에 반응하여, 오대호 지역 내의 여러 가지 미국 목재 나무들의 온도 범위는 7~10 ℃까지 증가할 것이다. 이것은 어떤 수분 영역 하에서 어떤 종들에게는 기후적인 내성을 초과하게 될 것이다. 너도밤나무, 솔송나무, 노란 자작나무들은 오대호 지역 내에서 그 양이 줄어들게 될 것이고 그들의 최적 서식지 공간은 북서쪽으로 이동하여 캐나다까지 진출할 것이다. 그러한 나무들의 수명 때문에, 분포의 변화들은 실제 기후 공간 이동 뒤로 시간 지연을 가지게 될 것이지만, 이 모든 종은 오대호 지역 내에서 사라지게 될 것이다. 멸종은 숲을 조성하는 젊은 파종의 실패와 늙은 나무의 사망 등에 의한 결과로 이루어지게 될 것이다. 일부 종들은 현재 온도 범주 내에서는 캐나다 노바스코샤를 제외한 어느 곳에서도 생존하지 못할 것이다. 단단한 나무의 벌목은 경제적인 자원으로서 배제될 것이다. 현재 온도 상승에 의해서 남부 지방에서 죽은 나무들의 개수가 증가함으로서 이루어지는 폐목 벌목은 단기간 경제적인 이익을 제공하게 될 것이다.[2)]

향후 50년 내에 이루어질 것으로 예상되는 2배 이산화탄소 농도는 또한 북아메리카

---

2) Zabinski, K. and M. B. Davis, 1989 : *Hard Times Ahead for Great lakes Forests : A Climate Threshold Model Predicts Responses to CO_2-Induced Climate Change.* Contract No. CR-814607-01-0, Sponsored by the US EPA, Research Report. Minneapolis : university of Minnesota, pp. 5-1-5-19.

동부 지방의 사탕단풍의 분포에 영향을 미칠 것이다. 토양 수분의 감소와 조합된 높아진 온도는 사탕단풍 서식지를 북동쪽으로 이동시키게 될 것이다. 어떤 종들은 현재 서식하고 있는 많은 지역에서 완전히 사라지게 될 것이고 북동부 지역의 아주 축소된 지역에서만 오직 살아남게 될 것이다(그림 9-1).

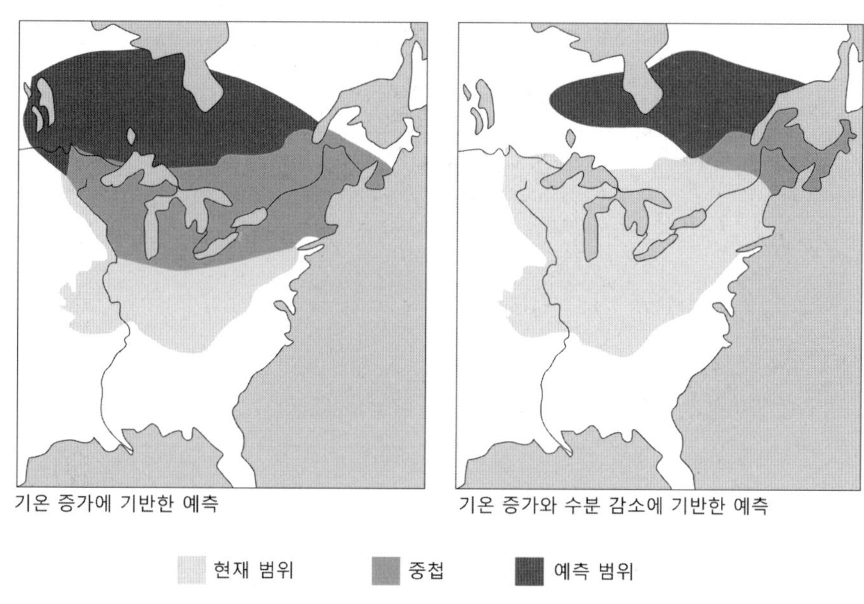

그림 9-1. 2배 이산화탄소 농도에 반응하여 예측된 북 아메리카의 사탕단풍의 지리적인 분포의 이동

미국 캘리포니아 주와 오리건 주의 습윤한 연안 산맥 내에 서식하는 더글러스 전나무는 저지대에서는 줄어들 것이고 가뭄에 내성이 강한 서부 소나무 종들로 대체될 것이다. 캘리포니아 주의 시에라네바다 산맥과 오리건 주와 워싱턴 주의 캐스케이드 산맥에서 2.5~5 ℃ 온난화가 일어난다면, 현재 종들의 조성은 이동하게 될 것이다. 서쪽 사면에 대한 온난화 이후 종들의 조성은 현재 수준보다 약 60 %까지 바이오매스가 감소하여 현재 동쪽 사면의 드문드문한 숲들의 조성과 거의 같아지게 될 것이다.[3] 현재 동쪽 사면 숲들은 점진적으로

3) Franklin, J. F., F. J. Swanson, M. E. Harmon, D. A. Perry, T. A. Spies, V. H. Dale, et al., 1991 : Effects of global climate change on forests of northwestern North America. *The Northwest Environmental Journal*, 7, 233-254.

더 건조한 수종인 노간주나무와 쑥들로 이동할 것이다. 미국 서부 지방의 전체는, 기후 이동이 다른 종들의 손실을 소나무와 같은 가뭄 내성 종들로 더욱더 대체하게 될 것이다. 산불 발생 빈도는 증가하게 될 것이고, 이에 따라 숲의 면적이 감소하게 될 것이다.

그러나 기후공간의 이동만을 고려한다면, 미래 식물 분포의 예측은 빗나갈 수도 있다. 소세계(microcosm) 연구는 분산 메커니즘과 종 사이의 상호작용들이 중요하고 기후와 연관된 생물 변화의 정확한 예측에 꼭 포함시켜야 한다고 제안하고 있다.[4] 과거 빙하기와 간빙기 기후변화 동안, 나무 종들의 개체 수는 1세기당 평균 10~40 km로 쾌적한 지역으로 확장되었다. 인공 기후변화의 결과로 일어나는 기후공간의 지리적인 이동은 더욱더 급격하게 일어날 것이다.

3) 한대와 산악 식생

미래 기후변화는 아마도 고위도 지방에서는 더 크게 일어날 것이다. 고기후학적 기록들은 고위도 지방들의 과거 식생분포의 인상적인 이동을 보여줄 것이다. 캐나다 북부 지방과 알래스카는 이미 급격한 온난화를 겪고 있으며 얼음이 덮고 있던 면적이 감소하고 있다. 고위도 지방의 더 온난하고 더 습윤한 기후는 식생들을 한랭 선호 툰드라 식물들로부터 온대 삼림 종들로 더욱더 이동시키게 될 것이다.[5] 툰드라, 타이가, 온대 삼림 시스템들 모두는 극 쪽으로 이동하게 될 것이다.[6] 예를 들면, 시베리아의 9개의 다른 식생 형태들의 분포와 차지하는 면적들은 2배 이산화탄소 농도 기후에 의해서 거의 완전히 변화할 것이다.

기후가 온난해짐에 따라서, 산악 식물 종들은 강제적으로 더 높은 고도로 올라가게 될 것이다. 유럽 알프스 산맥의 연구에 의하면, 이미 산악 식물들의 종들의 많은 개수들이 더 높은 고도로 올라가고 있다고 제시하였다.[7] 결과적으로 좁은 산맥 정상부에서 서식지가 축소됨에 따라, 식물들은 강제적으로 멸종될 것이다.

---

4) Davis, A. J., L. S. Jenkinson, J. H. Lawton, B. Shorrocks and S. Wood, 1998 : Making mistakes when predicting shifts in species range in response to global warming. *Nature*, 391, 783-786.

5) Starfield, A. and F. S. Chapin III, 1996 : Model of transient changes in arctic and boreal vegetation in response to climate and land use change. *Ecological Applications*, 6(3), 842-864.

6) Monsserud, R. A., N. M. Tchebakova and R. Leemans, 1993 : Global vegetation change predicted by the modified Budyko model. *Climatic Change*, 25, 59-83.

7) Grabherr, G., M. Gottfried and H. Pauli, 1994 : Climate effects on mountain plants. *Nature*, 369, 448.

4) 초지와 관목지대

강수량과 수분의 변화들은 초지와 관목지대의 조성과 분포를 변경시킬 것이다. 반건조지대에 서식하는 초지와 관목지대들은 인간에 의한 토지 사용 특히 동물 방목과 열 작물(row-crop) 농업으로부터 스트레스를 받고 있다. 일부 지역에서의 감소된 강우량은 양의 되먹임 루프를 통하여 사막화를 가속화하였다. 즉, 초지가 관목지대 또는 사막으로 전환되었다. 초지가 관목지대로 대체됨에 따라서, 토양의 많은 부분들이 노출되었고 토양 표면의 온도가 증가하였다. 뜨거운 건조 토양들은 유기 질소들의 축적을 방해하여 식물 성장을 더욱더 억제하였다. 그렇게 되면 메마른 건조 토양들은 바람에 노출되고 대기권으로 먼지를 수송하게 된다. 사막 지역 상공의 먼지들은 적외선 재복사를 억제하는 것으로 작용하여 온난화를 유발해 더욱더 문제를 악화시키게 된다.[8] 기후변화, 식물 성장, 토양수들을 연관시킨 모델들은 기후변화가 40년 동안 일어난다면 북 아메리카 대평원 목초들의 주요 형태들의 분포가 이동할 것이라고 예측하였다.[9]

2. 식생과 기후의 상호작용

기후는 식생에 영향을 미칠 뿐만 아니라 기후에 영향을 미칠 수 있는 식생의 존재, 결핍, 형태에 영향을 미친다. 삼림은 대기권보다 2배 이상의 탄소를 포함하고 매년 대기권 내의 탄소의 14 % 이상을 신진대사로 소비한다. 삼림은 기후와 상호작용하므로, 한 곳에서의 요란은 다른 곳에 영향을 미칠 수 있다. 열대 삼림으로부터 대기권으로 방출되는 탄소는 총 1.1~3.6 PgC/yr에 달한다.[10] PgC/yr는 1년 당 10^{12} kg의 탄소량을 의미한다. 전 세계 종들 중의 절반을 차지하고 70 PgC로 추정되는 탄소를 저장하고 있는 브라질 아마존 삼림은 매년 25,000~50,000 km^2의 비율로 벌채되고 있다. 이들 면적들의 많은 부분들은 목장으로 전환되고 있다. 이러한 전환은 지역 기후를 변화하게 될 것이다.

---

8) Schlesinger, W. H., J. F. Reynolds, G. L. Cunningham, L. F. Huenneke, W. M. Jarrell, R. A. Virginia, et al., 1990 : Biological feedbacks in global desertification. *Science*, 247, 1043-1048.
9) Coffin, D. P. and W. K. Lauenroth, 1996 : Carbon sequestration, biological diversity, sustainable development : integrated forest management. *Environmental Management*, 18(1), 13.
10) Houghton, R. A., 1991 : Tropical deforestation and atmospheric carbon dioxide. *Climatic Change*, 19, 99-108.

오래된 삼림이 베이고 젊은 삼림으로 대체된다면, 이에 따라서 바이오메스의 탄소 저장량이 감소하게 될 것이다. 목재로 지어진 건물 내의 목재에 저장된 탄소마저도 포함된다면, 목재를 생산하는 것은 대기권 내에 탄소의 양의 플럭스의 결과를 나타내도록 한다. 미국의 경우, 서부 워싱턴 주와 오리건 주에서 지난 100년간 동안 생존하였던 오래된 나무를 목재로 만들게 되면, 이것은 대기권에 1.5~1.8 PgC를 더한 것과 같게 된다.[11] 모델 연구의 결과에 의하면, 목재 생산에 사용된 서부 오리건 주의 120만 ha 면적은 1972년부터 1991년 사이에 대기권에 0.018 PgC 또는 약 113만 gC ha^{-1} yr^{-1}의 탄소를 방출한 것과 같게 된다.[12]

대기권 내의 이산화탄소 농도의 증가는 일반적으로 개개 식물들의 광합성률을 높인다. 그러나 이렇게 증대된 생산력은 식물에게는 별 도움을 주지 못한다. 심화된 경쟁과 영양분 유용성과 함께 성장하는 여러 종들은 향상된 대기권 내의 이산화탄소 농도의 어떠한 이익들을 떨어뜨리도록 한다.

1) 요란 효과

온실온난화는 중위도 온대삼림에 영향을 미치는 대기 요란 사건들의 빈도를 높일 것이다.[13] 모델 경과에 의하면, 요란 날씨, 즉 여름과 가을 가뭄과 뇌우들이 증가하는 것으로 나타났다. 번개와 바람은 증가하고 토양 수분은 감소하는 이들 변화하는 날씨 패턴들은 삼림 화재 발생 횟수를 증가시킬 것이다. 허리케인에 의한 바람 피해와 연안 해수 증가에 의한 홍수들은 또한 일부 지역에서는 부정적인 영향을 미치게 될 것이다.

기후변화에 반응하여 발생하는 삼림 화재의 빈도와 강도는 아마도 전 세계의 많은 지역에서 높아질 것이다. 열대지방의 경우, 아마존에의 화재는 더 길어진 건조 계절의 결과로서 증가하게 될 것이다. 또한 보르네오와 인도네시아의 경우, 지구온난화의 결과라 할 수 있는 강력한 엘니뇨는 삼림 화재의 발생 빈도와 면적을 증가시키고 있다. 북아메리카

11) Harmon, M. E., W. K. Ferrell and J. F. Franklin, 1990 : Effects on carbon storage of conversion of old-growth forests to young forests. *Science*, 247, 699-701.
12) Cohen, W. B., M. E. Harmon, D. O. Wallin and M. Fiorella, 1996 : Two decades of carbon flux from forests of the Pacific Northwest. *Bioscience*, 46(11), 836-844.
13) Overpeck, J. T., D. Rind and R. Goldberg, 1990 : Climate-induced changes in forest disturbance and vegetation. *Nature*, 343, 51-53.

와 러시아의 온대와 한대 지역의 경우, 많은 연구에 의하면, 기후변화가 산림 화재의 계절 가혹성과, 계절 길이의 증대와 면적의 등을 유발할 것이라고 제시하였다.[14] 양의 되먹임 루프를 통한 삼림 화재는 뚜렷하게 기후에 영향을 미칠 수 있다. 온도가 더 높아지면, 화재는 더 많이 발생한다. 이들 삼림 화재는 온실기체들을 방출하고 부수적인 온난화에 기여한다. 사실, 산림화재의 증가는 이미 대기권으로 이산화탄소의 방출을 증가시키고 있다. 또한 한대지역의 경우, 토양과 아지표 영구동토는 대형 탄소 저장고로 대표된다. 화재는 동결되어 있는 영구동토를 보호하고 있는 식생 지역을 제거해 버린다. 토양 탄소의 미생물에 의한 붕괴는 결과적으로 대기권으로 대량의 이산화탄소를 방출할 수 있도록 한다.[15]

2) 생물다양성의 손실

기후변화는 일부 지상 서식 종들의 생존을 크게 위협하고 있다. 삼림을 이루는 주된 나무 종들은 실제 삼림 생태계의 주축이다. 나무가 덮여 있는 부분은 수많은 초본 식물, 균류, 지의류, 작은 동물과 큰 동물들의 서식지이다. 따라서 나무 종들의 손실은 복잡한 삼림 생태계를 구성하는 모든 종에 실질적으로 영향을 미치게 될 것이다. 기후변화 동안 종의 생존 여부는 그들에게 적합한 기후 공간을 유지할 수 있을 만한 지역으로 빠르게 이주할 수 있는 그들의 능력에 크게 좌우된다.

7개의 대기대순환 모델과 2개의 생물지리학 모델을 사용한 연구에 의하면, 그들은 화석과 역사 기록들과 비교하여 매우 높은 이주 율들이 인공 기후변화에 속도를 유지할 필요가 있다고 제안하였다. 최종 빙하기 이후, 북아메리카의 이주율은 가문비나무와 너도밤나무가 각각 1세기당 약 200 km와 약 20 km이었다. 이 결과들을 투영해보면, 20세기 동안 추정된 500 km 이주율로 그들의 이주 속도를 맞출 수 없을 것이라고 제안하였다.[16] 따라서 기후변화는 근본적으로 생물종의 손실을 증가시키게 될 것이고 특히 북반구 고위도

14) Stocks, B. J., M. A. Fosberg, T. J. Lynham, L. Mearns, B. M. Wotton, Q. Yang, et al., 1998 : *Climate change* and forest fire potential in Russian and canadian boreal forests. Climate Change, 38, 1-13.

15) Senkowsky, S., 2001 : A burning interest in boreal forests : researchers in Alaska link fires with climate change. *Bioscience,* 51(11), 916-921.

16) Roberts, L. 1988 : Is there life after climate change? *Science*, 242, 1010-1012.

지방에서 생물 다양성을 감소시킬 것이다.[17)]

지구온난화는 20세기 동안 전 세계에 존재하는 지상 서식지의 35 %에 뚜렷한 변화를 이루었다. 지구온난화는 아마도 기동성이 있는 종들에게는 유리하겠지만 정주하는 종에는 멸종의 위기에 직면하도록 할 것이다. 개체들이 분산되어 있는 서식지에서 살고 있는 희귀하고 고립된 종들 또는 수체(water body), 인간 거주지 또는 농업지역에 의해서 경계가 이루어지는 곳에서 서식하는 종에는 더 큰 위기를 가져오고 있다. 러시아, 스웨덴, 핀란드와 같은 북방 국가들과 캐나다 7개 주의 지상 서식지의 약 절반이 위기를 맞고 있다. 멕시코의 경우, 2055년에 이르면, 많은 동물들의 서식지들은 기후변화에 의해서 뚜렷하게 축소될 것이다. 2.4 % 종들은 그들의 분포의 90 %를 잃을 것으로 예측되고 있고, 멸종의 위협을 받고 있다. 치와와 사막의 경우, 모든 종들의 약 절반의 사식지가 아마도 사라질 것이다.[18)] 캐나다의 제임스와 허드슨 만 지역인 경우, 장기간 얼음 녹는 기간들이 북극곰들이 먹이지역으로 회귀하는 시기를 늦출 것이다. 이것은 물개 개체 수를 잠재적으로 감소시키고, 북극곰에게 영양결핍 스트레스 상태로 만들게 될 것이다.[19)] 온실기체 배출을 급격하게 줄이는 것이 전 세계 다양성에 대한 위협을 감소시키는 데 필요하게 될 것이다.

마지막으로, 온도는 동물 개체 수 사이의 상호작용뿐만 아니라 개개 동물들의 수많은 기능에 직접 영향을 미칠 것이다. 과거 기후변화 기간 동안 식물과 동물에 대한 연구들은 그들의 거주지 생물체에 따라서 온난화에 반응하여 간단하게 북쪽으로 이동하지는 않을 것이라고 제안하였다. 나아가 식물과 동물 생물군집들은 복잡한 재편을 경험하게 될 것이다. 급격한 재생산적인 순환을 가지는 침입 종들은 변화하는 환경을 선호한다. 잡초 종들과 해충 종들은 일부 지역에서 창궐할 수 있을 것이다.[20)] 따라서 기후변화는 많은 식물과

17) Malcolm, J. R. and A. Markham, 2000 : *Global Warming and Terrestrial Biodiversity Decline.* Report of the World Wildlife Fund, Grand, Switzerland, p. 22.
18) Peterson, A. T., M. A. Ortega-Hierta, J. Bartley, V. Sanchez-Cordero, J. Soberon, R. H. Buddemeier, et al., 2002 : Future projections for Mexican fauna under global climate change scenarios. *Nature*, 416, 626-629.
19) Stirling, I., 1993 : Possible impacts of climatic warming on polar bears. *Canadian Wildlife Survey*, 16(3), 21-26.
20) Malcolm, J. R. and A. Markham, 2000 : *Global Warming and Terrestrial Biodiversity Decline.* Report of the World Wildlife Fund. Gland, Switzerland, p. 22.

동물들의 생존 순환에서 발생하는 자연적인 주기 사건들에 대해 난해하고 예기치 못한 효과들을 가져오게 될 것이다.

3) 삼림관리와 보존 정책에 관한 영향

예측된 변화들 때문에 삼림관리에 적절한 수많은 정책에 대한 의문점들이 제기되었다. 삼림관리에 대한 장기 계획 수립에는 인공 기후변화의 가능한 효과들에 대한 설명들이 필요하다. 기후변화에 의해 야기되는 삼림 경계부의 변화들은 토지 이용 정책을 복잡하게 만들 것이다. 만약 목재 생산이 기후변화에 의해서 감소한다 하여, 정부가 현재 보호되고 있는 공원이나 광야 지역에 대하여 목재 공급을 위해서 규제를 해제할 수 있을까?

대부분 나무 종들의 분산이 기후 공간 이동을 유지할 수 있을 것으로 보이지는 않는다. 완화 시도들은 기후학적으로 적절한 지역으로 인공적인 씨 뿌리기들을 포함할 것이다. 새로운 지역으로의 종의 이식은 기후공간들을 이동시켜야 하는 스트레스 하에서 식생 군집들을 보호하는 데 도움을 줄 것이다. 그러나 그러한 시도들은 새로운 지역에서의 적절한 토양 조건들이 결여된다면 좌절될 것이다.

화석연료 연소에 의해서 대기권으로 유입되는 이산화탄소를 격리시키기 위해서 현재 시행되고 있는 거대한 재식림이 도움을 줄 수 있을까? 미국의 경우, 이산화탄소 배출을 적정하게 유지한다면, 재식림 노력들은 수억$의 경비를 들여서 2배 또는 3배가 필요하다고 추정되고 있다. 미국 삼림 지대의 40 %를 재식림하는 기간은 100년의 세월이 소요될 것으로 추정되고 있다. 그러한 노력에는 또한 복잡한 삼림 소유권 패턴의 변화를 요구하게 될 것이다. 식물 육종, 생명공학, 이식, 땅 비옥, 관개에 새로운 기술의 적용은 완화에 도움을 줄 것이다. 그러나 새로운 정책을 시행하는 데 소요되는 부수적인 경비들을 누가 지불해야만 할까? 땅 주인, 삼림 사용자, 소비자, 또는 모든 세금납자인가? 열대 삼림들은 급격한 속도로 번성하고 있다. 이산화탄소를 격리하기 위해서 이 경향을 되돌리고 열대 조림을 사용하과 하는 어떠한 시도도 지역 사람들의 경제, 사회, 정치적인 필요성이 없다면 실패하게 될 것이다.[21)]

---

21) Cairns, M. A. and R. A. Meganck, 1994 : Carbon sequestration, biological diversity, sustainable development : integrated forest management. *Environmental Management*, 18(1), 13.

광범위하게 이루어진 재식림이 온실온난화를 완화하는 데 도움을 줄 것이라는 데에 일부 의문을 품을 수 있다. 삼림지대의 알베도는 보통 농업지대 또는 다른 육지 형태보다 훨씬 작은 값을 가진다. 따라서 높은 알베도가 큰 땅이 삼림으로 전환된다면, 온난화가 심화할 것이고 부수적인 탄소 격리의 많은 유익한 부분들이 상쇄될 것이다.[22] 자투리땅이 증가하게 되면, 급격한 기후변화가 일어나는 시대에서는 특별한 문제점이 더 해지게 된다. 공원과 자연 보존지와 같은 보호 지역들은 특별히 위험에 처하게 된다.[23] 거의 대부분의 경우, 이들은 도시 성장 또는 농업 활동의 주변 지역을 따라서 보존되어 있는 고립된 지역보다 더 큰 위험에 처하게 된다. 기후가 변화함에 따라서, 이들 자연적 보존지역들은 전례가 없는 압력에 직면하게 될 것이며, 주요 교통기관에 연결되는 지역에 서식하는 종들만이 이주할 수 있게 될 것이다. 그러한 시나리오는 새로운 관리와 공원 디자인 전략이 생물 다양성을 보전하기 위해서 필요해질 것이다.

22) Betts, R. A., 2000 : Offset of the potential carbon sink from boreal forestation by decrease in surface albedo. *Nature*, 408, 187-190.

23) Peters, R. L. and D. S. Darling, 1985 : The greenhouse effect and nature reserves. *Bioscience*, 35(11), 707-717.

기후변화에 대한 효과 : 농업

생산적인 농업은 증가하는 인구를 부양하고 현대 문명을 유지하는 데 필수적이다. 세계 인구는 아마도 차후 100년 동안 2배로 증가할 것이다. 역사적으로, 농작물의 경작은 8,500년 전에서부터 2,500년 전까지 세계의 여러 지역에서 독립적으로 이루어졌다. 수렵채집인과 비교해보면, 농부들은 단위 면적당 더 많은 식량을 수확하였다. 농업은 수렵과 채집보다는 더 많은 사람들을 먹여 살렸고 솜씨 좋은 장인, 정부, 정복지의 군사력을 지원하기 위한 과다한 부를 제공하였다.[1] 농업 생산성은 현대 경제의 중심으로 남아있다.

기후가 농업에 영향을 미친다는 사실은 모든 농부들에게 잘 알려져 있다. 수확량의 매년 변동은 온도와 강수량의 변동에 크게 좌우된다. 이에 따라서 풍작과 경제적인 파산의 차이를 만들 수 있다. 예를 들면, 곡창지대인 북아메리카 대평원은 1930년대에 장기간의 가뭄에 시달려 광활한 지역이 더스트보울 지역으로 바뀌게 되었다. 경제적인 효과는 지독하였다. 농부들은 대부금을 지불할 수 없어 그들의 농장을 잃었고 많은 사람들은 일자리를 찾아 여러 지역으로 이주하였다. 또 다시, 1980년과 1988년, 중앙아메리카에서 발생한 가뭄은 옥수수의 산출량을 감소시켰다. 동물 사육도 적절한 기후 조건들에 의존한다. 예를 들면, 북아메리카의 육우 생산을 위한 소 사육에 필요한 땅의 면적은 감소된 강우량에 반응하여 급격히 증가하였다.

1) Diamond, J. 1999 : *Guns, Germs and Steel : The Fates of Human Societies*. New York. W. W. Norton & Co.

농업은 또한 기후에 영향을 미친다. 이산화탄소의 주요 지상 흡원인 삼림들은 농업을 위한 화전에 의해 크게 감소하였다. 현대 농업은 화석연료 에너지에 의존하여 온실기체 배출에 한몫하고 있다. 그 명백한 증거는 곡류로 사육되는 가축 생산이다. 농기계용으로 사용되는 약 20,000 cal의 화석연료는 단 1 파운드의 비프스테이크에 포함되어 있는 500 cal을 생산하는 데 필요한 양에 해당한다.

1. 기후변화에 미치는 농업 효과

여러 가지 온실기체들의 전 지구 플럭스는 농업의 영향을 받는다. 대부분 농업용으로 이루어지는 개간은 화석연료 연소 다음으로 이산화탄소 배출의 2번째 거대 생성원이다. 이것은 전 지구 이산화탄소 순 배출량의 10~30 %를 담당한다.[2] 삼림, 초지, 토양들은 탄소의 많은 양을 저장한다. 삼림은 대부분 농작물보다 단위 면적당 20~40배 이상 탄소를 저장하고 만약 경작으로 나무들이 베어진다면, 이 탄소의 많은 부분이 대기권으로 방출된다. 지상 생태계에서 농업으로 전환되어 손실되는 탄소의 평균 추정 값은 21~46 %이다.[3]

일부 농업은 두 번째로 중요한 온실기체인 메테인을 만든다. 벼농사는 전 지구 메테인 배출량의 약 40 %를 방출한다. 논의 물이 넘치는 경우, 낮은 산소 조건 하에서 높은 유기 수성 퇴적물의 미생물 분해는 메테인 가스를 대기권으로 방출한다. 이 생성원은 벼 경작이 미래에 확장됨에 따라서 계속 성장하게 될 것이다.[4] 가축 이 생산하는 배출량은 전 지구 메테인 배출의 약 15 %를 차지한다. 반추 동물(소, 양, 염소, 낙타, 아메리카들소) 등은 풀과 다른 섬유소 마초들을 위장 내에서 삭이고 공기 중으로 메테인을 방출한다. 소들이 방출하는 메탄의 양은 가축 전체가 방출하는 메테인의 약 70 %에 해당한다.

산화질소는 농업 활동들과 가장 밀접하게 연관되는 온실기체이다. 탄소와 마찬가지로

---

2) Rosenzweig, C. and D. Hillel, 1998 : *Climate Change and the Global Harvest : Potential Impacts of the Greenhouse Effect on Agriculture*. Oxford. Oxford university Press.

3) Schlesinger, W. H., 1986 : Changes in soil carbon storage and associated properties with disturbance and recovery. In : Trabalka, J. R. and D. E. Reichle, eds., *The Changing Carbon Cycle : A Global Analysis*. New York. Springer-Verlag, 194-220.

4) Rosenzweig, C. and D. Hillel, 1998 : *Climate Change and the Global Harvest : Potential Impacts of the Greenhouse Effect on Agriculture*. Oxford. Oxford university Press.

식생과 토양 내의 질소는 개간 동안에 대기권으로 방출된다. 또한, 질소 비료들이 농작물에 뿌려지고 일반적으로 성장을 증대시킨다. 그러나 비료로부터 방출되는 과잉 질소는 토양 속으로 걸러지고 미생물 탈질소작용을 통하여 휘발성 산화질소로 변환되어 대기권으로 방출된다. 농업용 비료로부터 방출되는 산화질소의 추정 값은 적용된 질소의 0.1~1.5 %이다. 산화질소는 토양에 의해서 자연적으로 만들어지지만, 전 지구적으로 질소 비료들에 의한 배출량이 연간 산화질소 총 배출량인 800만~2,200만 ton 중에서 약 14만~240만 ton까지 차지한다.[5)]

여러 가지 농업 활동들은 온실기체 배출에 서로 다른 결과들을 초래한다. 일반적으로, 일년생 작물들은 온실온난화에 순 공헌을 한다. 그러나 전통적인 경작지 경작의 높은 순 온실온난화의 잠재성은 무경간농법) 경작 관리의 사용으로 크게 줄일 수 있다. 집중적인 농업은 경운기와 수확을 위해서 많은 양의 화석 연료를 사용하고 토양 탄소를 고갈시킬 수 있다. 저경간 농업 또는 무경간 농업은 에너지 집중도가 떨어지고 또한 토양 저장고 속에 더 많은 탄소를 유지시킨다. 콩과 식물 또는 다른 질소 고정 작물들을 사용하는 작물 회전은 질소 비료의 필요성을 경감시킬 수 있다. 일반적으로, 평야가 휴면기로 남아있게 된다면, 맨 처음 침입종들이 급격하게 성장하는 자연 식물군집들이 대기권 내의 탄소들을 격리시키고 대기권 내의 탄소의 순 제거를 제공하게 될 것이다. 그러나 식물 종들이 변화하고 식물 군집들이 성숙함에 따라서 성장은 천천히 일어나게 되고 탄소 흡원으로서 자연 식생의 역할은 약화될 것이다.

대기권 내의 이산화탄소, 온도, 강수량, 토양 수분의 변화들은 개별적으로 또는 모두 함께 작물 생산을 변경시킬 수 있다. 컴퓨터 모델들은 농업 생산과 작물 가격에 대한 기후의 영향들을 추정할 수 있다. 역학적인 작물 성장 모델들은 작물 성장 또는 산출을 예측하기 위해서 여러 가지 환경 조건 하에서 생리 과정, 신진대사 과정, 물리 과정 등을 사용한다. 그런 다음 다양한 경제 모델들은 경제에서 농업 분야에 대한 기후변화 효과들을 추정할 수 있다.[6)] 이들 농업 경제 모델들은 식량 생산, 소비, 수입, 고용, GDP의 변화에

5) Rosenzweig, C. and D. Hillel, 1998 : *Climate Change and the Global Harvest : Potential Impacts of the Greenhouse Effect on Agriculture*. Oxford. Oxford university Press.
6) Rosenzweig, C. and D. Hillel, 1998 : *Climate Change and the Global Harvest : Potential Impacts of the Greenhouse Effect on Agriculture*. Oxford. Oxford university Press.

대한 효과들을 추정하기 위해서 수많은 변수들을 포함한다. 일반적인 접근 방법은 다음과 같다. 첫째, 기후변화 모델들은 기후변화에 반응하여 작물 산출 변화를 예측하기 위해서 작물-반응 모델과 연결시킨다. 그런 다음 공급과 수요에 따른 가격 영향과 외국 무역의 영향에 따라서 예측된 작물 산출은 평균 변화와 경제적인 결과를 예측하기 위해서 농업 경제 모델의 입력 자료가 된다. 그러나 모든 예측과 같이, 모델 결과들은 어느 정도의 불확실성을 내재하고 있고, 농업에 대한 기후변화의 예측된 경제적인 결과들은 사용되는 모델에 따라서 광범위하게 변동한다.

농작물 생산에 미치는 기후변화의 부정적인 효과들을 경감시킬 수 있는 영향들은 수없이 많이 존재한다. 첫째, 아마도 가장 중요한 것은 기후변화에 적응할 수 있는 농장 경영에 대한 가능성이다. 농부들은 제초제를 사용하거나 파종, 수확, 관개시기를 변경하여 기후에 적응된 여러 가지 종을 파종함으로써 기후변화에 대응할 수 있다. 그러한 적응은 작물 산출에 대한 기후변화의 영향을 최소화할 수 있다. 따라서 농부 적응의 범위를 가정한 연구들에서는 작물 생산에 대한 기후변화의 효과가 심하지 않는 것으로 예측된다.[7] 그러나 심지어 선진국의 농부들까지도 장기간에 걸친 지속적인 기후변화에 대해서 대응할 수 있는 농장 운영의 변경을 충분히 하지 못하고 있다.[8]

둘째, 증가된 대기권 내의 이산화탄소는 또한 농업에 대한 기후변화의 효과들을 저감시킬 수 있다. 대기권 내에 더 높아진 이산화탄소 수준은 광합성과 작물 생산을 활성화시킬 수 있다. 이 과정을 이산화탄소 '시비효과(CO_2 fertilization effect)'라 부른다. 그러나 그러한 효과의 크기는 여전히 조사 중에 있다. 개개 식물 종들에 대한 온실 실험들은 산출의 뚜렷한 증가를 시연하였다. 그러나 물과 영양분의 부족과 같은 다른 인자들을 적용한 야외 실험들은 어떠한 증가된 산출을 보이지 않았다.

셋째, 부등적인 낮과 밤의 온난화 패턴들은 작물에 대한 기후변화의 영향들을 약화시켰다. 많은 작물들에서, 성장 계절 동안 주간 최고 기온의 뚜렷한 증가는 광합성을 감소시키고 산출을 저감시키도록 하는 증발산을 증가시켰다. 그러나 최근 경향들과 모델 예측들은

7) Mendelsohn, R., R. W. Nordhaus and D. Shaw, 1994 : The impact of global warming on agriculture : a Richardson analysis. *American Economic Review*, 84(4), 753-771.

8) Rosenzweig, C. and M. Parry, 1994 : Potential impact of climate change on world food supply. *Nature*, 367, 133-138.

구름양과 부등 온난화(야간 온난화가 주간 온난화보다 더 빨리 증가하는 것)가 증가되는 것으로 나타났다. 만약 온난화가 낮 동안보다 야간 동안에 주로 발생한다면, 이것은 작물 생산성에 대한 부정적인 기후변화 영향을 크게 저감시킬 것이다.[9] 마지막으로, 내열종 작물 또는 물을 주지 않아도 되는 농작물의 대체 또는 증가된 사용은 어떤 지역에서는 기후변화에 대한 영향을 감소시킬 것이다.

그러나, 수많은 잠재적인 기후 효과들은 부수적인 효과 또는 시너지 효과들을 가지고 있어 대부분 모델이 예측하는 것보다 매우 큰 효과들을 일으킨다. 예를 들면, 전 세계 경작지의 약 20 %만이 관개되어 있지만, 이 땅들은 전 세계 농작물 생산의 약 40 %를 차지한다. 따라서 물 유용성이 약간 증가하게 되면, 물이 임계적인 지역에서는 식량 생산이 감소하게 될 것이다. 또한 기후변화에 대해서 농작물들이 스트레스를 받게 됨에 따라서, 그들은 치명적인 해충과 질병에 더욱더 취약하게 된다. 온대 지역의 농작물 손실 위험은 지구온난화로 인해 작물들이 해충에 영향을 받게 되어 북쪽으로 이동함으로써 증대되고 있다.[10] 예를 들면, 진딧물은 올바른 환경 조건 하에서 많은 농작물들에 손실을 가할 수 있는 초식성 곤충의 집단이다. 모델 생태계 연구는 어떤 진딧물의 양들이 대기권 내의 이산화탄소 증가와 온도 증가 모두에 반응하여 극단적으로 증가한다고 제안하고 있다.[11] 대두의 주요 해충이고 감자 해충인 매미충인 감자애매미충은 미국 걸프 만 연안을 따라서 좁은 영역에서 겨울을 난다. 겨울이 평년에 비해서 더 따뜻해질수록 이 해충은 북쪽으로 더욱더 뚜렷하게 서식지를 확대하여 성장계절 이전에 침입을 하게 된다.

또한 기후는 동물 사육에 영향을 미친다. 간접적인 효과는 기후에 의해서 유발되는 사료의 효용성과 가격 그리고 목초와 마초 작물 산출의 변화를 포함한다. 극단적인 열파는 동물의 건강에 영향을 미칠 수 있다. 예를 들면, 열파는 가금들을 죽일 수 있고 젖소의 우유 생산을 감소시킬 수 있다. 또한 기후는 축산 해충과 질병의 분포를 조절한다.[12]

---

9) Dhakhwa, G. B. and C. L. Campbell, 1998 : Potential effects of differential day-night warming in global *climatic change* on crop production. *Climatic Change*, 40, 647-667.

10) Porter, J. H., M. L. Parry and T. R. Carter, 1991 : The potential effects of climate change on agricultural insect pests. *Agricultural/Forest Meteorology*, 57, 221-240.

11) Bezemer, T. M., T. Hefin and K. J. Knight, 1998 : Long-term effets of elevated CO2 and temperature on population of the peach potato aphid *Myzus persicae* and its parasitoid *Apphidus matricariae. Oecologica*, 116, 128-135.

현대 대규모 농업은 주로 단일재배를 한다. 즉, 하나 또는 약간의 작물 이종들을 경작한다. 미국의 경우 3가지 작물인 밀, 옥수수, 대두 등 경제적인 가치는 모든 작물을 통합한 것과 같은 가치이다. 오직 몇 개의 종만을 가지고 보통 임의의 환경 필요조건만 있다면, 단일재배의 경작은 질병이거나 기후변화이거나 또는 여러 인자들의 조합이거나 간에 농작물은 스트레스에 특히 취약하다.

2. 전 세계 농업

전 세계 기후에 대한 열대지방의 민감도와 효과들은 중요하다. 장기간 동안 경험하게 되는 강우 패턴의 작은 변화들은 식생에 큰 효과를 가져 오게 된다. 따라서 이에 의존하는 사람들에 영향을 미친다. 과거 2백만 년 동안 이루어진 약간의 기온 변화는 열대지방 내의 강우 패턴을 변화시켜, 어떤 지역에서는 더 건조해지고 다른 지역 지역에서는 더 습윤해진다.[13] 전 세계 기후는 열대지방 내의 조건들에 의해서 조절된다. 중위도 내의 농업에 필요한 에너지원의 일부는 열대지방으로부터 공급된다. 열대 삼림들은 전 세계에서 생산되는 이산화탄소의 많은 부분을 흡수하고, 지구를 보호하는 오존은 열대 성층권에서 생성된다. 따라서 열대지방의 날씨와 기후를 알아보는 것은 매우 중요할 뿐만 아니라 열대 기후, 농업, 인간 사이의 상호관계를 아는 것도 중요하다.[14]

1) 습윤 열대지방 내의 농업과 삼림벌채 효과

습윤 열대지방의 많은 지역에서 이루어지는 농업은 삼림벌채의 결과이다. 역사적으로 삼림벌채는 대부분 반낙엽성 우림에서 이루어졌다. 이것은 습윤대의 비교적 풍부하지만 걸러진 붉은 갈색(철 성분이 풍부함) 또는 회색(고령토가 풍부함) 토양에 기인한다. 또한 개척지의 형태와 약간 알맞은 몬순 기후에 기인한다. 삼림은 지면 아래 토양층에 용해된

12) Rötter, R. and S. C. Vande Geijin, 1999 : Climate change effects on plant growth, crop yield and livestock. *Climatic Change*, 43, 651-681.

13) Burroughs, W. J., 2005 : *Climate change in prehistory : the end of the reign of chaos.* Cambridge University Press. Cambridge.

14) Gaivin, J. F. P., 2009 : The *weather* and climate of the tropics, Part 10 - Tropical agriculture. Weather, 64(6), 156-161.

광물들을 뿌리로 빨아올릴 수 있는 습윤 열대지방에 이상적으로 적합하다.[15)]

삼림이 농업을 위해 개괄지로 벌채됨에 따라서 그리고 건축용 목재용 또는 종이 제조용으로 또는 농작물을 재배하기 위해서 벌채됨으로써, 기후에 심대한 효과를 가지게 된다. 인구의 증가는 필연적으로 더 많은 개간을 요구하지만, 돈을 벌기 위한 농작물의 경작은 이론의 여지가 있는 문제이다. 동남아시아의 열대우림 내의 많은 지역들은 벌채가 되거나 보통 야자와 과일 나무들로 수종이 변하였다. 처음 벌채는 집을 짓는 목재를 제공하는데 이용되었지만 후에는 생계를 위한 농작물 경작을 위해 이루어졌다. 반낙엽성(몬순) 우림 내에서 수출용으로 크게 경작되는 차, 커피, 초콜릿과 같은 농작물들이 삼림지대를 대체하였다. 이 외에도 유류작물, 열대 과일 또는 땅콩들이 삼림이 벌채된 곳에 심어진 주요 작물이다.

삼림벌채는 기후와 날씨에 유감스럽고 중요한 효과들을 가져오고 있다. 작물 또는 초지가 삼림지대를 대체함에 따라서, 일교차는 증가하고 증산은 감소하고 더 낮은 지상 습도는 구름 형성을 감소시킨다. 열대지방에서 발생하는 구름 형성의 대부분은 대류의 결과이다. 따라서 작물들은 건조 지역 내에서 부수적인 급수를 요구한다. 그러나 주된 되먹임은 물의 순환을 통하여 운반되는 물의 양을 감소시킨다. 다른 되먹임은 적운형 구름의 구름 밑면 높이를 증가시킨다. 이것은 증발되기 전에 지면에 도달하는 강우량을 감소시킨다.

나무들이 벌채됨에 따라서, 이는 열대 라토졸에 심각한 영향을 미치게 된다. 나무가 없어짐에 따라서, 잎이 떨어진 나무와 쓰러진 나무들은 무기물의 재순환에 공헌할 수 없다. 그래서 토양은 더욱 쉽게 필수 영양분들을 용해하게 된다. 잎 카노피의 결여는 지면에서의 강우 강도를 증가시키게 되어 얇은 부식토 층은 더욱더 쉽게 쓸려가게 된다. 작물들을 상업적으로 경작하는 곳에서는 보통 다량의 비료가 필요하게 된다. 히말라야 산맥과 같은 산맥들로부터 흐르는 비교적 영양분이 많이 포함된 강물들이 비료 대신에 사용된다. 생산성에 대한 가능성이 좋다고는 하지만, 특히 연속적인 성장 계절이 존재하는 곳에서는 경비가 높아질 수 있다.

---

15) Ellis, S. and A. Mellor, 1995 : *Soils and environment.* Routledge. London.

삼림벌채와 삼림퇴화는 또한 대기에 탄소를 방출하여 전 세계 기후에 더욱더 영향을 미친다. 순 산림벌채는 주로 열대 지방의 산림벌채로부터 일어나는 것으로 이산화탄소의 역사적인 상승의 1/4를 차지하고 있다.[16] 열대 삼림 면적은 1980년과 1990년 사이에서 2억 5천만 ha가 감소하였다. 삼림 영역이 현재 전 세계 온실기체의 세 번째 원인제공자로서 수송 영역보다 온실기체를 더 많이 방출한다.

비록 열대삼림의 그러한 영향들은 불확실하지만, 기후변화로 인한 아마존 우림의 광범위한 손실을 예측하는 일부 모델에 따르면, 열대삼림은 기후변화에 취약하다.[17] 그러므로 삼림쇠퇴는 기후와 탄소 사이클 피드백과 같은 방법으로 증가하도록 하여 이산화탄소의 상승을 가속화시킨다. 열대산림과 그들이 저장하고 있는 탄소를 보호하는 것에 대해서 현재 논의되고 있다. 여기에는 REDD(Reducing Emissions from Deforestation and Degradation)라 불리는 메커니즘을 통해서 기후 변화에 대항하는 것을 측정하는 것이 가능하다.[18]

아마도 쌀은 열대의 특징적인 농작물이다. 특히 아시아에서는 인구의 90 %가 쌀에 의존한다. 쌀은 전 세계 인구의 약 45 % 정도인 30억 이상의 인구를 먹여 살리기 때문에 세계에서 가장 중요한 농작물이다.[19] 쌀은 성장 계절 동안 풍부한 강우와 함께 고온 습윤한 기후에서 잘 성장한다. 발아 기간에는 평균 온도가 15 ˚C 이상이어야 하고, 알곡 성장기간에는 22 ˚C 이상과 33 ˚C 미만이어야 하고[20] 서리가 없어야 한다. 약 1억 5천만 ha의 땅이 쌀 생산에 충당하고 있다. 이것은 어떤 농작물도 이 이상은 없다. 2개의 성장 단계들의 사용된다. 첫 단계는 잡초 성장을 제한하기 위해서 식물의 물에 대한 내성을 이용하는

16) de Forster, P., V. Ramaswamy, P. Artaxo, T. Berntsen, R. A. Betts, D. W. Fahey, J. Haywood, J. Lean, D. C. Lowe, G. Myhre, J. Nganga, R. Prinn, G. Raga, M. Schulz, and R. van Dorland, 2007 : Changes in atmospheric constituents and in radiative forcing, in IPCC *Fourth Assessment Report. Working Group I Report. The Physical Science Basis*. IPCC, Geneva.

17) Betts, R. A., P. M. Cox, M. Collins, P. P. Harris, C. Huntingford, and C. D. Jones, 2004 : The role of ecosystem-atmosphere interactions in simulated Amazonian precipitation decrease and forest dieback under global climate warming. *Theor. Appl. Climatol.*, 78, 157-175.

18) Gullison, R. E., P. C. Frumhoff, J. G. Canadell, C. B. Field, D. C. Nepstad, K. Hayhoe, R. Avissar, L. M. Curran, P. Friedlingstein, C. D. Jones, and C. Nobre, 2007 : Tropical forests abd climate policy. *Science*, 316, 985-986.

19) http://www.irri.org

20) Stansel, J. W. and R. E. Fries, 1980 : A conceptual agromet rice yield model. *Proc. Sympos. Agromet. Rice Crop*. pp. 201-212.

것이다. 그러나 이 방법은 매우 강력한 온실기체인 메탄을 생산하게 된다. 물만 충분히 공급된다면 1년에 3모작도 가능하다. 쌀 1 kg 생산에 필요한 물은 5,000 L로, 이는 어떤 지역에 주기적인 가뭄을 일으킬 수 있는 임계값이다.[21]

상업적인 경작을 하는 곳에서는 광범위하게 나무(예 : 과일, 오일 팜, 코코넛)를 성장시키기 때문에, 이들 산림의 다양한 식물군과 동물군의 서식지를 파괴해 버릴 수 있어 환경에 대한 피해가 심각해진다.

2) 사바나 지역 내의 농업

사바나는 인간에게 매우 중요하다. 많은 농작물들이 이 기후대에서 특히 인도, 아메리카 대륙, 아프리카의 극상 식생(climax vegetation)으로 대체되고 있다.

아마도 사바나에서 많이 성장하는 가장 중요한 농작물은 곡류이다. 즉, 쌀, 밀, 보리, 귀리, 옥수수, 조이다. 이들 식물들은 풀로부터 발달하고 비록 경작된 지역이 주로 목축 농장에서 사용되는 자연 식생과 비교해보면 상대적으로 작지만, 열대의 많은 주민들을 먹여 살린다. 이 곡류들의 대부분은 빵을 굽기 위한 밀가루를 형성하거나 빵을 만드는 데 필요한 밀가루를 생성하기 위한 기본 작물이다. 일반적으로 쌀을 제외한 열대 곡류들은 글루텐을 적게 함유하고 있어 빵이 잘 부풀어오르지 않는다. 많은 곡류들은 또한 동물 사료 보충으로써 사용되었다. 주정을 생산하는 나라에서는 맥아로 된 보리는 맥주 양조에 사용된다. 농작물의 종류는 부분적으로 기후에 의존하지만 또한 주민들의 친숙함에 따른다. 곡물 가운데서 귀리와 보리는 서리를 포함한 주기적인 한랭에 저항하고, 반면 옥수수는 더 따뜻하고 더 습윤한 조건들을 요구하고 수수는 더 건조한 환경에 적응한다. 보리는 소금에 내성이 있고 귀리는 매우 습윤한 기후에서 성장할 수 있다.

발아하기 위해서 충분히 습윤한 토양 내에서의 평균 온도는 귀리의 경우에는 4 ℃ 이상이어야 하고, 밀의 경우에는 9 ℃ 이상이어야 하고, 옥수수의 경우에는 11 ℃ 이상이어야 한다.[22] 이들 온도들은 단지 대부분의 열대 고도에서 한정되거나 겨울에서는 열대의 주변부에서 한정된다.

---

21) http://www.abc.net.au/rn/streetstories/features/rice

22) Petr, J.(ed.), 1991 : *Weather and yield.* Elsevier, Amsteradam.

콩도 또한 중요한 농작물이다. 이것은 대기로부터 질소를 고정시켜 토양을 비옥하게 보존하는 데 도움을 주는 반면, 귀한 식물성 단백질도 제공한다. 가장 특별한 뿌리 농작물은 아프리카에서 주로 성장하는 카사바이다.

사바나에서, 동물과 식물들은 1년 중 일부 기간 동안에는 건조하고 고온 날씨에 적응하게 되고, 여름의 매우 습윤한 날씨에도 버틸 수 있다.

3) 건조 지대 농업

대부분 사막 정착은 강 근처에 이루어지고 일부 경우에는 강 형성이 단명으로 끝이 난다. 그러나 충분한 물이 존재하는 곳에서, 농업 생산성은 높을 수 있다. 왜냐하면 강우의 결핍은 토양의 침출을 제한하기 때문이다. 토양은 엷어지게 될 것이고 빈약하게 형성될 것이다. 그러나 토양 내의 광물들의 양은 식물에 의해서 쉽게 사용되어 깨어지지 않는다. 또한 여전히 미성숙한 점토 또는 기반암 내에 함유하게 된다. 그러나 물이 첨가하게 되면 영양분들은 급격하게 소비되거나 침출하게 된다. 따라서 토양은 보통 푸석푸석하게 되고 부서지기 쉽게 된다. 이 기후대에서 관개수는 낮은 습도와 주간의 따뜻함에 의해서 쉽게 발산하게 된다.

관개는 전통적으로 계절적으로 나일 강과 같은 거대한 강에 의해서 제공된다. 주로 작은 기공들이 많지만 불투성인 점토로 되어 있는 충적토들은 물을 저장하여 농업 생산을 가능하게 한다.[23] 아주 최근에는 댐과 관개의 건설로 인해 건조한 지역들이 녹색으로 변하고 있다. 사막 토양의 비옥도는 또한 주변의 지질과 연관된다. 주변에 석회암이 존재하는 곳에서의 토양들은 점토암보다는 석회암으로부터 형성되기가 용이하다.[24] 거대한 노출암이 존재하는 다른 지역들은 암석의 틈새에 관목 식생들이 살 수 있기 때문에 다른 어느 곳보다 동물들이 생존하기에 부적절하다.

장기간 동안 이루어진 사막 관개의 효과들은 건조한 땅 내에 심각한 효과들을 초래할 수 있다. 토양은 자연적으로 소금을 포함한 광물들을 함유한다. 물의 첨가는 침출과

---

23) Ellis, S. and A. Mellor, 1995 : *Soils and Environment.* Routledge. London.

24) Open University, 1986 : *The Earth's physical resources(S238), Block 4. Water resources.* Open University, Milton Keynes.

식물 성장에 따라서 토양 속에 존재하는 필수적인 원소인 인과 질소를 점진적으로 박탈한다. 반면 증발에 의해서 물속에 존재하는 특히 염화나트륨과 탄산칼슘들과 같은 염류들이 토양 내에 증가하게 된다. 염화나트륨은 많은 식물들에게 유독하여 내성을 지닌 종들만이 성장할 수 있다.

아시아 남부 지방의 많은 지역에 성장하는 관목지는 오랫동안 관개를 받고 있다. 땅콩은 인도와 중국뿐만 아니라, 동고츠와 서고츠 사이의 중앙인도에서 기름용으로 경작되는 중요한 농작물이다.

아프리카의 사헬은 인구의 증가와 강우의 희박성 때문에 주목을 받고 있다. 수자원에 대한 인간의 효과는 이들 가장자리 지대 내에서는 특히 농업이 중요하다. 이곳에서는 유목민들보다는 거주자들의 정착이 증가하고 있다. 그러나 이들 지대들에는 인류 역사상 매우 건조하게 되는 징후들이 나타나고 있다. 이 변화는 더 큰 규모의 기후 변화와 전세계 해수면 온도변화뿐만 아니라 사헬과 주변 사바나의 환경 변화에 기인하는 것으로 보고 있다.[25)]

건조 지역 내에 위치하는 산들의 큰 이점은 고산지대에 경작되는 중요한 곡류들에 의해서 나타난다. 이 곡류들은 사우디아라비아와 예멘의 산악지대에서 경작되는 호밀, 귀리, 보리이다. 어느 곳이든 지형성 비는 주변 저지대에 물을 공급하고 일부 지역에는 비그늘 사막을 형성하게 된다. 현저하게 고구마는 열대 안데스 산맥의 경사면에 먼저 성장한다. 고지대 지면은 습도가 낮지만, 이들 지역들은 위성 영상 내에 종종 구름이 낀 모습을 나타낸다. 고지(upland) 계곡 내의 정착은 이들 구름들로부터 내리는 비와 눈에 의존한다. 이것은 특히 북동 아프가니스탄, 이란, 파키스탄 내에서 중요하다. 건조기후를 가지는 이들 국가들에서는 비교적 상당한 인구가 살고 있다. 이곳에서 내한성 농작물들은 아프가니스탄의 헬먼드, 인디아의 인더스, 파키스탄의 체나브, 파키스탄의 수트레지와 같은 거대한 강들로부터 이루어지는 관개에 의해서 성장한다.

---

25) Folland, C. K., D. E. Parker, and T. N. Palmer, 1986 : Sahel rainfall and worldwide sea temperatures. *Nature*, 320, 602-607.

4) 온대지방 농업

온대지방에 위치하는 선진국의 경우, 기후변화는 농업생산에 대한 부정적인 영향을 별로 가지지 않는다. 사실, 많은 온대지방에서의 지구온난화와 성장 계절의 확장은 유익하게 될 것이다. 북유럽의 경우, 기후변화는 스웨덴 남부지방의 겨울 밀 생산이 2050년에 이르면 현재 수준에서 10~20 % 증가하게 될 것이다. 그러나 그러한 예측에는 광합성의 효율성, 식물의 기공 전도력, 온도와 강수량 변화에 대한 많은 가정들을 내포하고 있다.[26] 오스트레일리아 밀 산출량은 새로운 품종 개발과 관리 기술의 변화로 인해 과거 50년 동안 증가하였다. 그러나 관측된 30~50 % 증가는 밀에 주된 영향을 미치는 최저기온의 상승에 따른 기후변화에 의한 것이다.[27]

캐나다 퀘벡 주 남부 지방의 경우, 연구자들은 2배 이산화탄소 농도($2 \times CO_2$)의 대기에 반응하는 기후변화를 조사하기 위해서 캐나다 기후센터 대기대순환 모델(GCM)을 적용시켰다. 그들은 성장계절 동안 강수량이 20~30 %, 온도가 2.5 ℃, 성장도일이 적어도 50 % 증가할 것으로 예측하였다. GCM 출력자료는 다양한 작물들의 잠재 산출량 변화를 추정하는 작물 모델의 입력 자료로 사용되었다. 농업 지대와 작물 형태에 의존하게 되면, 산출량은 옥수수와 수수는 약 20 % 증가한 반면 밀과 대두는 20~30 % 감소하였다.[28]

물 부족에 시달리고 농업지역의 변경지대(예, 사하라 이남 아프리카, 멕시코 북부 지방, 중동, 브라질 북동부 지방, 오스트레일리아)들은 기후변화로 인해서 농작물 생산량이 완전히 감소하게 될 것이다. 예를 들면, 이집트의 경우, 농업 생산은 나일 강 삼각주의 해수면 상승과 나일 강으로부터의 관개에 대한 필요성의 증대로 인하여 위협을 받고 있다. 모델 모의 결과에 의하면, 나일 강 삼각주의 밀 산출은 30 %까지 감소하고, 이집트 중부 지방은 50 %까지 감소하는 것으로 나타났다. 이들 모든 지역은 인구가 급격하게 증가하고 식량

---

26) Eckersten, H., K. Blomback, T. Katterer and P. Nyman, 2001 : Modelling C, N, water and heat dynamics in winter wheat under climate change in Southern Sweden. *Agriculture Ecosystems and Environment*, 86(3), 221-236.

27) Neville, N., 1997 : Increased Australian wheat yield due to recent climate trends. *Nature,* 387, 484-485.

28) Singh, B., M. El Maayar, P. Andre, C. R. Bryant and J.-P. Thouez, 1998 : Impacts of a GHG-induced climate change on crop yields : effects of acceleration in maturation, moisture stress abd optimal temperature. *Climatic Change*, 38, 51-86.

수용가 급증하는 곳이다.[29] 트리니다드의 경우, 기후변화와 농작물이 결합된 모델에 의하면, 온난화와 증가된 토양 수분 스트레스 때문에 사탕수수 산출이 뚜렷하게 감소하는 것으로 예측되었다.[30]

전 세계 많은 지역에서, 인간에 의해 유발된 농지의 저하는 미래 농업 생산성의 뚜렷한 부정적인 영향을 나타내고 있다. 이들 영향들은 기후변화로부터 입는 피해의 추정 값에 더해져야만 한다. 예를 들면, 라틴 아메리카는 세계 경작지의 23 %를 가지고 있고, 인구의 30~40 %가 농업으로부터 얻은 수입에 의존하고 있다. 그러나 토지의 14 %가 과도한 방목, 침식 또는 알칼리화의 결과로서 보통에서부터 극단적인 저하에 시달리고 있다. 목초지 토양의 47 %는 비옥함을 잃어버렸다. 이미 적은 강우량과 변동적인 강우량에 의해서 스트레스를 받고 있는 나라로서 더 온난하고 더 건조한 기후 쪽으로 이동할 것이라고 예측된 멕시코의 경우에는 경제적인 재앙을 겪을 수 있다. GCM과 작물 모델들을 연결한 대부분 라틴 아메리카 연구들은 다양한 작물에서 산출이 크게 감소한다고 예측하고 있다.

중동과 아시아 반건조 지대의 많은 지역에서는 인구가 급격하게 증가하고 있고 동물들을 방목하고 관개되지 않은 작물 생산에 크게 의존하고 있다. 미래에 물 부족이 크게 심각해질 것으로 예측되는 이들 지역에서는 농업에 대한 심각한 결과를 가져올 것이다. 이들 지역에서 강수량이 조금 증가하더라도 더 많은 증발산이 일어날 것이다. 예를 들면, 카자흐스탄인 경우, 주 작물인 봄밀의 산출은 60 %까지 감소할 것으로 예상되고 있다.[31]

일반적으로, 연구 결과들은 농업 경제의 변화는 적도 지역에서는 유해하고, 고 위도 지역에서는 유익하고, 온대지역에서는 혼합적이라고 제안하고 있다(그림 10-1). 토지 이용 변화와 적응의 유연성 있는 수준들을 합체한 모델들의 결과들은 전 세계 평균온도

---

29) Eid, H. M., 1994 : Impacts of climate change on simulated wheat and maize yields in Egypt. In : Rosenzweig, C. and A. Iglesias, eds. *Implications of Climate Change for International Agriculture : Crop Modeling Study*. Washington, DC. US EPA, pp. 1-14.

30) Singh, B. and M. El Maayar, 1998 : Potential impacts of greenhouse gas climate change scenarios on sugarcane yields in Trinidad. *Tropical Agriculture*, 75(3), 348-354.

31) Gitay, H. and I. R. Noble, 1998 : Middle East and Arid Asia. In : Watson, R. T., M. C. Zinyowera and R. H. Moss, eds. *The Regional Impacts of Climate Change : An Assessment of Vulnerability*. Special Report of IPCC Working Group II. Cambridge, Cambridge University Press, pp. 231-252.

(GAT)가 1~2 ℃ 증가하면 전반적으로 전 세계 농업에 유익하다고 지적하고 있다. 그러나 만약 GAT가 3 ℃ 이상 증가한다면, 농업 생산이 극심하게 감소할 것으로 예측하고 있다.[32)]

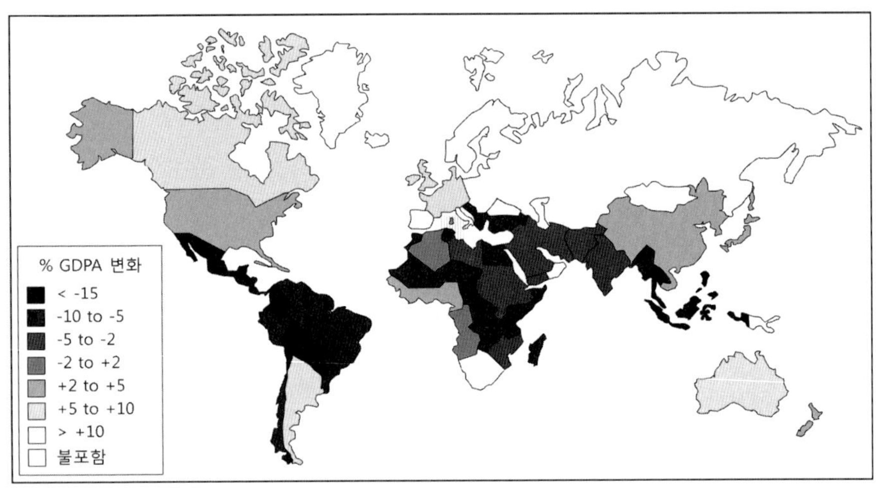

그림 10-1. 2060년의 경제적인 조정에 따른 국내 농업 총생산에 대한 기후변화 영향

전 세계 농업에 대한 기후변화의 가장 상세한 연구 중의 하나는 1990년부터 2060년까지 18개국 122 장소에서의 기후변화를 예측하기 위해서 3개의 상이한 GCM과 2 × CO_2 대기를 적용시킨 것이다.[33)] 개개 GCM의 출력자료들은 여러 가지 작물들을 위한 생산 모델에 연결시켰다. 연구자들은 전 세계 총 곡물 생산의 70~75 %를 차지하는 밀, 옥수수, 대두, 쌀 작물들의 생산이 예측된 기후 변화에 어떤 영향을 받을 것인지에 대해서 조사하였다. 그들은 이산화탄소 시비 효과를 가정한 경우와 가정하지 않은 경우에 대해서 효과들을 시험하였고 기후변화에 대한 기술 순응에 대한 2가지 수준에 대한 모델을 만들었다. 수준 1의 순응은 농업 시스템에 적은 변화를 가정한 반면, 수준 2의 순응은 파종 시기의 대폭적인 이동, 비료와 관개의 증가, 새로운 작물 이종들의 개발을 가정하였다. 마지막으로,

32) Darwin, R., 1999 : A farmer's view of the Ricardian approach to measuring agricultural effects of *climatic change* on crop production. *Climatic Change*, 43, 371-411.

33) Rosenzweig, C. and M. Parry, 1994 : Potential impact of climate change on world food supply. *Nature*, 367, 133-138.

그들은 작물 가격의 변화들을 추정하기 위해서 세계 식량 무역과 경제 모델들을 사용하였다. 그들의 연구는 기후변화가 선진국의 농업 생산에 적은 부정적인 영향을 미칠 것이라는 아이디어를 지지하였다. 그러나 최빈국의 경우, 기술 순응의 결여와 다른 인자들이 농업 생산에 지속적인 감소를 유발할 것이다. 세계 식량 공급과 수요에 대한 변화 때문에, 곡물 가격은 상승할 것이고 기아의 위험에 노출되는 사람 수가 수천만 명에서 수억 명까지 증가하게 될 것이다.

전 세계의 여러 지역에 대한 다른 사례 연구들이 다음과 같이 제시되었다.[34)]

첫째, 일본의 경우, 쌀 생산이 뚜렷하게 증가한다.

둘째, 오스트레일리아, 브라질, 인도, 아프리카 일부 지역에서는 강해진 엘니뇨 때문에 가뭄과 작물 스트레스가 증가한다.

셋째, 1930년대와 유사한 더스트보울 조건으로 회귀함에 따라서 미국 중앙 대평원과 캐나다의 농장에서의 생산량이 크게 감소하였다.

넷째, 만약 기술 개발이 더 온난한 조건에 장점으로 작용한다면, 핀란드와 러시아와 같은 온대 국가들의 작물 생산은 증가한다.

34) Parry, M. L., T. R. Carter, N. Konijin, eds., 1988 : *The Impact of Climatic Variations on Agriculture. Vol. 1 : Assessments in Cool, Temperature and Cold Regions; Vol. 2 : Assessments in Semi-Arid Regions.* Boston. Kluwer Academic Publishers.

기후변화에 대한 효과 : 해양 환경

인간은 해양에 의존하여 살아간다. 기후변화는 해수면에서 일어나고 있는 해양과 대기의 상호작용, 해양 열 수송, 생물화학적 주기, 수산업을 포함한 해양 생태계에 영향을 미칠 수 있다. 지구 표면의 2/3은 해양으로 덮여있다. 해양이 온난하게 되면, 해양 체적은 팽창한다. 빙하가 녹음으로 인해 생기는 물과 함께 이러한 팽창은 해수면을 상승하게 할 것이다. 해수면이 더 높아지는 것은, 얕은 물에 서식하고 있는 해양 군집들에 영향을 미치게 될 것이고 연안에 거주하는 인간에게도 큰 영향을 미칠 것이다.

기후를 결정하는 데 결정적인 역할을 하는 대기와 해양 사이의 물리적인 상호작용은 아마도 기후변화에 의해 그들 자신이 변화하게 될 것이다.[1] 물 온도가 증가하는 것은 해양으로부터 대기권으로 수증기의 이동을 증가시키고 대기권 내의 온실기체들의 용해도를 감소시킨다. 해수 온도와 염분의 변화들은 밀도로 유도되는 해류와 열 수송을 변경시킬 것이다. 광합성, 유기 황화합물 생산, 탄산칼슘 형성과 같은 해양 내의 해양 생물화학적 과정들은 기후에 의해서 영향을 받는다. 복잡한 되먹임을 통한 이들 과정의 변화는 기후변화 영향에 뚜렷하게 더해질 것이다.

마지막으로, 지구 기후변화는 가용한 서식지와 해양 플랑크톤, 무척추동물, 어류, 해양 포유류의 개체 수 분포를 바꿀 것이다. 온도가 더 높아지는 것은 독성 해조류 출현과

---

1) Bigg, C. R., 1996 : *The Oceans and Climate*. Cambridge University Press.

해양 질병의 발생을 증가시키게 된다.

여기서는 세계 해양에 대한 지구온난화의 효과들을 알아보고 해양 생물군집과 인간 사회가 변화하는 해양 조건들에 의해서 어떻게 영향을 받는지 알아보고자 한다.

1. 해수면 상승

온실온난화는 해수면 상승을 유발하게 될 것이다. 해수가 따뜻해짐에 따라서, 해수의 체적은 팽창한다. 또한 산악과 한대 대륙 지역 내에 저장되어 있던 담수가 녹고 바다로 흐르게 됨에 따라서, 해수면이 더 높아지는 데 일조한다. 바다 얼음이나 빙산의 녹음 자체만으로는 해수면 상승에 기여하지 않는다. 평균 해수면을 결정하는 것은 간단한 일은 아니지만, 오랜 세월 동안 다양한 방법들이 적용되었다.

해수면은 이미 상승하고 있고 계속 상승할 것이다. 일부 경우 지난 100년간 관측한 검조기 기록을 분석해보면, 해수면이 1년당 2.4 ± 0.9 mm 상승하는 것으로 나타났다.[2] 비록 미래 해수면 상승의 예측들이 변동하더라도,[3] 차후 100년에서 200년까지 해수면 상승이 지속될 것이라는 것은 의심의 여지가 없다. 7개의 상이한 기후 모델들과 35개의 상이한 시나리오(SRES)들을 아울러 예측된 범위에 기초하여, IPCC는 1990년~2100년 사이에 전 세계 해수면이 0.09~0.88 m(중앙값은 0.48 m)까지 상승할 것으로 예측하고 있다(그림 11-1). 온실기체로부터 유발된 해수면 상승을 제시한 여러 연구자들로부터 해수면의 확률 분포들에 대한 추정값은 34 cm 이상으로 상승하는 가능성은 50 %이고 2100년에 이르러 1 m 이상으로 상승하는 가능성은 단지 1 %이었다. 19세기보다 1996년 이후 30년 동안이 1년 당 1 mm 이상 급격하게 해수면이 상승할 가능성은 65 %이었다.[4] 예측된 해수면 상승의 약 70 %는 해수가 온난해짐에 따라서 발생하는 해수의 열적 팽창의 결과로 이루어지고 30 %는 바다에 담수를 추가하는 빙하와 빙관의 녹음으로부터 이루어진

2) Peltier, W. R. and A. M. Tushinham, 1989 : Global sea level rise and the greenhouse effect : might that be connected? *Science*, 244, 806-810.

3) Titus, J. G., R. A. Park, S. P. Leatherman, J. R. Weggel, M. S. Greene, P. W. Mausel, et al., 1991 : Greenhouse effect and sea level rise : the cost of holding back the sea. *Coastal Management*, 19, 171-204.

4) Titus, J. G. and V. Narayanan, 1996 : The risk of sea level rise. *Climatic Change*, 33, 151-212.

다. 해수면 상승은 전 세계 온도 증가와 지연을 이루게 될 것이다. 따라서 해수면은 2100년 이후 수 세기 동안 현재보다 수 m까지 계속 상승할 것이다. 그러나 해수면 상승의 예측은 여러 가지 불확실성을 지니고 있다. 만약 서남극 빙상이 녹고 붕괴한다면, 해수면은 6 m까지 증가할 수 있을 것이다. 또한 북대서양 상공의 대기 순환의 어떠한 변화는 그린란드의 강수량과 강설 그리고 얼음 축적을 변경할 수 있을 것이다.[5)]

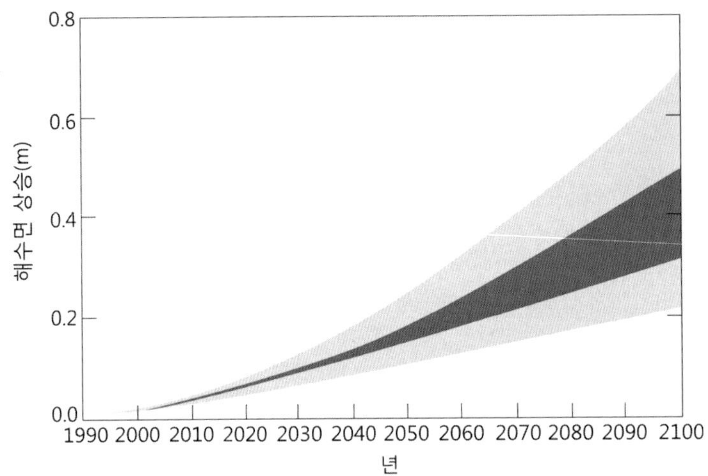

그림 11-1. 1990년~2100년까지 전 세계 평균 해수면 상승 진하게 칠해진 지역들은 모든 IPCC SRES에 대한 7개의 기후 모델 결과의 평균값이고, 엷게 칠해진 지역들은 모든 35개 시나리오에 대한 모든 모델들의 결과들의 범위를 보여주고 있다.

해수면 상승은 생태계와 인류에 수많은 중요한 영향을 미치게 될 것이다. 전 세계 인구의 약 절반은 해양으로부터 200 km 이내에 거주하고 있고, 수백만 명은 해발 고도가 5 m 미만인 연안 지대에 살고 있다. 해수면 상승 영향에는 증가된 해변 침식, 지하수에 대한 염수의 침입, 연안 서식지의 범람 등이 포함된다. 일반적으로, 침식에 의한 해변 손실은 예측되는 직접적인 범람을 훨씬 능가하게 될 것이다. 침식된 지역들은 해변으로부터 해파들이 바닥에 영향을 미쳐 소멸되는 수심(보통 10 m 깊이)까지의 평균 경사에 의존한다.[6)]

5) Bromwich, D., 1995 : Ice sheets and sea level. *Nature*, 373, 18-19.
6) Brunn, P., 1962 : Sea level rise as a cause of shore erosion. *Journal of Waterways and harbors Division (ASCE)*, 1, 116-130.

이것은 많은 지역에서 해수면이 1 cm 상승한다는 것은 해안선의 후퇴를 1 m 초래한다는 의미이다. 즉, 해수면 상승에 대한 해변 손실의 비는 1:100이다. 해파 활동이 더 강한 지역에서 나타나는 해변 후퇴는 더 크게 발생할 것이고 해변 경사가 낮은 지역들 예를 들면 플로리다 일부 지역에서는 해수면 상승과 해변 후퇴 비가 1:1000까지 일어나게 될 것이다. 그러한 지역에서, 해수면이 1 m 상승한다면, 해안선은 1 km 후퇴하게 될 것이다. 해안선으로부터 2 km 내에 땅을 소유하고 있는 사람의 경우, 땅의 50 %를 잃게 될 것이다.

많은 지역에서, 해변은 관광 사업 측면에서 가치 있는 경제원이다. 이들 해변들의 보호, 안정, 보충은 그들의 경제적인 가치를 유지하기 위해서 상당한 자금의 투자를 요구하게 될 것이다. 금융 기관들은 저지대 연안 토지들에 대한 투자와 보증의 위험성을 이미 간파하고 있다.

많은 연안과 섬 지역 사회에서는 지하수 우물로부터 담수를 끌어온다. 담수는 염수보다 밀도가 더 적기 때문에, 신선한 지하수는 일반적으로 연안 지역 또는 섬 지역 아래에 수면 밑 해수가 침범하는 꼭대기 위에 부유하는 담수 렌즈 형태로 수집된다. 해수면이 상승하게 되면, 그러한 담수 렌즈들은 더 작은 체적으로 압착될 것이다. 즉, 염수가 신선한 지하수 안으로 침입하게 될 것이다.

어떤 지역들은 특히 해수면 상승의 효과에 취약하게 된다. 태평양, 인도양, 카리브해의 섬나라들인 경우, 침식, 범람, 물 공급 시설에 대한 해수의 침입과 같은 모든 것들은 섬나라들의 사회적 · 경제적인 생활에 위협을 줄 것이다.[7] 예를 들면, 총 30만 명 이상의 인구를 가진 키리바시, 몰디브, 마셜 군도, 토켈라우, 투발루와 같은 환초 섬나라의 대부분 국토들은 해수면 높이가 3 m 미만이다. 이들 섬들은 국토의 대부분 또는 전부를 잃어 바다가 될지도 모르겠다. 어떤 연구에서는 주요 태평양 섬 거주지들을 옮길 계획을 세워야 한다고 권고하고 있다.[8] 섬 주민들은 온실 시대의 첫 번째 환경 피란민이 될 것이다.

해수면 상승에 민감한 또 다른 지역은 강의 삼각주이다. 여기에는 미시시피 강, 나일

---

7) Roy, P. and J. Connell, 1991 : Climatic change and the future of atoll states. *Journal of Coastal Research*, 794), 1057-1075.

8) Nunn, P. D., 1988 : *Future sea-level rise in the Pacific : Effects on selected parts of Cook Islands. fiji, Kiribati, Tonga and Western Samoa. Technical Report*. Suva, Fiji, School of Social and ecinomic Development. university of the South Pacific, p. 46.

강, 갠지스 강, 오리노코 강을 비롯해 수많은 다른 강이 포함된다. 1 m 해수면 상승은 샌프란시스코 만과 삼각주의 물리적인 특성을 확 바꾸게 될 것이다. 제방 건설만이 도시 지역을 보호할 수 있는 유일한 방책이라고 가정한다면, 만과 삼각주 시스템의 면적은, 2100년에 이르면 바다 쪽에 거대한 섬들이 만들어져, 약 2배가 될 것이다. 조석 순환 패턴이 변화하게 될 것이고 염분이 증가하게 될 것이고 산조퀸 계곡 내의 캘리포니아 관개 농업과 남부 캘리포니아 주 물 공급에 큰 영향을 주게 될 것이다.

선진국 주요 도시 지역(런던, 암스테르담, 뉴욕, 워싱턴 DC 등)들이 직면하고 있는 해수면 상승과 이에 따른 잠재적인 영향들을 해소하기 위해서 안벽(sea wall)과 제방을 건설하는 데 1조$를 지불하게 될 것이다. 예를 들면, 이탈리아 베니스의 존재는 바다로부터 침수되는 것을 막기 위해서 수 세기 동안 일련의 공학적인 해결책을 강구한 결과이다. 어떠한 노력도 기울이지 않았다면 20세기 동안 온실 온난화로부터 해수면이 국지적으로 30 cm 상승했다고 추정된다면, 산마르코 광장 중심은 홍수철 동안에는 매일 물속에 잠겼을 것이다. 다른 하나의 해결책은 25억$에서 30억$를 들여서 바다로부터 도시와 석호를 분리시키는 일련의 이동식 수문들을 건설한 것이다.[9] 네덜란드의 경우, 0.5 m 해수면 상승에 대응하는 안벽 보호에 3조 5천억$을 들였다.[10]

그러나 가난한 개발도상국들은 그러한 거대한 공학 프로젝트들을 시행할 능력이 없다. 나일 강 삼각주, 남중국, 방글라데시 등은 상승하는 바다에 의해서 이동해야만 되는 인구가 매우 밀집된 지역의 예이다. 특히 방글라데시는 이미 홍수와 사이클론으로 유발되는 폭풍 해일 때문에 수백만 명이 사망하고 있다. 1.5 m 해수면 상승은 육지 면적의 약 16 %가 침수되고 1,700만 명이 이주해야 된다.[11] 이집트의 나일 강 삼각주의 경우에는 심지어 0.5 m 해수면 상승에도 380만 명이 이주해야 되고 농작지의 1,800 km^{2}가 침수될 것이다.

---

9) Harleman, D. R. F., R. L. Bras, A. Rinaldo and P. Malanotte, 2000 : Blocking the tide. *Civil Engineering*, October, 52–57.
10) WWF, 2002 : Available from : *http://www.panda.org/climate.*
11) UNEP, 2002 : Available from : *http://www.grida.no/climate/vital/impacts.htm.*

2. 해류와 순환

밀도(염분) 차이로 인해 해양 상에서 나타나는 바람 패턴은 북대서양에서는 만류를, 북태평양에서는 구로시오 해류와 같은 주요한 순환 해류를 구동시킨다. 엄청난 양의 열은 서반구 대서양과 태평양에서는 남에서 북으로 흐르는 표층해류에 의해서 수송된다. 이를 해양 컨베이어 벨트라 한다(그림 11-2). 따라서 주요 해양과 대기 순환 패턴들은 지구 열평형과 매우 밀접하게 연관되어 있고, 이들 패턴에 어떠한 혼란이 오게 되면 전 지구 기후에 급격한 변화를 초래할 수 있다.

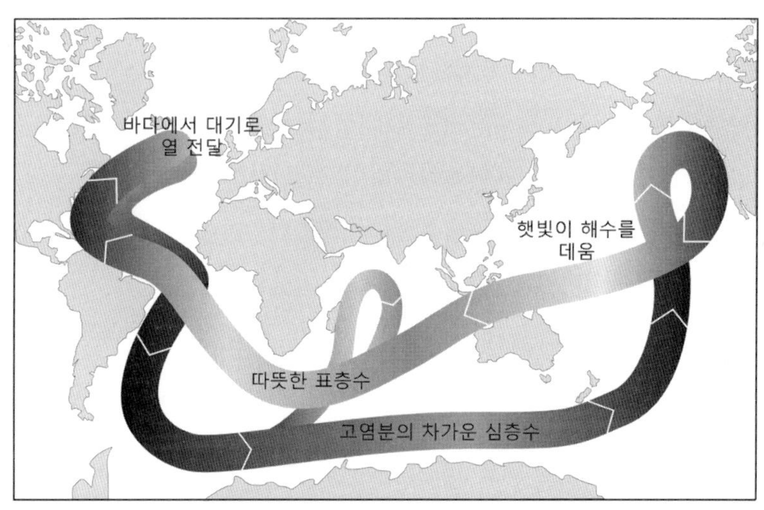

그림 11-2. 해양 컨베이어 벨트 엄청난 양으로 해양에 저장된 열을 수송한다.

전 세계 강수와 온도 패턴의 변화는 대규모 해양 순환 패턴을 변경시킬 수 있다.[12] 해양 수괴들은 높은 밀도 지역(예 : 온도가 더 낮거나 염분이 많은 경우)으로부터 낮은 밀도 지역(예, 온도가 더 높거나 염분이 낮은 경우)으로 흐른다. 따라서 밀도 차이는 대규모 해류를 유발시킨다. 모델 예측 결과들은 온실온난화가 더 낮은 위도(적도에서부터 더 북쪽과 더 남쪽)에서 더 크게 일어난다고 제시하고 있다. 위도에 따른 온도

12) Weaver, A. J., 1993 : The oceans and global warming. *Nature*, 364, 192-193.

경도에 의해 유발되는 대규모 대기 순환과 해양 순환의 강도에 따라서 위도 온도 경도는 줄어들어야만 한다. 그렇지만 연안 지역과 주변 대륙 육지 사이에서 최근 증가하는 온도 대조와 이에 따라 발생하는 연안 바람 모두는 계속 강화되어야만 한다.[13] 덧붙여, 지구온난화는 중앙 태평양 내에서 발생하는 엘니뇨와 남방진동의 빈도와 강도를 높이고 있다.

역설적으로, 일부 연구들은 온실 온난화가 적어도 북대서양 지역에서 급격하게 한랭화를 이루고 멕시코와 북아프리카의 저위도에서는 극심한 가뭄을 유발시킨다고 제안하고 있다. 대규모 열염 해양 순환(컨베이어 벨트)은 대기권과 해양 기후시스템의 중요한 부분이다. 역사적으로, 이 컨베이어 벨트의 북대서양의 감소된 염분의 기간들이 해수의 침강, 즉 북대서양 심층수 형성을 천천히 일어나도록 한다. 다시 이것은 북대서양으로 이루어지는 열 수송을 감소시키고 영거 드라이어스 사건으로 알려진 급격한 한랭화 경향을 나타내도록 한다. 또한 더 한랭하게 된 표층수는 해수면 증발을 감소시키게 되고 이에 따른 결과로 유럽과 북아프리카의 강수를 감소시키게 된다. 사실, 멕시코와 아프리카 사헬 지역의 강수량은 북대서양의 염분 변화들에 반응하여 급격한 변화를 보이고 있다.[14] 또한 북대서양의 열염순환의 30~40년 주기를 가지는 자연적인 섭동은 북서 유럽의 온도 주기와 상관관계를 가진다.[15] 만약 온실 온난화가 고위도 지방의 강수량을 증가시키거나 빙상 붕괴를 증대시킨다면, 북대서양의 염분은 감소하게 될 것이다. 이것은 해양 컨베이어 벨트의 붕괴를 유발하게 되고 북대서양을 급격하게 한랭화시키고 멕시코와 사헬과 같은 지역에서는 극심한 가뭄을 발생시킬 것이다. 100년 안에 대기권의 이산화탄소 농도가 750 ppm으로 증가한다면, 열염순환을 영구적으로 정지시키게 될 것이다.[16] 이러한 시나리오를 지구시스템 내의 '아킬레스건'이라 부른다.

---

13) Bakum, A., 1992 : *Global greenhouse effects, multidecadal wind trends, and potential impacts on coastal pelagic fish populations. International Counci; for Exploration of the Sea Marine Science Symposium : Hydrobiological Variability in the ICES Area 1980-1989*, Mariehamn, 1991, 316-325.

14) Street-Perrott, F. A. and R. A. Perrott, 1990 : Abrupt climate fluctuations in the tropics. The influence of Atlantic ocean circulation. *Nature*, 343, 607-612.

15) Stocker, T. F., 1994 : The variable ocean. *Nature*, 367, 221-222.

16) Strocker, T. F. and A. Schmittner, 1997 : Influence of CO_2 emission rates on the stability of the thermohaline circulation. *Nature*, 388, 862-865.

3. 해양 생물다양성

해양은 탄소, 황, 다른 원소들의 전 세계 생물화학적인 순환에서 중요한 역할을 한다. 이들 순환은 여러 가지 방법으로 기후와 밀접하게 상호작용한다. 디메칠 설파이드(dimethyl sulfide; DMS)와 같은 유기 황 화합물들은 해양 식물 플랑크톤 특히 인편모조류(corccolithophores)로 불리는 광합성 유기체의 집단에 의해 생산된다. 이들 황 화합물들은 대기권으로 달아나게 되고 수증기의 응결 표면으로 제공되는 황산염 에어로졸을 형성한다. 즉, 그들은 구름 형성을 촉진 시킨다.[17] 구름 형성에 대한 그들의 간접적인 역할 때문에, 인편모조류에 영향을 미치는 해양 온도 또는 화학의 어떠한 변화도 기후에 영향을 미칠 수 있다.

해양은 이산화탄소에 대한 흡원이다. 해수의 수소 이온 농도(pH)는 용해된 탄산염에 의한 변화에 대항하여 나타난다. 대기권 내의 이산화탄소는 해수에 용해되어 중탄산염과 수소 이온들을 형성하게 되고 따라서 해수를 산화시키게 된다. 이산화탄소의 용해성은 온도가 높아짐에 따라서 감소한다. 그러므로 해양이 온난해짐에 따라서, 해양이 대기권으로부터 이산화탄소를 흡수하는 능력은 감소하게 된다. 이것은 양의 되먹임으로 작용하게 될 것이다. 즉, 온난화는 해양 이산화탄소 흡수를 감소하게 되어 더 많은 이산화탄소를 대기권 내에 머물게 하여 부수적인 온난화를 이끌게 될 것이다.

해양에서 살다 죽은 유기 바이오매스는 대기권에 함유되어 있는 양과 거의 같은 700 Gt을 포함하고 있다. 광합성 해양 플랑크톤(식물 플랑크톤)들은 개방형 해양 먹이 그물(web)의 토대를 구성한다. 육지 식물들과 같이, 그들은 해수로부터 탄소를 얻기 위해 태양 에너지를 사용하고 유기 화합물과 산소를 형성한다. 광합성 탄소 고정률은 해양상의 지리적인 지역에 따라 크게 다르다. 기후 변화의 결과로 인한 광합성 플랑크톤 생산성의 뚜렷한 변화는 전 세계 탄소 순환의 이 부분에 영향을 미칠 수 있다.

플랑크톤에서부터 산호까지 많은 해양 유기체들은 해수로부터 칼슘을 제거하고 그것을 유기체 내의 세포 벽 또는 외부 껍질에 고체 칼슘 탄산염(석회암)으로서 침적시킨다.

---

17) Charlson, R., J. Lovelock, M. Andrae and S. Warren, 1987 : Oceanic phytoplankton, atmospheric sulphur, cloud albedo and climate. *Nature*, 326, 655-661.

따라서 이들 유기체들은 전 세계 탄소순환의 중요한 부분을 형성한다. 칼슘 탄산염 형성은 용해된 탄소에 대해서는 흡원으로 대기권에 대해서는 이산화탄소의 생성원으로 대표된다. 반응은 온도와 pH에 의존되어 나타난다. 탄산칼슘 형성에 대한 증가하는 해양 온도와 감소하는 pH의 순효과는 대기권 내의 이산화탄소를 조절하는 해양의 역할의 중요한 항들이다.[18]

지구온난화에 대한 온실기체 배출 전망치 시나리오에 의하면, 2100년에 이르면 해양의 pH가 0.35 단위로 감소할 수 있다. 해양 pH가 정상적으로 단지 10분의 1 정도만큼 차이가 나기 때문에 이 변화는 중요할 수 있다. 20세기 중반, 증가된 이산화탄소 농도는 열대 해양의 생물학적 탄산염 형성으로 인하여 14~30 %까지 감소하여 산호초와 많은 다른 해양 유기체들을 위협하였다.[19]

용존 산소는 수상 동물의 호흡과 생존에 필수적이다. 물속의 산소 용해도는 온도와 염분이 증가하면 감소한다. 또한 산소는 유기 물질들이 많은 물속의 박테리아 호흡에 의해서 빼앗기게 된다. 일부 연안수는 지구온난화의 결과로서 산소 희박을 겪고 있다. 예를 들면, 미시시피 강으로부터 유기 물질과 담수의 방출은 멕시코 만의 북부 지표면 혼합층 아래에 거대한 저산소 지대(16,5000 km^2)를 만든다. 2 x CO_2 기후에 대한 모델 모의들은 이 혼합층 아래에 산소의 감소가 30~60 %까지 예측하였고 이에 따라 멕시코 만의 산소 결핍 지대가 확대될 것이라고 예측하였다.[20]

마지막으로, 연구들이 지구온난화, 해양 순환, 생물상, 탄소 순환 되먹임 사이의 복잡한 상호작용을 탐구하는 것을 시작하고 있다. 모델 모의에 따르면, 북대서양 심해수 형성은 약해질 것이고, 대기권 내의 이산화탄소 농도는 높아질 것이고, 결국에는 북대서양 심층수 형성이 붕괴될 것이다. 심층수까지의 열 수송이 약해지게 되면, 지표수는 더 온난하게 되어 이산화탄소 용해도가 더 낮아질 것이다. 이 되먹임의 순 결과는 대기권 내에 2100년에

18) Elderfield, H., 2002 : Carbonate mysteries. *Science*, 296, 1618-1621.

19) Kleypas, J. A., R. W. Buddemeier, D. Archer, J.-P. Gattuso, C. Langdon and B. N. Opdyke, 1999 : Geochemical consequences of increased atmospheric carbon dioxide on coral reefs. *Science*, 284, 118-120.

20) Justic', D., N. N. Rabalais and R. E. Turner, 1996 : Effects of climate change on hypoxia in coastal waters : a doubled CO_2 scenario for the northern Gulf of Mexico. *Limnology and Ocenography*, 41, 992-1003.

이르면 4 % 그리고 2500년에 다다르면 20 %의 부수적인 이산화탄소 농도를 증가시키게 될 것이다.[21]

4. 해양 생태계

1) 플랑크톤

개개 플랑크톤 종들은 광합성, 성장, 재생산을 위한 그 자신만의 최적 환경 조건들을 가지고 있다. 평균 해수면 온도가 2 ℃ 증가한다면, 아마도 개개 플랑크톤 종들의 개체수와 분포가 뚜렷하게 변화하게 될 것이고[22] 먹이 사슬에서 초식동물과 어류의 개체수를 증가시키게 될 것이다. 남부 캘리포니아 주의 앞바다 해수에서 1951년부터 1993년까지 측정한 결과에 의하면, 해수면 온도가 1.2~1.6 ℃ 증가하면 동물 플랑크톤의 개체수가 80 %까지 감소하였다.[23]

2) 어류

지구온난화는 전 세계에서 가장 풍부한 일부 어류들을 황폐화시킬 수 있다. 어류 개체수를 조절하는 주요 인자에는 네 가지가 있다. 이들은 어류 산란의 개수, 어린 어류 유충을 위한 먹이의 유효성, 물속 유충의 물리적 수송, 유충과 어린 어류의 포식이다. 이들 모든 과정은 온도에 의해서 영향을 받는다. 플랑크톤 먹이의 유효성은 발달하는 어린 유충에게는 절대적이고 어류 산출은 플랑크톤 생산의 감소에 따라서 지수 함수적으로 감소한다(그림 11-3). 이것은 가령 기후 변화에 반응하는 플랑크톤 생산의 감소는 어류 생산에 큰 감소를 가져온다는 의미이다.

---

21) Joos, F., G.-K. Plattner, T. F. Stocker, O. Marchal and A. Schmittner, 1999 : Global warming and amrine carbon cycle feedbacks on future atmospheric CO_2. *Science*, 284, 464-467.

22) Fogg, G. E., 1991 : Changing productivity of the oceans in response to a changing climate. *Annals of Botany*, 67(Suppl. 1), 57-60.

23) Roemmich, D. and J. McGowan, 1995 : Climatic warming and the decline zooplankton in the California Current. *Science*, 267, 1324-1326.

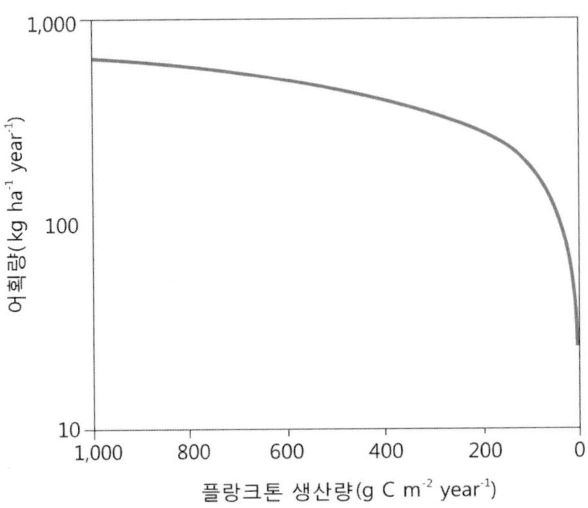

그림 11-3. 식물 플랑크톤의 감소에 따른 어류들의 산출량 변화
지수 함수적으로 감소하는 자료는 다양한 지리적인 위치와 상이한 생태계로부터 야외 측정에 기초한 것이다.

어류 개체 수는 해수 온도와 밀접하게 연관되기 때문에, 대부분 어류 개체 수는 등온선으로 지도에 기입될 수 있는 특성 온도 범주(열적 서식지) 내에서 지역적으로 또는 전지구적으로 분포한다는 것은 놀랄 일은 아니다. 해양 온도의 변화는 어류 개체수의 변화를 쉽게 유발시킨다. 일반적으로, 온도의 증가는 그들의 온도 범주의 가장 높은 위도의 끝에 존재하는 어족에게는 유익하게 되고 그들의 온도 범주의 더 낮은 위도에서 생존하는 어족에는 유해하게 된다.

비록 남획이 어족들을 황폐화시키지만, 또한 어류 개체 수의 주요 변화는 보통 해수 온도를 포함하는 환경 조건의 변화로부터 일어난다. 태평양 내의 광범하게 분포되어 존재하는 정어리들의 개체 수의 포획은 수온이 낮은 기간 동안 증가하고 수온이 높은 기간 동안 뚜렷하게 감소한다. 노르웨이 과학자들은 또한 기후와 어류 개체 수 사이에는 밀접한 관련성이 있다고 언급하고 있다. 그들은 1960~1970년대 동안 한대지역으로부터 한랭하고 밀도가 낮은 저 염분 수들이 북대서양 쪽으로 확장된다는 것을 발견하였다. 이에 대응하여, 청어, 대구, 북대서양산 대구인 해덕, 남방 대구의 개체수가 확연하게 감소하였다.[24]

북해산 대구는 그들의 온도 범주의 남쪽 끝에 존재하고 그들의 생산은 온난 기간 동안 감소한다(그림 11-4). 과거 십 년 동안 비정상적인 온난 온도와 결합되어 어업은 압력을 받게 되었고 이 어업은 현재 붕괴 위협에 처하게 되었다. 개체 수를 유지하기 위해서, 수확은 온난화가 없었던 때보다 훨씬 적은 양으로 줄일 필요성이 대두되었다.

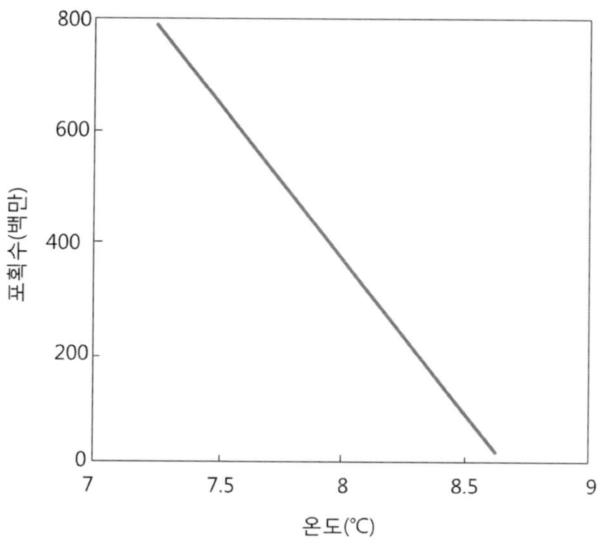

그림 11-4. 북해산 대구의 경우, 온도 상승에 따른 포획 수의 감소

캐나다 연구자들은 북동 태평양의 해수면 온도에 대한 2배 이산화탄소 농도의 대기권 효과를 예측하기 위해서 대기권과 혼합층 해양 기후모델이 결합된 모델을 사용하였다. 온도가 더 높아지는 경우, 서식지가 축소되고 홍연어의 먹이 생산이 5~9 % 감소되어 크기가 더 작아지고 더 적은 양으로 홍연어가 잡힐 것이라고 그들은 예측하였다.

만약 대기권 이산화탄소 농도가 산업혁명 이전에 비해서 2배로 증가된다면, 북아메리카의 서해안을 따라서 나타나는 온도 패턴은 북쪽으로 두드러지게 이동할 것이다. 북부 캘리포니아로부터 알래스카 만까지 확장되어 이전에 열적 서식지를 차지하고 있던 일부

24) Blindheim, J. and H. R. Skyoldal, 1993 : Effects of climatic change on the biomass yield of the Barents Sea, Norwegian Sea, and West Greenland large marine ecosystems. In : *Proceedings of the International Conference on Large Marine Ecosystems : Stress, Mitigation and Sustainability.* Monaco, IUCN, The world Conservation Union, 185-198.

중요한 상업적인 어류 군체들은 베링 해의 작은 지역에만 제한될 것이다. 최종 결과는 많은 종들에 대한 유용한 서식지의 대변동적인 손실을 가져올 것이고 북아메리카 서부 지방의 어업 산업에 대해 부정적인 경제적 영향을 가져오게 될 것이다.[25)]

5. 연안 생물상

기후변화는 연안 해양 생태계의 종들의 조성과 분포를 변경시킬 수 있다. 대부분 해양 유기체들의 성장과 재생산은 그 종들에 적합한 임의의 온도와 염분과 밀접하게 연관된다. 기후변화는 해양 온도를 변경시킬 수 있고 유기 유출을 통한 변화들은 연안과 강어귀 염분을 변경시킬 수 있다. 장기간과 최근 변화들은 어떻게 해양 군집들이 증가된 온도에 반응할 수 있는지를 설명하고 있다. 예를 들면, 캘리포니아 주 몬터레이 베이의 조간대 군집들이 1931년부터 1933년까지 설명되었고 그 다음 1993년부터 1994년까지 다시 조사되었다. 32~45개 무척추동물 종들의 뚜렷한 이동이 있었다. 온도 증가에 따라서 남부 종들이 증가하였고 북부 종들은 감소하였다. 반면 평균 해안선 온도는 0.75 ℃까지 증가하였다.[26)]

산호초들은 기후변화에 특히 취약한 것처럼 보인다. 최근 10년 동안 폐사율뿐만 아니라 광범위한 백화현상이 온난수와 해양 열점의 출현과 연관된다. 예상되는 해수면 상승으로부터 발생되는 침수와 해수 침입은 많은 생물학적으로 풍부한 연안 습지의 생활력을 위협하고 있다. 1948년부터 1993년까지 미국 뉴잉글랜드 주의 식생 군집의 경우, 조수에 의한 염 습지들은 여러 다른 요인들의 결합으로 인한 해수면 상승에 반응하여 뚜렷하게 변화하였다.[27)]

맹그로브 숲은 아열대에서 열대까지 광범위한 연안 지역에 서식하는 것으로 땔나무 연료, 재목, 폭풍 침식으로부터의 차폐물, 수많은 어류와 조개 종들을 위한 서식지와 양어장

---

25) Francis, R. A. and T. H. Sibley, 1991 : Climate change and fisheries : what are the real issues? *Northwest Environmental Journal*, 7, 295-307.

26) Barry, J. P., C. H. Baxter, R. D. Sagarin and S. E. Gilman, 1995 : Climate-related, long-term faunal changes in a California rocky intertidal community. *Science*, 267, 672-675.

27) Warren, R. S. and W. A. Niering, 1993 : Vegetation change on a Northeast tidal marsh : interaction of sea-level rise and marsh accretion. *Ecology*, 74(1), 96-103.

으로 제공된다. 플로리다와 캐리비언 지역의 경우, 기후변화는 아마도 해수면을 상승시킬 것이고 강수량과 유출을 감소시킬 것이고 염분을 증가시켜 맹그로브의 생육을 저하시킬 것이다.[28)]

강어귀는 물로서 둘러싸인 곳으로 바다와 직접 연결되고 담수가 입력되는 곳이다. 그들은 전 세계 해양 중에서 가장 생물학적으로 생산성이 높은 지역이고 보통 어류와 조개의 초기 발달 기간 동안 차폐된 양식지로서 제공된다. 그러나 그들은 특히 기후변화에 취약하다. 예를 들면, 담수 유입 흐름 또는 증발률의 변화들은 염분을 변화시킨다. 더 온난하거나 염분이 더 낮은 물은 밀도가 더 낮아지기 때문에 상층 물기둥에 남아있게 된다. 이러한 성층은 혼합을 저감시키고 더 깊은 해수에서 산소 고갈을 유발할 수 있다. 또한 바깥쪽 연안수의 온도가 특정 종들이 선호하거나 견딜 수 있는 범주 이상으로 높아진다면, 강어귀 바깥 정상적인 완화 경로로부터 막히게 될 것이다. 마지막으로, 계절 온도 패턴들의 변화는 플랑크톤 최성기와 그들의 먹이 원으로서 이들 최성기에 의존하는 어린 어류의 도달 사이에는 일치되지 못하게 할 수 있다.

영국과 미국의 사례 연구들은 강어귀에 대한 기후변화의 주요 영향들을 제시하고 있다. 영국의 템스 강어귀는 대규모 기후 사건, 강어귀, 수산업 사이의 밀접한 관계를 예시하고 있다. 이곳에서는 가장 상업적으로 중요한 어업 종들의 양은 대규모 해양 기후 변동인 북대서양 진동(North Atlantic Oscillation; NAO)과 밀접하게 관련되고 있다. 온난해 동안, 농어의 일종인 배스와 같은 남부 종의 개체 수는 증가하는 반면 한랭해 동안 청어와 같은 북부 종들은 무성하게 된다.[29)] 미국의 경우, 주요 변화들은 가장 방대하고 가장 생산성이 높은 지역 중의 하나인 체스피크 만의 어업을 위해서 비축될 것이다.[30)]

---

28) Snedaker, S. C., 1995 : Mangroves and climate change in the Florida and Caribbean Region : scenarios and hypotheses. *Hydrobiologia*, 295, 43-49.

29) Attrill, M. J. and M. Power, 2002 : Climatic influence on a marine fish assemblage. *Nature*, 417, 275-278.

30) Kennedy, V., 1989 : Potential effects of climate change on Chesapeake Bay animals and fisheries. In : Topping, J. C. ed. Coping With Climate Change : *Proceedings of the Second North American Conference on Preparing for Climate Change.* December 6-8, washington, DC : The Climate Institute, 509-513.

1) 해양 포유동물

많은 해양 포유동물들은 서식지 파괴와 분단에 위협받고 있다. 지구온난화는 그들의 생존 능력에 부수적인 압력을 가하게 될 것이다.[31] 많은 해양 포유동물들은 먹이 사슬에서 종석(keystone) 종으로서 제공된다. 이들 개체 수의 감소는 다른 종들의 개체 수에도 연쇄적인 변화를 가져올 수 있다. 바다얼음의 면적은 감소하고 있고, 아마도 이들은 2100년에 이르면 40 % 이상의 감소를 이루게 될 것이다.[32] 이것은 기각류(물개, 바다사자)들의 유용한 서식지를 축소하게 될 것이다. 북극곰들은 바다 얼음 위에서 휴식을 취하고 새끼를 낳는다. 북극고래들은 바다 얼음 가장자리에서의 플랑크톤 생산성이 좋은 갑각류 숙주로서 활동하게 된다. 서부 허드슨 만의 초기 바다얼음의 붕괴는 이미 그 지역의 북극곰의 감소 조건들을 반영한 것이 된다.[33] 그러나 가장 위협을 받고 있는 수생 포유동물들은 물개 종들이 될 것이다. 이들 종들은 서남아시아의 카스피 해와 남부 시베리아의 바이칼 호수와 같은 내륙 바다와 큰 호수에서 서식하는 것이다. 만약 적절한 얼음이 발달하지 못한다면, 이들 물개들은 새끼를 낳을 수 있는 충분한 서식지를 가지지 못할 것이다. 사실, 이 상황은 이미 카스피 해에서 진행되고 있다. 여기서 최근 얼음 지역이 좁아졌기 때문에 산란 계절 동안 매우 복잡하며, 질병으로 인해 대량 사망하고 있다.[34]

2) 해양 질병

오염이든지 기후변화이든지 간에 환경 스트레스는 유기체들을 약하게 만들어 질병에 더욱더 잘 걸리게 한다. 많은 해양 종들에 대한 질병의 발생률은 전 세계를 통틀어 증가하고

---

31) Harwood, J., 2001 : Marine mammals and their environment in the twenty-first century. *Journal of Mammalogy,* 82(3), 630-640.

32) Hadley Center, 2002 : Meteorological Office, United Kingdom *http://www.meto.govt.uk/research/hadleycenter/models/modeldata.html.*

33) Stirling, J., N. Lunn and J. Iacozza, 1999 : Long-term trends in the population ecology of polar bears in western Hudson Bay in relation to climate change. *Arctic*, 52, 294-306.

34) Kennedy, S., T. Kuiken, P. D. Jepson, R. Deaville, M. Forsyth, T. Barrett, et al., 2000 : Mass die-off of Caspian seals caused by canine distemper virus. *Emerging Infectious Diseases*, 6(6), 637-639.

있다.[35] 이들 질병들의 창궐은 보통 해양 식물, 무척추동물, 척추동물들의 대량 사망의 결과를 가져온다. 예를 들면, 1980년대 캐리비언 해에서 발생한 성게(sea urchin)와 종석 유제류인 디아데마 안틸라룸(*Diadema antillarum*)의 병원성 감염과 절멸은 거대한 위상 이동을 이루었다. 초식성 성게가 없어짐에 따라서, 조류(algae)가 번창하였고 산호를 덮어 죽게 만들었다. 결과는 산호초에서부터 조류가 번성한 암초로 이동시켰다. 산호초들은 또한 온도 스트레스로 죽게 되었고 해양 질병들이 더욱더 빈번하게 발생하였고 광범위하게 퍼지게 되었다.

거의 25년 동안 미국 동해안에서 일어난 온난화 경향은 여러 가지 질병을 퍼트리게 되었고 굴(oyster) 개체수의 대량 죽음을 가져왔다. 또한 최근 북유럽에서 발생한 물개의 대량 죽음은 전염성 급성염증 바이러스(*Phocine Distemper Virus*)로 알려진 병원성 바이러스의 감염의 결과였다. 온도가 상승함에 따라서, 물개들은 더 많은 시간을 물속보다는 해변에서 보내게 되었다. 이에 따라 물개들이 너무 모여 지내게 되었다. 이것이 기회감염 병원체(opportunistic pathogen)의 급격한 전파를 이룬 단계를 초래하였다.[36]

해양 환경을 통해서 퍼지는 질병들은 해양 종에만 국한되는 것은 아니다. 콜레라와 같은 많은 인간 병원균들이 연안수 내에서 자연적으로 활동하거나 오수 또는 폭풍수 유출을 통해서 유입되어 일정 기간 동안 지배하게 된다. 온난수는 그들을 전염 상태로 출현하도록 유발하게 된다.

조류의 최성기 특히 독성을 지니고 달갑지 않은 종들은 전 세계의 많은 지역에서 증가하고 있고,[37] 이들은 온난화되고 있는 해양 온도와 연관된 것으로 보인다.[38] 이들 번영은 해양 포유동물과 어류의 대량 폐사와 관련된다. 예를 들면, 1997년 독성 식물플랑크톤(*Gymnodinium catenatan*)는 서부 사하라의 연안에 서식하는 지중해 몽크 물개의 70

---

35) Harvell, C. D., K. Kim, J. M. Burkholder, R. R. Colwell, F. R. Epstein, D. J. Grimes, et al., 1999 : Emerging marine diseases-climate links and anthropogenic factors. *Science*, 285, 1505-1510.

36) Lavigne, D. M. and O. J. Schmitz, 1990 : Global warming and increasing population densities : a prescription for seal plagues. *Marine Pollution Bulletin*, 21, 280-284.

37) Smaya, T. J. and Y. Shimizu, eds., 1993 : *Toxic Phytoplankton Blooms in the Sea : Proceedings of the Fifth International Conference on Toxic Marine Phytoplankton; Newport, Rhode Island; 28 October-1 November 1991*, Amsterdam, Elsevier.

38) Epstein, P. R., T. E. Ford and R. Colwell, 1994 : Marine ecosystems. In : *Health and Climate Change*. The Lancet, London, 14-171.

%를 죽게 만들었다.[39] 덧붙여, 스페인의 북서 연안을 따라 흐르는 해류와 온도의 변화는 조개 중독에 반응하여 독성 단일 세포 말류의 일종인 와편모조류(*dinoflagellates*)의 번성을 초래하고 있다.[40]

---

39) Forcada, J., P. Hammond and A. Aguilar, 1999 : The status of the Mediterranean monk seal in the Western Sahara and the implications of a mass mortality. *Marine Ecology Progress Series*, 188, 249-261.

40) Fraga, S. and A. Bakum, 1993 : Global climate change and harmful algal blooms; the example of Gymnodinium catenatum on the Galacian coast. In : Smayda, T. J. and Y. Shimizu, eds., Toxic Phytoplankton Blooms in the Sea; *Proceedings of the Fifth International Conference on Toxic Marine Phytoplankton; Newport, Rhode Island; 28 October-1 November 1991*, Amsterdam, Elsevier, 59-65.

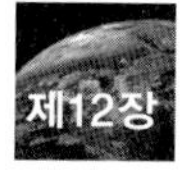

기후변화에 대한 효과 : 거주지

기후변화는 문명을 지지하는 사회와 기간시설에 광범위한 영향을 미칠 것이다. 지구온난화는 농업과 인간 건강뿐만 아니라 인간 거주의 패턴, 에너지 사용, 수송, 산업, 환경질, 인간의 생활의 질에 영향을 미치는 기간시설의 다른 면에도 영향을 미칠 수 있었다.[1]

역사는 수많은 예들을 통해 어떻게 문명과 인간 복지의 성공이 기후와 연관되었는지에 대해서 자세히 설명하고 있다.[2] 단지 1~2 ℃의 자연온난화 또는 한랭화가 인간 활동에 영향을 미쳤고 이에 따라서 인구 이동 또는 거주 패턴들이 변경되었다. 예를 들면, 공통기원 950년경 온난기는 북유럽 사람들에 그린란드의 거주를 허용하였고 북아메리카에는 짧은 기간 동안 거주하도록 하였다. 그러나 거의 동시에, 중앙아메리카에 발생한 극심한 가뭄은 마야 문명의 붕괴에 일조하였다. 소빙하기(1550년부터 1850년까지) 동안, 현재보다 1~2 ℃ 낮은 지구 평균 온도는 어업과 농작물 실패를 가져왔고 반복적으로 유럽에 기근을 발생시켰다. 또한 같은 기간 동안(1815년), 인도네시아에서 발생한 대형 화산 폭발은 엄청난 양의 먼지와 매연을 대기권으로 방출하였다. 이에 따라 나타난 1816년 한랭화는 그해를 '여름이 없는 해'로서 알려지게 되었고 유럽의 농작물 실패는 광범위한 식량 폭동, 정치

1) IPCC, 1990 : *Potential impacts of climate change; human settlement; energy, transport and industrial scetors; human health; air quality, and changes in ultraviolet-B radiation.* Intergovernmental Panel on Climate Change, Working Group II (A. Izrael, Chair). Geneva WMO/UNEP, p. 34.

2) Gore, A., 1993 : Chapter 3, Climate and civilization, *Earth in the Balance : Ecology and the Human Spirit.* New York. Plume Publishing, 56-80.

불안, 이주를 유발시켰다.

화석연료 사용은 미래 기후에 영향을 미칠 것이다. 현재 경제적으로 개발된 국가들의 대들보인 화석 연료들은 연료로서 직접적으로 또는 제조업, 농업, 수송, 공간 가열을 위한 전기 생산으로써 간접적으로 에너지를 공급한다. 미래 온실기체(GHG) 배출과 이에 따른 기후변화는 미래 화석 연료 소비율에 크게 의존할 것이다. 많은 복잡하고 상호작용적인 요인들이 화석연료 소비율을 결정한다. 수요는 인구 성장률, 화석연료의 유효성, 에너지 효율성, 보존 방책, 비화석 에너지원의 사용, 일반 산업 생산성, 에너지 정책의 결과이다. 이들 모든 요인들은 화석연료 사용율과 미래 기후에 영향을 미칠 것이다.

미래 기후는 화석 연료 사용에 영향을 미칠 것이다. 기후가 변화함에 따라서, 에너지 사용의 패턴들은 변화하게 될 것이다. 한랭한 기후에서 사는 사람들은 거주지와 상업용 빌딩의 난방을 위해서 많은 양의 에너지가 필요하게 된다. 이들 필요량은 더 온난한 겨울을 맞게 되면 감소하게 될 것이다. 온난한 기후에 사는 사람들의 경우, 에너지는 에어컨 사용에 필요하게 되고, 건조 지역에서 관개 농업을 하기 위해서는 물을 퍼 올리는데 에너지를 사용한다. 이들 활동에 대한 에너지 수요는 증가하게 될 것이다.

인간 거주 패턴과 기간시설에 대한 기후변화의 영향은 지역적으로 상이할 것이고 사소한 것으로부터 대변동에 이르기까지 다양한 범위를 가질 것이다. 이들 영향들을 완화시키는 데 드는 경비는 크게 변동하지만, 대부분 개발도상국에서는 경비 부담을 크게 느끼게 될 것이다. 중요한 연결점은 지구 기후, 극단적인 기후 사건, 에너지 사용, 환경질, 인간 거주 패턴, 수송과 산업 기간시설 사이에 존재한다.

1. 에너지

1) 기후에 대한 에너지 사용의 효과

기후변화에 관한 유엔 기본협약은 “기후시스템과의 위험스러운 인공적인 방해를 막을 수 있을 수준으로 대기권 내의 온실기체 농도를 안정화시킬 것”을 요청하였다. 이 목표를 달성할 수 있을까? 대기권 내의 이산화탄소 안정화가 달성되는 실제 수준은 카야 아이덴티티로 함께 알려진 것으로 여러 가지 요인들을 곱한 것에 의존하여 식 (12.1)로 나타난다.[3)]

$$Mc = N(GDP/N)(E/GDP)(C/E) \quad (12.1)$$

여기서 Mc는 화석연료 소비로부터 배출되는 이산화탄소, N은 인구, GDP는 국내총생산량, E/GDP는 에너지 강도(W year $\$^{-1}$), C/E는 탄소강도로서 모든 에너지원의 탄소-에너지 배출 인자들의 가중치 평균(kg C W^{-1} yr^{-1})이다.

따라서 전 세계 1990년 화석연료 이산화탄소 배출은 다음과 같이 추정된다.

$$5.3 \times 10^{9} \text{ person} \times 4{,}100\ \$ \text{ per person year}^{-1} \times 0.49\ \text{W year}\ \$^{-1} \times 0.56 \text{ kg C W}^{-1} \text{ year}^{-1}$$
$$= 6 \times 10^{12} \text{ kg C(6.0 Gt C)}$$

대기권 내의 이산화탄소 안정화의 수준은 모든 이들 요인들에 의존한다. IPCC는 사회경제학적인 설계에 기초한 수많은 가능한 GHG 배출 시나리오들을 개발하였다. 통상적 시나리오(IS92a)에서는 새로운 기후변화 정책 없이 인구와 경제의 현재 성장률을 가정하고 있다. 그러한 시나리오에 근거하면, 인구와 1인당 GDP는 증가하는 반면, 에너지 강도와 탄소 강도는 감소해야만 할 것이다. 그럼에도 불구하고, 이들 마지막 두 가지 요인들이 개선된다 하더라도, 대기권 내의 이산화탄소 배출은 2050년에 이르면 산업혁명 시절보다 2배가 될 것이고 2100년에 이러면 3배가 될 것이다. 통상적 경제로 가정하기 위해서, 모든 역량들이 20세기 동안에 경주할 필요가 대두된다. 개발도상국의 경우, 에너지 사용이 급격하게 성장할 것으로 예상되기 때문에, 에너지 효율성을 최대한으로 이룬다 하더라도 전체 온실기체 배출을 저감시키는 데 별로 영향을 미치지 못할 것이다.[4)]

에너지 효율성의 개선만으로는 적절한 목표 값에 이산화탄소를 안정화시키는 것이 충분하지 못할 것이다. 이산화탄소 안정화 목표를 달성하는 것은 총에너지의 부분에서 탄소 연료를 동시에 감소하는 것이 필요로 할 것이다. 신종 탄소가 포함되지 않는 에너지원

---

3) Hoffert, M. I., K. Caldeira, A. K. Jain, E. F. Haites, L. D. Danny Harvey, S. D. Potter, et al., 1998 : Energy implications of future stabilization of atmospheric CO_2 content. *Nature*, 395, 881-884.

4) Pearson, P. J. G. and R. Fouquet, 1996 : Energy efficiency, economic efficiency and future CO_2 emissions from the developing world. *The Energy Journal*, 17(4), 135-159.

들이 탄소 강도를 감소시키는 것에 필요하게 될 것이다.[5] 사실 산업혁명 이전 이산화탄소 농도의 2배에 대기권 내의 이산화탄소 농도를 안정화시키는 것은 탄소 비함유 에너지원 시스템으로 대량 전이를 이루어야 할 것이다. 탄소 비함유 기술들이 존재하지만, 일부는 여전히 실험 단계이고 다른 것들은 가능성이 제한적이다. 에너지 생산과 소비는 탄소 비함유 전 세계 경제로 급격하게 전이를 이루어야만 한다. 반면 인류 문명은 실제로 '기후시스템과의 위험스러운 인공 방해'를 경험하게 될 것이다.

2) 에너지 공급과 수요에 대한 기후변화의 효과

인구와 경제 성장은 대부분 국가에서 미래 에너지 수요를 증가시키게 될 것이지만, 공급과 수용에 대한 기후변화의 영향들은 지역에 따라 크게 변동할 것이다. 예를 들면, 영국과 러시아의 경우, 2050년에 예상되는 2~2.5 ℃ 온난화는 겨울 난방 수요를 감소시켜 화석연료 수요가 5~10 %, 전기 수요는 1~3 % 정도 감소할 것이다.[6] 2050년에 이르면 미국 남부 지방들의 여름 전기 수요는 에어컨 수요 때문에 크게 증가할 것이다. 미국 북동부 지방의 경우, 여름철 유수 흐름의 감소는 수력 발전을 감소시킬 것이다.[7]

전기 발전은 평균 수요에 맞추어 이루어져야하지만, 피크 수요에도 충분하게 맞추어야 한다. 에너지 수요는 일반적으로 하루 중과 계절 중 피크 주기인 어떤 시간대에서 최대가 된다. 예를 들면, 중위도 지역 내에서 난방과 조명용 전기 수요는 겨울에 피크를 이루는 반면, 에어컨용 전기 수요는 여름에 피크를 이룬다. 여름 동안 많은 지역에서의 전기 펌프는 관개 시스템을 통하여 우물 또는 펌프 물로부터 용수하는 데 필요하다. 또한, 상이한 피크 수요는 하루 중의 특별한 시간대에서 나타난다. 즉, 산업현장에서는 작업 시간 동안, 거주지에서는 이른 저녁 동안에 나타난다.

---

5) Hoffert, M. I., K. Caldeira, A. K. Jain, E. F. Haites, L. D. Danny Harvey, S. D. Potter, et al., 1998 : Energy implications of future stabilization of atmospheric CO_2 content. *Nature*, 395, 881-884.

6) Moreno, R. A. and J. Skea, 1996 : Industry, Energy, and Transportation : Impacts and Adaptation. Chapter 11. In : Houghton, J. T., L. G. Meira, B. A. Callandar, N. Harris, A. Kattenberg, K. Maskell, eds. *Climate Change 1995 : The Science of Climate Change. Imtergovernmental Panel on Climate Change.* Cambridge. Cambridge University Press, 365-398.

7) Linder, K. P., 1990 : National impacts of climate change on electric utilities. In : Smith, J. B. and D. A. Tirpak, eds. *The Potential Effects of Global Climate Change on the United States.* New York. Hemisphere Publishing Corporation, 579-596.

2055년에 이르면 미국의 평균 온도가 3~5 ℃ 증가한다는 가정을 한 모델 연구들은 전기 수요와 연료 가격이 기후변화 때문에 뚜렷하게 증가할 것이라고 제시하고 있다.[8] 연간 전기 에너지 수요는 2055년에 이르러 1 ℃ 당 1 % 이상 또는 전체 4~6 % 정도 약간 증가하게 될 것이다. 기후변화의 결과 때문에, 국가 피크 수요는 기후변화 없이 인구 성장으로만 기여되는 증가된 요구량인 기초 사례 값보다 16~ 23% 증가하게 될 것이다(그림 12-1).

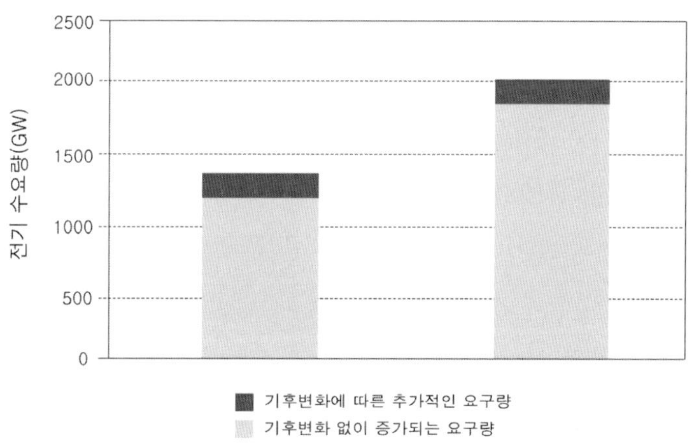

그림 12-1. 기후 변화는 2055년에 이르면 미국 전기수용에 추가될 것이다. 왼쪽은 GNP가 낮은 것으로, 오른쪽은 GNP가 높은 것으로 가정하였다.

기후변화에 기인하여 증가된 수요에 대처하는 전기 용량의 증가에 대한 경비는 커지게 될 것이다. 2055년에 이르면, 자본, 연료, 기후에 유발된 공익설비 운영의 변경에 대한 연 경비는 기후변화가 없는 경우보다 7~15 % 더 커지게 될 것이다. 지역에 따라서는, 미국 북동부 지역의 겨울 피크 용량은 증가될 것이고 미국 남동부 지역, 대평원 남부 지역, 남서부 지역에서의 여름 피크 용량은 20 % 이상 더 크게 필요하다는 것을 포함한다. 그러나 북부 지역의 더 온화한 겨울을 가지게 되면, 일부 연구자들은 2010년에 이루어지는

8) Linder, K. P., 1990 : National impacts of climate change on electric utilities. In : Smith, J. B. and D. A. Tirpak, eds. *The Potential Effects of Global Climate Change on the United States*. New York. Hemisphere Publishing Corporation, 579-596.

1.8 ˚C 온난화가 미국 전체 에너지 수요의 11 %를 순 저감하고 55억 $의 경비 절감을 이룰 것이라고 제시하였다.[9)]

대부분 화석연료 연소에 의해서 발전되는 전기수요의 증가는 달성하기에는 많은 어려움이 있는, 온실기체 배출을 제한하는 정책을 수립하게 될 것이다. 새로운 발전소를 계획하고 건설하는 데 오랜 시간이 소요되기 때문에, 전기를 사용하는 공익설비 관리자들은 가슴속에 기후변화에 대처하는 계획을 세울 필요가 있다. 수요가 증가됨에 따라서, 에너지원을 수출하는 필요성은 국가 외국 무역의 지불의 평형에 영향을 줄 수 있을 것이다.

유출과 하천에 흐르는 유량에 대한 기후변화의 효과 때문에, 기후변화는 또한 수력전기 발전에 영향을 미칠 것이다. 수력발전은 전 세계 총에너지의 약 2.3 %를 제공하고 전 세계 전기의 18 %를 공급한다. 라틴 아메리카는 전기 수요의 50 %를 수력발전으로 얻고 있다. 1991년부터 1992년까지 진행된 아프리카 가뭄은 수력발전의 뚜렷한 감소를 유발하였다. 예를 들어 잠비아와 짐바브웨에 전력을 공급하는 카리바 댐은 30 %의 손실을 입었다.

기후변화는 또한 현재 전 지구 에너지의 11%를 제공하는 바이오매스(나무 또는 다른 식생)에 영향을 미칠 것이다.[10)] 1990년 사하라 아프리카 주변 지역의 경우, 바이오매스 연료(대부분 나무)는 총에너지의 53 %를 제공하였다. 특히 수단과 에티오피아는 80 %와 90 %를 각각 제공하였다. 예상한 바와 같이, 기후변화가 북 중앙아프리카의 강우량을 감소시킨다면, 삼림은 가뭄으로 시달리게 될 것이고 연료 나무는 부족하게 될 것이다. 가난은 연료 나무 공급의 저감에 가장 취약하게 될 것이다. 바이오매스는 자동차 용 미래 에너지원으로 현재 사용되거나 제안되고 있다. 가솔린을 알코올로 대체하는 것은 농업생산물로부터 기원된다. 예를 들어 옥수수는 생육할 수 있는 재생 에너지원으로 대표되고, 실제로 브라질에서 크게 성공하였다. 기후변화는 곡물 생산에 영향을 줄 수 있고 이와 동시에 알코올 연료 생산과 경비에 영향을 줄 수 있다.

---

9) Rosenthal , D. H., H. K. Gruenspecht and E. Moran, 1995 : Effects of global warming on energy use for space heating and cooling in the United States. *Energy Journal*, 16(2), 77-96.

10) IEA, 1998 : *Biomass Energy : Data, Analysis, and Trends.* Paris. International Energy Agency, p. 339, *http://www.iea.org/index.html.*

2. 환경질

지구온난화는 환경질과 자원 고갈 문제에 추가 될 것이다. 예측한 바와 같이, 만약 더 낮은 대기권이 더 성층되고 온도 역전이 더 빈번하게 나타난다면, 대기권 내의 혼합은 더 적게 될 것이다. 질소산화물과 대류권 오존의 광화학 반응으로 생성되는 여름철 스모그는 증가하게 될 것이고 이에 따라 인간 건강 문제가 추가로 발생할 것이다. 또한 북아메리카 삼림에 대한 오존과 산성 침적의 부정적인 효과들은 온도가 더 올라가는 곳에서는 증가하게 될 것이다.[11] 이미 도시 오존 오염에 민감한 일부 나무들은 오존 형성이 온실 온난화로부터 증가된 온도와 수분에 의해서 증대되었을 때 더 큰 스트레스에 직면할 수 있다.[12] 기후변화가 강수량을 감소시키는 지역의 경우, 잡목과 삼림 화재의 발생률과 강도가 증가하게 될 것이다.

모델들이 제시한 바와 같이, 만약 기후변화가 전기 수요를 증가시키고 부수적인 에너지원 용량이 필요로 한다면, 부정적인 환경 영향들은 아래와 같은 내용들을 포함하게 될 것이다.

첫째, 대기질(예 : 이산화황, 질소 산화물, 다른 오염물질의 부수적인 배출)이 감소하였다.

둘째, 새로운 발전소 부지, 연료 추출과 저장, 쓰레기 처리를 위한 토지 사용이 증가하였다.

셋째, 물 수요(예 : 발전소 냉각과 연료 처리 용)가 증가하였다.

넷째, 천연가스와 같은 비재생 연료자원이 고갈하였다.

반면, 만약 달성할 수만 있다면, 화석연료 연소의 저감은 이들 환경 영향들의 경비 소요를 피할 수 있는 추가적인 이익을 가지게 될 것이다.

---

11) McLaughlin, S. and K. Percy, 1999 : Forest health in North America : some perspectives on actual and potential roles of climate and air pollution. *Water and Soil Pollution*, 116(1-2), 151-197.

12) McLaughlin, S. and D. J. Downing, 1995 : Interactive effects of ambient ozone and climate measured on growth of *nature* forest trees. *Nature*, 374, 252-254.

3. 극한 기후 사건

기후모델들은 21세기 동안 극한적인 높은 온도는 더 많이 발생하고, 극단적인 낮은 온도는 더 적게 발생하고, 강수 사건들의 강도는 증가할 것이고, 대륙 중앙부의 토양 수분은 낮아지게 될 것이라고 예측하였다. 온도와 강수 극값들의 출현 빈도와 강도의 변화가 장기간 평균값보다 더 중요할 수 있다. 20세기 동안, 기후 극값들의 발생률은 뚜렷하게 변화하였다.[13] 일부 지역에서는 극한적인 한랭 또는 강수 발생일을 더 적게 경험하였고, 일부 지역에서는 극한적인 더위 또는 강수 발생일이 더 많게 나타났지만, 이들 경향들은 보편적인 것은 아니었다. 하나의 만연된 경향은 평균 최저기온의 증가와 서리일수의 감소였다. 또한 하루와 여러 날 동안 걸친 호우 사건들은 많은 지역에서 증가하였다. 유럽의 경우, 1946년~1999년까지 온난화 경향은 일반적으로 습윤 극값들이 약간 증가한 것과 동반되어 나타났다.[14] 영국의 경우, 호우 사건들이 겨울에 증가하였고 여름에 감소하였다. 이 외에도 예를 들면, 아프리카의 사헬 지역과 중국의 경우, 가뭄에 의해서 영향을 받는 빈도와 지역들이 증가하였다. 폭풍으로부터 전 세계적으로 받는 경제적인 손실은 20세기 동안 크게 증가하였다. 그러나 증가하는 이들 손실은 인구 성장과 더 강화된 폭풍 강도이기 보다는 폭풍이 잘 발생하지 않는 장소로 인구학적 이동에 의한 결과였다.

자연시스템은 기후 극값과 기후 요란의 발생의 증가에 취약하다. 수많은 유기체들의 발달 또는 생명 순환은 기후변화에 의해서 영향을 받을 것이다. 예를 들면, 유충 발달 동안 경험하는 최고 온도는 많은 거북이 종들의 성별을 결정한다. 브리튼과 스칸디나비아의 경우, 조류, 양서류, 사슴의 개체 수는 북대서양 진동의 주기성과 격렬함에 의해서 영향을 받았다.

일부 기후모델들은 더 온난해진 대기와 해양은 대기와 해양 사이에 일어나는 에너지 교환에 운동량을 추가하게 되고 이에 따라서 열대 저기압, 뇌우, 토네이도, 우박폭풍,

---

13) Easterling, D. R, G. A. Meehl, C. Parmesan, S. A. Changnon, T. R. Karl and L. O. Mearns, 2000 : Climate extremes : observations, modeling, and impacts. *Science*, 289, 2068-2074.

14) ECAP, 2002 : Available from : *http://www.knmi.nl/voorl.*

가뭄, 들불 발생의 빈도를 높인다고 제안하고 있다. 예를 들면, 2배 이산화탄소 농도는 허리케인, 태풍, 사이클론의 강도를 40 % 이상 증가시키게 될 것이다.[15] 카리브 해 지역의 경우, 그러한 폭풍들의 경제적인 영향은 뚜렷하게 증가할 수 있다. 이들 사건들은 해수면 상승으로 인하여 연안 지역에 더욱더 심각하게 영향을 미칠 수 있을 것이다.

일부 모델들은 엘니뇨 사건의 강도의 증가를 제안하지만 다른 모델에서는 그렇지 못하다. 전구 모델들은 일반적으로 중위도 폭풍 또는 열대 저기압의 빈도수 또는 위치의 변화를 예측할 때 잘 일치하지 않는다. 그러나 고해상도 지역모델들은 열대 저기압 강도들의 증가를 제안하고 있다. 관측되고 예측되는 기후 극값들에 관한 수많은 리뷰[16]에서는 20세기 동안 변화의 확률을 지적하고 있다. 여기에는 다음과 같은 내용을 포함하고 있다.

매우 높음 : 더 높은 최고온도, 더 더운 여름 날수, 열지수의 증가, 더 높은 최저온도, 더 많아지는 하루와 여러 날 동안 계속되는 호우 사건, 더 많은 열파, 가뭄, 중위도 지방에서의 토양 수분의 감소

높음 : 더 높은 최저온도와 더 적은 서리발생일수

보통 : 더 강력한 열대 폭풍과 엘니뇨 사건

호우 사건들은 홍수, 침식, 수많은 지역에서 진흙 사태를 발생시킬 수 있다. 모델 예측들은 온대 국가들의 경우 여름 호우 사건들은 20세기 동안 약 20 % 증가할 것이라고 제안하고 있다. 이것은 전체 평균 강수량 증가에 거의 4배에 해당하는 것이다.[17] 일부 지역에서 증가된 강수와 유출은 당연하게 경제적인 경비를 수반하는 홍수의 빈도수와(또는) 강도를 증가시키게 된다. 예를 들면, 오스트레일리아 뉴사우스웨일스 주에 대한 모델 연구들에 의하면, 2배 이산화탄소 농도는 2~4의 인수에 의해서 극단적인 호우를 증가시킬 것이라고 예측하였다. 만약 400년에 1번 발생할 홍수가 100년에 1번 발생하는 홍수가 된다면,

---

15) Emanuel, K. A., 1987 : The dependence of hurricane intensity on climate. *Nature*, 326, 483-485.

16) Easterling, D. R, G. A. Meehl, C. Parmesan, S. A. Changnon, T. R. Karl and L. O. Mearns, 2000 : Climate extremes : observations, modeling, and impacts. *Science*, 289, 2068-2074.

17) Groisman, P. Y., T. R. Karl, D. R. Easterling, R. W. Knight, P. F. Jamason, K. J. Hennnessay, *et al.*, 1999 : Changes in the probability of heavy precipitation; important indicators of *climatic change*. *Climatic Change*, 42, 243-283.

뉴사우스웨일스 주의 복합적인 주거와 상업적인 피해액들은 5,400만$에서 3억 1,300만$까지 증가하게 될 것이고 홍수를 당한 주거지 숫자는 2배에서 4배로 증가하게 될 것이다.[18] 산악지역의 사람들은 보통 가파르고 잠재적으로 불안정한 언덕에 거주지를 만들어 살고 있다. 극단적인 강우 사건으로부터 발생하는 산사태는 대재앙의 결과를 가져올 수 있다.

극한 기후 사건들은 재산 보험 경비들을 뚜렷하게 증가시킬 수 있었다.[19] 보험 회사들은 전 세계 투자자 중의 하나이고 대량의 부동산을 보유하고 있다. 1992년의 경우, 날씨와 관련된 재해로부터 보험 산업이 입은 재정적인 손실은 23억$를 기록하였다. 기후가 변화함에 따라서, 극한 사건들과 해수면 상승에 대해서 보험 계약을 맺은 비용은 확실하게 급등하게 될 것이다. 기후변화 예보에 대응하는 일부 보험 회사들은 연안 부동산, 남캘리포니아 주와 같은 들불 발생 지역, 홍수다발 계곡들의 투자를 감소시키고 있다. 전 세계를 망라한 80명의 보험계약자들은 2001년 유엔환경프로그램으로 전 세계 변화와 환경에 관련된 '보험 산업에 대한 환경위원회 성명서'에 서명하였다. 회의론자들은 완화정책 반응들이 우리가 기후변화의 진실에 관해서 확신을 가질 때까지 기다리라고 주장하였다. 그러나 재해 보험 계약자들은 이들 불확실성들이 기후변화를 심각하게 받아들이기 위한 논의를 하지 않을 수 없게 만들 것이라고 믿고 있다. 보험이 없다면, 납세자와(또는) 개인들은 기후에 의해서 유발되는 재해의 경비를 지불해야만 할 것이다.

4. 인간 정착

기후변화는 지역 농업과 산업 잠재력을 변경시킬 것이고 사람들의 대규모 이동과 재분배를 유발시킬 것이다. 그러한 인구 이동은 심각한 시회경제학적 분열, 부정적인 건강 영향, 인간 고통의 증가를 초래할 수 있다. 대부분 인류들의 생활양식은 매우 좁은 기후조건의 범주에 적응되어 있다. 인간 정착은 산업화가 높게 이루어진 지역 또는 농업

---

18) Smith, D. I. and K. Hennessy, 2002 : Climate change, flooding and urban infrastructure. australian National University and CSIRO Atmospheric Research. Available from; *http://dar.csiro.au/res/cm/c7.htm.*

19) Baker, J. D., 2002 : Climate change and the re-insurance industry. presentation to the Reinsurance Association of America, May 24, 2000; Available from; *http://www.noaa.gov/baker/reinsure/speech1.html.*

잠재력이 높은 지역에 집중된다. 즉, 쾌적한 기후를 지닌 지역, 해안가 주변, 강과 호수 분지 또는 주요 수송로 근접 지역이다.

특정 인종들의 생활양식과 기술들은 급격한 기후변동에 의한 것이 아니라 때때로 발생하는 폭풍 또는 재해 또는 천천히 일어나는 자연적인 기후변동에 대처하기 위해서 진화되었다. 수만 년 전 북아프리카는 수많은 대형 호수 주변 거주지를 포함하고 있었다. 마지막 빙하기 후, 기후가 변화함에 따라서, 이들 인간들은 점진적으로 유목 생활 방식을 채택하여 적응하였다. 그러나 기후변화에 기인한 일부 아열대 지역들의 급격한 사막화는 그러한 점진적인 적응을 위한 시간을 제공하지 않았다. 나무 벌목, 과도한 방목, 다른 유해한 토지 사용에 의한 사막화는 이미 전 지구적인 위기이다. 아프리카 사하라 주변 지역인 경우, 수백만 명이 빈번한 가뭄과 관련된 농작물 실패 대문에 고통을 받고 있다. 다른 지역의 경우, 증가된 강수량은 홍수를 유발시키기 때문에, 사람들은 오랫동안 거주하였던 범람원을 포기하거나 값비싼 댐 또는 제방 시스템을 건설해야 될 것이다.

대부분 시나리오에 따르면, 기후변화는 도시 기간시설에 대한 추가적인 요구를 가지게 될 것이다. 전 세계 많은 도시 인구는 이미 폭발적인 인구 성장을 경험하고 있다. 기후변화는 도시화를 가속화시킬 수 있다. 왜냐하면 사람들은 저지대 연안 지역으로부터 내륙지역으로 또는 가뭄이 극심한 농장으로부터 도시로 이주하기 때문이다.[20] 줄지 않는 해수면 상승은 이집트, 인디아, 방글라데시 등의 강 삼각주 지역의 인구밀도를 높게 하는 결과를 초래할 것이다. 거주자들은 홍수를 피해서 대륙 내륙 지역으로 이주하게 될 것이다. 예를 들면, 1 m 해수면 상승은 중국만이라도 연안을 따라 거의 1억 명에 심각한 영향을 미치게 될 것이다.[21] 일부 해수면 상승 시나리오의 경우, 저지대 섬나라들은 사실상 존재가 없어지게 될 것이다. 갑자기 많은 수의 기후변화 이주자들을 맞이하는 지역에서는 이주하는 사람들로 인한 기간시설 문제들을 만들게 될 것이다. 부수적인 기간시설 요구에는 더 많은 양의 주택, 의료 시설, 다른 필수적인 도시 시설들이 포함될 것이다.

---

20) IPCC, 1990 : *Potential impacts of climate change; human settlement; energy, transport and industrial scetors; human health; air quality, and changes in ultraviolet-B radiation.* Intergovernmental Panel on Climate Change, Working Group II (A. Izrael, Chair). Geneva WMO/UNEP, p. 34.

21) Han, M., 1989 : Global warming induced sea level rise in China; response and strategies. *Presentation in World Conference on Preparing for Climate Change,* December 19, Cairo, Egypt.

5. 기간시설

1) 수송

기후변화는 수많은 방법으로 수송 분야에 영향을 미칠 것이다. 기후변화에 반응한 산업 또는 농업 재배치는 수송에 대한 부수적인 투자들을 요구하게 될 것이다. 여기에는 신설 선적 부두까지의 고속도로 신설 또는 철도 선로 부설이 해당한다. 많은 개발도상국에서 포장도로가 차지하는 백분율은 매우 낮다. 아프리카 15개국의 평균 포장률은 단지 23 %이다. 강수량이 증가할 것이라고 예측되는 지역의 경우, 산사태와 도로 침식은 유지비용을 올리게 될 것이다. 또한 긴 거리의 전력선과 파이프라인은 경사 불안정도와 산사태 때문에 증가된 강수량 지역과 온난화에 의해서 영구동토가 녹고 있는 북극지역에서는 위협을 받게 될 것이다.[22)]

선박과 바지 수송은 기후에 의해서 영향을 받는다. 지역적인 강수량과 유출의 감소는 강에서 이루어지는 수송과 항해를 저하시킬 수 있다. 예를 들면, 1988년 미국 가뭄 기간 동안, 미시시피 강의 낮은 강수면이 수개월 동안 바지 통행을 방해하였다. 또한 반대의 경우에도 그러하다. 증가된 홍수는 더 많은 펄질화 현상(siltation)을 유발할 수 있고 강 운항을 방해할 수 있다. 미국 알래스카 주 프루도 만 또는 러시아 시베리아 유전 지대와 같은 고위도 지역의 해양 항구들은 지구온난화에 뒤따르는, 얼음이 없는 계절의 길어짐으로부터 이익을 얻을 수 있다. 미국 오대호의 경우, 모델들은 얼음이 없는 운송 기간이 더 길어질 것이라고 제안하였다. 그러나 동시에 더 낮아진 강수량과 유출은 호수면의 높이를 더 낮추게 되어 오대호 항구의 준설을 위한 경비가 증가하였다.

수송 대체 수단이 곧 채택되지 않는다면, 4억대에서 2030년에 이르면 10억대로 증가할 것으로 예상되고 있는, 세계적으로 증가하고 있는 자동차의 대수는 온실기체 배출에 크게 추가하게 될 것이다. 평균적으로 자동차는 전체 사용기간 동안 50 ~80 ton의 이산화탄소를 배출하고, 수송 기간시설은 이산화탄소 배출에 크게 기여하고 있다. 차량당 이들 배출량은 연료 효율성의 함수이다. 현재 연료 소비율을 적용한다고 한다면, 자동차 가솔린 효율성(연

---

22) Nelson, F. E., O. A. Anisimov and N. I. Shiklomanov, 2001 : Subsidence risk from thawing permafrost. *Nature*, 410, 889-890.

비)은 25 km/L로 증가시킬 필요가 있다.[23)] 수송 선택권을 고려하는 개인 선택과 정부 정책들은 온실기체 배출과 이에 따른 기후변화에 상당한 영향을 미칠 것이다. 예를 들면, 1인승 차량으로 여행을 하는 사람은 열차 또는 버스를 이용하여 여행하는 사람보다 이산화 탄소를 5배 배출한다.

자동차 통근은 도시 계획과 인간 거주 패턴과 관련된다. 미국과 오스트레일리아인의 경우, 수십 년 동안 이루어지는 도회지 계획은 교외 확대와 자동차 통근의 높은 강도는 높은 수준의 온실기체가 배출되는 '카 시티(Car City)'의 창설을 일으킨다. 대조적으로, 유럽과 아시아의 도시들은 일반적으로 더 밀집하게 되었고, 더 많은 대중 수송을 가지고, 더 높은 에너지 효율성을 가지고 있다. 일반적으로, 통근자들은 더 많은 사람들이 살고 지역당 직업들이 더 많은 경우 자동차를 덜 사용하는 경향이 있다. 그러나 미국과 오스트레일리아의 일부 도시 계획자들은 새로운 시도를 채택하고 있다. 즉, 도시 중심을 생활과 직장 환경으로 혼합된 지역으로 바꾸어 산책로, 자전거 전용도로, 경전차와 같은 대중 수송 수단의 설치를 조장하고 있다.[24)]

온실온난화는 북부 캐나다, 미국 알래스카 주, 러시아 시베리아 지방에 광범위하게 부설된 기간시설에 심각한 위협을 가하고 있다. 북캐나다와 시베리아와 같은 고위도 지역의 경우, 겨울 수송은 빙판 위 도로 상에서 이루어진다. 기후 온난화는 빙판 도로 계절의 길이를 상당하게 감소시킬 수 있다.[25)] 북극과 아북극 영구동토의 녹음은 구조의 안정성에 위협을 가할 것이고 시공 구조(construction practice)에서 힘이 변화하게 될 것이다. 예를 들면, 영구동토는 티베트 고원과 중국 내몽고 지역의 약 18 %를 덮고 있다. 10~20년 주기 상의 2 ˚C 온난화는 영구동토의 40~50 %를 녹게 할 것이다.[26)] 영구동토의 녹음과 침강 때문에 위험에 처하고 있는 지역들은 북극해 주변에서 중단되지 않고 그 이상으로

---

23) Sierra Club, 2002 : Available from : *http://www.sierraclub.org/global-warming.*

24) Stocker, L. and P. Newman, 1996 : Urban design and transport options : strategies to decrease greenhouse gas emissions. In : Bouma, W. J., G. I. Pearman and M. R. Manning, eds. *Greenhouse : Coping With Climate Change*. Collinwood, VIC 3006, Australia, CSIRO Publishing, 520-537.

25) Longergan, S., R. DiFrancesco and M. Woo, 1993 : Climate change and transportation in Northern Canada : an integrated impact assessment. *Climatic Change*, 24(4), 331-351.

26) IPCC, 1990 : *Potential impacts of climate change; human settlement; energy, transport and industrial scetors; human health; air quality, and changes in ultraviolet-B radiation.* Intergovernmental Panel on Climate Change, Working Group II (A. Izrael, Chair). Geneva WMO/UNEP, p. 34.

확장된다. 여기에는 인구 중심(바로우와 이누빅), 러시아 북극해 연안의 강 터미널(두딘카와 티크시), 북서 시베리아의 천연가스 생산 단지, 시베리아 횡단 철도, 극동 러시아의 빌리비노 원자력 발전소, 북서 북 아메리카를 횡단하는 파이프라인 통로 등이 포함된다.

2) 산업

상품과 부대 설비들을 소비하기 위해서 기본적인 제조를 하는 많은 산업체들은 기후변화에 영향을 받을 것이다. 철강, 알루미늄, 시멘트 생산과 같은 에너지 집중 산업체들은 전력 생산을 감소시키거나 전력 생산의 경비를 상승시키는 기후변화에 의해서 부정적인 영향을 받게 될 것이다. 마찬가지로, 선진국의 농업 산업은 많은 양의 전력을 필요로 하고 에너지 공급과 가격에 민감하다. 생존 식량과 섬유 생산에 크게 의존하는 많은 저개발 국가들은 특히 기후변화에 취약하다. 대조적으로, 기후변화는 국내 농업 생산량이 적은 중동의 석유가 풍부한 국가들의 식량 공급에 대한 직접적인 효과는 덜 가지게 된다.[27)]

일부 지역들의 산업체들은 해수면 상승으로 인한 홍수 또는 가뭄으로 유발된 물 부족을 피하기 위해서 재배치할 필요가 있을 것이다. 캐나다와 시베리아와 같은 고위도 지역의 경우, 기후온난화는 농업, 산림업, 광업, 산업, 인간 정착의 증가를 유발할 수 있다. 항구, 도로, 철도, 공항 건설과 같은 부수적인 기간시설들이 필요하게 될 것이다.

많은 국가들의 경제에 중요한 관광사업은 기후변화에 의해서 영향을 받게 될 것이다.[28)] 이 영향에는 많은 동부 지중해 리조트의 더욱 빈번해진 극단적인 열파의 기간과 해수면으로부터 해변 또는 사주의 손실이 포함될 것이다. 미국의 경우, 뉴잉글랜드 주 화이트 산맥 지역의 관광 사업은 오색 창연한 가을 단풍 계절, 스키 시즌, 레크리에이션 낚시와 연계되는데 이들 모두는 기후변화에 의해서 잠재적으로 영향을 받는다. 전 세계 많은 지역에서 발생하고 있는 강설량의 감소는 겨울 레크리에이션에 부정적인 영향을 나타낼 수 있다. 스키 리조트에 대한 연구들은 스키 시즌이 짧아져 수입이 뚜렷하게 떨어질

---

27) Pilifosova, O., 1998 : Middle East and Arid Asia. Chapter 7. In : Eatson, R. T., M. C. Zinyowera and R. H. Moss, eds. *The Regional Impacts of Climate Change : An assessment of Vulnerability*. Intergovernmental Panel on Climate Change. Cambridge, Cambridge University Press, 231-252.

28) Viner, D. and M. Agnew, 1999 : *Climate change and its impact on tourism.* Report prepared for the World Wildlife Fund. UK : Climate Change Research Unit. University of East Anglia, p. 50.

것으로 제안하고 있다. 예를 들면, 남부 퀘벡 주의 스키 시즌 동안 4~5 ℃ 기온 상승은 스키를 탈 수 있는 날수를 50~70 % 감소하게 될 것이다.[29] 대조적으로, 일부 온대 또는 한대 지역의 여름 레크리에이션 시즌은 더 길어지게 될 것이다.

생태 관광사업은 성장 산업이다. 그러나 산호초, 열대우림, 야생과 같은 생태계는 이미 인간 활동에 의해서 위협받고 있다. 일부 지역의 인공 기후변화의 추가적인 스트레스는 그러한 가치 있는 생태계의 소멸을 유발할 수 있다. 삼림 보호구역, 야생생물 보호구역, 습지들은 보통 인간 거주지 또는 농업에 의해서 둘러싸인 단편적인 풍경의 일부분이다. 기후가 변화함에 따라서, 다른 자연 지역으로 가는 통로가 없는 경우, 그러한 고립된 보호구역에서 서식하고 있는 야생생물들은 이동할 수 없게 되고 새로운 기후에 적응하든지 아니면 죽게 될 것이다. 예를 들면, 야생생물이 풍부한 아프리카 사바나의 기후 모델들은 강수량과 유출의 감소를 예측하였다.[30] 물 부족과 이에 다른 그곳의 야생생물 손실은 여행객 감소로 인한 수입의 손실로 변환될 것이다.

산호초와 해변들은 많은 나라의 중요한 관광 경제의 기초를 제공한다. 예를 들면, 바하마의 경우, 관광 사업은 전체 노동력의 50 %를 직접적으로 고용하고 이에 따른 서비스로서 25 %를 고용한다. 이것은 정부 수입의 50 % 이상을 차지하고, 바하마는 외환 교환으로 1억 3,000만$를 얻는다. 해수면 상승과 해변 침식 또는 해수 온도의 상승이나 이산화탄소 증가로 인한 산호초의 죽음은 심각한 경제적인 영향을 초래할 수 있다.

기후변화는 일부 산업체에 새로운 기회를 제공한다. 기후를 안정화시키기 위해서, 새로운 탄소 비함유와 저영향 에너지 기술들이 개발될 필요가 있다. 태양 에너지 시스템, 연료 전지, 다른 형태의 낮은 온실기체 배출 기술들을 제조하는 것은 이익을 얻을 수 있다. 사실 일부 과학자들은 대량의 대체 연료에 대한 전 세계 연구와 개발 노력들을 제안하였다. 이것은 원자폭탄 개발을 위한 맨해튼 프로젝트와 우주 개발을 위한 아폴로 우주 프로그램과 같이 긴급한 것이다.[31]

---

29) Lamother, A. M. and G. Periard, 1988 : *Implications of climate change for downhill skiing in Quebec. Climate Change Digest : CCD 88-03*. Downsview. Ontario. Environment Canada, p. 12.

30) Hulme, M., 1996 : Chapter 5, Climatic change within the period of meteorological records. In : Adams, W. M., A. S. Goudie and A. R. Orme, eds. *The Physical Geography of Africa*. Oxford, Oxford University Press, 88-102.

31) Hoffert, M. I., K. Calderia, A. K. Jain, E. F. Haites, L. D. Danny Harvey, S. D. Porter, et al., 1998

기간시설에 대한 기후변화의 상대적인 영향은 지역에 따라서 다를 것이다. 풍부한 선진국과 비교하여, 개발도상국들은 기후변화에 기술적으로 적응하는 능력이 부족하다. 또한 임업, 농업, 어업과 같은 기후에 민감한 산업에 크게 의존하는 개발도상국들은 더욱더 경제적으로 기후변화에 취약하다. 북극 지방의 북유럽 사람들과 그들의 생존을 위해서 환경에 의존하는 중동 사람들이 특히 취약하다. 미국의 경우, 오하이오 주 클리블랜드는 감소된 눈과 얼음 제거 비용으로 1년당 450만$를 아끼게 될 것으로 예상되는 반면, 플로리다 주 마이애미는 해수면 상승 문제를 해결하기 위해서 6억$를 투자해야 한다.[32] 이탈리아 베니스는 해수면 상승을 유발하는 다른 측정 수행뿐만 아니라 다시 홍수 방재 시스템에 2억$를 소요하게 된다고 제안되고 있다. 또한 포장 도로, 빌딩, 대기오염 때문에 도시지역들은 '도시열섬효과'에 시달리고 있다. 중국 상하이와 같은 도시들은 주변 농촌 지역보다 5 ℃ 이상 높은 온도를 경험할 수 있다. 기후변화는 이러한 효과들을 증대시킬 것이고 열 스트레스와 관련된 잠재적인 건강 문제들을 추가로 발생시킬 것이다.

: Energy implications of future stabilization of atmospheric CO_2 content. *Nature*, 395, 881-884.

32) Miller, T. R., 1989 : Impacts of global climati change on metropolitan infrastructure, In : Topping Jr, J. C., ed. *Coping With Climate Change. Proceedings of the Second North American Conference on Preparing Climate Change.* Washington, DC : Climate Institute, 6-8 December, 366-376.

기후변화에 대한 효과 : 인간 건강

1995년 여름, 열파가 미국 동부지방과 중서부 지방을 강타하여 시카고에서만 500명 이상의 사망자를 기록 하였다. 명백하게, 극한 열파는 인간을 죽일 수 있을 뿐만 아니라, 예측된 기후변화의 모든 면들은 궁극적으로 인간 건강에 밀접한 영향을 가질 수 있다. 온도, 강수량, 해수면, 어업, 농업, 자연 생태계, 대기질의 변화들은 인간 질병 사망률, 즉 대량 사망에 직접적으로 또는 간접적으로 영향을 미치게 된다(그림 13-1). 기후변화는 북아메리카[1)]와 유럽[2)]의 선진국의 인간 건강에 부정적인 영향을 미치게 될 것이다. 그러나 일반적으로 이들 국가들은 인간 건강에 미치는 기후변화의 영향들을 저감시키기 위해서 충분한 자원들을 가져야만 한다.[3)] 반면 급격한 인구 성장, 가난, 열악한 건강 관리, 높은 경제 의존도, 만연한 일사병 등의 조건을 지닌 최빈국들은 기후변화의 인간 건강에 대한 효과에 매우 취약하게 될 것이다.[4)]

---

1) USA EPA, 2002 : *Global Warming*. United States Environmental Protection Agency. Available from : *http://www.epa.gov/globalwarming.*
2) Kobats, R. S., B. Menne, A. J. McMichael, C. Corvalan and R. Bertollini, 2000 : *Climate Change and Human Health : Impact and Adaptation*. WHO/SDE/OEH/00.4, Geneva and Rome : World Health Organization, p. 22.
3) Balbus, J. M. and M. L. Wilson, 2000 : *Human Health and Global Climate Change : A Review of Potential Impacts in the United States*. Arlington, VA : PEW Center on Global Climate Change, p. 43 Available from : *http://www.pewclimate.org.*
4) Woodward, A., S. Hales and P. Weinstein, 1998 : Climate change and human health in the Asia Pacific region : who will be most vulnerable? *Climate Research*, 11(1), 31-38.

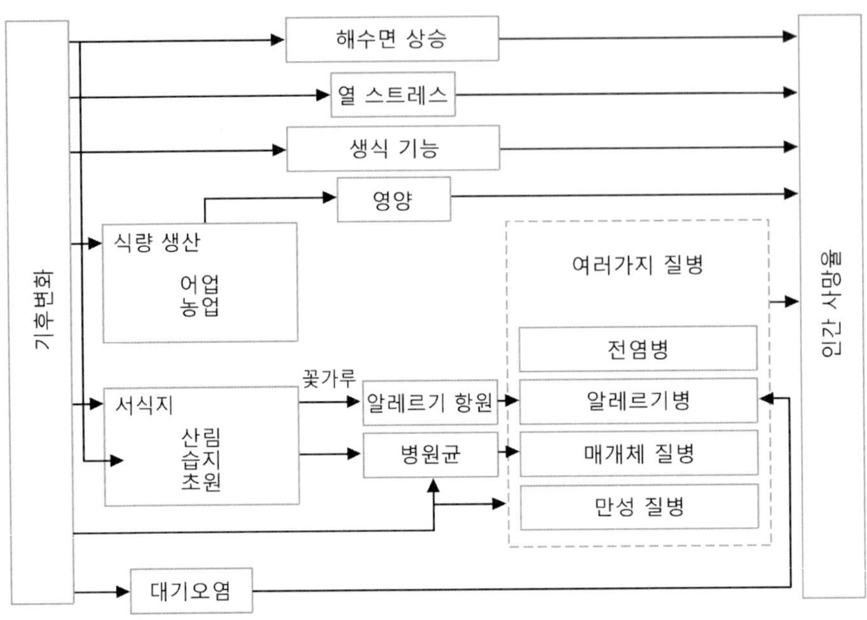

그림 13-1. 인간 건강에 대한 기후변화의 효과

기후변화는 직접적으로 인간 건강에 영향을 미칠 수 있다. 왜냐하면 높은 온도는 인간 생리기관에 열 스트레스를 추가하기 때문이다. 극한 날씨 사건들과 폭풍들을 포함하는 온도와 강수량의 변화들은 직접적으로 사망에 이르게 할 수 있으며, 또는 환경을 변경시킴으로써 전염성 질병의 발병률을 증가시키는 결과를 낳을 수 있다. 대기오염은 더 높아진 온도와 습도로 인해 악화될 수 있다. 마지막으로, 해수면 상승에서부터 농업과 인간 기간시설에 영향까지에 걸쳐있는 지구 기후변화의 모든 면면은 간접적으로 인간 건강에 연관되고 있다.

1. 열 스트레스

많은 건강 문제들의 발생률과 혹독함은 온도가 상승함에 따라서 커진다. 온도가 상승함에 따라서, 인체는 냉각을 유지하기 위해서 부수적인 에너지를 소비한다. 만약 체온이 41 ˚C 이상으로 올라간다면, 즉각적인 결과는 '열사병(heat stroke)'이다. 인체의 온도를 규제하는 메커니즘에 대한 이러한 장애는 발열, 뜨겁고 건조한 피부, 높은 맥박, 때때로 정신 착란과 혼수상태로 진행하는 결과를 일으킨다. 또한 온도 스트레스는 심장 혈관 질병과 뇌혈관 질병, 당뇨병, 만성폐쇄폐질환, 폐렴, 천식, 인플루엔자를 포함하는 각종 건강 조건들을 악화시킬 수 있다. 특히 어린이와 노인들이 그러한 질병으로 인한 사망하는 비율은 비정상적인 더운 날씨 기간 동안 극단적으로 높아진다.

날씨 조건과 질병 발생률과 사망률을 연관시키는 역사적인 자료들에 기초한 정량적 알고리즘들은 지구온난화가 열파와 관련된 질병 발생률과 사망률을 증가시킨다고 제안하고 있다.[5] 심장병과 심장마비로부터의 사망 발생률은 일평균 기온이 27 ˚C에서 30 ˚C 이상 증가하게 되면 극단적으로 증가한다(그림 13-2). 또한 태아와 유아의 사망은 일반적으로 여름에 더 높고 겨울에 더 낮다. 이것은 아마도 여름에 전염병이 창궐한 결과일 것이다. 콘크리트와 아스팔트의 확장과 이에 따른 결과인 도시열섬효과 때문에, 도시지역들은 특히 열파로 불리는 극한 온도 사건들이 발생하기 쉽다. 예를 들면, 1966년 발생한 열파 기간 동안 짧은 시간에 뉴욕의 사망률이 평상시보다 2배를 기록하였다(그림 13-3). 1995년 발생한 런던 열파는 사망률이 16 % 증가하였고, 1987년 그리스 아테네에서 발생한 열파는 2,000명의 추가 사망을 가져왔다.

직접적인 열 스트레스에 대한 순응은 열 스트레스를 저감하는 데 모두 일조할 수 있는 에어컨 설치, 작업장 개선, 주택 건설 변경에 대해서 투자한 선진국인 경우에는 적어도 가능하다. 미국인의 경우, 대기권 2배 이산화탄소 농도에 기인한 온난화는 순응된 경우에는 열 스트레스에 관련된 사망률이 400 %, 순응되지 못한 시나리오인 경우에는 700 %까지 각각 상승하게 된다. 에어컨 설치가 미비하고 주택의 절연상태 또는 통풍이 불량한 개발도상국의 경우, 더 높은 온도에 대한 순응은 제대로 되지 않는다.

열 스트레스의 부정적인 영향은 열대와 온대 지역 모두에서 발생할 것이다. 그러나 온대 지역의 경우, 더 온도가 높은 겨울은 일부 부정적인 여름 고온 효과들을 상쇄할 수 있을 것이다. 만약 겨울 달들이 기후변화의 결과로서 더 온화하게 된다면, 노인들과 같은 위험군은 한랭 노출에 덜 위험하게 될 것이다. 온대 지역 내의 더 온화한 겨울이

---

5) Listorti, J. A., 1997 : Environmental health dimensions of climate change and ozone depletion. *Energy Environment Monitor*, 13, 103-120.

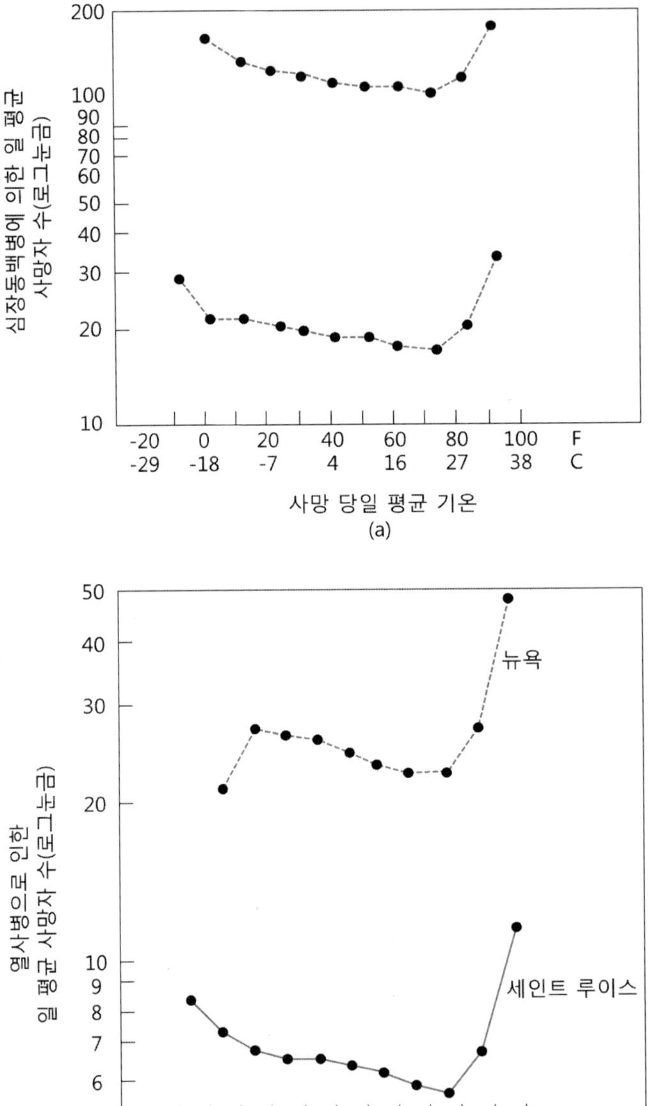

그림 13-2. 온도와 사망률과의 관계 (a) 심장 동맥병과 (b) 열사병에 의한 사망률과의 관계이다.

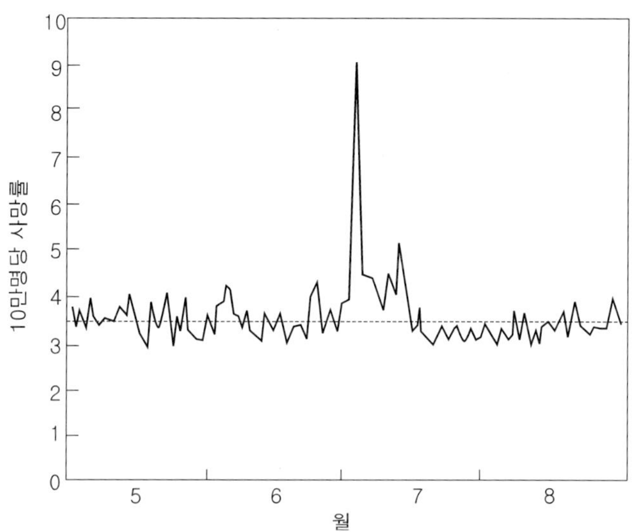

그림 13-3. 1996년 여름 뉴욕에서의 사망률의 변동 큰 사망률 증가는 7월 초순 열파 기간 동안 발생하였다.

여름 고온과 관련된 사망률의 증가를 상쇄하였다는 것에는 불확실성이 존재한다. 이것은 아마도 장소와 독특한 적응 반응에 의존할 것이다. 미국의 경우, 한랭 겨울인 경우에는 매년 단지 약 1,000명만이 사망한 반면, 고온의 여름에는 2배의 사망자가 발생하였다.[6] 일부 추정 값에 의하면, 유럽 연합에서 2~2.5 ˚C 온도 증가는 고온 관련 여름 사망자수를 수천 명으로 증가하게 될 것이지만, 그만큼의 숫자만큼 겨울 사망자수를 낮출 것이다.[7]

2. 전염병

지구온난화는 전염병의 확산에 새로운 자극을 보이고 있다.[8] 존스 홉킨스 대학교 보건대학원의 조나단 파츠(Jonathan Patz) 교수에 따르면, 그는 "전염병의 확산은 기후변

6) USA EPA, 2002 : *Global Warming*. United States Environmental Protection Agency. Available from : *http://www.epa.gov/globalwarming*.

7) Beniston, M. and R. S. J. Tol, 1998 : Europe. In : Watson, R. T., M. C. Zinyowera and R. H. Moss, eds. *The Regional Impacts of Climate Change. Intergovernmental Panel on Climate Change*. Cambridge University Press, 149-185.

8) Last, J. M., 1997 : New causes for new diseases. *World Health*, 50, 12-13.

화와 관련된 공중 보건 문제에서 가장 중요하게 될 것이다."라고 언급하였다. 전염병은 토끼, 파리, 모기, 진드기와 같은 매체들을 통해서 확산되거나 직접적으로는 벼룩과 사람 사이에서 퍼지게 된다. 만성 비전염병이 선진국에서 사망 원인의 주류를 이루지만, 개발도상국의 경우 기후에 민감한 전염병이 사망 원인의 주류를 이룬다. 가장 광범위한 매개성 질병 중에서 많은 부분은 아마도 지구 기후변화에 반응하여 더욱더 퍼져나가게 될 것이다(표 13-1). 일반적으로, 온도에 민감하고 현재 열대지방에만 한정된 숙주를 가진 질병(예, 말라리아, 주혈 흡충증, 황열병, 뎅기열병)들은 온대 지방 북쪽으로 더 퍼져나갈 것이다.

표 13-1. 주요 열대 매개동물 질병과 기후변화에 반응하여 증가할 수 있는 가능성

병명	증가 가능성	매개동물	현재 분포 지역	위험에 노출된 사람(백만 명)
말라리아	아주 높음	모기	열대, 아열대	2,020
주혈흡충병	높음	물 달팽이	열대, 아열대	600
리슈만편모충증	높음	모래파리	아시아, 남유럽, 아프리카, 아메리카	350
샤가스병	중간	트리아토민 노린재	중앙아메리카, 남아메리카	100
아프리카수면병	중간	체체파리	열대 아프리카	55
림프사상충증	중간	모기	열대, 아열대	1,100
뎅기열병	높음	모기	모든 열대 국가	2,500~3,000
사상충증	중간	흑색 날벌레	아프리카, 라틴아메리카	120
황열병	중간	모기	열대 남아메리카, 아프리카	-
메디나충증	모름	갑각류	남아시아, 아라비아반도, 중앙 서아프리카	100

전 세계에서 가장 심각한 건강 문제 중의 하나인 말라리아는 매년 수백만 명의 생명을 앗아가고 있다. 그것의 분포는 기후 조건에 민감하다. 말라리아는 한때 유럽의 많은 지역에서 창궐했지만, 많은 지역들이 개발됨에 따라서, 살충제와 개선된 공중 보건 처치는 말라리아를 별 볼 일 없는 것으로 만들었다. 그러나 한랭한 온도는 현재 말라리아를 단지 잠재적인 전 세계 분포에만 한정시킨다. 주된 말라리아 매개동물인 얼룩날개모기는 20~30 ℃ 사이에

생존하고 말라리아 기생동물인 열원충(*Plasmodium spp.*)은 온도가 상승함에 따라서 모기 안에서 급속도로 발달한다. 또한 기후변화로부터 증가된 강우량은 말라리아모기를 위한 부수적인 표층수 번식 장소를 제공한다.

말라리아와 같은 질병들은 기후조건과 밀접하게 관련된다. 아프리카 르완다는 얼룩날개모기가 서식할 수 있는 고도와 위도 범주에 근접하게 위치한다. 1987년 태평양의 엘니뇨는 르완다에 기록적인 높은 온도와 강우량을 발생시켰다. 모기 서식지가 확장되었고 이에 따라서 말라리아의 사망률이 전년에 비해서 상당히 증가하였다.[9] 파키스탄의 경우, 온도와 말라리아 사망률 모두가 1980년 이후 뚜렷하게 증가하였다.[10]

말라리아는 수십 년 안에 온대 선진국에서는 심각한 문제가 될 것이다.[11] 지구온난화는 아마도 학질모기의 적절한 온대 지역 서식지가 100배 증가시킬 것이다.[12] 이것과 증가하는 항공기 여행과 결합되면, 말라리아와 같은 질병이 온대 지역인 미국, 남유럽, 오스트레일리아 등에서도 전염될 것이다. 기후변화와 학질모기의 환경 및 생리적인 필요조건들을 연결시키는 모델들은 남유럽의 말라리아 전염병의 가능한 증가를 예측하고 있다. 사실, 이탈리아와 미국 동부지방에서 말라리아의 최근 격리된 사례들은 이 가정과 일치한다.[13]

기후변화를 예측하는 여러 가지 모델 모두는 말라리아의 잠재적인 발생지대가 증가할 것이라고 제안하였다.[14] 예를 들면, 영국기상청 해들리 센터에서 개발한 대기 순환 모델(HadCM3)에 기초해 보면, 말라리아 전염에서 전 세계 중간에서 고위험 지역들이 2050년 많은 지역에서, 말라리아는 더 온난해진 저지 고도에 국한되고 고지 고도의 더 한랭해진 온도에 의해서 추방된다(그림 13-4). 이론적으로, 온도의 작은 상승은 많은 국가들의

---

9) Lovinsohn, M. E., 1994 : Climatic warming and increased malaria incidence in Rwanda. *The Lancet*, 343, 714-718.

10) Bouma, M. J., H. E. Sondorp and H. J. van der Kaay, 1994 : Climate change and periodic epidemic malaria (letter). *The Lancet*, 343, 1440.

11) Martin, P. and M. Lefebvre, 1995 : Malaria and climate : sensitivity of malaria potential transmission to climate. *Ambio*, 24, 200-207.

12) Montague, P., 1995 : Climate and infectious disease, Part 1. Rachel's Environment and Health Weekly, 466, 1-9. Available from : *http://www.monitor.net/rachel/r466.html.*

13) Martens, P., 1999 : How will climate change affect human health? *American Scientist*, 87, 534-541.

14) Martens, W. J. M., L. W. Niessen, J. Rotmans, T. H. Jetten and A. J. McMichael, 1995 : Potential impact of global climate change on malaria risk. *Environmental Health Perspectives*, 103, 458-464.

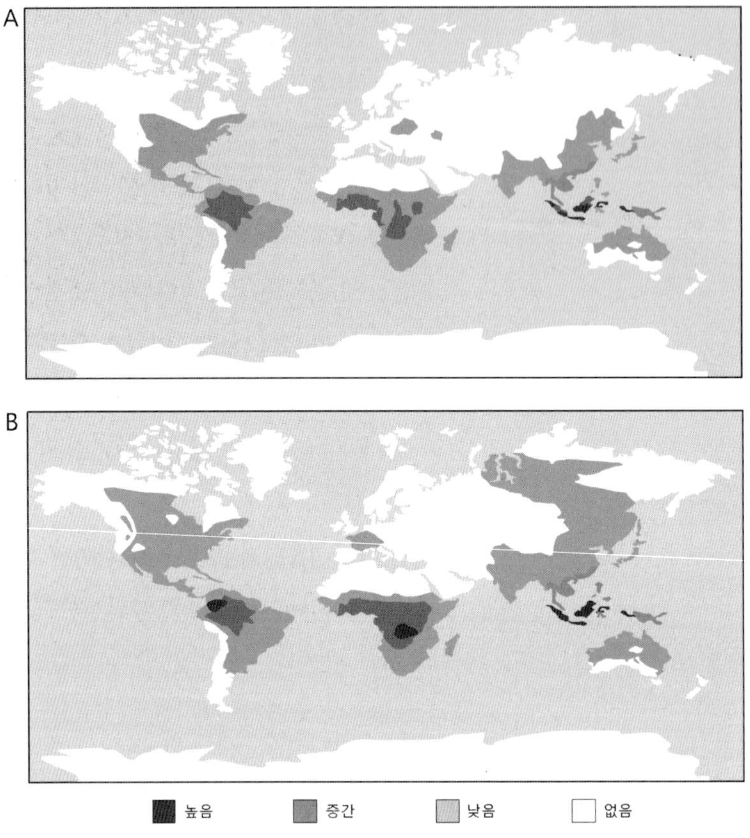

그림 13-4. 말라리아 원충의 서식지 확장으로부터 2050년대에 나타날 수 있는 말라리아 위험의 증가 (a) 1961~1990년 기준 상태와 (b) HadCM3모델에 의한 예측 결과이다.

고지 지역들이 말라리아 기생동물들의 서식지로서 개방될 수 있다. 그러나 최근 기후변화와 동아프리카의 높은 고도 지역에서 말라리아 재유행 사이에는 상관관계가 없는 것처럼 보인다.[15)]

기후변화 모델(예, HadCM3)들은 2080년에 이르면 전 세계에 말라리아의 유형 중에서 말라리아 원충인 '*Plasmodium falciparum*'에 의해서 부수적인 3억 건의 사례들과 말라리아

15) Hay, Simon I., Jonathan Cox, David J. Rogers, Sarah E. Randolph, David I. Stern, G. Dennis Shanks, Monica F. Myers and Robert W. Snow, 2002 : Climate change and the resurgence of malaria in the East African highlands. *Nature*, 415, 905-909.

원충인 '*Plasmodium vivax*'에 의해서 부수적인 1억 5천만 건의 사례들이 발생할 것으로 예측하고 있다.[16] 말라리아 전염이 가장 증가하는 곳은 중앙아시아, 북아메리카, 유럽이 될 것이다. 여기는 매개생물인 모기들이 존재하지만, 현재 기후는 너무 한랭하여 전염이 되지 않는 곳이다. 남아메리카의 경우, 연중 계속되는 말라리아로부터 감염의 위험에 처한 사람들의 숫자는 2020년~2080년까지 2,500만 명에서 5,000만 명으로 2배가 될 것이다.[17]

뎅기열병의 범위는 기후변화에 반응하여 아마도 확장될 것이다. 황열모기(*Aedes aegypti*)에 의해서 퍼지는 뎅기열병은 가장 중요한 매개생물에 의한 바이러스성 질병으로, 전 세계에 걸쳐 매년 1억 건 이상의 사례들이 보고되고 있다.[18] 온도가 더 높아지면 뎅기열 바이러스를 전파하는 황열모기의 능력이 증대된다.[19] 모델 예측들은 기후변화에 반응하여 모기들은 온난한 달 동안 위도 분포가 확장된다고 예측하고 있다.[20] 결빙 온도는 모기 알들을 죽이지만, 모기 알과 유충들이 겨울나기에 적합한 최저기온들이 기후변화에 의해서 극 쪽으로 이동함에 따라서, 미국을 비롯한 중앙 유럽과 남유럽들이 위험하게 할 수 있을 것이다. 기후변화 모델들은 모기 매개생물들의 생존 계절들이 확대됨에 따라서 뎅기열병을 포함한 여러 가지 모기 매개생물 바이러스들의 위협이 증가하고 있는 오스트레일리아의 많은 지방에서 강우량과 온도가 상승할 것이라고 예측하고 있다.

증가하고 있는 전 세계 여행과 무역은 새로운 지역에 질병 매개생물들의 퍼짐을 조장하고 있다. 뎅기열병의 주 매개생물인 흰줄숲모기(*Aedes albopictus*)는 사용된 자동차 타이어의 선적으로부터 동아시아에서 미국으로 유입되었고 현재 북아메리카 많은 지방으로

16) Martens, P., R. S. Kovats, S. Nijhof, P. de Vries, M. T. J. Livermore, D. J. Bradley, J. Coxn and A. J. McMichael, 1999 : Climate change and future populations at risk of malaria. *Global Environmental Change*, 9, S89-S107.

17) Kovats, R. S., A. Haines, R. Stanwell-Smith, P. Martens, B. Menne and R. Bertollini, 1999 : Climate change and human health in Europe. *British Medical Journal*, 318, 1682-1685.

18) Watts, D. M., D. S. Burke, B. A. Harrison, R. E. Whitmire and A. Nisalak, 1987 : Effect of temperature on the vector efficiency of Aedes aegypti for Dengue-2 virus. *American Journal of Tropical Medicine and Hygiene*, 36, 143-152.

19) Hopp, M. J. and J. A. Foley, 2001 : Global-scale relationships between climate and the dengue fever vector Aedes aegypti. *Climatic Change*, 48, 441-463.

20) Ward, M. A. and N. R. Burgess, 1993 : Aedes albopictus : a new disease vector for Europe? *Journal of the Royal Army Medical Corps*, 139, 109-111.

퍼져 갔다. 이탈리아의 경우, 동일한 모기는 1992년 무렵에 등장한 이후 22개 북방 지역으로 퍼져 갔다. 집모기(*Culex mosquito*)에 의해서 옮겨지고 새가 숙주가 되는 것으로 때때로 매우 치명적인 질병인 웨스트나일 바이러스 뇌염이 1960년대에 프랑스에 별안간 나타나기 시작하였다. 아마도 북아메리카의 동해안을 따라서 매우 온난한 여름에 반응하여, 이것은 1999년 뉴욕 주에 등장하였다. 이것은 현재 미국 전역에 퍼지고 있다. 기후변화에 대한 이것의 연관성은 불투명하지만, 더 온난한 온도가 이것의 화산을 확실하게 증대시켰다.

또 다른 매개생물에 의한 질병인 빌하르츠 주혈흡충병(*Bilharzia Schistoso- miasis*)은 아마도 전 세계에 걸쳐 2억 명을 감염시켰을 것이다. 인간 배설물 또는 오줌의 경로에 의해서 물 공급 장치에 들어온 그것의 알들이 물 매개 기생충이다. 기생충과 중간 숙주인 달팽이는 온난수에 생존한다. 이집트와 같은 국가의 경우, 달팽이 개체 수는 더 한랭한 달 동안에는 감소하였지만, 기후 온난화는 전염의 계절과 발생률을 확대할 것이다.

한타바이러스는 흰발생쥐의 침과 배설물을 통해서 퍼진다. 1993년 미국 남서부 지방인 경우, 6년 가뭄 끝에 내린 호우가 잣의 풍부한 식량 공급을 제공하였고 설치동물 매개생물 개체 수 폭발에 이상적인 조건을 제공하였다. 이것이 치명적인 한타바이러스의 발발을 뒤따르게 하였다.[21] 과학자들은 이와 유사한 치명적인 질병들의 확산을 촉발될 것을 우려하고 있다.[22]

로키산홍반열과 라임병과 같은 진드기 매개 질병들은 북쪽 지방에서 증가하고 있다. 라이병과 마찬가지로 진드기 매개 뇌염(*encephalitis*)은 북반구 유럽 겨울 온도가 더 온화하게 되고 봄 식생 계절이 45~70°N에 걸쳐서 12일 앞당겨짐에 따라서 스웨덴에서 증가하였다.[23] 그러나 진드기의 숙주인 사슴의 개체수가 더 많아진다면 또한 적어도 진드기 매개 질병의 퍼짐이 증가하게 될 것이다. 아프리카의 경우, 기후변화는 아프리카수면병을 옮기는 체체파리에 적합한 서식지를 크게 증가시키게 될 것이다.

일부 비매개생물 질병들도 기후변화에 반응하여 증가할 수 있을 것이다. 어떤 독성을

21) Stone, R., 1995 : If the mercury soars, so many health hazards. *Science*, 267, 957-958.
22) Brown, K. S., 1996 : Do disease cycles follow changes in weather? *Bioscience*, 46(7), 479-481.
23) Lindgren, E. and R. Gustafson, 2001 : Tick-borne encephalitis in Sweden and climate change. *The Lancet*, 358, 16-18.

함유한 해양 조류의 개체 수 폭발 현상인 '유해 적조 현상'은 전 세계적으로 증가하고 있다. 사실, 전 세계는 유해 연안 적조 현상의 '흑사병'을 경험하고 있는 것처럼 보인다.[24] 인간들은 독성 조류를 함유한 조개들을 먹거나 그러한 조류들을 함유하고 있는 해양 에어로졸들을 호흡함으로써 해를 받게 된다. 비브리오 콜레라(*Vibrio cholerae*)와 같은 콜레라는 물을 매개로하는 질병으로서 그들 안의 휴면 상태는 매우 내염성이 강하다. 일부 증거들은 여러 연안 지역에서의 콜레라 출현은 온난수 사건과 이에 따른 병원체를 응집시키는 플랑크톤 개체수의 폭발과 연관된다고 제안하고 있다.[25] 1992년, 콜레라의 새로운 변종이 인디아의 연안지역에 나타났고 아시아 전역으로 퍼지게 시작하였다. 마지막으로, 살모넬라증으로부터 상한 식품과 같이 식품 관련 전염병은 더 온난한 온도에서 창궐하고 더 일반적인 사건으로 될 수 있을 것이다.[26]

3. 대기질

천식과 심폐기능 장애와 같은 폐질환 건강 조건들을 악화시키는 인자인 대기오염은 아마도 기후변화의 결과로 증가한 것이다. 증가된 에너지 수요는 화석연료 연소에 추가될 것이다. 이것은 분진(호흡기 문제의 원인), 독성 방향족 탄화수소(발암물질), 이산화황(산성비)의 배출을 증가하게 될 것이다. '대기질'은 오염물질 배출뿐만 아니라 대기 순환과 혼합의 함수이다. 따라서 만약 기후변화가 대기성층을 증가시키는 원인이 된다면, 오염물질들은 지표면 부근에 축적되는 경향을 보일 것이다.

기후변화는 오존 오염을 증가시킬 것이다. 성층권 오존 고갈로부터 자외선(UV-B)이 증가됨에 따라서 증가된 온도와 수증기는 대류권 오존(스모그)을 형성시키는 화학 변형을

24) Epstein, P. R., T. E. Fond and R. R. Colwell. 1994 : Marine ecosystems, Health and Climate Change. Special Issue. *The Lancet*, 14-17.

25) Colwell, R. R. and A. Huq, 1994 : Environmental reservoir of *Vibrio cholerae*. In : Wilson, M. E., R. Levins and A. Spielman, eds., Disease in Evolution : Global Changes and Emergence of Infections Diseases. *Annals of the New York Academy of Sciences*, 740, 44-54.

26) UKDH, 2001 : *Health Effects of Climate Change in the UK : An Expert Review for Comment.* report 22452. London : Expert Group on Climate Change and Health in the UK. UK Department of Health, p. 290 Available from : *http://www.doh.gov.uk/hef/airpol/climatechange/index.htm.*

가속화시킬 것이다. 오존과 과산화수소와 같이 형성되는 광화학 생산물들은 폐 자극제이다. 전 지구 기후모델들은 1990년부터 2100년까지 중앙 잉글랜드의 한여름의 대기오존 농도가 약 20 ppbv 즉 40 % 증가를 예측하고 있다.[27)]

일부 지역에서 발생하는 고온, 건조한 여름은 포자와 꽃가루의 분포를 더욱더 확산시켜 인간에게 천식과 알레르기 장애를 추가하는 데 공헌할 것이다. 다른 지역에서의 더 높은 습도와 강수량은 곰팡이와 집 먼지 진드기의 개체수를 증가시키게 될 것이다. 이들 배설물은 강력한 알레르겐이다.[28)]

지구온난화의 감소에 기여하는 온실기체 배출의 감소는 인간 건강에 많은 부수적인 구제를 가진다. 매년 전 세계 70만 명이 대기오염으로 사망하고 있고 세계보건기구는 장애의 10대 원인 중의 하나로서 대기오염을 꼽았다. 온실기체 배출의 저감은 또한 인간건강에 부정적인 영향을 미치는 분진과 오존과 같은 오염물질들의 감소를 이루게 될 것이다. 따라서 아메리카 대륙의 4개 도시(멕시코시티, 뉴욕, 산티에고, 상파울로)에서 20년에 걸쳐서 이룬 유효한 온실기체 완화 기술들의 적용은 약 64,000명의 조산아 사망, 65,000의 만성 기관지염 환자, 3,700만 명의 노동력 상실을 막을 수 있다.[29)]

4. 상호작용과 2차 효과

이제까지 논의된 기후변화의 많은 효과들은 인간 건강 또는 웰빙과 관련된 것이었다. 예측된 기후변화의 여러 가지 면들은 간접적으로 공중 보건 시스템에 부수적인 부담을 지울 수 있다. 기후변화는 물과 식량 공급, 생태계, 해수면, 극한 날씨 사건, 기간시설 등에 수많은 직접적인 효과들을 가질 수 있을 것이다. 사실, 인간에 대한 증가된 열 스트레스와 대기오염의 직접적인 효과들은 아마도 생태계의 복잡한 변화와 질병의 변경된 패턴들로부터 야기된 영향들에 의해서 지나치게 중요시되고 있다.[30)] 더 강력해진 폭풍, 가뭄,

27) UKDH, 2001 : *Health Effects of Climate Change in the UK : An Expert Review for Comment.* report 22452. London : Expert Group on Climate Change and Health in the UK. UK Department of Health, p. 290 Available from : *http://www.doh.gov.uk/hef/airpol/climatechange/index.htm.*
28) Martens, P., 1999 : How will climate change affect human health? *American Scientist*, 87, 534-541.
29) Cifuentes, L., V. H. Borja-Aburto, N. Gouveia, G. Thurston and D. L. Davis, 2001 : Hidden health benefits of greenhouse gas mitigation. *Science*, 293, 1257-1259.

홍수들은 인간 사망자를 증가시킬 수 있고 어떤 질병의 확산에 유익한 조건을 제공할 수도 있다. 예를 들면, 1997년과 2002년의 여름 동안, 중앙 유럽에서 발생한 기록적인 홍수는 수백 명의 목숨을 앗아갔고, 수십만 명의 이주를 강제하였고, 수억$의 피해를 초래하였다.

개발도상국에서 증대되고 있는 2가지 최대 위험 요소들인 영양실조와 안정하지 못한 음용수는 기후변화와 반응하여 증가할 수 있다. 일부 지역에서의 작물 생산은 기후변화로 인하여 고통을 받을 것이고 결과적인 영양실조는 전염병에 대한 인간 감수성은 증가할 수 있다. 1990년 약 1억 1천만 명이 안전한 음용수에 접근하지 못하고 있다.[31] 악화된 수질은 선진국에서는 사망자 수의 1 % 미만을 차지했지만, 사하라 주변 아프리카에서는 거의 11 %이고 인도에서는 9 %를 차지하였다.[32] 기후변화의 결과로서 물 이용도의 감소는 공중위생 표준을 더욱더 약화시키게 될 것이고 수인성 병원균의 확산을 허용하게 될 것이다.

해수면 상승과 연안지역의 침수는 염수를 지하수 공급 장치에 침투시켰고 연안 폐수 처리 공장을 방해하였다. 염수 말라리아모기(*Anopheles sundaicus*)는 내륙 쪽으로 더 멀리 이동시킬 수 있었다. 기후변화는 또한 환경 피란민의 대량 이동을 유발하였고 공중 보건 시스템에 추가적인 부담을 지웠다. 폭풍, 홍수 또는 가뭄과 같은 극한 날씨 사건들은 인간 생활에 많은 손실을 가져왔다.

---

30) McMichael, A. J. and A. Haines, 1997 : Global climate change : the potential effects on health. *British Medical Journal*, 315, 805-809.

31) Kovats, R. S., B. Menne, A. J. McMichael, C. Corvalan and R. Bertollini, 2000 : *Climate Change and Human Health : Impact and Adaptation*. WHO/SDE/OEH/00.4, Geneva and Rome : World Health Organization, p. 22.

32) Murray, C. J. L. and A. D. Lopez, 1996 : Estimating causes of death : new methods and global and regional applications for 1990. In : Murray, C. J. L. and A. D. Lopez, eds. *The Global Burden of Disease*. Cambridge. Harvard School of Public Health, 118-200.

기후변화 완화 방안

만약 인간 유발 기후변화의 영향들을 저감시키는 행동들이 곧 이루어지지 않는다면, 결과들은 저 멀리 달아나갈 것이다. 비록 우리들이 기후변화의 정확한 크기 또는 임의 효과들에 대한 불확실성이 존재한다 하더라도, 인간 사회에 대한 영향들은 경미한 것에서부터 대재앙까지 분포하게 될 것이다. 경고들이 발령되고 있다. 많은 과학자들은 '사전예방원칙'의 적용을 주장하고 있다. 어떻게 심각한 영향들의 위험을 줄일 수 있을까? 어떻게 온실기체의 낭비가 심한 배출에 의한 결과들을 피하거나 줄일 수 있을까? 인간 유발 기후변화를 저감하거나 완화시킬 수 있는 가능한 해결방법들이 존재한다. 우리가 시행할 내용들은 다음과 같다.

첫째, 탄소 배출을 포집하거나 처리한다.
둘째, 지구온난화를 축소하거나 지구공학을 통해서 지구온난화 효과들을 줄인다.
셋째, 자연 탄소 흡원을 증대시킨다.
넷째, 탄소 무함유와 재생 에너지 기술들로 전환시킨다.
다섯째, 에너지를 보존하고 에너지 사용을 효과적으로 한다.
여섯째, 기후변화에 적응한다.

1. 탄소 배출의 포집 또는 처리

만약 우리가 생성원에서 이산화탄소 배출을 줄일 수만 있다면, 우리는 많은 부분의 온실 온난화 잠재성을 제거할 수 있지만, 이것은 시행하기보다 말이 더 쉽다. 대기권으로부터 이산화탄소의 많은 양을 제거한다는 것은 어려운 일이다. 예를 들어, 자급식 수중호흡 장치(SCUNA)를 고려해 보자. 해군 다이버에 의해서 사용되고 드물게 스포츠 다이버에 의해서도 사용되는 이 시스템의 경우, 다이버가 내품는 공기는 이산화탄소를 제거하기 위해서 소다 석회를 포함하고 있는 화학 카트리지(보통 작은 양의 나트륨과 수산화칼슘을 함유한 수산화칼슘으로 이루어짐)를 통하여 걸러진 다음, 공기가 재호흡된다. 가장 대중적인 SCUBA 시스템과는 다르게, 공기 방울들이 주변 해수 속으로 방출되지 않는다. 따라서 화학 필터들은 적은 양의 이산화탄소를 경제적으로 제거할 수 있다.

이동 생성원인 자동차는 소형이라서 대용량 이산화탄소 여과 장치의 부착이 배제된다. 미국 평균 승용차는 하루에 14.3 kg의 이산화탄소를 배출 한다.[1] 화학적인 이산화탄소 흡수자로서 석회의 현재 기술을 적용한다면, 평균 승용차는 이산화탄소 배출을 흡수하기 위해서 1년 당 약 8,778 kg의 석회가 필요하게 될 것이다. 그런 다음 석회는 재사용될 수 있기 전에 이산화탄소를 제거하기 위해서 처리할 필요가 있다. 이동 생성원의 경우, 물질의 체적과 가격 모두가 금지하는 것과 다름없게 된다. 발전소와 같은 고정 생성원인 경우, 탄소 격리 기술들은 더 많은 성공의 희망을 제공한다, 오늘날, 생성원에서 배출을 포획하는 것은 매우 효율적이지 못하고 경비도 많이 들게 된다. 예를 들면, 가스 발전소의 경우는 3~5 %이고 석탄 발전소인 경우는 13~15%이다. 그러나 새로운 기술들이 개발되고 있다.[2] 9개의 전 세계 최대 에너지 회사들뿐만 아니라 미국 에너지부[3]와 국제에너지기구[4]와 같은 관청들이 새로운 에너지 기술들을 활발하게 연구하고 있다. 여기에는 일부 화석연

---

1) U.S. EPA, 2000 : *Average Annual Emissions and Fuel Consumption for Passenger Cars and Light Trucks*. Air and Radiation, Office of Transportation and Air Quality. EPA420-F-00-013.
2) Herzog, H. J., 2001 : What future for carbon capture and sequestration? *Environmental Science and Technology*, 35(7), 148-153.
3) U.S. DOE, 2002 : *U.S. Department of Energy, Office of Science, Carbon Sequestration Program*, Washington, DC. Available from : *http://cdiac2.esd.ornl.gov*.
4) IEA, 2002 : International Energy Agency. Available from : *www.ieagreen.org.uk*.

료에 기반을 두고 있다. 예를 들면, 석탄가스화 복합 순환 발전의 경우, 석탄은 일산화탄소와 수소 가스로 된다. 일산화탄소는 이산화탄소와 수소를 형성하기 위해서 증기와 반응한다. 이산화탄소는 제거되고 수소는 가스 터빈에서 사용된다. 유기용매 모노에탄올아민은 이산화탄소를 효과적으로 흡수한다.[5)]

이산화탄소는 지하 지질학적 형태 또는 심해에 저장할 수 있다. 예를 들면, 심해의 높은 압력하에서 액체상 이산화탄소의 한 분자는 7개의 물 분자와 결합하여 고체를 형성한다. 북해 노르웨이 슬라이프너 유전지대의 경우, 천연가스 추출의 부산물인 이산화탄소는 압축되고 해저 1,000 m 아래 아표층 사암층 속으로 펌프로 넣게 된다.

여러 가지 탄소 포집과 처리 기술들의 분석은 발전소로부터 포집되는 이산화탄소의 90 %는 전기 가격에 kw/h당 2 센트를 추가할 것이라고 제안하였다. 이것은 재생 에너지와 원자력 에너지의 현재 가격과 서로 경쟁할 만한 수준이다.[6)]

고정 발생원으로부터 대규모 탄소 처리 기술들은 유망한 기술임에도 불구하고, 많은 문제점을 가지고 있다. 첫째, 처리되는 탄소의 양이 어마어마하다는 것이다. 천연가스와 석탄을 태우는 전기 발전소는 엄청난 양의 이산화탄소를 배출하고 전 세계 배출의 약 33 %를 설명한다. 전형적인 500-MW 석탄 발전소는 하루에 10,560 ton의 이산화탄소를 배출한다.[7)] 둘째, 환경과 안전 문제가 존재한다. 해양 저장은 이산화탄소가 용존될 때 해수의 산성화와 같은 환경적인 의문점을 포함하고 있다. 또한 심해에 저장되는 고체 이산화탄소의 저장 가능 기간이 불분명하다. 이것은 아마도 거품들을 형성하여 표면으로 복귀할 것이다. 지하 육상 저장은 안전 의문점을 포함한다. 충분한 높은 농도로 이산화탄소가 추출되는 것은 동물과 인간들을 거의 질식시킬 수 있다.

---

5) CO_2 Capture Project, 2002 : *An International Effort Funded by Nine of the World's Leading Energy Comapanies*. Accessed September 7, 2002, frpm : *http://www.co2captureproject.org*.

6) David, J., 2000 : *Economic Evaluation of Leading Technology Options for Sequestration of Carbon Dioxide [Masters Thesis]*. Cambridge, Massachusetts. Institute of Technology. available from : *http://sequestration.mit.edu/bibliography*.

7) Stultz, S. C. and J. B. Kitto, eds., 1992 : *Steam : Its Generation and Use*. (40th Edition). New York, NY. Babcock and Wilcox Company, Barberton, Ohio, 24-1-24-13.

2. 지구온난화 축소 또는 지구공학에 의한 지구온난화 효과 줄이기

인간 유발 온난화를 떨어뜨리기 위해 제안되는 많은 기술적인 해답들은 지구공학을 통해서 주도적으로 이루어지고 있다. 지구공학이란, 지구 기후를 조절하고 온실 온난화의 효과들을 완화시키기 위한 대규모 계획이다(그림 14-1).[8] 제안된 바에 의하면, 대형 항공기 편대 또는 대포를 사용하여 하층 성층권 속으로 먼지들을 방출하여 햇빛을 우주공간으로 반사시키는 것을 포함한다. 지구로 들어오는 태양 입력을 줄이기 위한 다른 제안에는 성층권 속으로 수백만 개의 알루미늄으로 만든 반사 풍선들을 보내거나 100 km^2의 면적을 가진 5만 개의 거울들을 궤도에 진입시키는 것이었다. 이들 계획들은 생태계에 가능한 유해 효과들을 고려할 때 수많은 의문점을 불러일으켰다. 예를 들면, 추가적인 온실효과를 저감시키는 감소된 태양 입력은 작물들과 자연 식생들의 광합성을 줄일 수 있어 농업과 임업 생산성을 떨어뜨리게 될 것이다.

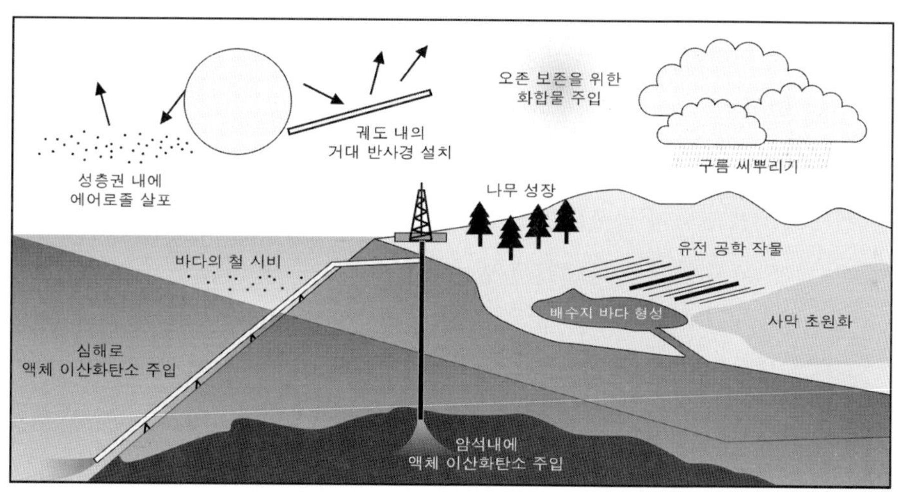

그림 14-1. 지구 기후 변화의 효과들을 완화시키는데 시도되는 여러 가지 지구공학과 기술 접근방법

8) Begley, S., 1991 : On the wings of Icarus. *Newsweek* May, 64-65.

온실효과에 유발된 해수면 상승의 문제들도 기술적인 해결점을 조성하고 있다. 제안들은 육지로 둘러싸인 저수지 안에 담수를 저장하는 것을 확대하고 해수면 아래 대륙분지 아래로 해수를 배수하는 것을 포함한다.[9] 세계의 여러 지역들은 현재 해수면 아래에 위치한다. 이들 지역에는 미국 캘리포니아 주 임페리얼 벨리, 북서 이집트 카타라 분지, 이스라엘과 요르단 사이의 사해 열곡, 아르헨티나 살리나 가우리초, 에티오피아 에리트레아 분지가 포함된다. 또한 해수면으로부터 이들 분지 안으로 물이 떨어짐에 따라서, 일부는 많은 양의 전기를 발전하기 위해서 수로를 통해서 터빈을 통과하게 된다. 사실, 공학 가능성 연구들은 사해에서 수행되었다. '프로젝트 노아(Project Noah)'는 지중해로부터 사해까지 운하를 파는 것을 제안하였다. 그렇게 되면 약 6,000 km^{2}의 해수가 지중해로부터 사해로 배수된다. 계획자들은 1990~2050년 사이 예측된 해수면 상승을 50 %까지 상쇄시킬 수 있을 것으로 추정하였다. 그러나 농업생산력이 풍부하고 거주지가 많은 요르단 계곡의 상당한 지역들이 침수당하게 될 것이다.

온실온난화와 같은 환경문제들에 대한 대규모 기술적인 수정은 무시할 수 없게 되었다. 더 나은 연구는 효과적이고 적어도 부분적인 해결책을 발견하였다. 그러나 비록 가능성이 있다 하더라도, 일반적으로 높은 비용은 경제적으로 실행할 수 없도록 만든다. 나아가 기술은 이들 문제점들을 만들고 있고 우리가 완전히 이해하지 못하고 있는 길로 우리의 행성을 변화시키고 있다. 우리가 만든 문제점들을 빠르게 수정하는 방법을 찾아야 하고, 부수적인 문제점을 만들지 않도록 조심스럽게 수행하여야만 한다. 그러한 기술적인 접근 방법들은 지구 온실 온난화의 근원 원인보다는 최종 결과를 취급한다.

3. 자연 탄소 흡원 증대

만약 이산화탄소의 자연 흡원들이 신장된다면, 그들이 대기권으로부터 더 많은 이산화탄소를 제거하게 될 것이다. 이산화탄소의 뚜렷한 흡원으로서 해양의 역할은 증대될 것이다(1장과 8장 참조). 해양의 얇은 표층에서 서식하는 식물 플랑크톤은 용존 이산화탄소를

---

9) Newman, W. S. and R. W. Fairbridge, 1986 : The management of sea-level rise. *Nature*, 320, 319-321.

흡수하고 광합성을 통하여 그것을 유기 탄소(바이오매스)로 변환한다. 또한 대부분 인편모조류(*coccolithophores*)인 일부 종들은 고체 탄산칼슘)의 외골격을 만들기 위해서 이산화탄소를 사용한다. 식물플랑크톤이 죽게 되면, 그들은 가라앉게 되고, 고정된 이산화탄소의 비율이 장기간(200년 이상) 저장 동안 심해에서 제거된다. 다른 식물과 같이 식물플랑크톤은 성장을 위해서 영양분을 필요로 한다. 보통 해양 식물 플랑크톤의 성장을 제한하는 하나의 영양분은 철이다. 해수에 작은 체적의 철을 실험적으로 추가하면, 보통 식물 플랑크톤의 급속한 성장을 만들 수 있다.

일부 과학자들은 적조현상과 심해에 존재하는 용존 이산화탄소 제거를 조장하기 위해서 해양 속으로 많은 양의 철을 와르르 쏟아붓는 아이디어를 심각하게 고려하고 있다. 태평양과 대서양에서의 지침 실험(IRONEX)의 경우, 수 ton의 철이 선박에서부터 쏟아부어졌고, 식물 플랑크톤에 대한 효과들이 조사되었다.[10] 플랑크톤은 번창하였지만, 효과들은 일시적이고 실망을 주는 것이었다. 그러나 일부 연구자들은 이 접근 방법이 수행할 가치가 있는 것으로 믿고 있다. 그리고 해양 시비 과정에 대한 특허권들이 탄소 완화량 설정을 위한 전 세계 시장의 예상을 채울 수 있다고 믿고 있다.

대규모로 수백 척의 선박들에 의해서 효과적으로 철을 쏟아붓는 것은 굉장한 비용이 소요될 것이다. 또한 해양에 철을 추가한다는 것은 아마도 어류들을 지탱하는 해양 생태계의 구조에 주요한 변화를 일으키게 될 것이다. 그럼에도 불구하고, 논쟁은 과학 집단 내에서 계속 이어지고 있다. 즉, 과학자들은 이러한 계획이 완화 옵션에 실행 가능하고 가치 있는 일인지[11] 또는 해양 시스템의 변경이 그릇되고 위험한 가능성은 없는지[12]에 대해서 논쟁을 벌이고 있다.

삼림 탄소 흡원들은 증대될 것이다. 광합성을 통해서 나무들은 대기권으로부터 이산화탄소를 제거하고 나무가 죽고 부패하거나 태워져 이산화탄소로서 대기권으로 되돌아 방출되기 전까지 유기탄소로서 저장된다. 세계의 식생과 삼림은 현재 약 610 Gt의 탄소를

10) Monastersky, R., 1995 : Iron versus the greenhouse : oceanographers cautiously explore a global warming therapy. *Science News*, 148, 220-222.

11) Johnson, K. S. and D. M. Karl, 2002 : Is ocean fertilization credible or creditable? *Science*, 296, 467-468.

12) Chisholm, S. W., P. G. Falkowski and J. J. Cullen, 2001 : Dis-crediting ocean fertilization. *Science*, 294, 309-310.

저장하고 있다. 성장하고 있는 어린 삼림들은 대기권으로부터 탄소를 일시적으로 저장되는 유기 바이오매스 안으로 이동시키지만, 성장한 늙은 삼림들은 아마도 평형상태에 가까워져 나무들이 죽거나 부패한다면, 많은 양의 탄소를 대기권으로 방출한다. 이들은 광합성을 통해서 제거된다. 새로운 나무를 식수하는 것은 보통 300~1000년의 수명 동안 일부 이산화탄소 배출을 효과적으로 상쇄할 수 있고 대규모 재조림은 대기권에 축적되는 이산화탄소의 율을 뚜렷하게 줄일 수 있다.

만약 매년 재조림을 현재 속도의 2배로 증대시킨다면, 온실온난화를 10년 또는 그 이상으로 지연시킬 수 있고, 대체 에너지원을 충분하게 개발한다면 지연기간을 더 늘일 수도 있게 된다.[13] 미국의 경우, 경제성이 낮은 농작물, 목장, 비 연방 삼림들의 3,000만 ha(미국 영토의 약 3 %) 재 조림은 1990년 기준 이산화탄소 1 ton당 7$의 경비로서 미국 이산화탄소 배출의 약 5 %를 처리할 수 있다고 추정하고 있다. 대규모 재조림은 어렵고 비용이 많이 들게 된다. 이런 규모로 적절한 재조림을 할 수 있는 충분히 큰 면적을 찾는 것도 어렵다.[14] 그러나 재조림은 온실 온난화에 대한 폭넓은 전략의 한 성분으로 형성해야만 한다. 다시, 경보가 발령되고 있다. 일부 과학자들은 더 많은 삼림들은 지구 알베도를 감소시켜 더 검어진 표면이 더 많은 열을 흡수하게 되어 지구온난화에 추가될 수 있다고 제안하고 있다.

대체(재생 가능한 비화석연료) 에너지원들은 온실기체 배출을 뚜렷하게 줄일 수 있다. 많은 부분은 이미 증명되고 효과적인 에너지원이 되었지만, 석탄, 석유, 천연가스의 소비에 대비할 때 양적으로 미비하다. 강과 하천으로부터 발전되는 수력전기는 현재 전 세계 전기 수요의 20 %를 공급하고 있다. 그러나 많은 하천들이 미개발 상태이고 이 에너지원은 특히 국지 규모의 다중 소하천 발전기를 사용하여 확장되고 있다. 전 세계에서 가장 큰 수력발전 댐인 중국의 싼샤 댐(The Three Gorges Dam)이 완성된다면, 8천4백만 kWh의 전기를 생산하게 될 것이다. 이것은 매년 4,000만~5,000만 ton의 석탄 양과 맞먹는 것이다.

---

13) Botkin, D. B., 1989 : *Can we plant enough trees to absorb all the greenhouse gases?* Paper presented at the University of California Workshop on Energy Policies to Address Global Warming, September 6-8, Davis, California.

14) Rubin, E. S., R. N. Cooper, R. A. Frosch, T. H. Lee, G. Marland, A. H. Rosenfeld and D. D. Stine, 1992 : Realistic mitigation options for global warming. *Science*, 257, 148, 149, 261-266.

그러나 댐과 수력발전소는 자체적인 환경 영향을 지니고 있다. 예를 들면, 싼샤 댐의 경우, 190만 명이 이주해야한다. 그리고 어류들의 이동을 방해하고 하류의 수량과 퇴적작용을 감소시키게 된다.

목재와 식물 섬유는 바이오매스를 대표하는 것으로 이들을 태우면 열이 건물을 따뜻하게 하고, 전기를 발전하기 위해서 증기 터빈을 돌리게 되거나 자동차를 운행하도록 한다.[15] 요리와 난방을 위한 목재 연소는 아마도 인간에 의해서 사용된 가장 오래된 에너지원이다. 연소 과정에서, 유기 탄소는 이산화탄소로 변환되어 대기권으로 방출된다. 그러나 연소는 단순히 광합성 동안 포획될 수 있는 이산화탄소를 방출한다. 만약 동일한 개수의 나무들이 재식목 된다면, 대기권 내의 이산화탄소 농도에 대한 순 효과는 존재하지 않을 것이다.

식물들은 또한 액체 연료를 위하여 발효된다. 목재 섬유는 메틸알코올로 변환되어 연소될 수 있다. 현재 브라질의 대부분 자동차는 대부분 옥수수 발효로 유도되는 100 % 에틸알코올로 운행된다. 대규모 목재 또는 섬유질 식품 농장들은 태양 에너지를 포획할 수 있고 그것을 바이오매스 연료로 변환시켜 화석연료에 대한 의존성을 줄일 수 있다. 예를 들면 바이오디젤은 대두기름과 같은 야채기름으로부터 만들어지거나 식당에서 사용된 수지로부터 변경된 것으로부터 만들어진 연료이다. 이것은 표준 디젤 엔진 내에서 순수한 상태로 석유로부터 증유된 디젤 연료와 혼합되어 연소될 수 있다. 유럽인 경우, 현재 모든 자동차의 34 %가 디젤 엔진을 장착한 차량이고 캐놀라의 평지씨로부터 만들어지는 바이오디젤이 독일에서만 1,000개 이상의 주유소에서 판매되고 있다. 가장 중요한 농경지를 식량 생산에서부터 연료 생산으로 변환시키는 것은 아마도 바람직하지 않다. 그러나 건조 또는 경제성이 없는 토지의 대규모 지역이 수요가 적은 바이오매스 작물들을 키우는 데 사용될 수 있다.

바람은 대체 에너지원의 다른 믿음직한 에너지원을 대표된다. 인류는 수천 년 동안 풍력을 사용해 왔다. 바람을 이용하는 범선들은 전 세계를 항해하면서 사람들과 화물들을 한 대륙에서 다른 대륙으로 이동시켰다. 풍차는 물을 퍼 올리고 곡물들을 분쇄하기 위해서 거대한 돌 분쇄 바퀴들을 돌리기 위해서 수 세기 동안 사용되었다. 새로운 기술은 전기를

15) U.S. DOE, 2002 : *U.S. Department of Energy,* Washington, DC. Available from : http://www.ott.doe.g *ov/biofuels.*

생산하기 위해서 풍차를 효과적인 수단으로 제공하였고, 풍력 발전기가 전 세계에 걸쳐서 설치되고 있다.

상당한 양의 전기를 만들기 위해서 수백 개의 발전기들로 구성된 대규모 풍력 단지는 현재로서는 일반적이 되었다. 전 세계에 걸쳐 35,000 기의 풍력 터빈이 존재하고 있어, 전 지구 총 발전 용량의 12,000 MW을 제공하고 있다.[16)] 미국의 경우, 풍력 전기는 현재 총 전기 용량의 작은 부분만을 나타내지만, 배텔 퍼시픽 노스웨스트 국립연구소에 따르면, 풍력 전기가 잠정적으로 국가 전기의 약 20 %를 제공할 수 있다고 전망하고 있다. 나아가 풍력 발전 전기는 크게 확대될 수 있을 것이다. 덴마크의 자문회사에서 수행된 최근 연구는 2017년에 이르면 풍력 발전 전기는 전 세계 전기의 10 %를 제공할 것이라고 밝혔다. 그러나 제한적인 점들도 존재한다. 만족스러운 풍력 발전 장소는 제한적이다. 왜냐하면 풍속이 최대와 최소를 나타내지 않고 바람이 지속적으로 강하게 부는 지역은 드물기 때문이다.

태양의 엄청난 잠재적인 에너지는 회석연료에 대한 또 다른 대체 에너지로 제공되고 있다. 지표면에 도달하는 연평균 태양에너지의 양(198 W m^{-2})은 모든 현재 인간 에너지 요구량을 훨씬 상회한다. 적절한 건축 디자인과 더불어 건물의 능동 태양 난방은 크게 확대될 수 있다. 이 하위기술접근방법의 가능성은 일반적으로 저평가되고 있다. 그것은 새로운 기술을 필요로 하지 않고 보통 건물 건축 경비에 포함될 수 있다. 그것은 단지 남쪽으로 기울어진 유리창을 가진 적절한 지역, 여름 태양을 가리기 위해서 내밀어진 독특한 지붕, 좋은 절연, 열을 저장하기 위한 건물 내부에 들어가는 콘크리트 또는 물과 같은 일부 열 물질들을 필요로 한다.[17)] 북부 온대 지방들에서조차도, 전통적인 에너지원(목재, 전기 또는 화석연료)으로부터 요구되는 난방은 적절한 능동 태양 건물 디자인을 가진다 하더라도 작은 부분으로만 줄어들게 된다.

또한 태양에너지는 광기전성 전지들을 사용하여 전기로 변환 시킬 수 있다. 태양으로부터 날아온 광자들은 이들 전지의 표면을 때리고, 전자들은 전류를 발생시키면서 방출된다.

---

16) AWEA, 2002 : *American Wind Energy Association*. 122C Street NW, Washington, DC, 2001 . Available from : *http://www.awea.org*.

17) Kachadorian, J., 1997 : *The Passive Solar House*. White River Junction, Vermont, USA : Chelsea Green Publishing Company.

태양전지(solar cell)들의 효율성은 증가하고 있는 반면, 그들의 생산 단가는 감소하고 있다. 연구자들은 유기 반도체를 사용하여 박막 플라스틱 태양전지들을 연구하고 있다. 이러한 새로운 기술은 5 차수(order) 이상 양자 효용성(광자들이 전기로의 변환)의 증가의 가능성을 약속하고 있다.[18)]

최근 광기전성 시스템은 1 W 출력당 약 5~6$ 경비가 소요된다. 오늘날, 약 13.2 m^2의 면적이 소요되는 태양전지들의 지붕 꼭대기 배열은 약 1,500 W의 전기를 발전할 수 있다. 이것은 많은 에너지 효율성을 가진 미국 가정에서 요구되는 수요량에 충분한 양이다. 20년간 보장되는 그러한 시스템의 가격은 약 9,000$ 또는 1년당 428$이 될 것이다. 이것에는 절연체의 가격 또는 할인 가격은 포함되지 않았다. 미국의 경우, 45 m^2의 태양 패널 면적은 워싱턴 주 시애틀의 경우에는 연 4,899 kWh의 전기를 발전하여 250$의 가격 절감을 하고 있고, 조지아 주 애틀랜타의 경우에는 6,786 kWh의 전기를 발전하여 461$를 절감하고 있다.[19)] 현재 많은 주들은 개인, 가정 또는 상업회사로부터 잉여 태양 발전 전기를 되 사가는 전기 회사들을 필요로 한다. 난방용이거나 전기발전용이거나 간에 태양 에너지의 사용은 어떤 설치 장소 특성을 필요로 한다. 특별하게 설치장소는 '태양 접근성'을 가져야만 한다. 즉, 남쪽으로부터 태양을 가리는 빌딩이나 식생이 없어야만 한다.

지지자와 반대자들은 화석연료에 대한 대체 에너지로서 원자력 에너지의 잠재적인 역할에 대해서 논쟁하고 있다. 핵분열은 전기를 발전하기 위해서 열을 발생시키고, 증기를 생산하고 터빈을 돌리는 데 사용될 수 있다. 이것은 거의 50년 전에 개발된 기술로, 화석연료 연소와는 다르게 온실기체들을 만들지 않는다. 현재 원자력 에너지는 전 세계 전기의 약 17 %를 공급하고 있다. 미국의 경우, 전기 생산의 18 %를 담당하고 있지만, 프랑스의 경우 전기의 주 발생원(76 %)이 되고 있다.[20)]

여러 가지 문제점들이 원자력 에너지의 확대 반대에 논의되고 있다. 첫째, 원자력 발전소의 안전이 여전히 의문점으로 남아있다. 미국 트리 마일 섬과 구소련 체르노빌

---

18) Schön, J. H., C. Kloc, E. Bucher and B. Batlogg, 2000 : Efficient organic photovoltaic diodes based on doped pentacene. *Nature*, 409, 408-421.

19) NCPV, 2002 : *National Center for Photovoltaics. U.S. Department of Energy*, Washington DC. available from : *http://www.nrel.gov/ncpv.*

20) World Bank, 2002 : *World Development Indicators 2001.* Avaliable from : *http://www.worldbank.org.*

사건들은 내재된 위험들을 증명하였다. 둘째, 고방사능 폐기물질의 안전한 처리와 장기간 보관이 여전히 도전과제로 남아있다. 마지막으로 원자력 에너지는 매우 값비싸다. 원자력 발전소의 건설과 운영은 전통적인 발전소보다 전기 발전을 일반적으로 더 값비싸게 만든다. 아마도 이들 인자들을 조화시키는 데 반응하여, 전 세계 원자력 발전 용량은 1990년대 동안 1년에 단지 1%만 성장하였다. 반면 태양 전지는 17 %(2001년에는 21 %), 풍력은 24 % 성장하였다.

그럼에도 불구하고, 지지자들은 온실기체 배출을 저감하는 수단으로 원자력 에너지를 주장하였다. 그들은 원자력 발전소로부터 인간 건강과 환경에 대한 피해들은 온실기체뿐만 아니라 발암 연소 생산물(예, 다방향족 탄화수소)들을 배출하는 화석연료 발전소와 비교해 보아도 역사적으로 작은 것이라고 주장하고 있다. 수소의 제어된 핵융합은 폐기물 문제를 최소화하고 엄청난 양의 전력을 생산하고 있다. 그러나 효과적인 핵융합은 여전히 연구 활동이 활발한 분야이고 아마도 20세기 말까지 가능성은 희박하게 될 것이다.

처음에 우주선 생명 유지 시스템으로 개발된 연료 전지(fuel cell)들은 현재 지구 상의 생명을 유지하는 데 도움을 주는 희망으로 제공되고 있다.[21] 연료전지는 대부분 내부 연소 가솔린 엔진의 30 % 미만의 효율성보다 훨씬 높은 약 55 %의 에너지 효율성을 가진다. 대부분 연료전지들은 2가지 과정 중에 한 과정에 의존한다. 한 과정은 전기를 생산하기 위해서 수소를 사용하는 것이다. 수소는 물의 전기분해, 천연가스, 석탄, 바이오매스, 또는 유기 쓰레기를 포함하는 다양한 공급 원료에서부터 유도될 수 있다. 여기에서는 온실기체가 만들어지지 않는다. 생산물은 물과 전기이다. 청정 기술의 시연 프로젝트의 부분으로서, UNDP, UNEP, 세계은행이 공동으로 모집한 기금인 '지구환경기금'은 브라질, 멕시코, 인도, 이집트, 중국에서 시범적으로 40~50대의 연료전지 버스들의 운행에 대한 보조를 위한 계획을 수립하였다.

연료 전지들은 수소 연료를 만들기 위해서 전기를 사용한다. 광기전성 전지 또는 다른 생성원으로부터 만들어진 전기들은 물을 산소와 수소로 분리(광분해)하는 데 사용된다. 그런 다음 수소는 자동차의 동력, 빌딩 난방 또는 냉방기와 같은 기계들을 작동시키는

---

21) Burns, L. D., J. B. McCormick and C. E. Borroni-Bird, 2002 : Vehicle of change. *Scientific American* October, 64-73.

연료로서 태워진다.

전 세계적으로 수소를 사용하는 데 나타나는 기술적인 문제들은 안전과 소형 수소 저장 시스템의 개발이다. 수소는 액화시킬 수 있지만, 여기에는 상당한 에너지가 필요하다. 만약 일부 기술, 저장, 안전 방어벽들을 극복할 수 있다면, 수소는 무한한 잠재성을 지닌다.[22)]

해양온도차발전(Ocean thermal energy conversion; OTEC)은 전기를 생산하기 위해서 심해수와 표층수 사이의 온도 차이에 의해서 나타나는 위치 에너지를 사용한다. 이것은 온난 표층수와 심해수 사이의 온도 차이가 적어도 20 ℃ 이상 나타나는 어떤 지역에서는 실용화되고 있다. 개발 중인 OTEC 시스템의 경우, 온난 해수는 증기를 생산하기 위해서 진공 속에서 급속 증발된다. 증기는 전기를 생산하기 위해서 발전기에 결합되어있는 저압 터빈을 통해서 팽창된다. 터빈 내에 존재하고 있는 증기는 해양 깊은 곳에서부터 펌프로 올라온 한랭 해수에 의해서 응축된다. 만약 표면 응축기가 사용된다면, 응축된 증기는 한랭 해수와 분리되어 존재하게 되고 탈염된 물을 공급하도록 한다. 이 기술은 1993년 하와이 현장에서 시험되었다. 하와이 주 키홀 포인트에 건설된 OTEC 발전소는 50,000 W의 전기를 생산하였다. 가능성은 컸지만, 이 기술이 실용화되기 전에 상당한 연구가 완성될 필요가 있다. 그럼에도 불구하고, OTEC는 심해 근처에 위치하고 있는 선별적인 연안 지역 또는 섬 지역에서는 전력을 공급할 수 있다.[23)]

달과 태양 주기들은 해양 조석을 유도하고 바람들은 표층 해류를 발생시킨다. 조석 에너지는 2가지 방법으로 개발되고 있다. '댐'은 수문을 경유하여 강어귀를 조석수로 채우게 하고 터빈을 통해서 비우도록 한다. 조석 흐름은 풍력 터빈과 유사한 기계를 통해서 해저 조석류(를 연안 밖으로 내보내도록 한다. 이들 모두는 조차가 크게 나타나는 지역에 한정된다. 조력발전 기술은 초보 단계로서 전 세계에 오직 한 개의 5 kW 발전기가 운영되고 있다. 유럽의 조력발전 가능성은 대부분 프랑스와 영국에서 이루어지는 조류 댐에 의한 경우는 매년 105 TWh(= terrawatt hours = 10^{12} watt hours)이고, 주로 영국 해안가에서 이루어지는 조석 흐름 터빈에 의한 경우는 매년 48 TWh이다. 240-MW 조류 댐 발전은

---

22) Ogden, J. M., 1999 : Prospects for building a hydrogen energy infrastructure. *Annual Review of Energy and the Environment*, 24, 227-279.

23) NREL, 2002 : *National Renewable Energy Laboratory. U. S. Department of Energy,* Washington, DC. Available from : *http://www.nrel.gov.*

1967년 이후 프랑스 라랑스에 운영되고 있다. 2가지 기술 모두는 다른 형태의 에너지와 비교해 볼 때 경제성이 없고 2010년 전까지 더 나은 개발이 예상되지 못하고 있다.[24) 또한 조력발전 방법은 해수면, 해류, 퇴적물 운반에 영향을 미치는 환경에 영향을 미친다.

해파는 엄청난 양의 에너지를 포함하고 있다.[25) 해파들은 또 다른 형태의 저장된 태양 에너지이다. 왜냐하면 해파들을 형성하는 바람들은 태양 가열로부터 발생하는 압력 차이에 의해서 원인이 되기 때문이다. 전 세계적으로, 퍼텐셜을 발생시키는 총 파력은 약 2,000 TWh/yr이다.[26) 이것은 2000년의 경우, 전 세계 총 전기 소비양인 13.7 TWh/yr[1]보다 150배 이상이다.[27) 유럽 연합 단독의 파 에너지 퍼텐셜은 연안 밖에서는 120~190 TWh/yr이고, 해안가에서는 34~46 TWh/yr로 추정되고 있다.

매우 다양한 파 에너지 장치들이 제안되고 있고 여러 가지들은 바다에서 원형(prototype) 또는 시연용으로 배치되고 있다. 진자 장치들은 끝부분이 바다를 향해 열리는 사각형 상자로 구성된다. 진자 날개판(flap)은 열리는 부분에 매달린다. 그러면 파들의 움직임이 진자 날개판을 앞뒤로 흔들리도록 한다. 그런 다음 이 운동은 수력 펌프와 발전기에 동력을 공급하는 데 사용된다. 단지 작은 장치들이 배치되었고 시험되고 있다. 또 다른 예는 진동수주(oscillating water column) 장치로서 부분적으로 물에 잠긴 콘크리트 또는 강철 구조로 구성된다. 이것은 수선(water line) 아래의 바다에서는 열리게 되고 그렇게 되면 수주 위의 기주들을 닫히게 한다. 해파들이 이 장치에 부딪치게 됨에 따라서, 그들이 수주들을 올리거나 떨어뜨리도록 하게 되면 기주들을 압축하고 감압되도록 한다. 이 공기가 터빈을 통하여 대기로 그리고 대기로부터 흐르도록 한다. 이것이 발전기를 구동시킨다. 테이퍼 채널 시스템은 평균 수면 위 전형적으로 3~5 m의 벽 높이를 가진 점차 좁아지는 채널로서 구성된다. 해파들은 채널의 넓은 끝부분으로 들어오고 점차 좁아지는 채널 속으

---

24) EC, 2002 : Atlas Data of Information. *The Fourth Framework Programme for Research and Technological Development. The European Commission.* Available from : http://europa.eu.int/ *comm/energy_transport/atlas/homeeu.html.*

25) Falnes, L. and J. Lovseth, 1991 : Ocean wave energy. *Energy Policy*, 19(8), 768-775.

26) EC, 2002 : Atlas Data of Information. *The Fourth Framework Programme for Research and Technological Development. The European Commission.* Available from : http://europa.eu.int/ *comm/energy_transport/atlas/homeeu.html.*

27) U.S. DOE, 2002 : *U.S. Department of Energy*, Washington DC. Available from : http://www.energy.gov./ *sources/index.html.*

로 전파됨에 따라서 파고는 파곡이 벽들 위에서 쪼개져 저장소로 들어갈 때까지 증폭된다. 이렇게 되면, 전통적인 헤드가 낮은 터빈에 안정적인 물을 공급하게 된다. 저조와 적절한 해안선의 필요조건들은 이 장치의 유용성을 제한한다.

대부분 파력 발전 장치들은 연구 단계로 남아 있지만, 유의적인 개수들이 시연 프로젝트로서 건설되고 있다. 파력 발전 개발에 참여하고 있는 주된 국가들은 덴마크, 인도, 아일랜드, 일본, 노르웨이, 포르투갈, 영국, 미국이다. 비록 파력 발전의 가능성이 보이기는 하지만, 가격과 실행에 대한 현재 불확실성들은 대규모 개발이 수행되기 전에 극복할 필요가 있다.

산업화가 진행되는 개발도상국들은 화석연료의 사용을 급격하게 증가시키고 있다. 개발도상국 전체가 발생시키는 온실기체 배출량은 조만간 주요 선진국의 배출량을 능가하게 될 것이다. 선진국에서부터 개발도상국으로 전달되는 에너지 효율 기술과 대체 에너지 기술들은 이산화탄소 배출 증가율을 줄이는 데 도움을 줄 수 있을 것이다. 그러한 기술 전달은 국제적인 계획과 협조를 필요로 할 것이다.

개개 에너지원은 장점과 단점을 지니고 있다. 화석연료들은 현재 풍부하고 비싸지 않고 효율성이 있지만, 다른 오염물질들처럼 온실기체를 만든다. 그들은 비재생 연료이고 결국에는 다 써버리게 될 것이다. 수력발전소는 많은 지역을 침수시킬 뿐만 아니라 하천 흐름과 물고기 이동을 방해하게 될 것이다. 태양 에너지, 풍력 에너지, 조력 발전 등은 지리적으로 제한성을 가진다. 지열 에너지는 단지 몇 개 장소에서만 실용적이다. 효율성이 낮은 해양온도차발전은 지리적으로 제한을 받게 되고 매우 큰 열 교환기를 필요로 한다. 원자력 발전소는 매우 비싸고 유해 방사성 폐기물을 생산한다.

현재, 화석연료를 대체하는 어떠한 것도 전 세계 전기 발전의 큰 부분을 담당하는 것은 없다. 그러나 아마도 정부 주도적으로 촉진되고 있는 협력 연구와 개발 노력은 일부 대체에너지를 기술적이고 경제적으로 가능성이 있도록 만들 수 있다.[28] 전체적으로, 대체에너지들은 화석연료 소비를 뚜렷하게 줄일 수 있는 잠재성을 가진다.

28) Fulkerson, W., D. B. Reister, A. M. Perry, A. T. Crane, D. E. Kash and S. I. Auerbach, 1989 : Global warming : an energy technology R & D challenge. *Science*, 246, 868-869.

4. 에너지 보존과 효과적인 에너지 사용

현재 비화석 에너지원 중에서 어느 것도 전체 화석연료를 대체할 수 있을 정도의 양을 가진 것은 없다. 배출되는 온실기체 당 발생되는 에너지의 양인 에너지 효율성을 개선하는 것이 여전히 차후 수십 년 동안 온실기체 배출을 줄이는 가장 실현가능한 선택권이 된다. 에너지 효율성을 개선하는 것이 대체 연료원들이 개선되는 동안 온실온난화를 지연시키는 데 도움을 줄 것이다.

수송 분야의 경우, 가솔린 연료 차량을 대체하는 것들이 등장하고 있다. 걷기, 자전거타기, 카풀하기 또는 대중교통 수단(버스 또는 기차) 이용하기는 통행자 거리당 배출되는 이산화탄소의 양을 줄임으로써 효율성을 크게 증가시킬 수 있다. 미국 통근자의 3/4은 일하러 갈 때 혼자 운전하고 간다. 또한 자동차의 연비는 크게 개선될 수 있고 현재 그렇게 되고 있다. 전기 자동차는 하나의 대체 자동차이고, 차량용 배터리의 개선이 계속 이루어지고 있다. 현재 전 세계 전기의 2/3는 화석연료로부터 발전된다. 그러므로 배터리 충전이 필요한 전기 자동차는 결국 대기권에 이산화탄소를 추가하게 된다. 그러나 만약 전기가 비화석 연료로부터 만들어진다면, 이것을 사용하는 자동차는 온실기체 배출에 아무런 기여도 하지 않게 될 것이다.

재충전 배터리와 가솔린 엔진 모두를 사용하여 가솔린 연비가 35 km/L에 도달하는 가스와 전기 하이브리드 자동차의 새로운 세대는 1 km 통행자 이동당 이산화탄소 배출량을 크게 저감한다. 또한 전통적인 가솔린 자동차와 비교해보면, 천연가스를 압축하여 달리는 하이브리드 자동차들은 온실기체 배출량을 40 %까지 줄일 수 있다.[29)]

전기와 열 또는 증기와 같은 다른 형태의 유용한 열에너지 동시에 생산하는 열병합발전은 매우 높은 효율성을 가진다. 예를 들면, 증기와 전기를 생산하는 데 분할 처리 과정들이 사용될 때, 생산되는 에너지의 2/3는 낭비된다. 동일한 에너지원으로부터 증기와 전기를 병합하여 생산하는 것은 이러한 낭비되는 에너지의 대부분을 사용할 수 있어 연료 효율성

---

29) MacLean, H., L. Heather and L. B. Lave, 1999 : Environmental implications of alternative-fueled automobiles : air quality and greenhouse gas tradeoffs. *Environmental Science and Technology*, 34, 225-231.

을 높이고 이산화탄소 배출량을 줄이게 된다. 다양한 산업체에서는 화석연료 연소를 줄이고 경비를 절감하기 위해서 여러 가지의 열병합발전 방법들을 사용하고 있다. 이들은 일반적으로 석유와 금속들을 추출하고 정제 또는 화학공정과 제지공정과 같은 에너지 집중 산업에서 사용된다. 열병합발전의 예들에는 커다란 상업적인 온실을 가열하기 위해서 온난수를 제공하는 전기 발전 공장 또는 고온의 용광로 열을 사용하여 증기를 생산하여 전기를 발전하기 위한 터빈을 구동하는 강철 공장이 포함된다.

에너지 보존의 증분 단계(incremental step) 또는 에너지 효율성은 전체적으로 온실기체 배출을 저감시키는 데 뚜렷한 공헌을 할 수 있다. 삶의 질은 어느 정도 주관적이지만, UN은 생활 조건, 건강관리, 교육, 범죄와 같은 측정치들을 기초로 하여 국가들의 등급을 매기고 있다. 증대되는 삶의 질은 증가하는 에너지 소비에 의존할 필요가 없는 것은 명백한 사실이다. 실제로, 비록 유럽의 1인당 에너지 소비가 미국보다 더 낮지만, 이들 측정치의 많은 부분에 의해서 일부 유럽 국가들(예, 스웨덴, 덴마크, 스위스)의 삶의 질은 미국보다 더 높다. GDP는 구매력평가(purchasing power parity; PPP)율을 사용하여 국가 사이를 비교할 수 있다. 여기서 국제 달러는 미국 달러가 미국에서 가지는 것과 같은 GDP에 따른 동일한 구매력을 가진다. 이것에 기초하여, 미국의 GDP의 PPP당 배출되는 이산화탄소 배출량은 스위스와 영국보다 각각 3.5배와 1.8배이다. 반면 러시아는 스위스보다 7배가 더 크다.[30)]

현재 많은 유용한 옵션들이 에너지 소비에 대한 생산되는 유용한 효과의 양인 에너지 효율성을 개선할 수 있다. 이것은 동일한 상품과 서비스가 훨씬 작은 에너지 지출로서 생산할 수 있다는 의미이다. 옵션들은 1 km당 더 적은 가솔린을 사용하는 가솔린 차량, 구식이고 저효율 기술보다는 가스로 연소되는 열펌프에 의한 주택난방, 백열등보다는 형광들을 더 많이 사용하는 것, 빌딩 난방에 자동 열조절 장치의 사용, 겨울 열 손실과 여름 열 획득을 줄이기 위한 더 좋은 건물 단열재 사용 등이 포함된다.

미국은 전 세계 온실기체 배출량의 약 25 %를 배출하고 있다. 다양한 에너지 효율성과 여러 유용한 측정치를 통해서 보면, 낮은 가격 또는 순 경비 절약 어느 것에 의해서

---

30) World Bank, 2002 : *World Development Indicators 2001.* Avaliable from : *http://www.worldbank.org.*

10~40 %의 배출을 저감할 수 있다. 예를 들면, 적어도 11개의 기술들이 빌딩 내의 전기 에너지의 사용을 줄일 수 있었다. 에어컨 수요를 저감시키는 더 가벼운 반사 지붕과 해 가리개 나무들로부터 에너지 효율성이 더 높은 급탕장치까지 증분단계들은 미국 빌딩 에너지 사용을 45 %까지 줄일 수 있었고 또한 순경비절약의 결과를 가져왔다.[31] 주거와 상업 분야로부터 온실기체 배출량은 890 Mt/yr까지 줄일 수 있고 제거되는 이산화탄소 평균 경비는 62$/ton이다. 발전소뿐만 아니라 미국 자동차의 평균 연료 경제는 또한 순 경비 절약으로 뚜렷하게 증가될 수 있다.

전반적인 분석에 의하면, 에너지 효율성의 개선이 800~3,100 Mt/yr까지 미국의 온실기체 배출량을 줄일 수 있다. 이것은 1990년 배출의 약 10~40 %에 해당하는 것이다. 동시에 그러한 측정치는 연당 약 100억~1,100억$의 연 경비 절약을 이룰 수 있다. 이들 결과들은 3~10 %의 인플레이션 적용 할인율을 가정한 것이다. 그러나 미국인 경우, 개인과 상업들은 보통 즉시 또는 적어도 2년에서 3년 안에 에너지 효율성에 대한 투자로부터 예상되는 원금 회수가 일어나지 않으면 투자를 변화시키는 경향이 있다.

여러 가지 다른 에너지 선택들은 온실기체 배출의 상이한 수준을 가져오지만, 전반적인 에너지 효율성은 전체 에너지 순환 상에서 일어나는 복잡한 상호작용들의 결과이다. 온실기체 배출에 영향을 미치는 기술적이고 경제적인 인자에는 전체 연료 순환이 포함된다. 전체 연료 순환이란, 주 에너지원이 상이한 변환, 수송, 최종용도 시스템들을 포함하고 있는 실제 최종 사용으로 전환되는 전체 과정을 말한다.[32] 선진국의 경우, 에너지 강도 (watts $year^{-1}$ $dollar^{-1}$)는 1860년대 이후 매년 약 1 % 정도 증가해 왔다. 이와 더불어 에너지 사용은 탈탄소화 과정을 겪어 왔다. 즉, 탄소를 많이 포함한 연료인 석탄으로부터 석유, 천연가스 탄소 무함유 원자력 에너지와 같은 저탄소 함유 에너지로의 전환이 이루어졌다. 그러나 매년 약 3 %의 경제적인 출력의 증가로 인하여, 에너지 강도의 개선은 이산화탄소 배출의 성장과 보조를 맞추지 못하였다. 전체 에너지 순환의 컴퓨터 모델들은 어떻게 서비스(예, 빌딩, 전등)들이 제공되는지에 대한 선택은 90 %의 이산화탄소 배출의

31) Rubin, E. S., R. N. Cooper, R. A. Frosch, T. H. Lee, G. Marland, A. H. Rosenfeld and D. D. Stine, 1992 : Realistic mitigation options for global warming. *Science*, 257, 148-149, 261-266.

32) Nakic'enovic', N., 1993 : CO_2 mitigation : measures and options. *Environmental Science and Technology*, 27(10), 1986-1989.

차이를 가져올 수 있다는 것을 제시하였다. 이에 따라서, 이산화탄소 배출량은 현재 통용되는 유용한 기술을 사용하여 지속적으로 줄일 수 있다.

5. 기후변화 적응

오늘날 온실기체 배출이 극적으로 감소되었다 하더라도, 지구 기후는 아마도 일정기간 동안 온난화가 계속될 것이다. 화석연료 연소의 비율을 고려하지 않더라도, 만약 모든 알려진 화석연료 저장량(약 4,000 GtC)이 모두 연소된다면, 이산화탄소는 약 1,000 ppmv에 도달할 것이고 지구는 21세기 말엽에 이르면 5 ℃ 이상 온난화 될 것이다.[33] 그러므로 일부 과학자들과 정치가들은 피할 수 없는 기후변화에 적응할 준비를 해야만 한다고 주장하였다. 미국 전력연구원에 의해서 수행된 연구는 더 나은 빌딩 보온재 사용에서부터 농작물 종류의 변경까지 다양한 적응 측정치들이 다양한 분야 영향을 미치는 기후변화의 영향들을 적게 할 수 있다고 제시하였다(표 14-1).

만약 결과적으로 나타나는 이익의 값어치가 적응에 소요되는 경비 이상으로 더 크게 나타난다면, 적응은 효과적일 수 있다. 기후변화의 경제적인 순 영향은 유효한 적응 측정치들의 경우들을 줄일 수 있다 하더라도, 비효율적인 측정치에 의해서 증가할 수도 있다. 해수면 상승에 대항하여 새로운 방파제를 건설하는 것은 매우 값비싸지만, 만약 값어치 있는 해변을 찾는 여행자들을 위해 이들을 구할 수 있다면 또는 많은 사람들의 주택을 구할 수만 있다면 이것은 가치 있는 것이 될 것이다. 반면, 화석연료를 사용하여 전기를 생산하여 에어컨을 작동시키는 데 수십 억$를 투자한다는 것은 열사병과 관련된 의학적인 비용들을 일부 감소시킬 수 있지만, 더 많은 온실기체 배출과 지구온난화와 관련된 다양한 부수적인 경비들을 더할 수 있을 것이다. 기후변화에 적응한다 하더라도, 장기간 피해 문제들과 계속된 온실기체 배출로부터 증가된 경비들을 명백하게 해결할 수 없다.

---

33) Lenton, T. M. and M. G. R. Cannell, 2002 : Mitigating the rate and extent of global warming : an editional essay. *Climatic Change*, 52, 255-262.

표 14-1. 기후변화에 적응하는 영역

영역	개인/공중	적응
농업	개인	작물 종 바꾸기
–	–	파종 시기 변경
–	–	관개
–	공중	식물 육종
해수면 상승	개인	취약한 빌딩의 평가 절하
–	공중	필요한 만큼의 방파제 설치
–	–	해변 보강
임업	개인	취약한 나무 벌채
–	–	새로운 나무 식수
–	–	관리 강화
에너지	개인	새로운 냉각 용량
–	–	절연체 변화
–	–	서늘한 빌딩 디자인
–	공공	새로운 빌딩 규약
물	개인	물 효용성 투자
–	–	고가치 사용으로 물 이동
–	–	더 많은 물을 전환과 저장
–	공공	홍수지대 지정
생물다양성	공공	멸종 위험 종들의 이동
–	–	조경 관리
–	–	적응 종들의 식수
건강	개인	극한 날씨 대비
–	–	곤충에 물리는 것을 피함
–	공공	질병 매개체들의 조절
–	–	전염된 사람들의 처치
–	–	병들은 생태계 조절
미학	개인	행동 적응(예, 레크리에이션)
–	공공	적응 선택권의 공공 교육

6. 행동으로 옮기기

많은 행동들이 온실기체 배출 저감과 지구온난화의 영향들을 줄이는 데 이루어지고 있다. 이들 행동들은 지구적으로, 국가적으로, 개인적으로 이루어질 수 있다. 에너지와 온실기체 배출과 관련된 정책들은 15장에서 더 폭넓게 논의될 것이다. 지구적으로, 기후변화에 대한 국제 조약들이 강화되고 지지될 필요가 있다. 기후문제는 지구적이므로 완화를 위래서는 국제적인 협조가 필요하다. 비록 교토 의정서에 미국 대표가 서명하였지만, 미국 상원은 결코 조약을 인준하지 않았고, 미국 정부도 교토 의정서에 합의된 배출 저감에 따라서 낮추는 행동을 하지 않았다.

국가적으로 개별 나라들은 그들 자신들이 맹세한 노력들을 이행할 필요가 있고 그들 나라의 정책을 통해서 가능한 완화하기 위한 국제 협약을 뛰어넘어서까지 노력하여야 한다. 탄소세 신설, 대용량 통과 시스템 확대, 대체 에너지원의 사용 증가들은 단기간에는 값비싸지지만 대기 질과 인간건강에 대해서는 장기간에 걸쳐서는 이익이 될 수 있다. 이와 동시에 기후변화를 완화시킬 수 있다.

일부 단계들이 해수면 상승을 막기 위해서 준비되고 있다. 미국의 경우, 정책 입안자들은 정책들을 리뷰하고 개정해야 하는 필요성과 주변 연안 부동산에 대한 법률 제정 필요성에 스트레스를 받고 있다.[34] 이런 와중에, 사람들은 주택들을 높이 올리고, 일부 집단은 해수면 상승의 피해를 볼 수 있는 수 m 높이의 연안 구조물들을 새로 건설하고 있다.

여러 가지 대체 에너지 기술들은 아마도 전 세계 에너지 필요에 뚜렷한 공헌을 할 수 있는 잠재성을 가지고 있을 것이다. 그러나 많은 연구들에 의하면, 재질, 발전 용량, 저장, 변환 효율성, 이들 비화석연료 기술들로부터 전력 수송들의 개선을 이룩해야 한다고 제시하고 있다.[35] 온실온난화의 효과들을 지연시키고 줄이기 위해서, 연구와 기술 개발 노력들이 원자 폭탄 개발을 위한 맨해튼 프로젝트, 달 탐사를 위한 아폴로 프로젝트와 같은 앞선 노력들과 같은 규모로 또는 그 이상이 되어야만 한다.

---

34) Titus, J. G., 1998 : Rising seas, coastal erosion, and the takings clause : how to save wetlands and beaches without hurting property owners. *Maryland Law Review*, 57, 1279-1399.

35) Dresselhaus, M. S. and I. L. Thomas, 2001 : Alternative energy technologies. *Nature*, 414, 332-337.

개개의 사람들은 지구온난화에 그들 자신들이 기여한 것에 대한 의무를 다해야만 한다. 개인적인 선택에 기초하여 이루어진 작은 증분 변화들이 지속적인 변화에 추가될 수 있다. 가능하다면, 개인들은 연료 효율성을 갖춘 자동차를 선택하고, 자동차 사용을 줄이고, 더 높은 에너지 효율성을 가진 집을 건축하고, 나무를 식목하고, 재활용하고, 소비를 줄이는 것을 고려해야만 한다. 개인들은 기후변화에 대해서 더 많이 배우고 다른 사람들을 교육시킬 책임이 있다. 민주주의 국가의 경우, 개인들은 정치 후보자들이 기후변화와 완화에 대한 그들의 견해들을 밝히도록 하여 어느 후보자가 잘 수행할 것인지를 선택하도록 해야 한다.

특별히 개인들이 할 수 있는 실천 사항은 다음과 같다.

· 사용하지 않을 때 전등과 장비들을 끄기
· 가정과 직장 열조절기를 야간에는 더 낮게 설정하기 또는 에어컨이 사용될 때는 더 높은 온도로 설정하기
· 오랜 시간 동안 작동될 때는 급탕기의 온도를 아래로 낮추기
· 냉장고의 온도를 5 ℃ 아래로 낮추고 밀폐 상태를 점검하기
· 전기 장치를 사용하지 않는 경우 플러그를 뽑기
· 백열등을 에너지 효율이 좋은 형광등으로 교체하기
· 오전 8시 이후 또는 피크 시간이 아닌 시간 동안에 세탁기에 의복들을 꽉 채워 세탁하고 접시들을 차가운 물로 헹구기
· 가능하면 전통적인 오븐보다는 마이크로파 오븐을 사용하기
· 새집에는 개선된 단열재와 봉인을 사용하기
· 가능하면 나 홀로 자동차 운행 대신에 걷기, 자전거 타기 또는 대중교통 이용하기
· 에너지 효율성이 좋은 자동차 선택과 여행을 줄이기 위한 책무를 결합시키기
· 에너지 절약 시행에 다른 사람들도 동참하도록 격려하기

기후변화의 정확한 영향들을 전체적으로 예측할 수 있는 것은 아니다. 따라서 우리가 왜 불확실성이 존재하는 것에 완화 행동을 취할 수 있을까? 차후가 아니라 곧바로 행동을

취해야 하는 몇 가지 이유가 존재한다. 첫째, 비록 정확한 효과들이 예측될 수 없고 일부 예들이 미비하다고 하더라도, 그러한 불확실성이 효과들이 매우 극심하거나 심지어 대재앙이 될 수 있다는 의미라는 것은 또한 진실이다. 둘째, 우리는 이미 지구가 뚜렷한 기후변화를 겪고 있다는 것을 분명히 알고 있다. 온실기체 배출을 지속적으로 저감하는 것을 기다리면 기다릴수록, 기후변화는 더 심각해지고, 더 어렵게 되고 더 값비싸게 될 것이다. 셋째, 에너지 효율성을 증가시킨다는 것과 같은 많은 제안된 완화 측정치들은 긍정적으로 환경적이고 경제적인 이익을 창출할 것이다. 마지막으로, 우리에게는 다음 세대에게 고치는 데 엄청난 경비를 필요로 하는 심각한 문제점을 안고 있는 행성보다는 삶의 질이 지속되는 행성으로 넘겨줄 책임이 있다.

기후변화 관련 정책, 정치 및 경제

인간들은 지구의 기후를 변경시키고 있다. 이 문제는 이것이 전 지구적으로 일어난다는 데에 있다. 한 나라의 온실기체 배출은 여러 나라에게 영향을 미칠 수 있다. 이런 지구 환경문제의 해결점은 오직 국제적인 협조를 통해서만 찾을 수 있다. 그러나 현대 경제는 화석연료 에너지에 의존하고 있고 이런 의존성에 따라서 온실기체 배출을 줄이는 것은 상당한 시간이 걸리는 것이다. 비록 정책 입안자들이 문제의 심각성에 동의한다고 하더라도, 그들은 문제를 해결하고자 하는 최선의 방책에는 보통 동의하지 않고 있다.

모든 과학과 마찬가지로 기후변화에 관련된 과학도 불확실성을 일부 내포하고 있다. 결론들은 새로운 정보들이 발견될 때마다 항상 변형에 대한 주제가 된다. 만약 최근의 온실기체 배출률이 계속된다면, 생태계와 인간에게 심각한 피해를 가져오게 될 것이라고 대부분 기후과학자들은 경고하고 있다.

불확실성의 측면에서, 과학자와 개인뿐만 아니라 정책 입안자들도 사전예방원칙을 주장한다. 따라서 그들은 온실기체 배출을 줄이는 것에는 일부 경비들이 포함되지만 반대로 이익을 창출할 것이라고 주장한다. 가장 최악의 기후변화 예측을 가정한다면, 현재 온실기체 배출을 줄이는 것이 가능한 지구환경 재앙에 대항하는 보험 정책이다. 현재 취하고 있는 행동들은 후에까지 기다리는 것보다 경비가 더 적게 들어갈 것이다. 온실기체 배출 저감을 달성하기 위해서, 정부들은 국가 정책들을 수립하고 있고 국제협약에 서명하고 있다. 거의 100개국이 온실기체 배출을 줄이고 기후변화의 속도를 늦추기 위해서

1997년 조인된 국제조약인 교토의정서에 동의하고 있다. 그러나 일부 국가들은 기후변화가 생태계 또는 경제에 뚜렷한 피해를 줄 것이라는 것에 대한 의문을 풀 수 있는 과학이 현재까지 정립되지 않았다고 주장하고 있다. 그들은 화석연료 사용을 줄이는 것이 산업과 경제에 너무 큰 부담이 될 것이라고 믿고 있다.

이에 따라서, 기후변화 논쟁은 정치와 정책 무대로 이동하게 되었다. 여러 가지 정책 옵션들의 경제적인 경비와 이익들은 활발한 연구 진행 영역이 되고 있고 반대 그룹에 의해서 비판받고 있다. 한편에서는, 대부분 보존 그룹과 일부 과학자, 경제학자, 정치가들이 보고서, 강연, 로비 활동을 통해서 기후변화를 완화하기 위한 정책들을 진전시키고 있다. 다른 한편에서는, 많은 화석연료와 에너지 무역 그룹과 소수의 과학자, 경제학자, 정치가들은 제한 없는 화석연료 배출 또는 최소한의 기후변화 행동의 정책들을 주장한다.

그동안에, 하나의 사항은 명백하다. 즉, 온실기체 배출에 대한 최대 기여국가들이 배출을 줄이지 않는다면, 대기권 내의 이산화탄소 농도는 계속 급격하게 증가할 것이다. 온실기체 배출을 저감하기 위한 전 지구 협약을 달성하지 못하면, 그 결과는 비록 불확실하지만 많은 경비가 소요될 것이다.

1. 국제협조-몬트리올에서부터 교토까지

기후변화는 지구 전체 문제이므로 국제적인 협조를 통해서만 해결할 수 있다.[1] 지구 기후를 연구하기 위한 국제적인 협력 노력들은 1873년 국제기상기구 결성 이후 성장하여 인공 기후변화를 완화시키는 국제협약을 이끌어내었다(표 15-1).

1987년 CFCs에 의한 성층권 오존고갈을 주목한 몬트리올 의정서는 환경에 대한 국제적인 정부 간 협조의 획기적 사건이었다.[2] 처음으로 전 세계 국가들이 환경보호에 대한 국제협약을 승인하였다. 그들은 성층권 오존층을 고갈시키고 유해한 자외선 복사 증가를 유발하는 96개의 화학물질들의 생산과 소비를 감소하는 데 동의하였다. 180개 국가들이

---

1) Luterbacher, U. and D. F. Sprinz, eds., 2001 : *International Relations and Global Climate Change.* Cambridge, MIT Press.

2) UNEP, 2001 : *United Nations Environment Programme. Backgrounder : Basic Facts and Data on the Science and Politics of Ozone Protection. http://www.unep.org/ozone/mp-text.shtml.*

표 15-1. 기후관련 컨퍼런스와 조약

컨퍼런스	주관 기관	개최 장소(개최 연도)	결론과 주요 권고 사항
1차 세계기후회의 (FWCC)	WMO	스위스 제네바 (1979년 2월 12일 ~2월 23일)	세계기후프로그램, 세계기후연구프로그램, 기후변화에 관한 정부간 협의체 설립을 이끎.
기후변동과 이와 관련된 영향들에 대한 이산화탄소와 다른 온실기체의 역할 평가 컨퍼런스	WMO UNEP ICSU	오스트리아 빌라흐 (1985년)	뚜렷한 기후변화가 크게 예상됨. 국가들은 전 지구 기후 협약 개발을 고려해야만 함.
몬트리올 의정서	UNEP	캐나다 몬트리올 (1987년)	오존층을 고갈시키는 물질들에 관한 국제 조약
토론토 컨퍼런스	캐나다 정부	캐나다 토론토	전 세계 이산화탄소 배출이 2005년까지 20% 감소되어야만 됨. 국가들은 대기의 법칙에 대한 기본협약을 개발하도록 함.
기후변화에 대한 각료 컨퍼런스	네덜란드	네덜란드 누르드위크	산업화된 국가들은 가능한 한 온실기체 배출을 안정화시켜야 함.
IPCC 1차 보고서	WMO UNEP	1990년 발간	통상적인 배출 시나리오에서, 전 지구 평균 온도가 10년당 약 0.3 ℃가 증가됨.
2차 세계기후회의 (SWCC)	WMO UNEP	스위스 제네바 (1990년 10월 29일 ~11월 7일)	국가들은 온실기체 배출을 안정화시킬 필요성에 합의함. 선진국들은 배출 목표를 수립해야하고 국가 프로그램 또는 전략을 수립하도록 함.
유엔 환경과 개발에 관한 컨퍼런스	UN	브라질 리우데자네이루 (1992년 6월 3일 ~6월 14일)	FCCC가 조약 체결을 위해 개소함.
당사국 회의 (COP 1)	UNFCCC	독일 베를린 (1995년 3월28일 ~4월 7일)	FCCC를 강화시키기 위한 협상이 공인됨.
당사국 회의 (COP 2)	UNFCCC	스위스 제네바 (1996년 7월 8일 ~7월 19일)	
당사국 회의 (COP 3)	UNFCCC	일본 교토 (1997년 12월 1일 ~12월 10일)	교토 의정서가 많은 나라에 의해서 서명함.
당사국 회의 (COP 6)	UNFCCC	헝가리 헤이그	유럽과 미국 대표들이 합의에 실패함.
3차 세계기후회의 (WCC-3)	WMO UNEP	스위스 제네바 (2009년 8월 31일 ~9월 4일)	계절 규모에서부터 수십 년간의 결정을 위한 기후 예측과 정보에 초점을 둠.

몬트리올 의정서에 비준하였지만, 더 강력한 조절 측정치로서 CFCs 축출을 가속화시킬 수 있는 차후 수정의 비준은 뒤로 미루어졌다. 협약은 오존고갈의 속도를 뚜렷하게 감소시켰고, 그 결과 증가된 자외선으로부터 발생할 수 있는 수천만 명의 암 환자 발생을 피할 수 있었다.[3] 아마도 이것은 중요하기 때문에, 의정서에는 지구 환경문제를 해결할 수 있는 효과적인 국제협력의 예를 제시하였다. 이 예시는 최종적으로 지구 온실온난화를 나타내는 데 적용되었다. 특히, 몬트리올 의정서는 사전예방원칙의 유용성을 제시하였다. 즉, 완전한 과학적인 증명을 기다리는 것이 피해가 뒤집어지지 않는다는 관점에서 행동을 지연시킬 수 있다는 것을 제시한 것이다.

1988년 국제연합 산하 세계기상기구와 유엔환경프로그램의 후원으로 기후변화에 관한 정부 간 협의체(Intergovernmental Panel on Climate Change; IPCC)가 설립되었다(그림 15-1). IPCC는 인간 활동에 대한 기후변화의 위험을 평가하고 유엔기후변화협약(United Nations Framework Convention on Climate; UNFCC)의 실행에 관한 보고서를 발행하고, 이들 보고서의 과학 정보들을 UNFCC의 국가 온실가스 배출량에 대한 방법론을 결정하는 데 필요한 자료를 제공하는 임무를 가지고 있다.

IPCC는 현재까지 네 차례 보고서를 출판하였다. IPCC의 제1차 보고서는 1990년에 출판되었다. 여기에는 25개국 170여 명의 과학자들이 참여하여 지난 100년 동안 대기의 평균 온도가 0.3~0.6 ˚C 상승했고, 해수면은 10~25 cm 상승하였다고 보고하고 있다. 또한 만약 산업 활동 등에 의한 에너지 사용이 현재 상태로 지속된다면, 이산화탄소 배출량이 매년 1.7배 정도 증가할 것으로 예측하였다.[4] 이 보고서는 UNFCC의 협상에 필요한 기초자료로서 활용되었다.

제2차 보고서는 1995년에 발표되었다. 여기에서 지구온난화의 주된 원인 중의 하나가 인간이라는 것을 명시하고 있다. 또한 만약 온실기체들이 현재의 경향으로 증가한다면, 2100년에 이르면 지구의 평균 기온이 0.8~3.5 ˚C 상승할 것이고, 해수면은 15~95 cm

---

3) UNEP, 2001 : *United Nations Environment Programme. Backgrounder : Basic Facts and Data on the Science and Politics of Ozone Protection. http://www.unep.org/ozone/mp-text.shtml*

4) Intergovernmental Panel on Climate Change (IPCC), 1990 : *Climate Change. The IPCC Scientific Assessment.* Houghton, J. T. *et al.*, eds. Cambridge University Press, Cambridge, United Kingdom and New York, NY, USA, 365 pp.

IPCC 총회

IPCC 의장단

IPCC 사무국

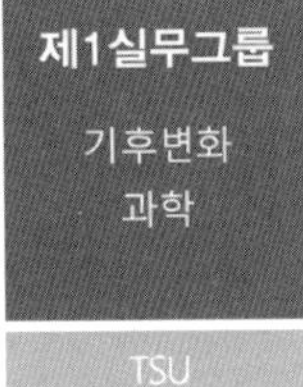

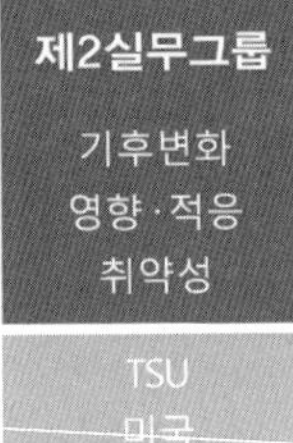

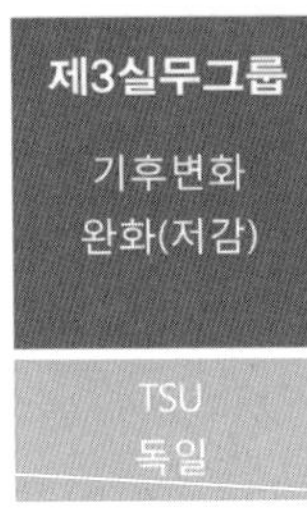

※ 기술지원단(Technical Support TSUs) : 실무그룹 및 TF의 주저자 회의 준비 및 보고서 초안/발간 등 지원역할 수행하도록 지정된 기관을 말함

그림 15-1. IPCC 조직도 3개의 실무그룹과 1개의 테스크포스 팀으로 구성되어 있다.[5]

높아질 것으로 예측하였다.[6] 두 권으로 된 제3차 보고서는 2001년 중국 상하이에서 개최된 기후변화회의에서 발표되었다. 여기에서는 지구 평균 기온이 향후 100년 동안 최고 5.8 ˚C 상승하여 해수면 상승도 9~88 cm까지 높아질 것으로 예상되어 전 세계 저지대가 위협을 받을 것으로 전망하였다. 또한 인간 활동으로 유발되는 기후변화가 계속 진행된다면, 지구는 지난 10,000년 동안 겪었던 것보다 더 심각한 기후변화를 겪게 될 것이라고 예측하였다.[7] 세 권으로 된 제4차 보고서는 2007년에 출판되었다. 여기에는

5) 기상청 기후변화정보센터(www.climate.go.kr)

6) Intergovernmental Panel on Climate Change (IPCC), 1995 : *Climate Change 1994. Radiative Forcing of Climate Change and an Evaluation of the IPCC IS92 Emission Scenarios.* Houghton, J. T. *et al.*, eds. Cambridge University Press, Cambridge, United Kingdom and New York, NY, USA, 339 pp.

7) Intergovernmental Panel on Climate Change (IPCC), 2001 : Climate Change 2001. The Scientific Basis. Contribution to Working Group I to the Third Assessment Report of the Intergovernmental Panel on Climate Change. Cambridge University Press, New York. Houghton, J. T. *et al.*, eds. Cambridge, United Kingdom and New York, NY, USA, 881 pp.
Intergovernmental Panel on Climate Change (IPCC), 2001b : Climate Change 2001. Synthesis Report.

기후변화에 대한 취약성 및 중요성의 가이드라인으로서 기후변화에 대한 5가지 우려할 만한 뚜렷한 이유와 기후변화의 구체적 위협 등이 제시되었다.[8] 제4차 보고서는 2007년 12월 인도네시아 발리에서 개최된 UNFCCC 회의에 보고되었고, 2012년 만료되는 교토 의정서의 후속 대책으로 국제 사회에서 새로운 온실기체 저감 방안 등의 논의과정에서 과학적 근거를 제시하게 되는 역할을 담당하였다.

스웨덴 노벨위원회는 2007년도 노벨평화상 수상자로 앨 고어(Albert Arnold Gore, Jr, 1948~) 전 미국 부통령과 IPCC를 공동 수상자로 선정했다. 이들을 수상자로 선정한 이유에 대해 위원회는 "인간이 야기한 기후변화에 대한 지식을 널리 알리고 기후변화 문제를 해결하는 데 필요한 조치를 위한 기초를 다지는 데 노력한 공로를 인정했다"고 밝혔다.[9]

1992년 6월에는 기후변화를 나타내는 국제적인 노력의 중요한 첫걸음을 내디뎠다. 6월 3일부터 6월 14일까지 브라질의 리우데자네이루에서 전 세계 185개국 정부 대표단과 114개국 정상 및 정부 수반들이 참여하여 지구 환경 보전 문제를 논의한 회의이다. 정식 명칭은 환경 및 개발에 관한 국제 연합 회의이다. 각국 정상들은 여기에서 협상을 통해서 '기후변화협약'에 동의하였다.[10] 협약의 목표는 기후시스템에 대한 위험한 인공 방해를 예방할 수 있는

Contribution to Working Group I, II, and III to the Third Assessment Report of the Intergovernmental Panel on Climate Change. Watson, R. T. *et al.*, eds. Cambridge, United Kingdom and New York, NY, USA, 398 pp.

8) Intergovernmental Panel on Climate Change (IPCC), 2007a : Climate Change 2007. The Physical Scientific Basis. Contribution to Working Group I to the Fourth Assessment Report of the Intergovernmental Panel on Climate Change. Solomon, Susan *et al.* eds., Cambridge, United Kingdom and New York, NY, USA, New York, 996 pp.
Intergovernmental Panel on Climate Change (IPCC), 2007b : Climate Change 2007. Impacts, Adaptation and Vulnerability. Contribution to Working Group II to the Fourth Assessment Report of the Intergovernmental Panel on Climate Change. Parry, Martin *et al.*(eds)., Cambridge, United Kingdom and New York, NY, USA, 976 pp.
Intergovernmental Panel on Climate Change (IPCC), 2007c : Climate Change 2007. Mitigation of Climate Change. Contribution to Working Group III to the Fourth Assessment Report of the Intergovernmental Panel on Climate Change. Metz, Bert *et al.* eds., Cambridge, United Kingdom and New York, NY, USA, 851 pp.

9) 윤일희, 2008 : 대기환경 무엇이 문제인가. 경북대학교출판부. p. 1.

10) UNFCC, 2003 : *United Nations Framework Convention on Climate Change*, Available from : *http://unfcc.int.*

수준으로 대기권 내의 온실기체 농도를 안정화시키는 것이었다. 이 목표는 생태계가 기후변화에 자연적으로 적용할 수 있고, 식량생산이 위협을 받지 않는다는 것을 보장하고, 지속적인 태도로서 경제 개발을 진행할 수 있는 충분한 시간 내에서는 달성될 것이다.

기후변화협약은 첫 번째 단계였다. 국가들은 계속 함께 효과적으로 온실기체 배출을 줄이기 위한 국제적으로 결속하는 동의를 얻어내기 위해서 함께 일하였다.

제1차 당사국회의(Conference of the Parties; COP-1)가 1995년 3월 28일부터 4월 7일까지 독일 베를린에서 개최되었다. 2000년 이후의 온실기체 배출의 감축을 위한 협상그룹을 설치하고 논의 결과를 제3차 당사국회의(COP-3)에 보고하도록 하는 소위 말하는 베를린 위임(Berlin Mandate) 사항들을 채택하였다. 협약의 이행을 보조하기 위해서 지원기관들이 설립되었다. 여기에는 이행보조기구와 과학기술자문부속기구 등이 포함된다. 또한 COP-1에서는 공동이행제도로 알려진 과정들을 정의하였다. 이것은 온실가스 감축의무가 있는 A 국가가 다른 나라인 B 국가에 투자해 온실기체를 감축하면 그 감축량의 일부를 A국가의 배출 저감 실적으로 인정해주는 제도이다. 그리고 1996년 7월 8일부터 7월 19일까지 개최될 제2차 당사국회의(COP-2)를 위한 활동범위를 제정하였다.

COP-2는 IPCC에 의해서 요약된 바와 같이 과학의 상태를 확인하였고 온실기체의 성장을 감소시키기 위해서 합법적으로 의무를 지우는 서약을 요청하였다. 이것은 일본 교토에서 1997년 12월 1일부터 12월 10일까지 개최되는 중대한 제3차 당사국 회의(COP-3)를 위한 의제들을 입안하였다.

1997년 12월 1일부터 12월 10일까지 일본 도쿄에서 개최된 제3차 당사국회의(COP-3)에서는 '교토 의정서'를 입안하였다. 교토의정서는 선진국들에게 2008년부터 2012년까지 1990년 수준 아래로 5.2 % 복합적인 온실기체 배출을 저감하도록 요청하였다. 예를 들면, 온실기체 배출의 세계 최대 방출국인 미국인 경우, 교토 의정서는 7 % 배출 감소를 명령하였다. 개발도상국들은 온실기체 배출을 저감할 필요가 없다. 교토의정서에는 개별 온실온난화 잠재성(Global warming potential; GWP)에 기초하여 이산화탄소에 상당하는 것으로 산출되는 6개의 기체들을 포함시켰다. 여기에는 4가지 기체 즉, 이산화탄소, 메테인, 아산화질소, 육플루오르화황(SF_6)과 2개의 화합물인 수소플루오르화탄소(HFCs)와 과플루오르화탄소(PFCs)이다. 많은 개수의 부수적인 온실기체들은 성층권 오존을 위협하는 물질로 분류되어 몬트리올 의정서와 수정안으로부터 이미 규제되었다. 즉, 온실온난화 잠재성은 복사 강제력 잠재성이다. 국가들은 다음과 같은 사항들을 동의하였다.

첫째, 온실기체 배출과 흡원들의 유용한 국가 목록 작성하기.

둘째, 기후변화를 완화시키는 국가 프로그램들을 공식화하기.

셋째, 배출을 저감하는 기술들을 진전시키기.

넷째, 삼림과 같은 흡원들을 조성하고 지속하기.

다섯째, 정보와 연구를 협력하기.

교토 의정서는 모든 감축 대상 기체들을 탄소 상당량으로 환산하여 온실온난화 잠재성으로 기초되는 산출 방식을 채택하였다. 규제된 화합물들의 생성원들은 흡원들의 목적이 있는 교묘한 기법에 의해서 상쇄된다는 것을 인식하였다. 교토 의정서는 2008년에서부터 2012년 사이로 지정되는 의무 지정 기간 동안에 미국, 러시아, 일본, 독일, 그리스, 영국 등 총 35개국인 의무이행 대상국 그룹 1(Annex 1) 국가들이 감축할 목표 값을 지정하였다. 감축 목표량은 1990년을 기준으로 하여 정의되었다. 전반적으로, Annex 1 당사국들은 2008～2012년 사이에 온실가스 총 배출량을 1990년 수준보다 적어도 5 %를 감축하여야 한다. 1990년 개별 Annex 1 당사국들이 배출하는 온실기체들의 추정 값들을 표 15-2에 제시하였다. 배출량은 이산화탄소의 질량의 항으로 제시되었다. 탄소 질량으로 환산할 경우에는 3.7(44/12)을 나누면 된다. 표 15-2에서 보면, 미국은 Annex 1 당사국에 부과되는 전체 배출량의 36.1 %를 차지하고 있다. 2번째는 러시아로서 17.4 %이고, 그 뒤를 일본 8.5 %, 독일 7.4 %, 그리스 7.4 %, 영국 4.3 %로 나타나고 있다.

그러나 교토 의정서는 어떻게 국가들이 목표된 저감을 이룰 수 있는지에 대해서 구체적으로 명시하지 않았다. 많은 후속 모임들이 상세하게 채울 수 있도록 시도되었고 강력한 국제 동의를 위한 일치된 의견을 맺게 되었다.

1) 감축의무 이행

교토 의정서를 협상하고 이행하는 과정에서 국가 사이의 철학, 정치, 접근 방법들의 차이가 존재한다는 것이 알려지게 되었다. 미국과 같은 일부 국가들의 경우, 교토 의정서가 너무 원대하고 목표가 비현실적이라고 주장하고 있다. 반면 해수면 상승으로 국가 존재가 위협을 받고 있는 일부 섬나라들은 교토의정서에 동의하였지만, 기후시스템에 대한 위협적인 인공 방해를 피할 수 있을 만큼 충분하지 못하다는 점을 분명히 하였다.

이들 감축 의무를 위한 모임에서 배출 저감 감축 의무와 접근방법들은 국가에 따라서 달랐다. 교토 의정서는 국가 사이의 개별 국가 이행 계획을 입안하고 발표하기 위한 실무 국가들을 필요로 하였다. 주기적인 국가 보고서들이 UNFCCC을 통해서 접수되었다.[11] Annex 1 당사국들의 감축의무는 1990년에서부터 감축 의무 기간인 2008년에서 2012년까지 유럽연합 당사국들은 온실기체 순 배출량을 8 % 감축하는 것부터 아이슬란드의 경우에는 10 % 증가하는 것까지 분포하고 있다. 개별 당사국들의 감축의무를 표 15-3에 요약하였다. 일반적으로 배출 저감에 보조금을 지급하는 접근방법이 경비를 절감시켜 성공적이었다.[12]

한국은 제3차 당사국 총회에서 기후변화협약상에서 개발도상국(non-Annex 1)으로 분류되어 의무대상국에서 제외되었으나, 몇몇 선진국들은 감축 목표 합의를 명분으로 한국, 멕시코 등이 선진국과 같이 2008년부터 자발적인 의무 부담을 할 것을 요구하였고, 제4차 당사국 총회 기간에 아르헨티나, 카자흐스탄 등의 일부 개발도상국은 자발적으로 의무를 부담할 것을 선언하였다.

교토 의정서에 의해서 위임된 배출 저감을 이행하는 여러 가지 접근방법에는 세금 부과와 경감, 자율 규제 보상금, 배출 거래, 탄소 흡원 크레디트, 청정 개발 메커니즘 등이 포함된다.

---

11) UNFCC, 2003 : *United Nations Framework Convention on Climate Change,* Available from : *http://unfcc.int.*

12) IPCC, 2002 : *Intergovernmental Panel on Climate Change. United Nations Environment Programme and World Meteorological Organization. Avaliable from : http://www.ipcc.ch.*

표 15-2. 1990년 의무이행 대상국 그룹 1(Annex 1) 국가들에 의한 온실기체 배출량과 백분율

국가 이름	배출량(Gg)	백분율(%)
오스트레일리아	288,965	2.1
오스트리아	59,200	0.4
벨기에	113,405	0.8
불가리아	82,990	0.6
캐나다	457,441	3.3
체코 공화국	169,514	1.2
덴마크	52,100	0.4
에스토니아	37,797	0.3
핀란드	53,900	0.4
프랑스	366,536	2.7
독일	1,012,443	7.4
그리스	82,100	7.4
헝가리	71,673	0.5
아이슬란드	2,172	0.0
아일랜드	30,719	0.2
이탈리아	428,941	3.1
일본	1,173,360	8.5
라트비아	22,976	0.2
리히텐슈타인	208	0.0
룩셈부르크	11,343	0.1
모나코	71	0.0
네덜란드	167,600	1.2
뉴질랜드	25,530	0.2
노르웨이	35,533	0.3
폴란드	414,930	3.0
포르투갈	42,148	0.3
루마니아	171,103	1.2
러시아	2,388,720	17.4
슬로바키아	58,278	0.4
스페인	260,654	1.9
스웨덴	61,256	0.4
스위스	43,600	0.3
영국	584,078	4.3
미국	4,957,022	36.1
합계	13,728,306	100.0

표 15-3. 1990년을 기준 값으로 하여 개별 의무이행 대상국 그룹 1(Annex 1) 국가들의 감축의무의 백분율

국가 이름	감축 의무 백분율(%)
오스트레일리아	108
오스트리아	92
벨기에	92
불가리아	92
캐나다	94
크로아티아	95
체코 공화국	92
덴마크	92
에스토니아	92
유럽집단	92
핀란드	92
프랑스	92
독일	92
그리스	92
헝가리	94
아이슬란드	110
아일랜드	92
이탈리아	92
일본	94
라트비아	92
리히텐슈타인	92
리투아니아	92
룩셈부르크	92
모나코	92
네덜란드	92
뉴질랜드	100
노르웨이	101
폴란드	94
포르투갈	92
루마니아	92
러시아	100
슬로바키아	92
슬로베니아	92
스페인	92
스웨덴	92
스위스	92
우크라이나	100
영국	92
미국	93

2) 세금

화석연료 사용의 감소는 당근 또는 채찍 중 어느 한 방법을 사용하는 것을 조장할 수 있다. 즉, 긍정적인 인센티브는 대체 에너지원의 개발 또는 설치, 부수적인 건물 단열재와 같은 에너지 보존 측정치 또는 자동차 함께 타기에 대한 정부 세금 혜택을 포함한다. 그러나 많은 개인들과 그룹들은 부정적인 인센티브를 포함시키는 데 대해서도 주장하고 있다. 오염자 부담원칙에 기초한 이 접근방법은 오염 조절 비용이 생산된 상품과 서비스에 포함되어야만 한다고 제안하고 있다. 결과적인 생태학적 피해보다는 배출된 오염물질들의 질을 평가하는 것이 더 쉽다. 이들 척도에 '탄소세'가 포함된다. 사용되는 탄소세 세입들이 어떻게 이 접근방법의 효율성을 결정할 수 있을 것일까? 현재 보편적인 사항은 아니지만, 부수적인 가솔린 세금은 가솔린 소비를 줄일 수 있을 것이다. 또한 대체 에너지 시스템에 가스 세금 세입을 투자하는 것이 온실기체 배출을 더욱더 줄이는 데 공헌하게 될 것이다.

유럽의 많은 국가들은 이 개념을 받아들였다. 예를 들면, 덴마크는 2005년까지 1988년 수준의 20% 미만으로 온실기체 배출을 줄이도록 의도하였다. 따라서 덴마크 정부는 가정용의 경우에는 ton당 이산화탄소 배출에 대해서 16$, 산업용인 경우에는 8$의 세금을 부과한 반면, 재생 에너지에는 세금을 부과하지 않았다. 또한 덴마크는 대체 에너지 개선(예, 풍력)과 쓰레기 재활용에 대한 주요 세금과 경제적인 인센티브를 제정하였고 삼림 면적을 차후 80년에서 100년 동안 2배로 늘릴 계획을 세웠다.[13)]

3) 자율평가 보상금

미국 협상가들은 온실기체 배출을 줄이기 위한 자유 시장 접근방법을 강조하였다. 예를 들면, '에너지 효율 등급'을 가정용품에 표시하여 소비자가 효율적인 에너지 모델들을 선택할 수 있도록 하는 자율평가 시장기반 인센티브가 있다. 미국 에너지부의 온실기체의 자발적 보고 프로그램 하에서, 회사들은 온실기체 배출량을 저감하는 그들의 행동에 관한 보고서를 제출해야 하지만, 이 보고서에 대한 독립적인 증명은 필요하지 않는다. 2,000개 회사에서 보고된 배출 감소는 미국 전체 온실기체 배출의 2.7 %였다.

---

13) UNFCC, 2003 : *United Nations Framework Convention on Climate Change,* Available from : *http://unfcc.int.*

4) 배출량 거래

1990년, 미국은 탄소 배출의 자유 거래를 위한 세계 시장을 제안하였다.[14] 개별 국가들은 이산화탄소 또는 온실기체 배출 할당 또는 탄소 크레디트의 고정된 개수가 허용될 수 있을 것이다. 만약 어떤 국가가 할당된 양보다 배출이 적게 이루어졌다면, 다른 나라에 초과된 크레디트를 판매할 수 있을 것이다. 반대로, 어떤 국가가 더 많은 배출을 할 필요가 있다면, 개방된 세계 시장에서 탄소 크레디트들을 구매할 수 있을 것이다. 이와 유사한 시스템이 현재 미국 내에서 사용되고 있다. 여기에서는 EPA에서 제정된 허용 값에 따라 이산화탄소와 질소산화물(NOx)들을 사고 팔 수 있다. 이들 허용 값들은 상품 거래소 또는 허용 값을 포기하여 이미 사용되지 않는 것을 가진 환경 그룹들을 통해서 EPA의 연 경매에서 살 수 있다.[15] 실제로 전반적인 온실기체의 전 지구 배출을 줄이기 위해서, 총괄적인 전 지구 배당은 동결될 필요성이 있고 그런 다음 현재 수준으로부터 감축되어야 한다. 미국 협상가들과 일부 대형 석탄 발전 설비들은 배출 절감에 이 접근방식을 선호하고 있다.

배출 거래는 전망이 있지만, 정치적이고 사회적인 많은 어려운 의문들이 개선을 바라고 있다. 초기 크레디트 배당을 위한 기초 자료로서 국내총생산량을 사용하는 것이 선진 대국에서는 유리하게 될 것이다. 크레디트 배당을 위한 기초자료로서 인구는 중국과 인도와 같은 인구 대국에서는 선호될 것이다. 반면 미국과 같은 국가들은 배출을 크게 줄일 필요성이 있을 것이다. 일본과 같은 에너지 효율성을 가진 국가들 또는 프랑스와 같이 원자력 에너지에 크게 의존하는 국가들은 부수적인 크레디트를 수여해야만 할까? 아마도, 인구와 GDP를 일부 조합한 것은 전 지구 배출 크레디트에 대한 합리적인 기초를 형성할 수 있을 것이다. 마지막으로, 어떻게 탄소 크레디트를 결정할 것인가? 일부 경제학자들은 배출 허용의 경비가 그들이 미리 결정된 상한(ceiling)에 도달하기 전까지 자유 시장에서 부동적이 되어야 한다고 제안하였다.[16]

미국 브루킹스 연구소(Brookings Institute)의 연구자들은 '국제 허용 거래 시스템'을

---

14) Sun, M. 1990 : Emission trading goes global. *Science*, 247, 520-521.
15) US EPA, 2002 : Avaliable from : *http://www.epa.gov/airmarkets/index.html*
16) Pizer, W., 2002 : *Resources for the Future*. Available from : *http://www.rff.org*

환기시켰다. 왜냐하면 이것은 커다란 국제적인 부의 전달과 국제 무역의 교환율과 패턴을 크게 변화시킬 수 있는 저감보다는 배출 안정화에 초점을 맞추었기 때문이다. 그들은 아주 적절한 단계, 즉 국가 허용치와 배출 요금에 대한 시스템을 구성하는 국제적인 동의 단계를 제안하였다.[17]

5) 탄소 흡원 배출권

만약 '탄소 배출권'이 국제 배출 배당 전략의 일원으로 고려된다면, 특히 미국과 같은 일부 국가들은 현재 삼림 지역 또는 매년 식수하는 나무들은 탄소 흡원으로서 탄소들을 추출하게 되고 추출된 양은 그들 나라의 탄소 배당에 추가되어야 할 것이다. 1999년 11월 개최된 모임에서, 미국 협상가들은 삼림과 토양 흡원들이 미국 탄소 감축 의무의 절반 정도로 계산되어야 한다고 제안하였다. 다른 선진국들은 이 전략에 반대하였고 온실기체의 세계 최대 단일 발생원은 지속적으로 온실기체 배출을 줄이지 않아도 되는 것에 대한 반대에 직면하게 되었다. 영국 학술원에 의한 보고서는 탄소 흡원들이 화석연료 연소에 의해서 방출되는 막대한 양의 탄소를 처리하는 것이 단지 제한적이고 일시적인 해답이라고 제안하였다.[18]

6) 청정 개발 메커니즘

교토 의정서에 의한 배출 감축의무를 이행하는 또 다른 방법은 선진국과 개발도상국의 배출 저감 프로젝트들을 결합시켜서 선진국들이 배출권을 받아들이는 것이다. 예를 들면, 어떤 형태의 프로젝트(원자력 발전소 건설, 수력발전 댐 건설, 대량 수송 시스템 구축, 또는 태양력 또는 풍력과 같은 대체 에너지 프로젝트)들이 정량화될 수 있을까?

7) 교토 의정서 이후 개발

온실기체 배출 감축의무로 향해 진행하고 있는 성공은 나라마다 다르게 나타났다.

---

17) McKibbin, W. J. and P. J. Wilcoxen, 1997 : *A Better Way to Slow Global Climate Change*. Policy Brief 17, June 1997. Washington, DC : The Brookings Institution. Available from : *http://www.brook.edu.*
18) Pickrell, J., 2002 : Scientists shower climate change delegates with paper. *Science*, 293, 200.

2000년 3월, 배출 거래 방식을 포함하는 정책들을 개발하기 위해서 유럽위원회는 유럽기후변화프로그램(European Climate Change Programme; ECCP)을 발족시켰다. 이에 따라서 유럽연합은 교토 의정서 합의에 따라서 2008년부터 2012년까지 배출을 8 % 줄이는 것을 달성할 것이라 전망하고 있다. 2000년에 이르러, 유럽연합의 온실기체 평균 배출량이 1990년 수준에서 3.5 % 낮아졌지만, 북아메리카인 경우에는 이산화탄소 배출량이 계속 증가하여 1990년 수준보다 13 % 이상 증가하였다.

강제력을 더하기 위해서, 교토 조약은 1990년 전체 55 %의 이산화탄소를 배출하는 55개국에서 비준되고 수락되고 또는 계승될 필요성이 대두되었다. 2003년 2월까지, 전체 배출의 43.9 %를 담당하는 104개국 정부가 의정서를 수락 또는 비준하였다. 2002년 봄, 러시아 정부도 의정서를 비준할 것이라고 신호를 보냈다.

미국은 처음에는 조약에 서명하였지만 후에 조지 워커 부시(George Walker Bush, 1946~) 대통령이 미국 행정부는 교토 의정서 비준을 지지하지 않고 미국 내의 배출 감축 측정을 실시하지 않을 것이라고 천명하였다. 이 정책은 배출 감축에 따른 경비 지출로 인한 부정적인 경제 영향에 관한 관심사로부터 발생한 것으로 보인다. 미국은 또한 위임 통치국 감축이 선진국에만 국한된 것과 개발도상국들은 의정서에 제시된 배출 감축의무를 이행할 필요가 없다는 점을 반대하였다. 조지 워커 부시 대통령은 지구온난화에 대한 불확실성을 줄일 수 있는 더 많은 연구를 요청하였다. 이에 대한 답변으로, 17개국의 국가과학아카데미들은 이미 IPCC에 의해서 수행된 과학을 재차 단언하였다. 그들은 "과학적인 증거들의 평형은 지구 기후에 피해를 주는 변화들을 피하기 위한 효과적인 단계들을 요구한다."라고 천명하였다.[19)]

2001년 7월 본에서, 180개국 정부들이 교토 법칙의 개정을 찬성하였다. 수정된 개선 메커니즘에는 배출 거래와 삼림과 같은 탄소 흡원에 대한 제한적인 허용량을 포함하고 있다.[20)] 그러나 환경그룹들은 배출 허용량에서 탄소 흡원을 빼게 되면, 감축 의무가 교토 의정서에 명시된 1990년 수준의 1.8 %로 동의된 것이 5.2 %로 줄어들게 된다고 주장하였다.[21)]

---

19) Science, 2002 : The science of climate change. *Editorial*, 292, 1261.
20) Giles, J., 2001 : "Political fix" saves Kyoto deal from collapse. *Nature*, 412, 365.

또한 본에서, 유럽연합은 환경문제의 1순위로 기후변화를 제기하였고, 교토 의정서 목표를 이행하기 위해서 정책들을 개선하기 위해서 ECCP를 설립하였다.[22] 유럽 국가들의 여러 가지 협력적인 노력은 계속 진행되고 있다. 예를 들면, 유럽자동차공업협회는 2008년까지 자동차에서 배출되는 이산화탄소를 25 % 줄이기로 자체적으로 결의 하였다. 유럽연합에 의한 연구들은 의정서 감축의무 목표를 이행하기 위한 그들의 경비는 지역적인 유럽연합 배출 거래 방법을 적용함으로써 25~30 %까지 줄이게 될 것이라고 추정하고 있다. 유럽연합은 2010년까지 모든 이산화탄소 배출의 46 %를 차지하는 제한과 거래시스템을 개선하기로 하고 있다.

2001년 8월 1일, 미국 상원 외교 관계 위원회는 미래 기후 협상에 미국이 참가하도록 19:0으로 가결하였다. 위원회는 미국이 "지구 기후변화 딜레마에 대한 해법을 찾는 데 도움을 주어야 하는 공동 의무를 결코 포기하지 말아야 한다"고 성명을 내었다. 아마도 이에 대한 반응으로, 2002년 2월 14일 부시 대통령은 미국에 대한 온실기체 강도 감축 의무를 자발적으로 정하는 신 기후변화 전략을 발표하였다. 온실기체 강도는 온실기체 배출을 경제 출력(GDP)로 나눈 것이다. 이는 에너지 효율성이 개선됨에 따라서 수십년 동안 이미 감소하고 있다. 그러나 비록 비가 감소하고 있다 하더라도, 경제 성장과 인구 증가 때문에 총 온실기체 배출량은 계속 증가하고 있다.

일부는 이러한 미국 전략을 '비효율적인 전략'이라고 하였고 적어도 어떤 효율적인 보고 방법들이 제정되어야만 한다고 강조하였다. 2002년부터 2012년까지 에너지 강도를 18 % 감축하겠다는 미국 행정부의 목표로는 실제로 동일한 기간 동안 총 배출량이 12 % 증가할 것으로 예상되었다. 미국의 현재 온실기체 배출에 대한 현재 프로젝트는 1990년부터 2012년에 이르면 39 % 증가하는 것으로 지적되고 있다. 2002년 6월 11일, 조지 워커 부시 대통령은 지구 기후변화에 대해서 언급하였고 미국이 기후변화 문제들을 해결하는데 더 활발한 역할을 할 것이라고 내비쳤다. 그는 현재 온난화 경향들이 "많은 부분 인간 활동에서 기인"된 것을 알고 있었다.

2002년 5월, 유럽 위원회와 회원국인 15개국들이 교토 의정서를 비준하였다. 이것으로

---

21) WWF, 2002 : *World Wildlife Fund. Policy News.* Available from : *http://www.worldwildlife.org.*
22) EU, 2002 : *European Union.* Available from : *http://www.europa.eu.int/comm/environment/climate.*

인해 비준국이 69개국으로 늘어났고, 적어도 세계 55개국에 의해서 비준된 것을 국제법으로 제정하기 위한 조약에 필요한 첫째 필요조건을 충족시켰다. 그러나 추가적인 나라들에 의한 비준은 1990년 수준에서 전 지구 배출의 55 %를 담당하고 있는 국가들을 포함하고 있는 두 번째 그룹들에 의해서 이루어질 필요가 있을 것이다. 2003년 2월에 이르러, 1990년 배출 수준의 부수적인 11 %를 대표하는 국가들이 필요하게 되었다. 목표의 55 %는 전체 배출의 36 %와 17 %를 각각 차지하는 미국 또는 러시아의 비준 또는 다른 나라들과의 조합에 의해서 이루어질 것이다.[23]

2. 기후변화의 정치

증가하는 과학적인 연구가 인간 유발 기후변화의 심각한 잠재적인 결과들을 확인함에 따라서, 기후변화 정책들에 대한 논쟁은 정치 활동 무대로 확장되고 있다. 계속되는 정책 논쟁은 개인, 비정부단체, 정부, 국제기구에서 이루어지고 있다.[24]

반대하는 기구들은 기후변화 정책에 영향을 미치는 시도를 하였다. 세계야생생물기금, 시에라 클럽, 지구정책연구소와 같은 보존 그룹들은 온실기체배출을 감축하는 의결들을 급히 개선하도록 주장하였다. 반면 지구기후연합, 미국석유연구소와 같은 산업 그룹들은 온실기체 배출에 관한 조절에 대해서 거침없이 반대를 하였다. 예를 들면, '건전한 경제를 위한 시민재단'은 36개 주 기후학자들을 조사한 바에 의하면 대부분이 지구온난화가 큰 자연 현상이라고 믿고 있기 때문에 온실기체배출 감축이 기후에 영향을 미치지 못한다고 보고하였다. 더 온건한 단체인 국제기후변화제휴는 산업체에 의해서 기후변화에 반응하는 정책을 공식화하도록 하였다. 여기에 참여한 기업들은 3M, Allied Signal, AT&T, Boeing, Chevron, Dow, Dupont, Eastman Kodak, Enron, GE 등이다. 기후변화 논쟁에 참여하고 있는 다른 기업 그룹들은 환경 개발과 청정 에너지 기술을 조장하는 세계 지속가능 발전 기업위원회와 지속 가능한 에너지를 위한 비즈니스협의회에 속한다.

---

23) UNFCC, 2003 : *United Nations Framework Convention on Climate Change*, Available from : *http://unfcc.int.*

24) Hecht, A. D. and D. Tirpak, 1995 : Framework agreement on climate change : a scientific and policy history. *Climatic Change*, 29, 371-402.

3. 미국 참여 없는 교토 의정서

기후변화 이슈들을 둘러싸고 있는 미국 정책들은 화석연료 연소에 대한 규제로부터 잠재적인 경제적 피해를 두려워하는 사람들과 지구의 건강과 기후변화에 의한 장기간 경제적인 결과들을 두려워하는 사람들 사이의 줄다리기이다. 정책들은 새로운 정부가 출범할 때마다 흔들리고 있다. 2001년 3월, 미국 조지 워커 부시 대통령은 미국 행정부는 교토의정서의 비준을 지지하지 않을 것이라고 천명하였고 2001년 6월 11일, 그는 조약에 '결정적인 결함'이 있다고 선언하였다. 그는 "온난화의 위험한 수준과 피해야만 하는 수준에 대한 확실성에 대해서 어느 누구도 말할 수 없다."라고 천명하였다. 또한 그는 세계 제2의 온실기체 배출국인 중국과 같은 개발도상국을 포함시키지 않은 것에 대해서 공격하였다. 따라서 의정서 참석자들은 2가지 옵션을 남겼다. (1) 개발도상국들도 또한 온실기체 배출을 강제해야 한다는 미국 측 반대를 이행하기 위해서 의정서를 조정해야 한다. 또는 (2) 미국 없이 의정서를 비준한다. 일부 유럽 그룹들은 교토의정서를 달성하기 위해서 지식과 연구 노력에 엄청난 투자를 해야 한다는 점을 지적하였다. 새로운 의결을 위한 재교섭은 결의 사항을 개선하는 데 필요하지 않았고 오랜 기간 동안 개선이 지연되었다.

2001년 7월, 4개국 유럽 국가들의 조사에 의하면, 미국이 참여하든 참여하지 않든 간에 유럽 정부들은 교토 의정서에 따라서 온실기체 배출을 저감해야 한다는 데 대한 의견에 응답한 국가들의 80 %가 동의하였다.[25] 유럽 국가들의 단독적인 비준의 경제적인 관련에 대한 분석은 여러 가지 사항들을 제안하였다.[26] 첫째, 배출 거래가 없다면, 여러 국가들은 이산화탄소 감축에 대한 교토 의정서의 이행 결과에 따라서 2010년까지 경제성장의 0.3~1.9 % 감소를 경험하게 될 것이다. 둘째, 만약 배출 거래가 허용된다면, 고려되고 있는 다른 온실기체들의 배출을 저감함에 따라서, 대부분 선진국들은 2010년에 이르면 GDP가 단지 0.1 % 감소하게 될 것이다. 셋째, 이행 경비의 대부분은 대기오염 조절경비의 전반적인 감축에 의해서 보상받게 된다. 즉, 이산화탄소 배출을 감소시킴으로 인하여

25) WWF, 2002 : *World Wildlife Fund. Policy News*. Available from : *http://www.worldwildlife.org*.

26) Harmelink, M., D. Phylipsen, D. de Jager and K. Blok, 2002 : Kyoto without the U.S. : costs and benefits of EU ratification of the Kyoto Protocol. ECOFYS Energy and Environment, Utrecht, The Netherlands. A report to the World Wildlife Fund. Available from : *http://www.ecofys.com/climate*.

동시에 다른 대기 오염물질들이 감소하게 된다. 마지막으로, 연구는 유럽연합에 해당되는 감축 이행 목표의 85~95 %는 경제적인 경쟁에 영향을 주지 않으면서 달성할 수 있다고 결론지었다. 일부 시나리오에서, 에너지 효율성과 거래 경쟁이 증가하기 때문에, 유럽연합은 실제로 미국이 교토 의정서를 거부함에 따라서 경제적으로 실질적인 이익을 가질 수 있다.

전 세계에 걸쳐 기후변화를 논의하는 도시와 지방 정부들의 수가 증가하고 있다. 도시기후변화방지(Cities for Climate Protection; CCP)는 자치단체국제환경협의회 의 캠페인이다.[27] CCP는 배출과 지구온난화를 줄이기 위한 전략적인 비망록을 개발하고자 하는 지방 정부에게 뼈대를 제공하였다. 지구 전체 온실기체 배출의 8 %를 담당하는 500개의 지방 정부들이 캠페인에 동참하고 있다. 예를 들면, 미국의 경우, 시애틀 시 의회는 시의 전기 공급과 관련된 화석연료의 전면 사용금지 또는 완화에 대한 해결방안을 만장일치로 통과시켰다. 그들은 또한 시 전역의 온실기체 배출 명세서와 온실기체 배출을 교토 의정서에서 미국에 부과한 감축 이행과 같은 1990년 수준의 7 %까지 감축을 위한 시 조례들을 제정하여 교토 해결책을 통과시켰다.

4. 기후변화 완화에 대한 이득과 경비

기후변화를 완화시킨다면 얼마나 많은 경제적인 이득이 있으며 경비는 얼마나 소요될 것인가? 기후모델들은 처음부터 불확실성을 내포하고 있었고, 그들의 결과들이 경제 모델과 지역적인 차이점이 결합되었을 때, 불확실성은 더욱더 크게 나타났다. 따라서 기후변화의 지구 총 경비는 알지 못하고 있다. 우리는 개별 분야(예, 농업, 어업 등)에 대해서만 의존할 수밖에 없다.

교토 의정서와 같은 협정을 이행하는 것에 대한 직접적인 이득 중의 하나는 화석연료 연소의 감소이다. 이것 자체만으로도 여러 가지 결과를 가질 수 있다. 많은 선진국의 경우, 석유 수입에 대한 수용 감소로부터 이루어지는 증가된 에너지 안보, 대체 에너지

27) ICLEI, 2002 : The International Council for Local Environmental Initiatives. Available from : *http://www.iclei.org*.

기술들을 생산하는 회사들을 위한 새로운 사업 기회, 에너지 효율성과 경제적인 경쟁력들이 이득에 포함된다.

기후변화를 완화시키는 정책들의 이득은 기후에 대한 직접적인 효과들을 뛰어넘어 '부수적인 혜택'이라 불리는 용어까지 확장된다.[28] 이들에는 건강, 생태적 · 경제적 · 사회적인 혜택들이 포함된다. 만약 이들 혜택들이 금전적인 가치로 주어질 수만 있다면, 그러면 그들은 완화에 소요되는 경비로부터 뺄 수 있을 것이다. 예를 들면, 화석연료 연소로부터 배출되는 가장 일반적인 대기 오염물질인 이산화황은 서식지에 피해를 주는 산성비를 일으키고 폐 자극제로서 인간 건강에 영향을 미친다. 그러므로 화석연료 배출을 감소시키는 데 소비되는 돈은 지구온난화를 줄일 뿐만 아니라 이산화황과 같은 다른 대기오염물질들을 줄이게 된다. 경제적으로 이것은 이산화황 경감 경비의 감소가 대기질과 관련되는 건강 경비들의 감소와 같은 의미이다. 사실, 이산화탄소 배출의 15 % 감소는 오존, 분진, 이산화황을 포함하는 많은 유해한 오염물질들의 감소를 일으키게 되는 결과를 얻게 된다.

배출 감소에 따른 다른 혜택들은 기후변화에 의한 생태계 피해와 건강 피해를 복구하는 데 필요한 경비를 감소시키는 것이다. 국제보험단체는 더 빈번한 열대 폭풍의 발생, 해수면 상승, 대기권 내의 이산화탄소 2배 농도에 따른 식량 공급과 물 공급에 대한 피해는 연당 3,000억$ 이상의 경비를 지출할 것이라고 추정하고 있다.[29]

교토 의정서에 의한 배출 감축 목표를 이행하기 위한 경비들은 산출이 쉽지 않다. 경제와 에너지 매개변수들을 결합시킨 컴퓨터 모델들을 사용하는 수많은 연구들은 다양한 결과들을 예측하였다. 협상과 게임이론[30]을 포함하고 있는 모델링 연구방법은 너무 많고, 복잡하여 여기의 범위를 벗어난다.[31] 그러나 개별 경제 분야에 대한 많이 추정된 경비들은 공표되었다. 예를 들면, 기후변화 완화는 화석연료로부터 청정하고 더 효율적인 천연가스로 이동시키는 것을 포함한다. 그러나 여기에는 수만 km에 달하는 천연가스 파이프라인

---

28) OECD, 2000 : Ancillary Benefits and Costs of Greenhouse Gasmitigation. Organization for Economic Cooperation and Development, *Proceedings of an IPCC Co-Sponsored Workshop*, 27-29 March, Washington, DC, p. 583. Available from : *http://www.oecd.org/env/cc.*

29) Munich Re, 2002 : *Munich Re Group, Munich, Germany*. Avaliable from : *http://www.munichre.com.*

30) Nash, J. F., 1953 : The bargaining problem. *Econometrica*, 21, 128-140.

31) Mabey, N., S. Hall, C. Smith and S. Gupta, 1997 : *Argument in the Greenhouse : The International Economics of Controlling Global Warming*. London, Routledge.

건설과 발전소 건설을 위한 경비를 지불해야만 함이 포함된다.[32)]

미국이 교토 의정서에 따른 배출 감축목표를 이행하기 위한 경비들은 연당 GDP의 약 0.2~4 %까지 범위를 가진다. 전형적인 추정치는 GDP의 약 1~2.5 %이다. 교토 의정서에 일반적으로 반대하는 기업 그룹인 GCC는 2010년에 이러면, 교토의정서 이행에 따른 경제적인 손실이 연당 1,200억$에서 4,400억$까지 범위를 가질 것으로 추정하였다. 만약 미국 경제 성장률이 과거 20년간 수준으로 성장한다고 가정한다면, 이것은 2010년에는 평균 성장률이 0.9~3.4% 감소한다는 의미이다. 다시 말하면, GCC 경비 추정치는 다른 연구에서 추정한 것과 일치한다. 미국인 경우, 1990년 수준보다 배출을 10 % 절감하고자 하는 교토 의정서 목표를 초과 달성하기 위한 혁신적인 에너지 계획은 가구당 530$ 순 경비를 지불한다면 이룰 수 있을 것이다.[33)]

따라서, 교토 의정서의 배출감축 목표는 이행하는 경비들은 현저하게 될 것이다. 그러나 목표를 이행하지 않는 경우의 경비는 막대할 것이다. 미국태양에너지학회는 화석연료가 계속 사용되는 경우, 미국에서 환경과 인간 건강에만 소요되는 경비가 매년 약 1,000억$(1989년 달러 기준)로 될 것이라고 추산하였다.[34)] 에너지 효율성을 10에서 30 %까지 끌어올린다면, 경제적인 순 이득을 달성할 수 있을 것이다.[35)]

교토 의정서의 배출 감축 목표는 각각 온실기체의 온난화 잠재성의 결집에 기반을 두고 있다. 그러나 개개 기체들은 상이한 대기 생존 기간을 가지고 있기 때문에, 그들의 복사 강제력 또는 온난화 잠재성 자체는 전반적인 경제적인 경비를 예측할 수 없다. 임의 기체의 부수적인 1 ton의 영향은 당시 이미 존재하는 다른 기체들의 혼합물에 의존하게 될 것이다. 이론상으로 만약 배출 저감이 수 세기 동안에 초점을 맞춘다면, 지속적인

---

32) Anon, 2000 : Greenhouse gas reduction news. *Electric Perspectives*, 25(2), 4-6.

33) Alliance to Save Energy, american Council for an Energy-Efficient Economy, Natural Resources Defense Council, Tellus Institute, and union of Concerned Scientists, 1997 *Energy Innovations : A Prosperous Path to a Clean Environment*. Washington, DC, p. 172. Available from : *http://www.ase.org*.

34) CEPW, 1989 : *Responding to the Problem of Global Warming*. Committee on Environment and Public Works, united States Senate. Hearing before the Subcommittee on Environmental Protection; August 10. Superintendent of Documents, Washington, DC, p. 122.

35) Bruce, J. P., H. Lee and E. F. Haites, eds., 1996 : *Climate Change 1995 : Economic and Social Dimensions of Climate Change. Contribution of Working Group III to the Second Assessment Report of the Intergovernmental Panel on Climate Change*. Cambridge, Cambridge University Press.

절약이 가능하게 될 것이고 달러당 온난화 잠재성의 최대 저감을 초래하는 기체들이 확대될 것이다. 실제적으로, 교토 청정개발메커니즘과 같은 프로그램들이 국가 간에 적절한 자본이동과 기술 전달을 이루는 데 필요하게 될 것이다.

인간 유발 기후변화로부터 인해 이루어지는 생태계, 인간, 경제 피해 등의 위험은 지속적으로 이루어질 것이고 그 내용이 잘 기술되고 있다. 기후변화 피해에 대항하는 보험과 같은 온실기체 저감에 대한 어떠한 경비들은 어린아이들이 어떻게 질병에 노출될 것인가에 대해서 확실성이 없다고 하더라도 투입해야하는 작은 경비와 다를 바 없다. 이것은 거대한 잠재적인 손실(기후와 관련된 재앙)에 대항하여 무시할만한 아주 작은 이득(억제되지 않은 화석연료 연소)에 무게를 두는 것으로 러시아 룰렛 게임과 같은 것이다.[36)]

5. 미래에 필요한 것은 무엇인가?

현재 많은 사람들은 교토 의정서를 수십 년 동안 지속적으로 협상을 이룰 수 있는 과정의 첫 단계로 고려하고 있다. 비록 교토 의정서가 곧 완전히 이행되고 선진국들이 21세기 후반까지 이행 목표 수준까지 온실기체 배출을 줄인다 하더라도, 대기권 내의 이산화탄소 농도는 계속 상승할 것이다. 대기권 내의 이산화탄소 농도가 산업혁명 이전 농도의 2배를 능가하는 시간이 다만 약 10년 정도 지연될 뿐이다.[37)] 장기 온실기체 안정화는 신에너지 기술의 적용을 필요로 한다. 그러나 많은 선진국에서는 정부와 개인들에 의한 투자가 에너지 연구와 개발 기금들이 실제적으로 감소하고 있다. 예를 들면, 1985년과 1998년 사이, 미국, 유럽연합, 영국들은 에너지 R&D에 대한 공공 투자를 35 % 감소시켰고, 미국 개인 투자자들은 53 %나 떨어뜨렸다.

기후변화와 이에 따른 효과들을 이해한다는 것은 대형 학제 간 연구 프로그램을 필요로

36) DeCanio, S. J., 1997 : *The Economics of Climate Change*. San Francisco : Redefining Progress. Avaliable from : *http://www.rprogress.org*.

37) Dooley, J. J. and P. J. Runci, 2000 : Developing nations, energy R&D, and the provision of a planetary public good : a long-term strategy for addressing climate change. *Journal of Environment and Development*, 9(3), 215-239.

한다. 많은 국가들은 도전을 수행하기 위해서 연구 노력을 확대하고 있다. 예를 들면, 영국의 경우, 국가연구위원회는 수십 억$가 소요되는 틴들 기후변화 연구센터(Tyndall Centre for Climate Change Research)를 창설하였다. 이 센터는 과학, 사회, 기술 연구들을 종합하여 기후변화의 사회활동적인 도전에 지속적인 해결책을 개발하는 곳이다. 미국의 경우, 과학기술정책국 산하 미국 세계변화연구프로그램은 지구 변화 이슈들에 대한 주와 주 사이의 결정을 위한 명백한 과학적인 기초를 제공하기 위해서 연방 관청들 간의 연구를 주관하는 것이다.

개발도상국들은 지구 온실기체 배출의 역할을 증대시키고 있다. 예를 들면, 전 지구 총 탄소 배출에 대한 중국의 기여는 1990년 7 %에서 2020년 25 %로 증가할 것으로 예상되고 있다. 동남아시아의 경우, 이 백분율은 1990년 7 %에서 2065년 25 %로 증가할 것이다. 모든 개발도상국들은 미래 에너지 성장의 약 75 %를 차지할 것이고 이것의 대부분은 화석연료로부터 이루어질 것이다. 이것은 국제협약에 참여하고 비화석연료 기술을 배양하고 있는 능력을 가진 개발도상국들은 온실기체들을 안정화시키는 데 결정적인 역할을 한다는 의미이다. 일부 과학자들은 2100년에 이르면 1990년 수준의 50 %의 배출 감축 목표, 즉 대기권 내의 이산화탄소 농도를 550 ppmv로 안정화시키기 위한 세기 계획을 주장하였다. 1인당 수입도 뚜렷하게 성장하도록 할 것이었다.[38)]

38) Edmonds. J. and M. Wise, 1999 : Exploring a technology strategy for stabilizing atmospheric CO_2. In : Carraro, C. ed. International Environmental Agreements on Climate Change. Boston : Kluwer Academic Publishers, pp. 131-154.

참고문헌

김문영, 2003 : 아이스파인더. 바다출판사. 291 pp.

김민정, 2010 : 해양학-스미스소니언 교양과학 백과 6. 북스힐. 216 pp.

민경덕, 민기홍, 2008 : 대기환경과학(제5판). 시그마프레스. 440 pp.

손영운, 2010 : 기상학-스미스소니언 교양과학 백과 7. 북스힐. 218 pp.

신임철, 이희일, 2006 : 기후와 환경변화 : 과거, 현재, 미래. 두솔. 158 pp.

안중배, 김준, 류찬수, 박선기, 서명석, 이화운, 정일웅, 정형빈, 2009 : 대기과학(제10판). 시그마프레스. 602 pp.

윤일희, 1998 : 대기오염기상학. 시그마프레스. 236 pp.

윤일희, 2004 : 현대기후학. 시그마프레스. 498 pp.

윤일희, 2006 : 스토리기상학. 경북대학교출판부. 346 pp.

윤일희, 2007 : 천재들의 과학노트-6 대기과학. 일출봉. 257 pp.

윤일희, 2008 : 대기환경 무엇이 문제인가. 경북대학교출판부. 212 pp.

한국기상학회, 1996 : 대기과학용어집. 교학사. 492 pp.

한국지구과학회, 2009 : 지구과학사전. 북스힐. 1234 pp.

Allaby, Michael, 2002 : *Encyclopedia of Weather and Climate*. Volume I and Volume II. Facts On File, Inc. 672 pp.

Bigg, Grant R., 2003 : *The Oceans and Climate*. 2nd ed. Cambridge University Press. 273 pp.

Bridgman, Howard A. and John E. Oliver, 2006 : *The Global Climate System-Patterns, Processes, and Teleconnections*. Cambridge University Press. 331 pp.

Burroughs, William, 2003 : *Climate Into the 21st Century*. World Meteorological Organization. Cambridge, Cambridge University Press. 240 pp.

Collier, Michael and Robert H. Webb, 2002 : *Floods, droughts, and climate change*. Tucson, University of Arizona Press. 153 pp.

Hardy, John T., 2003 : *Climate Change-Causes, Effects, and Solutions*. John Wiley & Sons, Ltd., 247 pp.

Houghton, John, 1997 : *Global Warming : The Complete Briefing*. 2nd ed. Cambridge University Press. 251 pp.

Imbrie, J. and K. P. Imbrie, 1979 : *Ice Ages. Solving the mystery*. London. Macmillan. 224 pp.

Jacobson, Mark Z., 2002 : Atmospheric Pollution-History, Science, and Regulation. Cambridge University Press. 399 pp.

Lockwood, J. G., 1979 : *Causes of Climate*. Edward Arnold. 260 pp.

McElroy, Michael B., 2002 : *The Atmospheric Environment-Effects of Human Activity*. Princeton University Press. 326 pp.

Oliver, John E. and John J. Hidore, 2002 : *Climatology-An Atmospheric Science*. Prentice Hall. 410 pp.

Robinson, Peter J. and Ann Henderson-Sellers, 1999 : *Contemporary Climatology*(2nd ed.). Pearson Education Limited. 317 pp.

Rohli, Robert V. and Anthony J. Vega, 2008 : *Climatology*. Jones and Bartlett Publishers. 466 pp

Ruddiman, William F., 2008 : *Earth's Climate-Past and Future*(2nd ed.). W. H. Freeman and Company, New York. 388 pp.

Schneider, Stephen H., 1996 : *Encyclopedia of Climate and Weather*. Volume 1 and Volume 2. Oxford University Press. 929 pp.

Wells, Neil, 1997 : *The Atmosphere and Ocean*. John Wiley & Sons Ltd. 394 pp.

주요 약어

AABW	Antarctic Bottom Water(남극저층수)
AAC	Antarctic Convergence(남극수렴)
AAIW	Antarctic Intermediate Water(남극중층수)
AAO	Antarctic Oscillation(남극진동)
AAOE	Airborne Antarctic Ozone Experiment(대기남극오존실험)
AASE	Airborne Arctic Stratospheric Expedition(대기북극성층권탐사)
ABL	Atmospheric Boundary Layer(대기경계층)
ABRACOS	Anglo-Brazilian Amazonian Climate Observation Study(영국-브라질 아마존기후관측 연구)
ABW	Arctic Bottom Water(북극저층수)
Ac	Altocumulus(고적운)
AC	Anomaly Correlation(이상상관관계)
ACARS	Aircraft Communications Addressing and Reporting System(항공기 운항정보교신시스템)
ACC	Antarctic Circumpolar Current(남극순환해류)
ACCAD	Advisory Committee on Climate Applications and Data(기후응용 및 자료에 관한 자문위원회)
ACIA	Arctic Climate Impact Assessment(북극기후영향평가)
ACMAD	Africa Center of Meteorological Applications for Development(아프리카기상응용센터)
ACSYS	Arctic Climate System Study(북극기후시스템연구)
ACW	Antarctic Circumpolar Wave(남극순환파동)
ADCP	Acoustic Doppler Current Profiler(초음파도플러유속측정기)
ADEOS	Advanced Earth Observing System(선진지구관측시스템)
AE	Actual Evapotranspiration(실제증발산량)
AGB	Above Ground Biomass(지상바이오매스)
AGL	Above Ground Level(지상고도)
AGCM	Atmospheric General Circulation Model(대기대순환모델)
ALPEX	Alpine Experiment of 1982(1982년 고산실험)
AIRS	Atmospheric Infrared Sounder(대기연직구조적외탐측기)
AM	Asian Monsoon(아시아몬순)
	Amplitude Modulation(진폭변조)
	Atmospheric Model(대기모델)

AMI	Active Microwave Instrument(능동초단파장치)
AMIP	Atmospheric Model Intercomparison Project(대기모델비교프로젝트)
AMMA	African Monsoon Multidisciplinary Analysis(아프리카몬순다분야분석)
AMSU	Advanced Microwave Sounding Unit(선진 초단파 탐측장치)
AMO	Atlantic Multidecadal Oscillation(대서양 수십 년 진동)
AMSL	Above Mean Sea Level(평균해발고도)
AO	Arctic Oscillation(북극진동)
APF	Absolute Pollen Frequency(절대꽃가루빈도)
As	Altostratus(고층운)
ASAP	Automated Shipboard Aerological Program(선박용 무인자동고층기상관측시스템)
ASTER	Advanced Spaceborne Thermal Emission and Reflection Radiometer(선진 우주 열 방출 및 반사 복사계)
AU	Astronomical Unit(천문단위)
AUHI	Atmospheric Urban Heat Island(대기도시열섬)
AVHRR	Advanced Very High Resolution Radiometer(satellite)(선진 고분해능 복사계)
AWS	Automatic Weather Station(자동기상관측소)
BAPMoM	Background Air Pollution Monitoring Network(배경대기오염감시망)
BaU	Business as Usual Scenario(기후변화시나리오)
BOM	Australian Bureau of Meteorology(오스트레일리아 기상청)
BUFR	Binary Universal Format Representation(2진법범용형식표현)
CAC	Climate Analysis Center(기후해석 센터)
CACGP	Commission on Atmospheric Chemistry and Global Pollution(대기화학 및 전지구오염위원회)
CAD	Cold Air Damming(한랭공기제방)
CAMS	Climate Anomaly Monitoring System(기후이상감시시스템)
CAPE	Convective Available Potential Energy(대류가용위치에너지)
CARS	Climate Applications and Referral System(기후응용검색시스템)
CAT	Clean Air Turbulence(청천난류)
Cb	Cumulonimbus(적란운)
Cc	Cirrocumulus(권적운)
CCDP	Climate Change Detection Project(기후변화검색프로젝트)
CCL	Convective Condensation Level(대류응결고도)
CCl	Commission for Climatology(기후위원회)
CCM	Certified Consulting Meteorologist(공인기상자문가)
CCN	Cloud Condensation Nuclei(구름응결핵)
CCSP	Climate Change Science Program(기후변화과학프로그램)
CDAS	Climate Data Assimilation System(기후자료동화시스템)

CFS	Climate Forecast System(기후예보시스템)
CFSR	Climate Forecast System Reanalysis(기후예보시스템재분석)
CFSRR	Climate Forecast System Reanalysis and Reforecasts(기후예보시스템재분석과재예보)
CMDL	Climate Monitoring and Diagnostics Laboratory(기후감시진단연구소)
CET	Central England Temperature Series(중앙 잉글랜드기온시계열)
CF	Coriolis Force(코리올리힘)
CFCs	Chlorofluorocarbons(클로로플루오로카본)
CFD	Computational Fluid Dynamics(전산유체역학)
Ci	Cirrus(권운)
CIN	Convective Inhibition(대류억제)
CISK	Conditional Instability of the Second Kind(제2종조건부불안정)
CliC	Climate and Cryosphere(기후와 빙설권)
CLICOM	Climate-Computing System, WCDMP(기후-전산화시스템)
CLIMAP	Climate : Long-range Interpretation, Mapping, and Prediction(고기후복원계획)
CLIVAR	Climate Variability and Predictability Research Programme(기후변동성 및 예측성 연구프로그램)
CMAP	CPC Merged Analysis of Precipitation(기후예측센터강수종합분석)
CMIP	Coupled Model Intercomparison Project(결합모델비교프로젝트)
CNES	Centre National d'Etudes Spatiales(프랑스국립우주연구센터)
CNG	Compressed Natural Gas(압축천연가스)
COADS	Comprehensive Ocean-Atmosphere Data Set(포괄해양-대기자료세트)
COH	Coefficient of Haze(연무계수)
COHMAP	Cooperative Holocene Mapping Project(홀로세복원합동프로젝트)
COLA	Center for Ocean-Land-Atmosphere Studies(해양-대륙-대기연구센터)
CoML	Census of Marine Life(해양생물통계조사)
COP	Conference of the Parties(당사국회의)
COSMIC	Constellation Observing System for Meteorology Ionosphere and Climate(기상학, 전리층과 기후를 위한 별자리 관찰 시스템)
cP	continental Polar air mass(대륙성한대기단)
CPC	Climate Prediction Center(기후예측센터)
CPT	Circumpolar Trough(극둘레기압골)
CPV	Circumpolar Vortex(극둘레소용돌이)
CRF	Cloud Radiative Forcing(구름복사강제력)
CRTM	Community Radiative Transfer Model(군집복사전달모델)
CRU	Climatic Research Unit, University of East Anglia(이스트앵글리아 대학교 기후연구소)
Cs	Cirrostratus(권층운)

CSIRO	Commonwealth Scientific and Industrial Research Organisation(오스트레일리아연방과학·산업연구원)
CSM	Climate System Monitoring(기후시스템 감시)
cT	continental Tropical air mass(대륙성열대기단)
CTM	Chemical Transport Model(화학수송모델)
Cu	Cumulus(적운)
CZCS	Coastal Zone Color Scanner(해안지역칼라스캔너)
DARE	Data Rescue Programme(기후자료복원프로그램)
DEW	Distant Early Warning(원거리조기경보)
DMS	Dimethy Sulfide(황화수소)
DMSP	Defense Meteorological Satellite Program(방위기상위성프로그램)
DNS	Direct Numerical Simulation(직접수치모의)
DOE	Department of Energy(에너지부)
DSDP	Deep Sea Drilling Project(심해저시추프로젝트)
DU	Dobson Unit(돕슨단위)
DVI	Dust Veil Index(먼지베일지수)
EBM	Energy Balance Model(에너지균형대기모델)
ECA	European Climate Assessment(유럽기후평가)
ECMWF	European Centre for Medium-Range Weather Forecasts(유럽중기예보센터)
EL	Equilibrium Level(평형고도)
ELR	Environmental Lapse Rate(환경기온감률)
EMC	Environmental Modeling Center(환경모델링센터)
ENIAC	Electronic Numerical Integrator And Calculator(전자식 수치 적분 계산기)
ENSO	El Niño-Southern Oscillation(엘니뇨-남방진동)
EOF	Empirical Orthogonal Function(경험직교함수)
EOS	Earth Observing System(지구관측시스템)
EPA	Environmental Protection Agency(미국 환경보호청)
ERB	Earth Radiation Budget(지구복사수지)
ERBE	Earth Radiation Budget Experiment(지구복사수지실험)
ERS	Earth Resources Satellite(지구자원위성)
	European Remote Sensing Satellite(유럽원격탐사위성)
ESA	European Space Agency(유럽우주국)
ESMF	Earth System Research Laboratory(지구시스템연구실)
ESMR	Electrically Scanning Microwave Radiometer(전기주사마이크로파복사계)
ETA	Estimated Time of Arrival(도착예정시각)
EU	European Union(유럽연합)

EUMETSAT	European Organization for the Exploitation of Meteorological Satellites(유럽기상위성개발기구)
FAA	Federal Aviation Administration(미국 연방항공청)
FAO	Food and Agriculture Organization(유엔 식량농업 기구)
FCCC	UN Framework Convention on Climate Change(유엔기후변화협약)
FDE	Finite Difference Equation(차분방정식)
FFT	Fast Fourier Transformation(고속푸리에변환)
FGGE	First GARP Global Experiment(제1차 GARP 지구실험)
FIR	Far Infrared(원적외선)
FIRE	First ISCCT Research Experiment(제1차 ISCCP 연구실험)
FL	Freezing Level(빙결고도)
FMI	Fawbush-Miller Index(파부시-밀러지수)
F-RIS	Filchner-Ronne Ice Shelf(필히너-론붕빙)
FWCC	First World Climate Conference(제1차세계기후회의)
FUV	Far Ultraviolet(원자외선)
GAIM	Global Analysis, Integration, and Modelling Program(지구분석적분모델링 프로그램)
GAO	Global Atmospheric Office(전지구 기후 사무국)
GARP	Global Atmospheric Research Program(지구대기연구프로그램)
GATE	GARP Global Atlantic Experiment(GARP 지구대서양실험)
GAW	Global Atmosphere Watch(지구대기감시)
GCIP	GEWEX Continental Scale International Project(GEWEX 대륙규모상호작용실험)
GCM	General Circulation Model(대기대순환모델)
	Global Climate Model(지구기후모델)
GCOS	Global Climate Observing System(세계기후관측시스템)
GCSS	GEWEX Cloud System Study(GEWEX 구름 시스템연구)
GCTE	Global Chemistry Tropospheric Experiment(지구화학대류권실험)
GDAS	Global Data Assimilation System(전구자료동화시스템)
GDP	Gross Domestic Product(국내총생산)
GEF	Global Environment Facility(지구환경기금)
GEMS	Global Environment Monitoring System(지구환경감시시스템)
GEOS	Goddard Earth Observing System(고더드지구관측시스템)
GERB	Geostationary Earth Radiation Budget(지구복사수지관측용 정지위성)
GEWEX	Global Energy and Water Cycle Experiment(지구에너지·물순환 실험)
GFD	Geophysical Fluid Dynamics(지구물리유체역학)
GFDL	Geophysical Fluid Dynamics Laboratory(지구물리유체역학연구소)
GFS	Global Forecast System(지구예보시스템)

GRID Global Resource Information Database(지구자원정보테이타베이스)
GHCN Global Historical Climate Network(지구역사기후네트워크)
GHOST Global Horizontal Sounding Technique(정점고층기상관측법)
GIMMS Global Inventory Monitoring and Modelling System(지구식생감시및모델시스템)
GIS Geographic Information System(s)(지리정보시스템)
GISP Greenland Ice Sheet Project(그린란드빙상프로젝트)
GISP2 Greenland Ice Sheet Project 2(그린란드 빙상 프로젝트 2)
GLDAS Global Land Data Assimilation System(지구육지자료동화시스템)
GLOSS Global Sea-Level Monitoring System(세계해수면감시시스템)
GMAO Global Modeling and Assimilation Office(지구모델링 및 동화 연구실)
GMS Geosynchronous Meteorological Satellite(정지궤도기상위성)
GMT Greenwich Mean Time(그리니치평균시)
GNP Gross National Product(국민총생산)
GODAS Global Ocean Data Assimilation System(지구해양자료동화시스템)
GOES Geostationary Operational Environmental Satellite(정지현업환경위성)
GOOS Global Ocean Observing System(지구해양관측시스템)
GO3OS Global Ozone Observing System(지구오존관측시스템)
GPCP Global Precipitation Climatology Project(지구강수기후학프로젝트)
GPS Global Positioning System(위성위치확인시스템)
GR Green Round(그린라운드)
GRIB Gridded Binary representation(WMO)(격자이진법표시)
GRIP Greenland Ice Core Project(그린란드얼음코어프로젝트)
GSFC Goddard Space Flight Center(고더드우주비행센터)
GTOS Global Terrestrial Observing System(전구육지면관측시스템)
GTS Global Telecommunication System(세계기상통신시스템)
GTSPP Global Temperature-Salinity Profile Project(전지구수온-염분관측프로젝트)
GURME Global Urban Research Meteorology and Environmental Project(지구도시연구 기상학 및 환경 프로젝트)
GWP Global Warming Potential(지구온난화지수)
HadCRUT Climatic Research Unit's land surface air temperature(기후연구소의 육상기온)
HadSST Hadley Center monthly gridded Sea Surface Temperature(해들리 센터 월간 격자점 해수면 온도)
HALOE Halogen Occultation Experiment(성층권대기관측용기기)
HDP Human Dimensions of Global environmental change(지구환경변화의 인간적차원 연구계획)
HIRS High-resolution Infrared Radiation Sounder(고해상도적외선복사탐측기)
hPa hectopascal(헥토파스칼)

HRC Highly Reflective Clouds(고반사구름)

H/W Height to Width ratio(너비에 대한 높이 비)

HWP Hydrology and Water Resources Programme(수문 · 수자원프로그램)

Hz Hertz(헤르츠)

IAM Integrated Assessment Model(통합적 평가모델)

IAMAS International Association of Meteorology and Atmospheric Science(국제 기상학 및 대기과학 학회)

IASI Infrared Atmospheric Sounding Interferometer(적외대기탐측간섭계)

ICAO International Civil Aviation Organization(국제민간항공기구)

ICAS Interdepartmental Committee on Atmospheric Sciences(부처간 대기과학위원회)

ICES International Council for the Exploration of the Sea(국제해양조사협의회)

ICRF Infrared Cloud Radiative Forcing(적외선구름복사강제력)

ICSU International Council for Science(국제과학위원회)

IDNDR International Decade for Natural Disasters Reduction(자연재해경감 국제 10년)

IDOE International Decade of Ocean Exploration(국제해양탐구 10년)

IGAC International Global Atmospheric Chemistry Program(국제지구대기화학프로그램)

IGBP International Geosphere/Biosphere Program(국제지권 · 생물권 프로그램)

IGOSS Integrated Global Ocean Services System(세계해양업무통합시스템)

IGY International Geophysical Year(국제지구물리관측년)

IHDP International Hydrological Development Program(국제수문개발프로그램)

IHP International Hydrogical Programme(국제수문계획)

IJPS Initial Joint Polar System(초기연합한대시스템)

ILEAPS Integrated Land Ecosystem-Atmospheric Processes Study(육지생태계-대기과정 통합연구)

IN Ice Nuclei(얼음응결핵)

INC Intergovernmental Negotiating Committee(정부간 협상위원회)

INDOEX Indian Ocean Experiment(인도양실험)

INFOCLMA Climate Data Information Referral Service(세계기후자료정보검색서비스)

INMARSAT International Maritime Satellite Organization(국제해상위성기구)

INPE Instituo Nacional de Pesquisas Espaciais(National Institute for Space Research, the Brazilian government)(브라질 국립우주연구소)

IOC Intergovermmental Oceanographic Commission(정부간해양학위원회)

IPCC Intergovernmental Panel on Climate Change(기후변화에관한정부간협의체)

IPCC DDC Intergovernmental Panel on Climate Change Data Distribution Centre(IPCC 자료분배센터)

IPO Interdecadal Pacific Oscillation(10년 이상 주기의 태평양 진동)

IR Infrared(적외선)

IRD Ice-Rafted Debris(빙산운반쇄설물)

ISAMS	Improved Stratospheric and Mesospheric Sounder(개량성층권 · 중간권 탐측기)
ISCCP	International Satellite Cloud Climatology Project(국제위성구름기후계획)
ISL	Inertial Sub-Layer(urban)(도시관성아층)
ISLSCP	International Satellite Land Surface Climatology Project(국제위성육지면기후학프로젝트)
ITC 또는 ITCZ	Intertropical Convergence Zone(열대수렴대)
IUGG	International Union of Geodesy and Geophysics(국제측지 및 지구물리 연합)
J	Joule(줄)
JCSDA	Joint Center for Satellite Data Assimilation(위성자료동화합동센터)
JGOFS	Joint Global Ocean Flux Study(전구해양플럭스연구계획)
JI	Joint Implementation(공동이행제도)
JMA	Japanese Meteorological Agency(일본기상청)
JNWP	Joint Numerical Weather Prediction(합동수치날씨예보)
JRA-25	Japanese Re-analysis 25 years(일본재분석25년자료)
JSTC	Joint Scientific and Technical Committee(합동과학기술위원회)
K	Kelvin scale(켈빈눈금, 절대눈금)
LBA	Large-scale Biosphere-Atmosphere Experiment in Amazonia(아마존지역 대규모생물권·대기권실험)
LCL	Lifting Condensation Level(치올림응결고도)
LDAS	Land Data Assimilation System(육지자료동화시스템)
LEO	Low Earth Orbiting Satellite(저궤도인공위성)
LES	Large-eddy Simulation(대규모맴돌이모의)
LF ENSO	Low-Frequency ENSO(저주파수 ENSO)
LFV	Local Fractional Variance(국지분수분산)
LGM	Last Glacial Maximum(마지막최대빙하기)
LI	Lifted Index(치올림지수)
LIA	Little Ice Age(소빙하기)
LIDAR	(laser) Light Radar(레이저레이더)
LIS	Land Information System(토지정보시스템)
LFC	Level of Free Convection(자유대류고도)
LLJ	Low-level Jet(하층제트)
LLWM	Low-level Wind Maximum(하층바람최대)
LMA	Leaf Margin Analysis(잎가장자리분석)
LSM	Land Surface model(육지수문모델)
LORAN	Long-range Navigation(장거리항법)
LPG	Liquid Petroleum Gas(액화석유가스)
LULC	Land Use/Land Cover(토지이용/토지피복)

LW	Longwave(장파)
MAP	Merged Analysis of Precipitation(강수합병분석)
MBL	Microscale Boundary Layer(미규모경계층)
MC	Maritime Continent(해양성대륙)
MCL	Mixing Condensation Level(혼합응결고도)
MCSST	Multichannel Sea Surface Temperature(다채널해수면온도)
METROMEX	METROpolitan Meteorological Experiment(대도시기상실험)
MHS	Microwave humidity sounder(마이크로파습도탐측기)
MIP	Model Intercomparison Projects(모델비교프로젝트)
MIR	Middle Infrared(중적외선)
MIT	Massachusetts Institute of Technology(매사추세츠공과대학)
MJO	Madden-Julian Oscillation(매든-줄리안 진동)
MLI	Modified Lifted Index(수정치올림지수)
MLS	Microwave Limb Sounder(마이크로파측면탐측기)
MMIP	Monsoon Model Intercomparison Project(몬순모델비교프로젝트)
MODIS	MODerate Resolution Imaging Spectrometer(고분해능영상분광계)
MOS	Model Output Statistics(모델출력통계학)
mP	maritime Polar air mass(해양성한대기단)
MSI	Martin Stability Index(마틴 안정도지수)
MSLP	Mean Sea Level Pressure(평균해수면기압)
MSU	Microwave Sounding Unit(마이크로파고층기상관측기)
MSW	Municipal Solid Waste(도시고형폐기물)
mT	maritime Tropical air mass(해양성 열대기단)
MTM-SVD	Multi-Taper Method Singular Value Decomposition(다중 테이퍼 방법-특이 값 분해)
MWP	Medieval Warm Period(중세온난기)
NAAQS	National Ambient Air Quality Standards(국가주변공기대기질기준)
NADW	North Atlantic Deep Water(북대서양심층수)
NAO	North Atlantic Oscillation(북대서양진동)
NARR	North American Regional Reanalysis(북아메리카지역재분석)
NASA	National Aeronautics and Space Administration(미국항공우주국)
NBS	National Bureau of Standard(a미국 국립표준국)
NCAR	National Centers for Atmospheric Research(미국 국립대기연구센터)
NCDC	National Climatic Data Center(미국 국립기후자료센터)
NCEP	National Centers for Environmental Prediction(미국 국립환경예측센터)
NCP	National Climate Program(국가기후프로그램)
NDVI	Normalized Difference Vegetation Index(정규식생지수)

NEE	Net Ecosystem Exchange(of CO_2)(순 생태계교환)
NESDIS	National Environmental Satellite, Data and Information Service(미국 국립환경위성·자료·정보센터)
NEXRAD	NEXt generation weather RADar(차세대기상레이더)
NGDC	National Geophysical Data Center(미국 국립지구물리자료센터)
NGM	Nested Grid Model(아격자모델)
NH	Northern Hemisphere(북반구)
NHC	National Hurricane Center(미국 국립허리케인센터)
NHRE	National Hail Research Experiment(국가우박연구실험)
NIR	Near Infrared(근적외선)
NMC	National Meteorological Center(미국 국립기상센터)
NNMI	Nonlinear Normal Mode Initialization(비선형정규모드초기화)
NOAA	National Oceanographic and Atmospheric Administration(미국 국립해양·대기청)
NODC	National Oceanographic Data Center(미국 국립해양자료센터)
NPO	North Pacific Oscillation(북태평양진동)
NPP	Net Primary Productivity(순일차생산량)
NRL	Naval Research Laboratory(미국 해군연구소)
NSDA	National Space Development Agency of Japan(일본 국립우주개발청)
NSF	National Science Foundation(미국 과학재단)
NSIDC	National Snow and Ice Data Center(미국 국립눈·얼음자료센터)
NSSL	National Severe Storms Laboratory(미국 국립재해기상연구소)
NUV	Near Ultraviolet(근자외선)
NWP	Numerical weather Prediction(수치날씨예보)
NWS	National Weather Service(미국 국립기상대)
ODE	Ordinary Differential Equation(상미분방정식)
ODP	Ocean Drilling Project(해양시추프로젝트)
OECD	Organization for Economic Cooperation and Development(경제협력개발기구)
OI	Optimum Interpolation(최적내삽)
OLR	Outgoing Longwave Radiation(방출장파복사)
OLS	Operational Linescan System(현용라인탐지시스템)
OOSDP	Ocean Observing System Development Panel(해양관측시스템개발협의체)
OPEC	Organization of Petroleum Exporting Countries(석유수출국기구)
OTA	Office of Technology Assessment(미국 기술평가국)
PAGES	Past Global Change(과거지구변화)
PAH	Polyaromatic Hydrocarbon(다환방향족탄화수소)
PAL	Present Atmospheric Level(현재대기수준)

PAN	Peroxyacetyl Nitrate(과산화아세틸질산염)
PBL	Planetary Boundary Layer(행성경계층)
PCB	Polychlorinated Biphenyl(폴리염화비페닐)
PDE	Partial Differential Equation(편미분방정식)
pdf	probability density function(확률밀도함수)
PDO	Pacific Decadal Oscillation(태평양10년진동)
PDSI	Palmer Drought Severity Index(파머가뭄지수)
PDV	Pacific Decadal Variation(태평양10년변동)
PET	Potential Evapotranspiration(가능증발산)
PGF	Pressure Gradient Force(압력경도력)
PIC	Products of Incomplete Combustion(불연소산화물)
PILPS	Project of Intercomparison of Land Parameterization Schemes(육지매개변수화방법 비교 프로젝트)
PMIP	Paleoclimate Model Intercomparison Project(고기후모델비교 프로젝트)
PMO	Polar Meteorological Office(한대기상국)
PNA	Pacific North American Oscillation(태평양북아메리카진동)
PNJ	Polar Night Jet(한대야간제트)
PIOCW	Pacific- and Indian Ocean Common Water(태평양·인도양보통수)
PO.DAAC	Physical Oceanography Distributed Active Archive Center(물리해양학 자료배분센터)
PPR	Photopolarimeter Radiometer(광편파복사계)
PRF	Pulse Repetition Frequency(펄서반복빈도)
PROFS	Program for Regional Observing and Forecasting System(지역관측·예보시스템프로그램)
PSCs	Polar Stratospheric Clouds(한대성층권구름)
PSI	Pollution Standards Index(오염기준지수)
PSME	Polar Summer Mesospheric Echoe(한대여름중간권레이더현상)
PV	Potential Vorticity(위치소용돌이도)
QB ENSO	Quasi-Biennial ENSO(준2년주기 ENSO)
QBO	Quasi-Biennial Oscillation(준2년주기진동)
QC	Quality control(품질관리)
QG	Quasi-geostrophy(준지균)
Radar	Radio Detecting and Ranging(레이더)
RCM	Radiative-Convective Model(복사대류모델)
Re	Reynolds number(레이놀즈수)
RH	Relative Humidity(상대습도)
RIS	Ross Ice Shelf(로스빙붕)
RMS	Root-Mean-Square(제곱평균제곱근)

RO	Radio Occultation(전파엄폐)
RRTM	Rapid Radiative Transfer Model(빠른복사전달모델)
ROFOR	Route Forecast(항공로예보)
RSL	Roughness Sub-Layer(urban)(거칠기 아층)
RWIS	Road Weather Information System(도로날씨정보시스템)
SAC	Scientific Advisory Committee(과학자문위원회)
SAGE	Stratospheric Aerosol and Gas Experiment(성층권에어로졸·가스실험)
SALR	Saturated Adiabatic Lapse Rate(포화단열감률)
SAM	South Asian Monsoon(남아시아몬순)
SAMS	Stratospheric And Mesospheric Sounder(성층권·중간권탐측기)
SAO	Semi-Annual Oscillation(반년주기진동)
SAR	Synthetic Aperture Radar(합성개구레이더)
SATOB	Satellite Observation(위성관측)
SBI	Subsidiary Body for Implementation(이행보조기구)
SBSTA	Subsidiary Body for Scientific and Technological Advice(과학기술자문부속기구)
Sc	Stratocumulus(층적운)
SCORE	Scientific Committee on Ocean Research(해양과학연구위원회)
SCPP	Seasonal-to- interannual Climate Prediction Program(단기기후예측프로그램)
SCRF	Solar Cloud Radiative Forcing(태양구름복사강제력)
SEAM	South East Asian Monsoon(동남아시아몬순)
SEB	Surface Energy Balance(지표면에너지평형)
SELS	SEvere Local Storms(국지재해기상)
SH	Southern Hemisphere(남반구)
SI	Showalter Index(쇼월터 지수)
SIC	Sensitivity of Initial Conditions(초기조건민감도)
SLP	Sea Level pressure(해수면기압)
SMIP	Seasonal Model Intercomparison Project(계절모델비교프로젝트)
SMMR	Scanning Multichannel Microwave Radiometer(다채널주사마이크로파복사계)
SNODEP	Snow Depth(눈깊이)
SO	Southern Oscillation(남방진동)
SOI	Southern Oscillation Index(남방진동지수)
SOLAS	Surface Ocean-Lower Atmosphere Study(표면 해양-하층대기연구)
SOM	Soil Organic Matter(토양유기물질)
SPARC	Stratospheric Processes and their Role in Climate(성층권과정이 기후에 미치는 영향연구)
SPCZ	South Pacific Convergence Zone(남태평양수렴대)
SSH	Sea Surface Height(해수면높이)

SSI	Showalter Stability Index(쇼월터안정도지수)
	Spectral statistical Interpolation(스펙트럼통계내삽)
SSS	Sea Surface Salinity(해수면염분)
SST	Sea Surface Temperature(해수면온도)
SSU	Stratospheric Sounder Unit(성층권 탐측장치)
St	Stratus(층운)
START	System for Analysis · Research and Training(분석·연구·연수시스템)
STHP	Subtropical High Pressure(아열대고기압)
SUHI	Surface Urban Heat Island(지상도시열섬)
SVF	Sky View Factor(urban)(하늘보기인자)
SW	Shortwave(단파)
SWEAT	Severe WEAther Threat(재해기상위험도)
SWCC	Second World Climate Conference(제2차 세계기후회의)
TAFB	Tropical Prediction Center(열대예보센터)
TAO	Tripical Atmosphere Ocean(열대대기해양)
TC	Ton of Carbon(탄소 환산 톤)
TDRSS	Tracking and Delay Relay Satellite System(추적 · 지연 중계위성 시스템)
T/F	Task Force(태스크포스팀)
THI	Temperature Humidity Index(온도습도지수)
TIROS	Television and Infrared Observation Satellite(적외선 텔레비전관측위성)
TLV	Threshold Limit Value(허용한계값)
TM	Thematic Mapper(주제도)
TOE	Ton of Energy(에너지 환산 톤)
TOGA	Tropical Ocean Global Atmosphere(열대해양지구대기)
TOGA-COARE	TOGA Coupled Ocean-Atmosphere Response Experiment(TOGA 해양·대기 결합 응답실험)
TOMS	Total Ozone Monitoring Spectrometer(오존전량모니터링분광기)
TOPEX	Ocean Topography Experiment(해양지형실험)
TOTO	TOtable Tornado Observatory(토네이도현장관측장치)
TOVS	TIROS 현업연직탐측기
TPI	Trans-Polar Index(Southern Hemisphere)(한대횡단지수)(남반구)
TRMM	Tropical Rainfall Measuring Mission(열대강우관측위성)
TRUCE	Tropical Urban Climate Experiment(열대도시기후실험)
TTO	Ten-to-Twelve-year Oscillation(10-12년 진동)
UARS	Upper Atmosphere Research Satellite(상층대기연구위성)
UBL	Urban Boundary Layer(도시경계층)
UCI	Urban Cool Island(도시냉섬)

UCL	Urban Canopy Layer(도시캐노피층)
UHI	Urban Heat Island(도시열섬)
UHIC	Urban Heat Island Circulation(도시열섬순환)
UME	Urban Moisture Excess(도시수분초과)
UMKO	United Kingdom Meteorological Office(영국 기상청)
UN	United Nations(국제연합 또는 유엔)
UNCCD	United Nations Convention to Combat Desertification(국제연합 사막화방지협약)
UNCED	United Nations Conference on Environment and Development(유엔환경개발회의)
UNDP	United Nations Development Programme(유엔개발계획)
UNEP	United Nations Environment Programme(유엔환경프로그램)
UNESCO	United Nations Education Scientific and Cultural Organization(유엔교육과학문화기구)
UR	Uruguay Round(우루과이 라운드)
UTC	*Universel temps Coordonne*(corrdinated universal time)(협정세계 시간)
UV-A	Ultra Violet-A(A영역 자외선)
UV-B	Ultra Violet-B(B영역 자외선)
UV-C	Ultra Violet-C(C영역 자외선)
UVI	Ultraviolet Index(자외선지수)
VOC	Volatile Organic Compounds(휘발성유기화합물)
VOS	Voluntary Observing Ship(자원관측선)
VUV	Vacuum Ultraviolet(진공 자외선)
WBF	Wegener-Bergeron-Findeisen(베게너-베르세론-핀트아이젠)
WCASP	World Climate Applications and Services Programme(세계기후 이용· 서비스계획)
WCC	World Climate Conference(세계기후회의)
WCDMP	World Climate Data and Monitoring Programme, WCP(세계기후자료·감시 계획)
WCIP	World Climate Impact Program(세계기후영향프로그램)
WCIRP	World Climate Impact Assessment and Response Strategies Programme(세계기후영향평가·대응전략계획)
WCP	World Climate Programme(세계기후계획)
WCRP	World Climate Research Programme(세계기후연구프로그램)
WDCGG	World Data Center for Greenhouse Gases, Japan(세계온실기체자료센터)
WETAMC	Wet season Atmospheric Mesoscale Campaign(Amazon Basin)
WG	Working Group(실무그룹)
WMO	World Meteorological Organization(세계기상기구)
WOCE	World Ocean Circulation Experiment(세계해양순환실험)
WOUDC	World Ozone and Ultra Violet Data Center(세계오존자외선자료센터)
WSI	Weather Stress Index(날씨스트레스지수)

WTO	World Trade Organization(세계무역기구)
WWW	World Weather Watch(세계기상감시)
XUV	Extreme Ultraviolet(극초단파자외선)